"十二五"国家计算机技能型紧缺人才培养培训教材

教育部职业教育与成人教育司
全国职业教育与成人教育教学用书行业规划教材

新编中文版

Indesign CC 标准教程

U0195583

编著/李　凤

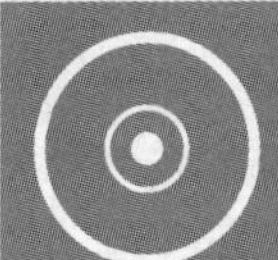

光盘内容

91个范例的视频教学文件、相关素材、范例源文件和电子课件

海洋出版社
2015年·北京

内容简介

本书是专为想在较短时间内学习并掌握专业排版设计软件 Indesign CC 的使用方法和技巧而编写的标准教程。本书语言平实，内容丰富、专业，并采用了由浅入深、图文并茂的叙述方式，从最基本的技能和知识点开始，通过大量上机实训和综合项目练习，帮助读者轻松掌握中文版 Indesign CC 的基本知识与操作技能，并做到活学活用。

本书内容：全书共分为 12 章，着重介绍了 Indesign CC 的基础知识；文本的输入与编辑；图形的绘制与设置；图像对象的置入与编辑；颜色的管理与应用；表格的创建与编辑；高级排版；长文档编排；打印与输出；书籍的创建与管理等知识。并通过制作宣传海报和制作工程报告两个综合项目，详细介绍了使用 Indesign 进行设计与排版的方法与技巧。

本书特点：1. 基础知识讲解与范例操作紧密结合贯穿全书，边讲解边操练，学习轻松，上手容易；2. 提供重点实例设计思路，激发读者动手欲望，注重学生动手能力和实际应用能力的培养；3. 实例典型、任务明确，由浅入深、循序渐进、系统全面，为职业院校和培训班量身打造。4. 每章后都配有练习题，利于巩固所学知识和创新。5.书中重点实例均收录于光盘中，采用视频讲解的方式，一目了然，学习更轻松！

适用范围：适用于全国职业院校 Indesign 图文排版专业课教材、社会 Indesign 培训班教材，以及 Indesign CC 爱好者和各行各业涉及使用此软件的人员作为参考书。

图书在版编目(CIP)数据

新编中文版 Indesign CC 标准教程/ 李凤编著. -- 北京 ： 海洋出版社, 2015.6
ISBN 978-7-5027-9166-7
Ⅰ. ①新… Ⅱ. ①李… Ⅲ. ①电子排版－应用软件－教材 Ⅳ. ①TS803.23
中国版本图书馆 CIP 数据核字(2015)第 123337 号

总 策 划：刘 斌
责任编辑：刘 斌
责任校对：肖新民
责任印制：刘志恒
排 版：海洋计算机图书输出中心 申彪
出版发行：海洋出版社
地 址：北京市海淀区大慧寺路 8 号（707 房间）100081
经 销：新华书店
技术支持：010-62100055

发 行 部：（010）62174379（传真）（010）62132549
（010）62100075（邮购）（010）62173651
网 址：http://www.oceanpress.com.cn/
承 印：北京画中画印刷有限公司
版 次：2015 年 6 月第 1 版
2015 年 6 月第 1 次印刷
开 本：787mm×1092mm 1/16
印 张：15.75
字 数：378 千字
印 数：1~4000 册
定 价：38.00 元 （1DVD）

本书如有印、装质量问题可与发行部调换

前 言

Indesign CC是一款定位于专业排版领域的设计软件，它不仅具备强大的排版、输出功能，还具备了文字处理、图形处理和图像处理的能力。同时，由于Indesign是由Adobe公司开发的，因此它与Illustrator、Photoshop等Adobe的其他产品具有更好的兼容性，是目前广受用户青睐的排版制作与设计软件。

本书以由浅入深、循序渐进的方式，通过“知识讲解—综合项目—疑难解答—课后练习”的编写风格，引导用户在一步一步地操作过程中，掌握Indesign CC的使用方法与技巧。

本书共分为12章，内容介绍如下。

第1章介绍Indesign CC的基础知识，包括该软件的应用领域、常见术语、启动与退出、操作界面、文档的管理以及辅助工具与视图的控制操作等。

第2章介绍文本的输入与编辑的方法，包括文本框的应用，文本的导入、选择、移动、复制和删除等操作以及设置文本字体、字号、字形、颜色、行距等方法，段落的对齐与缩进、段落间距的设置和项目符号的添加等。

第3章介绍图形的绘制与设置的方法，包括绘制直线、矩形、椭圆、多边形等图形，使用钢笔工具绘制路径以及编辑路径等。

第4章介绍图像对象的置入与编辑的方法，包括图像的置入与链接，选择、移动、复制、缩放、旋转对象等操作以及对齐与分布对象等。

第5章介绍颜色的管理与应用的知识，包括介绍颜色的模式、色域和专色等知识，颜色的编辑，透明度、投影、渐变羽化等效果的应用等。

第6章介绍表格的创建与编辑的知识，包括介绍置入Excel和Word表格，表格的编辑、格式设置、外观设置以及表样式的应用等。

第7章介绍Indesign高级排版应用的知识，包括介绍对象库的使用、图层的操作、图文混排和对象样式的应用等。

第8章介绍长文档编排的知识，包括介绍新建多个页面、插入与删除页面、移动与复制页面、主页的应用、目录的创建，索引的生成和超链接的操作等。

第9章介绍打印与输出的知识，包括透明度拼合、印前检查和打包、陷印预设、打印文档以及电子与网络出版等。

第10章介绍书籍的创建与管理的知识，包括书籍的基本操作、书籍文档的编辑、书籍的打印与导出和书籍页码的编排等。

第11章通过制作宣传海报案例，全面练习并巩固本书讲解的相关内容，包括创建页面、为文本以及背景设置颜色、特殊效果的设置以及吸管工具的使用等。

第12章通过制作工程报告案例，练习并巩固与长篇文档排版相关的部分内容，包括应用段落样式、设置页眉和页脚、创建目录和导出为PDF文件等。

本书适合作为职业院校Indesign图文排版专业课教材、社会Indesign培训班教材，以及Indesign CC爱好者和各行各业涉及使用此软件的人员作为参考书。

本书由李凤编著，参加编写、校对、排版的人员还有陈林庆、李静、陈锐、曾秋悦、刘毅、邓曦、胡凯、林俊、郭健、程茜、张黎鸣、汪照军、邓兆煊、李辉、张海珂、冯超、黄碧霞、王诗闽、余慧娟、熊怡等。

在此感谢购买本书的读者，虽然编者在编写本书的过程中倾注了大量心血，但恐百密之中仍有疏漏，恳请广大读者及专家不吝赐教。你们的支持是我们最大的动力，我们将不断勤奋努力，为您奉献更优秀的计算机图书。

目 录

第 1 章　Indesign CC 基础知识

Indesign是一款集排版与设计于一体的软件，广泛应用于书籍排版、宣传品制作、广告设计与制作等专业排版领域。为了更准确、高效地学习Indesign CC的功能，本章首先对Indesign CC的基础知识进行学习，包括该软件的应用领域、使用时的常见术语、Indesign CC的操作界面、文件的各种基本操作、辅助工具的使用以及视图的控制等。

学习要点

- 了解Indesign CC的应用领域和常见术语
- 熟悉Indesign CC的操作界面
- 了解文件的各种操作方法

1.1　Indesign CC的概述

下面对Indesign的应用领域和常用术语进行简单了解，以便对该软件有更深入的体会，然后再进一步掌握其启动与退出的基本方法。

1.1.1　Indesign的应用领域

Indesign拥有强大的设计制作功能，广泛应用于广告设计、报刊杂志、书籍装帧以及数字出版等多个领域，是广大用户最为青睐的排版设计制作软件之一。

（1）广告设计：包括海报设计、招牌设计、包装设计等多个方面，Indesign在对广告设计制作方面有其独有的优势，它可以通过置入文字及图像的方式，将文字、图像进行合适的排列组合，使广告内容显得更加合理，从而达到传播和宣传的效果。如图1-1所示即为使用Indesign制作的宣传海报效果图。

（2）报刊杂志编排：Indesign具有高度精确的设计工具，能有效地控制纸张尺寸大小、页面中各元素的尺寸大小和精确位置，可以满足报刊或杂志的高精度设置要求。除此之外，Indesign还可以存储常见的图形、文字、表格等内容，从而提高了具有固定版式对象的排版效率。如图1-2所示即为使用Indesign编排的杂志内页版面效果。

（3）书籍装帧设计：书籍装帧设计是指从书籍文稿到书籍出版的设计过程，也是完成书籍形式从文稿的平面化到成书的立体化的过程。Indesign能全面、有效地满足书籍的开本、装帧形式、封面、字体、版面、色彩、印刷及装订等各个环节的需求，是书籍装帧中平面设计环节的有效工具。如图1-3所示即为使用该软件设计的一种书籍封面效果。

（4）数字出版：目前数字出版物主要以电子杂志、电子书为主，数字出版物兼具了平面与互联网两种特点，并融入图像、文字、声音、视频等元素。Indesign能完美地结合Flash、音频、视频、按钮、超链接以及印前检查等数字出版物具有的特点，能够输出最新的Epub标准电子书格式。如图1-4所示即为使用Indesign制作的电子书。

图 1-1 宣传海报效果图

图 1-2 杂志版面效果图

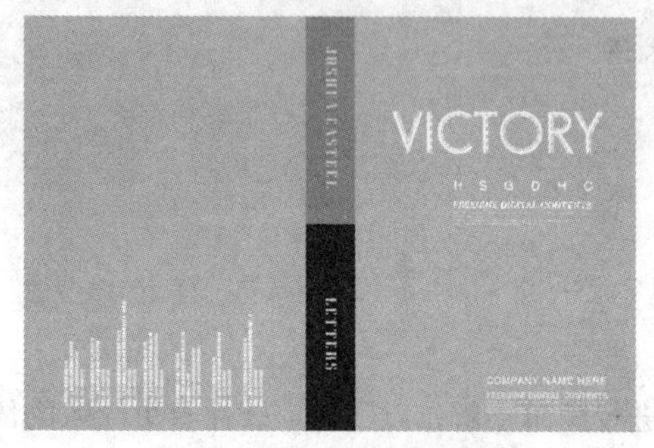

图 1-3 书籍封面效果图

图 1-4 电子书效果图

Epub是Electronic Publication的缩写，意为电子出版，其文字内容可以根据阅读设备的特性，以最适合的阅读方式显示，是一个自由的开放标准。

1.1.2 Indesign常见术语解析

为了方便以后对Indesign软件进行更好的学习和使用，下面将归纳总结一些常见的术语及其含义，具体如图1-5所示。

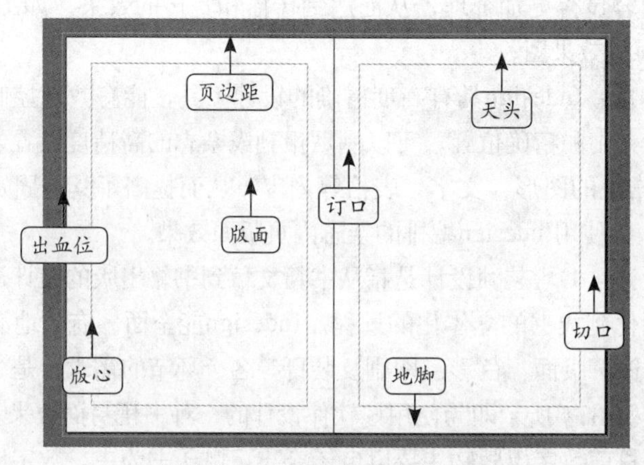

图 1-5 Indesign 各专业术语对象

(1) 版面：Indesign页面中的所有白色区域统一称为版面，版面的尺寸大小即是印刷成品整面的最终大小。其功能主要是帮助和吸引读者阅读、形成自身的整体效果等。

(2) 版心：Indesign页面中的紫色矩形框范围的区域称为版心。版心通常是指书刊上面的文字、图形等各种对象所占据的最大范围。版心的面积和在版面上的位置对于版面美观、阅读方便和纸张的合理利用都有不可替代的影响。

(3) 页边距：页边距是指版心的边缘与版面的边缘之间的空白区域，其4个方向的边距在书刊中有相应的专业术语。

(4) 天头：其位置位于上方的页边距区域。天头主要用于书籍、报刊的名称，章节名称，公司企业名称等对象的编辑。

(5) 地脚：其位置位于下方的页边距区域。地脚主要用于页码的存放。

(6) 订口：其位置位于版面内侧的页边距区域。指书刊需要订联的一边、靠近书籍装订处的空白区域。

(7) 切口：其位置位于版面外侧的页边距区域。在翻阅书刊这个动态的过程中，首先与人的触觉系统发生关系的便是切口，所以书籍的切口设计往往是书籍设计的一个切入点。

(8) 出血位：指Indesign边缘与红色边缘之间的位置，文档在印刷完成后需要裁剪的空白部分。因为所有的裁剪工作都不可能做到沿着版面边缘，分毫不差地把文档裁剪出来，所以就需要设置出血为文档边缘留有一定的空白处，以避免裁剪时损坏文档。

1.1.3　启动与退出Indesign CC

启动与退出Indesign CC是使用该软件过程中不可避免的操作，因此首先应掌握该软件的各种启动与退出方法。

1. *启动*Indesign CC

启动Indesign CC的方法有多种，常见方法有通过“开始”菜单启动、通过桌面快捷图标启动及通过Indesign生成的文件启动等。

1 通过“开始”菜单启动：单击桌面左下角的“开始”按钮，在弹出的“开始”菜单中选择“所有程序”命令，在弹出的子菜单中选择“Adobe InDesign CC”命令，如图1-6所示，即可启动Indesign软件。

2 通过桌面快捷图标启动：在桌面上双击Indesign CC的快捷启动图标，如图1-7所示，即可启动Indesign软件。

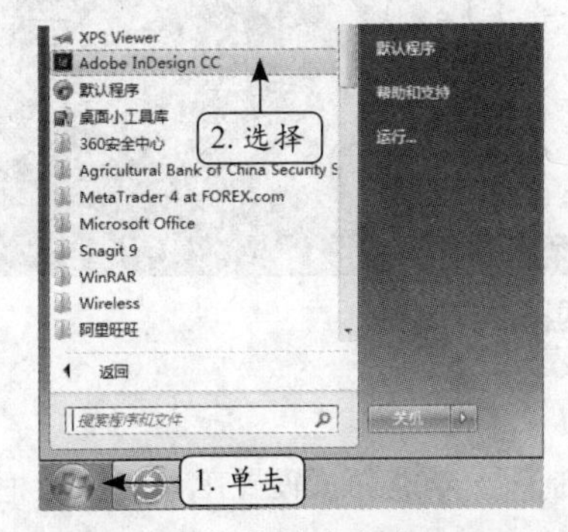

图1-6　在“开始”菜单中启动Indesign CC

图1-7　双击图标启动Indesign CC

如果桌面上没有Indesign CC快捷图标，可在“开始”菜单中的“Adobe InDesign CC”命令上单击鼠标右键，在弹出的快捷菜单中选择【发送到】/【桌面快捷方式】命令手动创建。

3 双击Indesign文件启动：当电脑中存储有Indesign软件生成的文件时，可以通过双击该文件以启动Indesign CC，同时将打开该文件。

2. 退出Indesign CC

在不需要使用Indesign CC软件的情况下可将其退出，以节省系统运行空间。退出Indesign CC的常用方法有如下几种。

（1）通过按钮退出：在Indesign CC操作界面中单击界面右上方的“关闭”按钮 × 。

（2）通过菜单命令退出：在Indesign CC操作界面中选择【文件】/【退出】菜单命令。

（3）通过快捷键退出：当Indesign CC处于当前活动窗口时，按【Alt+F4】键。

1.2 认识与设置Indesign CC的操作界面

Indesign CC的操作界面由多个部分组成，熟悉整个操作界面和各组成部分的使用，有助于更好地利用此软件进行工作。

1.2.1 Indesign CC操作界面组成

启动Indesign CC后，将打开如图1-8所示的操作界面，该界面主要由菜单栏、属性面板、工作区、工具箱、功能面板区和状态栏组成。

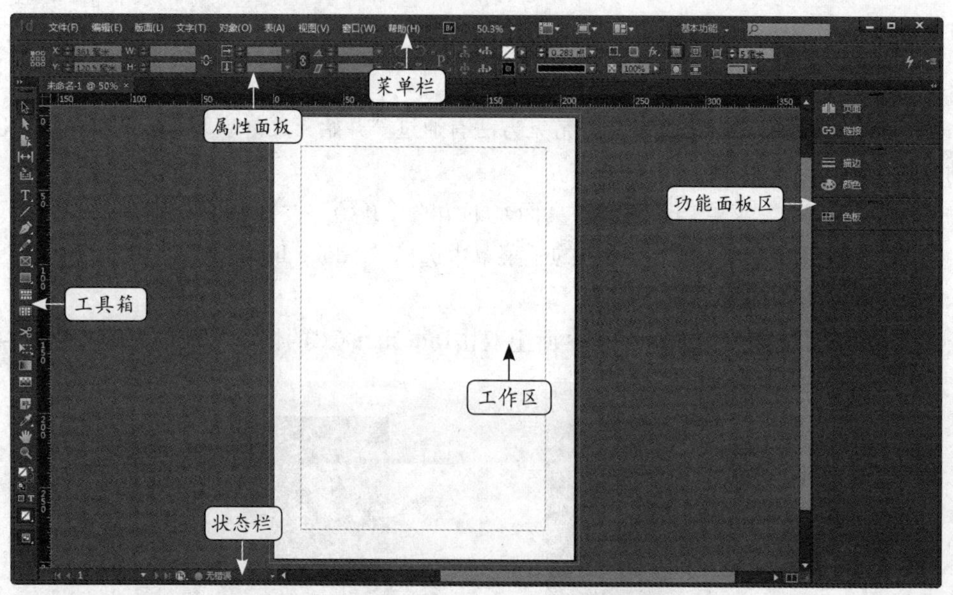

图 1-8 Indesign CC 的操作界面

1. 菜单栏

Indesign CC的菜单栏中包括菜单命令、视图控制区、功能面板设置工具、搜索框和界面控制按钮5大部分。如图1-9所示。

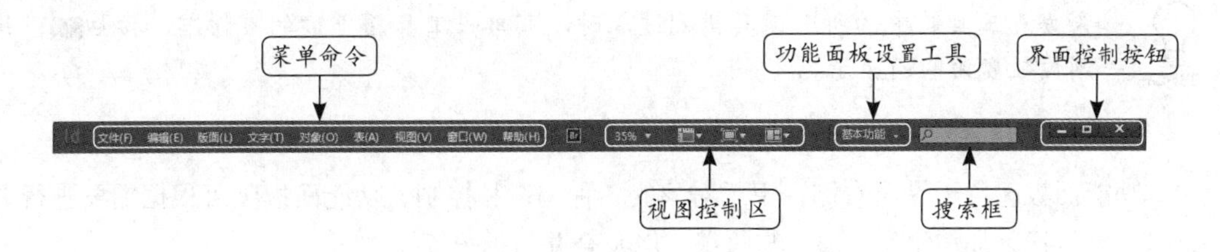

图 1-9 Indesign CC 的菜单栏

（1）菜单命令：在菜单命令中集合了所有操作功能的命令显示，单击相应菜单项，可在弹出的下拉菜单中选择命令来执行操作。如果在弹出的菜单命令右侧出现英文字母信息，则表示该菜单命令可按对应的快捷键来执行。如选择【版面】/【转到页面】菜单命令，表示将设置转到指定页面，按【Ctrl+J】键也可执行此菜单命令。

（2）视图控制区：可控制整个工作区和功能面板区的显示比例，并能进行与视图相关的各种参数和模式的设置。

（3）功能面板设置工具：可快速调整Indesign CC的功能面板在界面中的显示模式，以满足不同用户的使用需求。

（4）搜索框：在其中输入要搜索的文本内容后，按【Enter】键可直接链接到Adobe官网，以方便用户查找所需信息。

（5）界面控制按钮：其中包含三个按钮，分别为“最小化”按钮、“最大化”按钮和“关闭”按钮，其作用分别为将界面最小化到任务栏、将界面全屏显示和退出软件。

2. 属性面板

属性面板是使用率较高的部分，主要用于对当前对象进行各种设置。其中的参数随工作区中所设置对象的不同而不同，如设置文本时，属性面板的参数主要包括字体、字号、间距、水平和垂直缩放、填色和描边等；设置图形时，属性面板的参数主要包括宽度和高度、旋转角度、水平和垂直翻转、填色和描边、对齐方式等。

3. 工具箱

工具箱汇集了常用的各种创建和设置工具，如选择工具、文字工具、各种图形工具等。工具按钮右下角有黑色小三角形状的，表示该工具还包含其他相关工具，在此工具按钮上单击鼠标右键，或按住鼠标左键不放即可将其显示并选择使用，如图1-10所示。

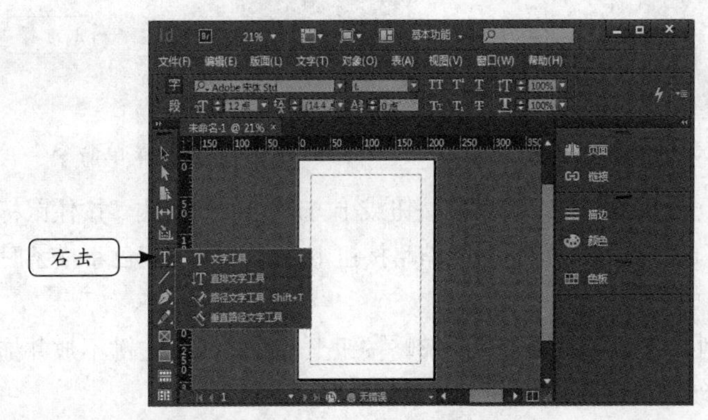

图 1-10 工具按钮组

如果发现工具箱中的所有工具排列过长时，可单击工具箱上方的“伸缩”按钮，将一列按钮变为两列显示。

4. 功能面板区

功能面板区位于界面右侧，用于对象的各种编辑和控制。功能面板区可根据需要进行调整，主要包括添加与删除、展开与收缩，以及合并与拆分等操作。

（1）添加与删除功能面板：通过“窗口”菜单打开需要添加的功能面板，然后拖动到功能面板区中即可实现面板的添加操作；若需要从功能面板区中将某个面板删除，可在该面板的缩略按钮上单击鼠标右键，在弹出的快捷菜单中选择“关闭”命令来实现。

（2）展开与收缩功能面板：在功能面板区中单击面板的缩略按钮可展开该面板；再次单击该按钮便可收缩面板，隐藏其中的参数。

（3）合并与拆分功能面板：拖动某一面板的缩略按钮到功能面板区空白位置，可将该面板独立显示，实现拆分操作；若拖动缩略按钮到其他面板的缩略按钮上或某一组功能面板中，可合并功能面板。

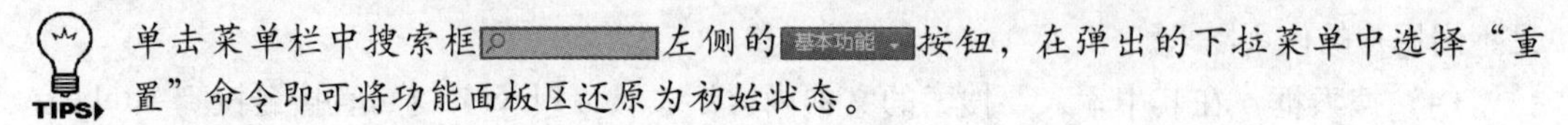

单击菜单栏中搜索框左侧的基本功能按钮，在弹出的下拉菜单中选择“重置”命令即可将功能面板区还原为初始状态。

下面通过调整功能面板区为例，进一步巩固启动与退出Indesign、添加与合并功能面板的方法。

【实例1-1】 调整功能面板区

素材文件：无	效果文件：无
视频文件：视频 \ 第 1 章 \1-1.swf	操作重点：启动与退出 Indesign、添加与合并功能面板

1 在桌面双击快捷图标启动Indesign CC，如图1-11所示。

2 选择【窗口】/【图层】菜单命令，如图1-12所示。

图 1-11 启动 Indesign CC

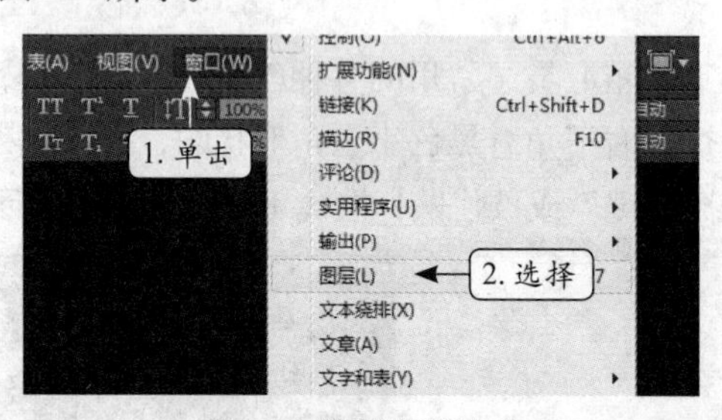

图 1-12 选择菜单命令

3 将鼠标指针移至展开面板的缩略文字按钮或上方的空白标题处，按住鼠标左键不放并拖动到右侧功能面板区的“色板”面板功能缩略按钮下方，当出现蓝色小横条时释放鼠标，如图1-13所示。

4 将鼠标指针移到“色板”面板的功能缩略按钮上，按住鼠标左键不放并拖动到上方功能面板组中，当出现蓝色矩形框时释放鼠标，如图1-14所示。

5 单击界面右上方的“关闭”按钮退出Indesign CC完成本次操作，如图1-15所示。

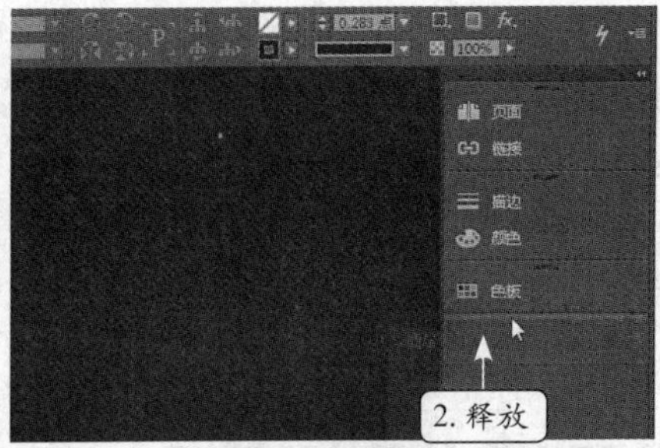

图 1-13　拖动面板

图 1-14　合并面板

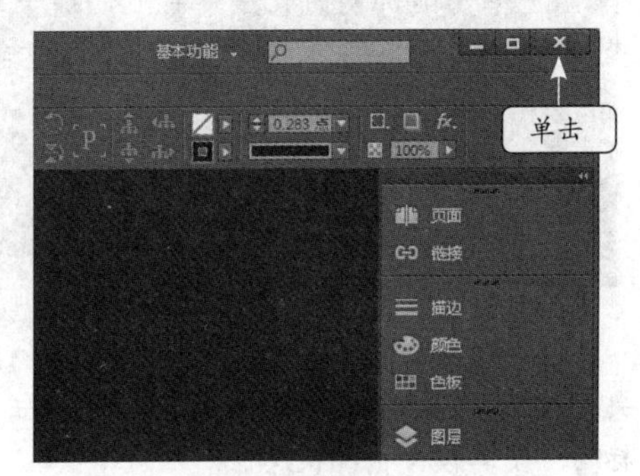

图 1-15　退出 Indesign CC

5. 工作区

工作区由整个页面和粘贴板组成，它是Indesign CC中非常重要的区域，主要的制作编辑工作都是在该区域中完成的。

TIPS 按【W】键可以屏蔽所有的粘贴板和出血位，此时预览到的版面内容就是打印出来的效果。

6. 状态栏

状态栏位于操作界面最下方，其作用主要用于定位页面、检查文档错误等，如图1-16所示。

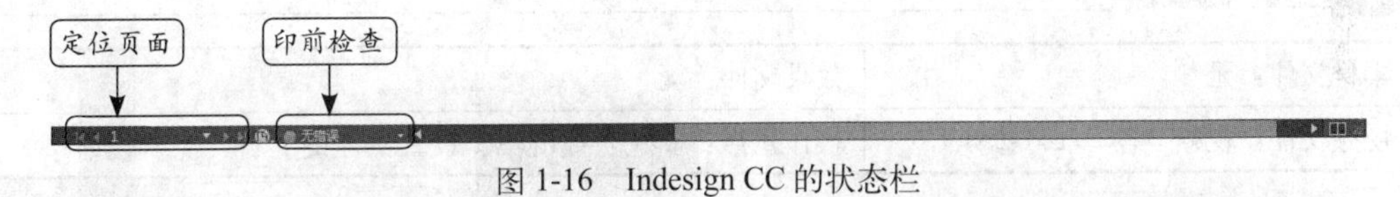

图 1-16　Indesign CC 的状态栏

1.2.2　自定义Indesign CC使用环境

Indesign CC允许对其操作界面进行设置，以满足用户的不同操作环境。下面分别介绍自定义菜单、设置快捷键、设置首选项和更改主题界面颜色的方法。

1. 自定义菜单

自定义菜单是指对Indesign CC菜单栏中的下拉菜单进行设置，常见的操作主要包括隐藏菜单命令和着色菜单命令，前者可以隐藏菜单中不常用的命令；后者可以快速识别经常用到的菜单命令。

（1）隐藏菜单命令：选择【编辑】/【菜单】菜单命令，在打开的“菜单自定义”对话框中单击需隐藏菜单的选项对应的“可视性”栏下的“可视性”图标，使其变为状态，即可在菜单命令中将其隐藏，如图1-17所示。

（2）着色菜单命令：选择【编辑】/【菜单】菜单命令，打开“菜单自定义”对话框，在需要着色的菜单选项对应的“颜色”栏下，通过单击下拉按钮选择需要的颜色，即可使该菜单命令显示为设置的颜色，如图1-18所示。

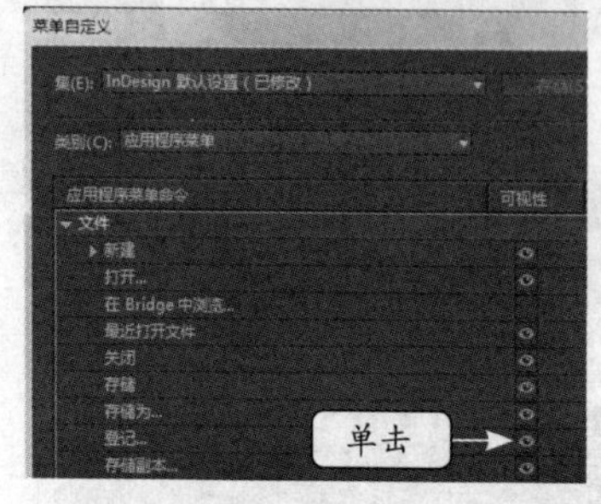

图 1-17　隐藏菜单

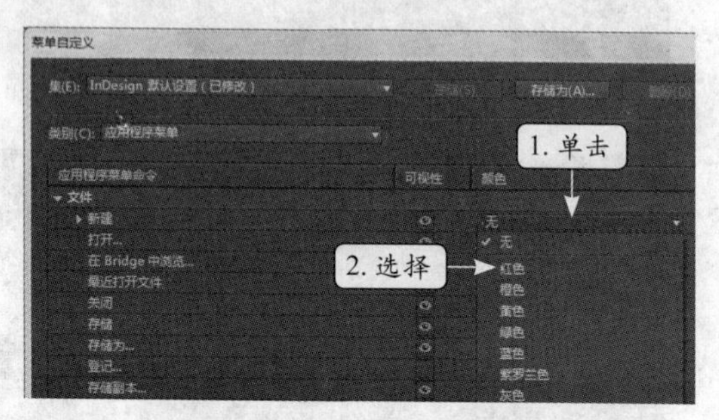

图 1-18　着色菜单

要想重新显示隐藏的菜单命令，可单击选项对应的“可视性”栏下的“可视性”图标，使其恢复为状态。

2. 设置快捷键

Indesign CC允许用户根据自己的需求来设置各种命令的快捷键。选择【编辑】/【键盘快捷键】菜单命令，在打开的“键盘快捷键”对话框中新建快捷键集，并指定命令对应的快捷键即可。

TIPS 在Indesign中设置快捷键时，不能对系统默认的快捷键直接进行设置，需要在基于某种快捷键的模板上新建集，然后，在新建的集中才能进行操作。

下面通过将“打开”菜单命令默认的快捷键更改为“N”为例，详细介绍设置快捷键的方法。

【实例1-2】 设置“打开”菜单命令的快捷键

素材文件：无	效果文件：无
视频文件：视频 \ 第 1 章 \1-2.swf	操作重点：新建快捷键集、设置快捷键

1 启动Indesign CC，选择【编辑】/【键盘快捷键】菜单命令，如图1-19所示。

2 在打开的“键盘快捷键”对话框中单击 新建集(N)... 按钮，打开“新建集”对话框。在“名称”文本框中输入“我的快捷键”，单击 确定 按钮，如图1-20所示。

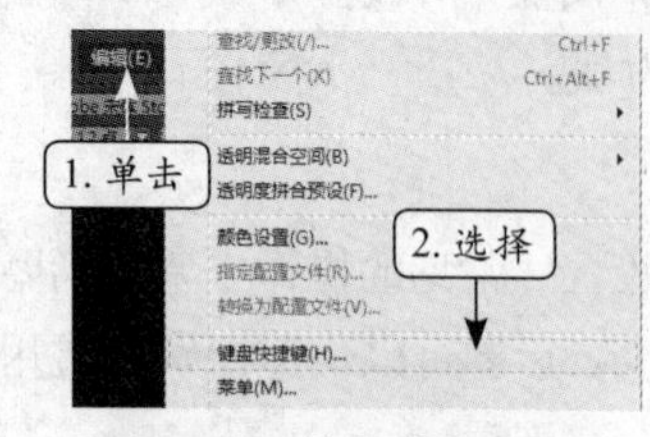

图 1-19　选择菜单命令

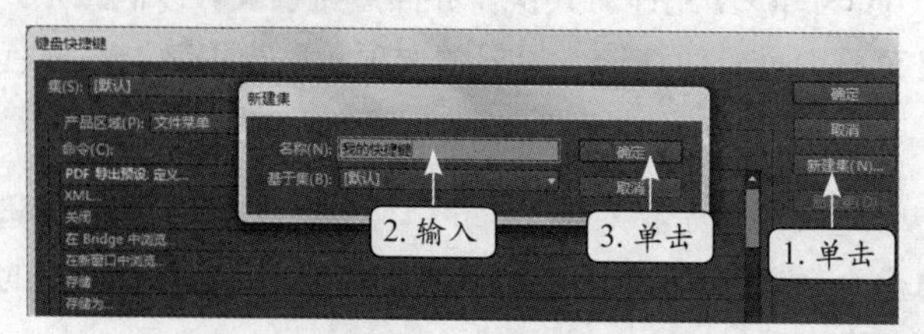

图 1-20　新建集

3 在“集”下拉列表框中选择“我的快捷键”选项，然后选择“命令”列表框中的“打开”选项，选择“当前快捷键”列表框中的“默认：Ctrl+O”选项，单击 移去(M) 按钮，如图1-21所示。

4 在“新建快捷键”文本框中输入“N”，单击 指定(A) 按钮，确认设置即可完成操作，如图1-22所示。

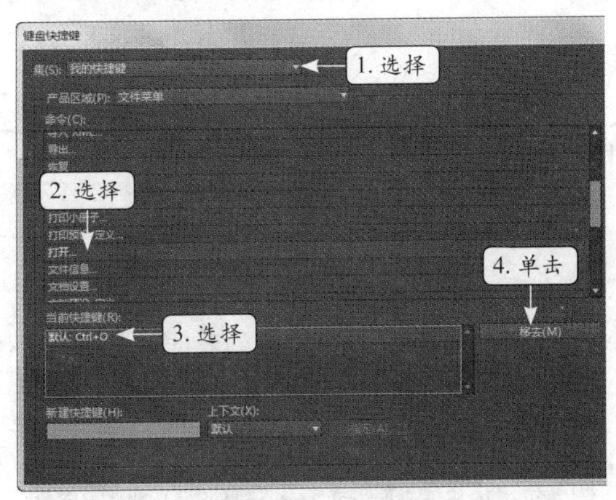

图1-21 移去快捷键

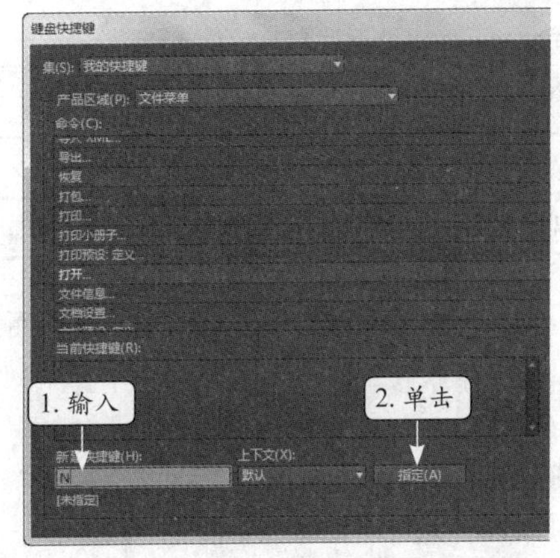

图1-22 设置新快捷键

3. 首选项设置

首选项设置是指对软件预设好的一些基本功能进行设置，包括对常规选项、界面选项、排版选项、网格选项、拼写检查等选项的设置。

下面通过改变行间距的默认值为150%为例，介绍设置首选项的方法。

【实例1-3】 设置默认行间距

素材文件：无	效果文件：无
视频文件：视频\第1章\1-3.swf	操作重点：编辑首选项内容

1 选择【编辑】/【首选项】/【文章编辑器显示】菜单命令，如图1-23所示。

2 打开“首选项”对话框，在“文本显示选项”栏的“行间距”下拉列表框中选择“150%间距”选项，确认设置即可完成操作，如图1-24所示。

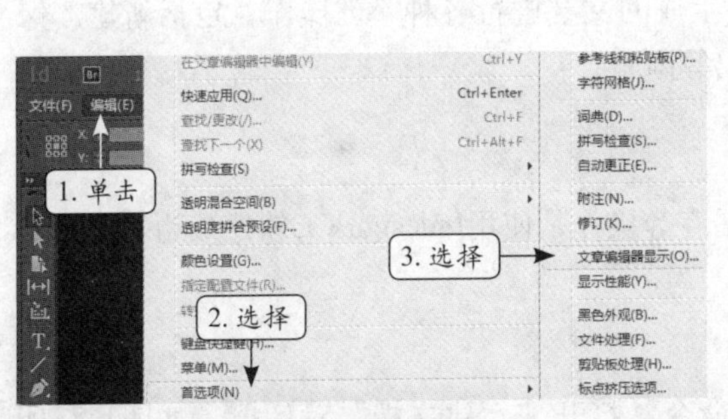

图1-23 选择菜单命令

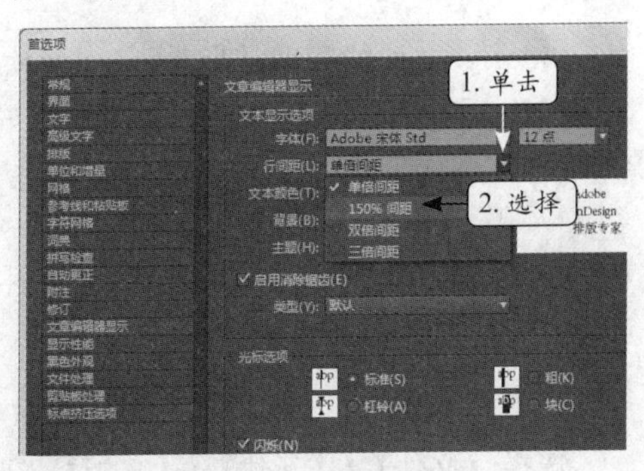

图1-24 设置行间距

4. 更改主题界面颜色

为方便不同用户在自己习惯的界面颜色下进行工作，Indesign CC提供了更改主题界面颜色的功能。此外，更改主题颜色后还可以解决某种菜单命令与当前界面颜色相似而影响可视性的问题。

下面通过将主题颜色更改为中等浅色为例，介绍更改主题界面颜色的方法。

【实例1-4】 更改主题颜色为中等浅色

素材文件：无	效果文件：无
视频文件：视频\第 1 章\1-4.swf	操作重点：更改主题颜色

1 选择【编辑】/【首选项】/【界面】菜单命令，如图1-25所示。

2 打开“首选项”对话框，在右侧“外观”栏的“颜色主题”下拉列表框中选择“中等浅色”选项，确认设置，如图1-26所示。

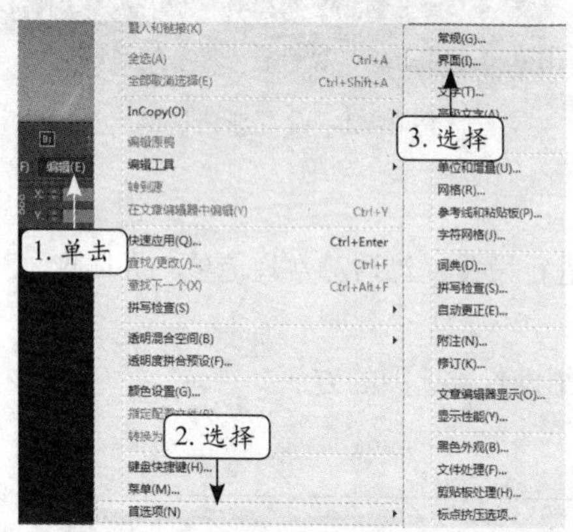

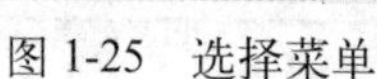

图 1-25 选择菜单

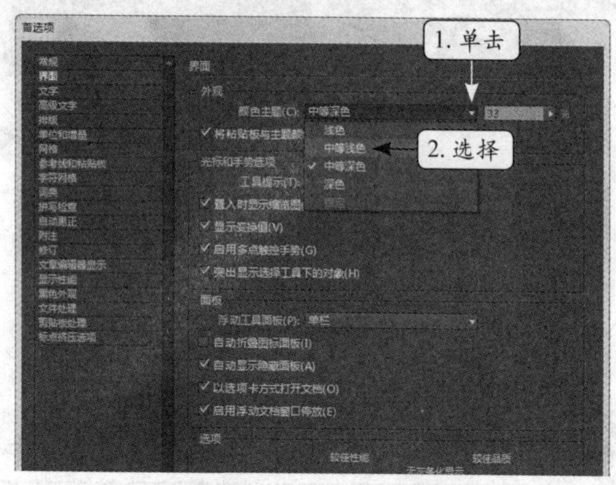

图 1-26 设置界面主题颜色

TIPS 在“外观”栏的“颜色主题”下拉列表框右侧的数值框中，可以直接输入数字来改变主题界面的颜色，范围为0～100%。

1.3 Indesign文件的管理

Indesign文件的管理是指对Indesign软件生成的文档进行各种管理操作，包括新建、保存、另存、打开、关闭、转化、恢复以及导出等内容。

1.3.1 新建、保存与另存文档

在文档的管理中，文档的新建、保存和另存等操作是使用Indesign CC软件最为基本又不可避免的操作之一。

1. 新建文档

选择【文件】/【新建】/【文档】菜单命令，打开“新建文档”对话框，如图1-27所示。按需要设置页面参数，然后单击 边距和分栏... 按钮，在打开的“新建边距和分栏”对话

框中按需要设置边距和分栏，最后单击确定按钮即可新建文档。

“新建文档”对话框中部分参数的作用如下。

- 页数：用于设置文档包含的页数，范围在1~9999页之间。
- 页面大小：在其中预设有几种常见的尺寸选项可供选择，若需要自定义页面大小，可在下方的“宽度”和“高度”文本框中手动输入，单位默认为毫米。
- 页面方向：其中提供有“纵向”按钮和“横向”按钮，单击相应按钮可调整页面的显示方向。
- 出血和辅助信息区：单击“出血和辅助信息区”栏左侧的“展开”标记，便可展开出血和辅助信息的设置参数，如图1-28所示。其中“出血”栏的各文本框用于设置出血位的大小；“辅助信息区”栏的各文本框用于设置辅助信息区的大小。

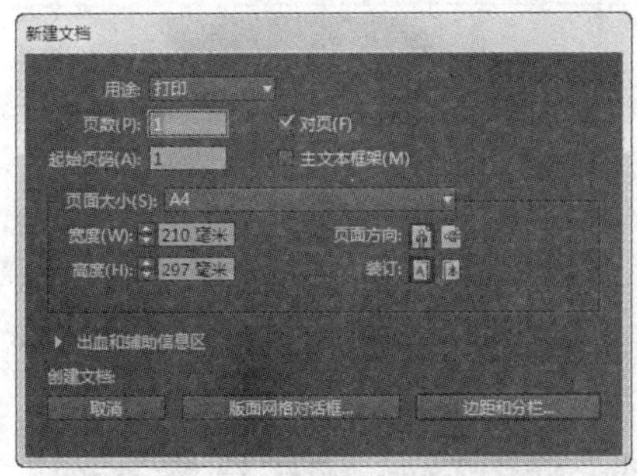

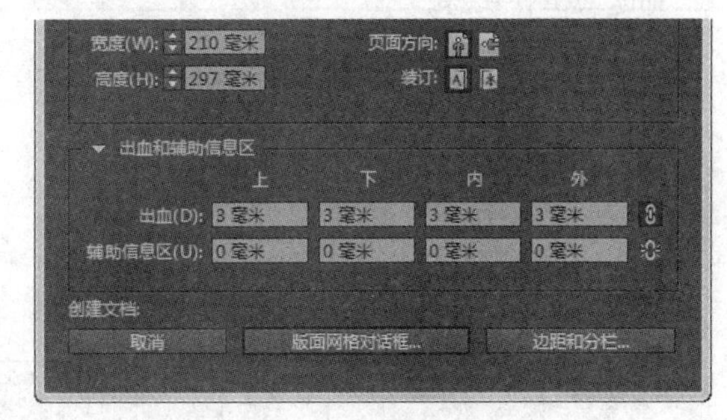

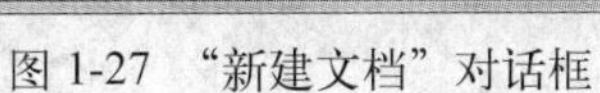
图 1-27 “新建文档”对话框　　图 1-28 出血和辅助信息区

在“出血和辅助信息区”栏中的“将所有设置设为相同”按钮为状态时，表示当在任意文本框中输入一个数值后，其他文本框的数值会自动修正为相同数值；若该按钮为状态，则可单独自定义各文本框中的数值。

- 取消：单击该按钮将取消新建文档的操作。
- 版面网格对话框：单击该按钮将打开“新建版面网格”对话框，在其中可对版面网格进行设置。
- 边距和分栏：单击该按钮将打开“新建边距和分栏”对话框，在其中可设置文档的页边距、分栏数量和栏间距等参数，如图1-29所示。

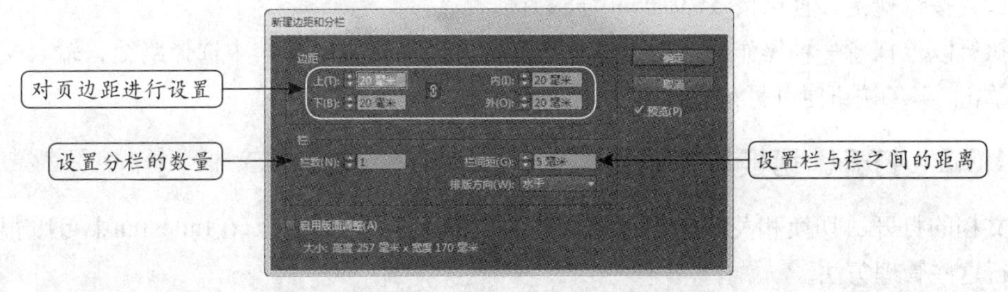

图 1-29 “新建边距和分栏”对话框

按【Ctrl+Alt+N】键可直接按照最近一次“新建文档”和“新建边距和分栏”对话框中设置的参数来新建文档。此方法避免了新建相同页面时重新设置参数的烦琐。

2. 保存文档

为避免丢失数据或因死机、断电等意外情况造成数据损坏，就需要对文档进行保存，以最大限度保证数据的安全。

保存文档的方法有以下两种。

（1）通过“存储”命令：选择【文件】/【存储】菜单命令。

（2）按快捷键：直接按【Ctrl+S】键。

第1次存储文档并执行以上任意一种操作后，均会打开“存储为”对话框，在其中设置保存路径和文档名称，单击保存(S)按钮即可完成保存操作，如图1-30所示。

关闭当前文档或退出Indesign CC时，如果文档未及时保存，Indesign会自动打开“Adobe Indesign”对话框提示是否保存当前文件，如图1-31所示，单击是(Y)按钮将存储该文档；单击否(N)按钮将不会存储文档而直接关闭当前文档；单击取消按钮将返回工作状态。

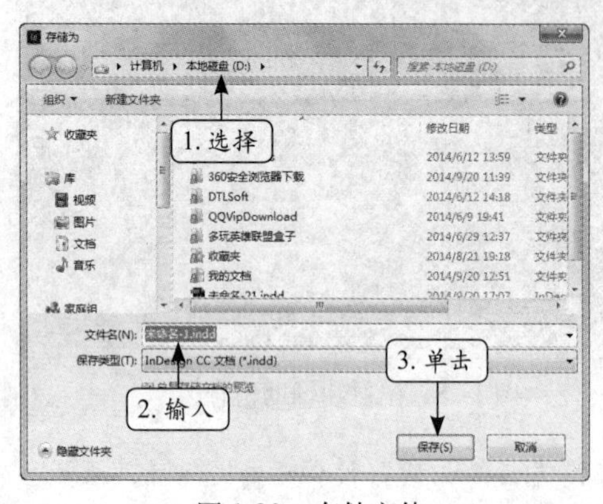

图 1-30　存储文件

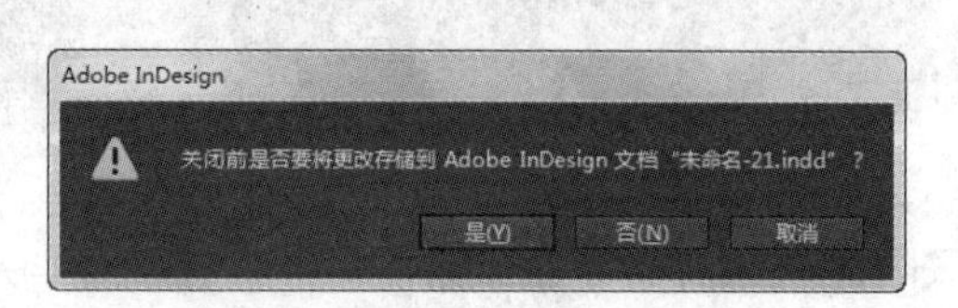

图 1-31　提示是否存储文件

3. 另存文档

另存文档可实现数据的备份操作，以便在意外丢失或损坏源文档的情况下，有可用的备份文档进行使用。

另存文档可通过以下两种方式实现。

（1）通过“存储为”命令：选择【文件】/【存储为】菜单命令。

（2）按快捷键：直接按【Ctrl+Shift+S】键。

执行以上任意一种操作后，均会打开“存储为”对话框，在其中选择路径，输入文件名后，单击保存(S)按钮便可另存文档。

1.3.2　打开、切换与关闭文档

文档的打开、切换和关闭操作也是管理文档的基本操作之一，在Indesign中可以很轻松地执行这些管理方法。

1. 打开文档

打开文档的方法有以下几种。

（1）通过“打开”命令：选择【文件】/【打开】菜单命令。

（2）按快捷键：直接按【Ctrl+O】键。

（3）双击或拖动文档：双击Indesign文档或将其拖动到软件中，可启动Indesign并打开所选文档。

利用“打开”命令或按快捷键时都会打开“打开文件”对话框，在其中选择文档保存的路径和要打开的文档后，单击打开(O)按钮即可，如图1-32所示。

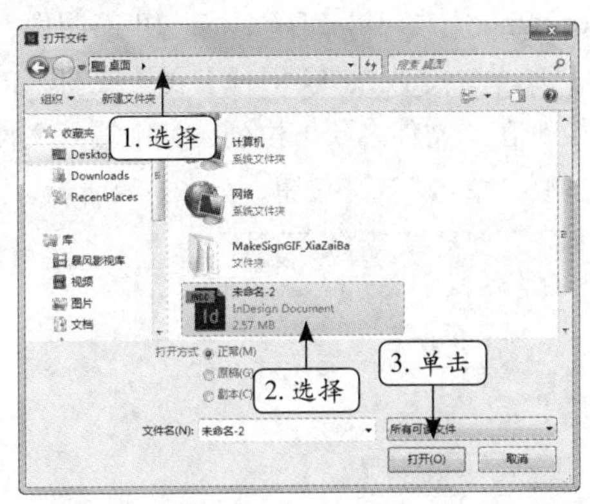

图 1-32 打开文档

2. 切换文档与调整文档顺序

切换文档是指在Indesign工作区中同时存在多个文档时，将其中任意一个文档变为活动文档的操作；调整文档顺序则是指调整文档在Indesign工作区的选项卡中的排列顺序。两种操作的方法如下：

（1）切换文档：在工作区中单击文档对应的选项卡。

（2）调整文档顺序：水平拖动文档对应的选项卡到适当位置，如图1-33所示。

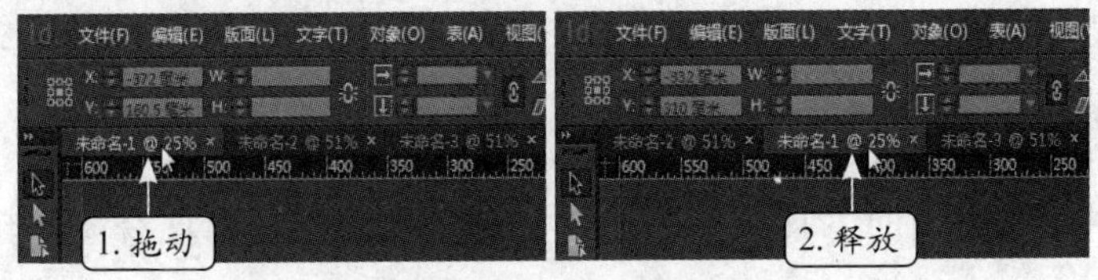

图 1-33 调整文档顺序

3. 关闭文档

关闭文档的方法有以下几种。

（1）通过选项卡“关闭”按钮：单击文档选项卡右侧的“关闭”按钮×。

（2）通过界面“关闭”按钮：单击界面右上角的“关闭”按钮×。

（3）按快捷键：按【Ctrl+W】键。

（4）通过“关闭”命令：选择【文件】/【关闭】菜单命令。

1.3.3 转化与恢复文档

转化文档是指将旧版Indesign生成的文档转化成Indesign CC默认的文档格式；恢复文件则指将未及时保存就关闭的文档进行恢复，以找回丢失的数据。两种操作的方法分别如下。

（1）转化文档：打开旧版文档后选择【文件】/【存储】菜单命令，在打开的“存储为”对话框，按保存文档的方法进行操作即可。

（2）恢复文档：当打开未及时保存的文档时，Indesign CC软件会打开提示对话框，提醒用户可恢复上一次未及时保存的文档，直接打开即可恢复。

1.3.4 导出文档

Indesign CC能够将Indesign文档导出为PDF文档、JPEG图像、网页文档等格式，其方法为：选择【文件】/【导出】菜单命令或按【Ctrl+E】键，在打开的“导出”对话框的路径下拉列表框中选择导出的路径，在“文件名”下拉列表框中输入文件名，在“保存类型”下拉列表框中选择相应的保存类型，单击保存(S)按钮，如图1-34所示。

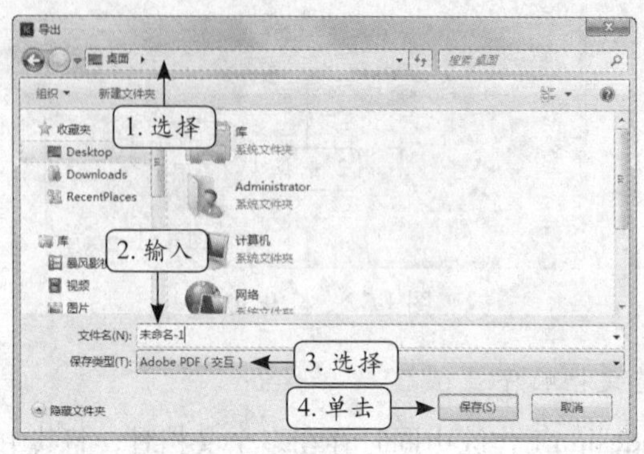

图 1-34 导出文件

1.4 辅助工具与视图控制

使用Indesign CC时为了设计的精准和方便，常常会使用辅助工具和视图控制功能。熟练运用好这些对象，可以有效提高工作效率。

1.4.1 辅助工具的应用与设置

Indesign中常见的辅助工具包括参考线、标尺和网格，下面分别介绍其特点和使用方法。

1. 标尺

标尺是对象所在位置和大小的有效参考工具，对控制版面内部的各种对象起着非常重要的作用，使用标尺可以精确地对齐对象或选取范围。

Indesign中的标尺主要由水平标尺、垂直标尺和原点构成，如图1-35所示。

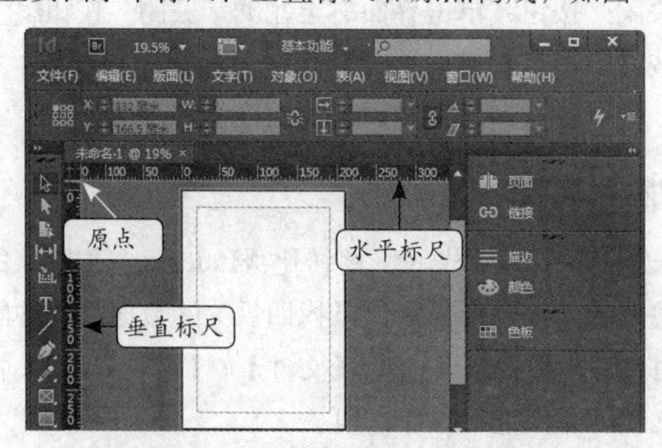

图 1-35 水平和垂直标尺

标尺的使用和设置，主要包括以下几个方面。

(1) 显示和隐藏标尺：按【Ctrl+R】键可以显示或隐藏标尺。

(2) 更改标尺单位：在水平或垂直标尺上单击鼠标右键，在弹出的快捷菜单中可改变标尺的度量单位，如图1-36所示。

(3) 改变标尺原点：默认的标尺原点是水平标尺和垂直标尺的交界处。按住鼠标左键不放并拖动原点，到适当位置时释放鼠标，即可改变水平和垂直标尺的零点位置，如图1-37所示。

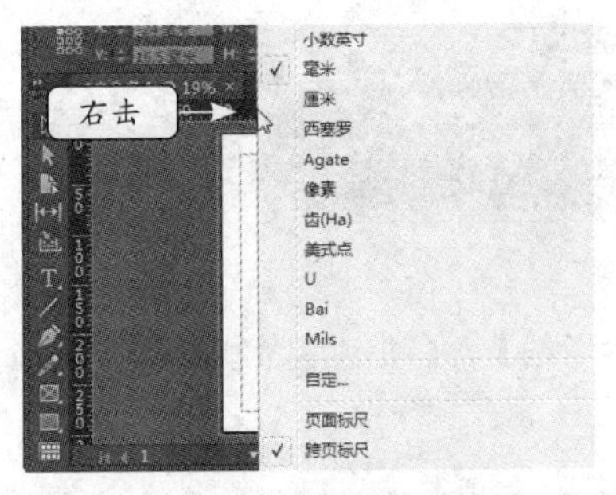

图 1-36　更改单位

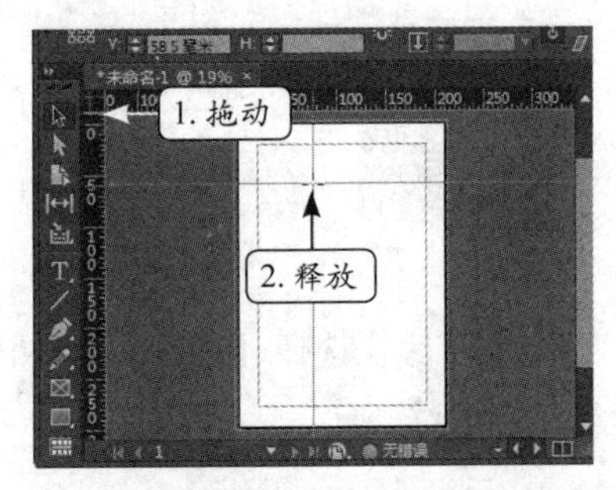

图 1-37　拖动原点

如果想要恢复原点的默认位置，只需在原点处双击鼠标即可。

2. 参考线

参考线是用于版面布局时精确定位或对齐对象的辅助工具，Indesign中的参考线分为页面参考线和跨页参考线两种。

(1) 含义：页面参考线是指仅存在于单个页面的参考线，而跨页参考线是指参考线存在于对页和粘贴板当中的参考线。

(2) 创建方法：拖动标尺到某个页面当中的适当位置，创建的是页面参考线，如图1-38所示；拖动标尺到粘贴板上的适当位置，则创建的是跨页参考线，如图1-39所示。

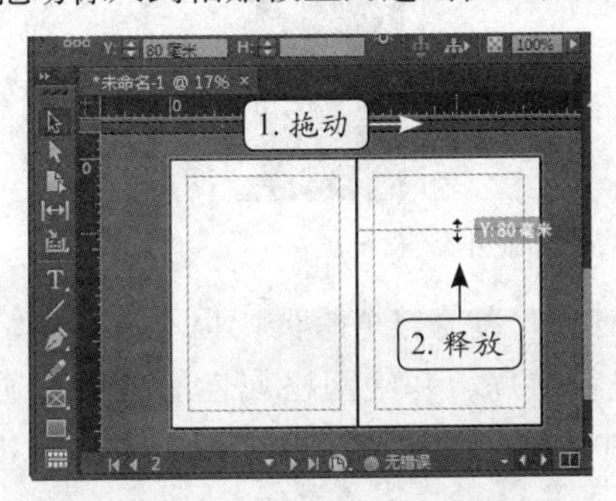

图 1-38　创建页面参考线

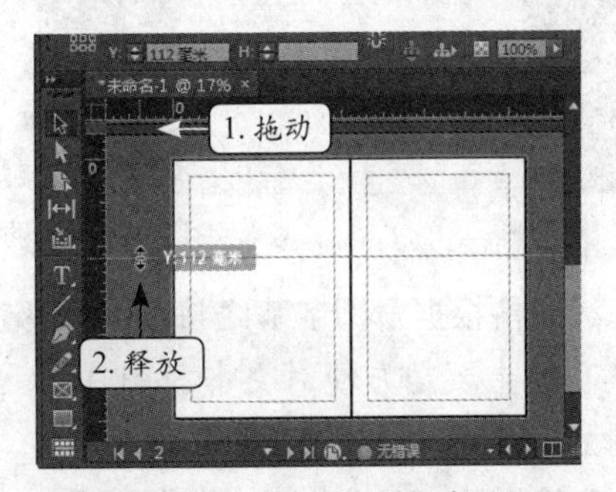

图 1-39　创建跨页参考线

页面参考线和跨页参考线是可以相互转换的，拖动页面参考线到粘贴板上释放鼠标，可将页面参考线转换为跨页参考线；拖动跨页参考线到页面中释放鼠标，则可转换为页面参考线。

在Indesign CC中可以对参考线进行创建、移动、着色和锁定等操作，下面分别介绍操作方法。

（1）创建参考线：除拖动标尺创建外，还可以在标尺上双击鼠标或选择【版面】/【创建参考线】菜单命令来创建一条或多条参考线。

（2）移动参考线：选中某条已创建的参考线，直接拖动即可移动其位置。除此之外，也可选中某条参考线后，在上方属性面板的“X”和“Y”数值框中精确输入参考线的位置来移动参考线。

（3）着色参考线：选中参考线，选择【版面】/【标尺参考线】菜单命令，在打开的“标尺参考线”对话框中可对参考线的颜色进行设置，如图1-40所示。

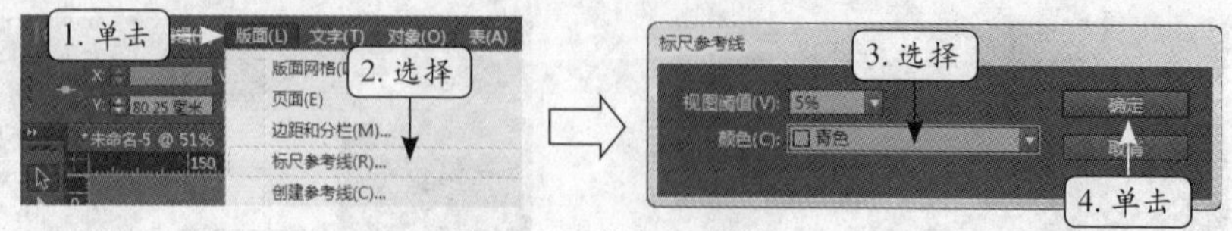

图 1-40 着色参考线

（4）锁定参考线：选择【视图】/【网格和参考线】/【锁定参考线】菜单命令即可锁定页面中全部的参考线。

TIPS 选中参考线，单击鼠标右键，在弹出的快捷菜单中选择“锁定”命令，此时可对单个参考线进行锁定。

3. 网格

网格的主要作用是方便设计中对象位置的排列。Indesign CC主要提供有基线网格、文档网格和版面网格三种网格。它们的显示和隐藏都可以通过选择【视图】/【网格和参考线】菜单命令，在弹出的子菜单中选择相应的命令来实现。

基线网格、文档网格和版面网格在版面或工作区中显示的效果如图1-41所示。

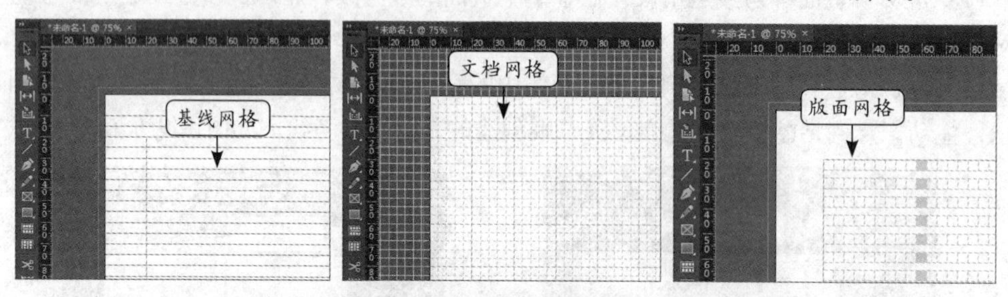

图 1-41　三种网格的不同显示效果

基线网格根据罗马字基线将多个段落进行对齐，覆盖整个跨页，但不能指定给某个主页，其功能主要是方便对文本、图片等元素进行布局。基线网格属性的编辑可通过选择【编辑】/【首选项】/【网格】菜单命令，在打开的“首选项”对话框中实现，其界面显示如图1-42所示，部分参数的作用如下。

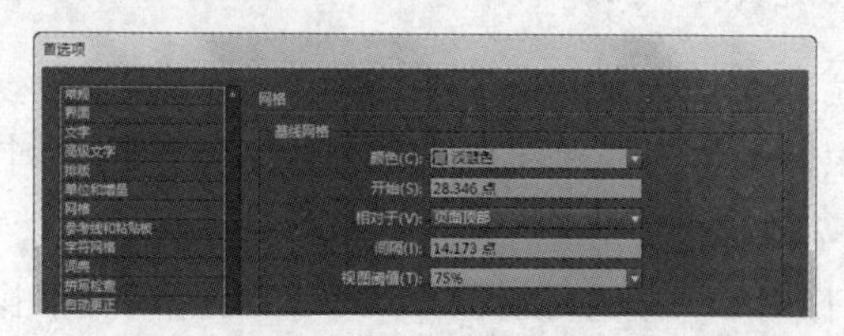

图 1-42　基线网格的参数

- 颜色：在其中可对基线网格的颜色进行设置。
- 开始和相对于："开始"文本框可设置网格的偏移量，"相对于"下拉列表框中可设置偏移量的参照对象，包括页面顶部和上边距。
- 间隔：可设置每条水平基线网格之间的距离。
- 视图阈值：指页面的缩放比例大于或等于预设好的"视图阈值"数值时才能显示基线网格，如上图预设为75%，则页面的缩放比例大于或等于75%时才会显示基线网格。

文档网格用于对齐对象，覆盖整个的页面和粘贴板，不能指定给某个主页。选择【编辑】/【首选项】/【网格】菜单命令可打开"文档网格"对话框，如图1-43所示。

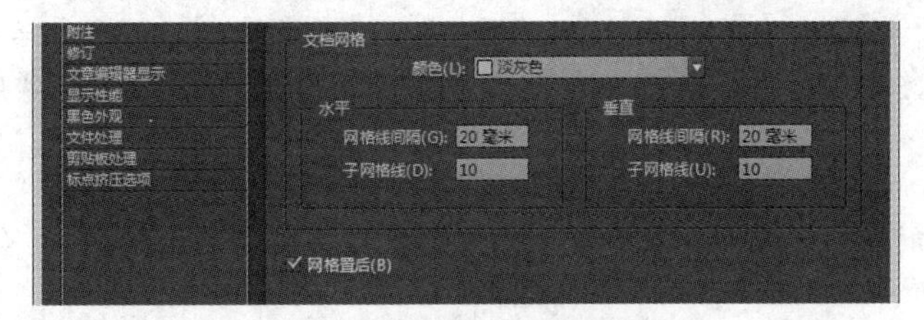

图 1-43 文档网格的参数

- 颜色：在其中可对文档网格的颜色进行设置。
- 水平："网格线间隔"文本框可设置水平方向的网格线之间的距离；"子网格线"文本框可设置在一个大的方格网格中，水平方向上有多少条网格线。
- 垂直："网格线间隔"文本框可设置垂直方向的网格线之间的距离；"子网格线"文本框可设置在一个大的方格网格中，垂直方向上有多少条网格线。
- 网格置后：选中该复选框后所设置的网格在页面或粘贴板上的底层，从而不影响对象的正常编辑。
- 版面网格适用于对象与文本大小的单元格对齐，版面网格显示在各个版面的中心，可指定给某个主页或文档页面。选择【版面】/【版面网格】菜单命令可打开"版面网格"对话框，如图1-44所示，其中部分参数的作用如下。

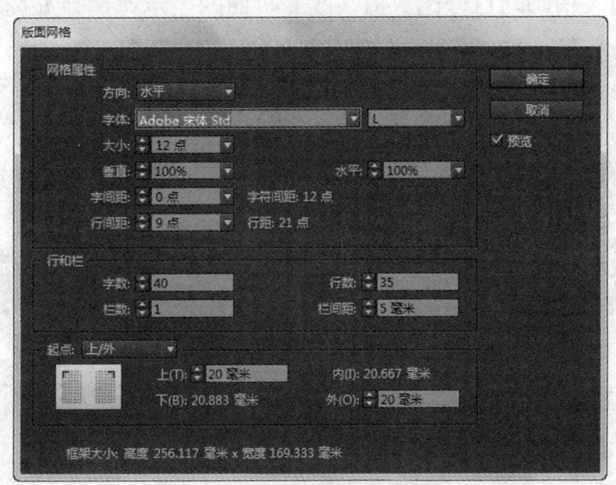

图 1-44 版面网格的参数

- 方向：选择"水平"选项可以使文本从左向右水平排列，选择"垂直"选项可以使文本从上向下垂直排列。
- 字体和大小：指版面中基准字符的字体样式和大小，字符大小还可确定版面网格中的各个网格单元的大小。

- 垂直和水平：指整个版面网格在垂直或水平方向的缩放比例。
- 字间距和行间距：字间距指版面网格中的水平方向上，各个网格单元之间的距离；行间距指版面网格中每一行网格单元之间的距离。
- 字数和行数：字数指在水平方向上，每一行所拥有的网格单元的个数；行数指版面网格拥有的行网格单元个数。
- 栏数和栏间距：栏数指分为多少栏；栏间距指每一栏之间的空白距离。
- 起点：用于设置网格在页面中的起始位置，从而调整网格在页面中的位置，其选项有“上/外”、“上/内”、“下/外”、“下/内”、“垂直居中”、“水平居中”、“完全居中”等，如选择“上/外”选项，在下方的参数中可调整“上”和“外”相对页边距的距离。

Indesign CC的默认设置要求版面显示比例需要大于或等于50%时，才会显示版面网格。

1.4.2 视图的控制

视图的控制是指对整个工作区和功能面板区的显示比例、各个参数、各种模式等进行设置。视图的控制包括页面显示大小的缩放、视图显示参数的选择、视图显示模式的选择和文档窗口的排列设置等。

1. 页面的缩放

页面的缩放即页面显示大小的改变，在操作过程中经常遇到将页面放大后进行局部设置，或把页面显示缩小以便观看整体布局的情况，所以熟练掌握页面的缩放就显得格外重要。

缩放页面的方法有以下几种。

（1）通过“页面缩放比例”下拉列表框：在其中可以选择页面的显示比例，也可以直接在该下拉列表框中输入精确的百分比数值来改变页面的显示比例，如图1-45所示。

图 1-45　缩放页面显示比例

（2）通过滚动鼠标滚轮：按住【Alt】键不放，向上滚动鼠标滚轮可以放大页面的显示比例；向下滚动鼠标滚轮则可缩小页面的显示比例。

2. 视图的显示参数

单击“视图选项”下拉按钮，在弹出的下拉列表中可选择在页面中显示的参数选项，如框架边线、标尺、参考线、智能参考线和基线网格等，当某个选项左侧出现标记时，表示页面中将显示该内容，如图1-46所示。

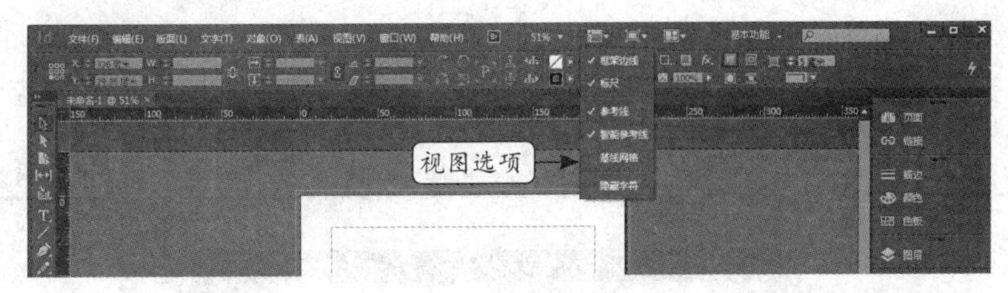

图 1-46 视图选项的设置

3. 视图的显示模式

视图的显示模式分为正常、预览、出血、辅助信息区和演示文稿，Indesign CC的默认显示模式为“正常”。

单击“屏幕模式”下拉按钮，在弹出的下拉列表中选择所需的视图显示模式即可，如图1-47所示。各显示模式的作用分别如下。

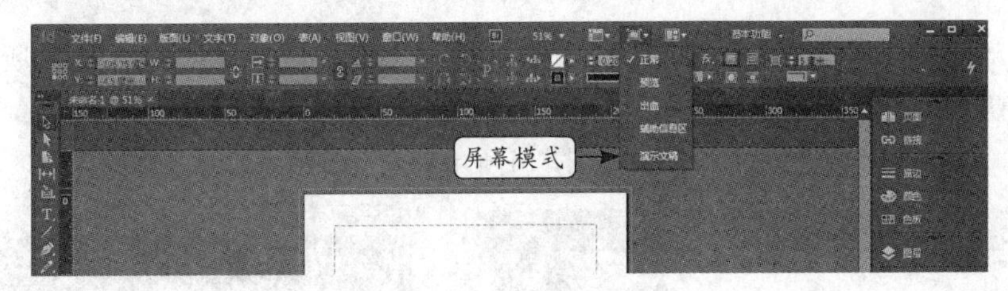

图 1-47 显示模式的设置

- 正常：正常显示是Indesign CC的默认状态，在工作区中会显示页面、页边距、出血等内容。
- 预览：显示作品完成剪裁后的效果。
- 出血：显示包含出血位的预览效果。
- 辅助信息区：显示包含辅助信息区的预览效果。
- 演示文稿：以幻灯片播放的方式显示。

4. 文档窗口的排列

在Indesign CC中可以同时对多个文档进行编辑，每个文档的页面都会在工作区的选项卡中显示，当需要同时预览多个文档时，可单击“排列文档”下拉按钮，在弹出的下拉列表中选择所需的预设排列效果，如图1-48所示。

图 1-48 排列文档的选项

1.5 上机实训——创建展板模板

下面将通过上机实训综合练习文档的新建、存储、关闭以及参考线的创建、精确定位等知识，本实训的效果如图1-49所示。

素材文件：无	效果文件：效果 \ 第 1 章 \ 展板 .indd
视频文件：视频 \ 第 1 章 \1-5.swf	操作重点：新建、另存、关闭文档，创建参考线

图 1-49　展板模板的效果

1 启动Indesign CC，选择【文件】/【新建】/【文档】菜单命令，如图1-50所示。

2 打开“新建文档”对话框，在“宽度”和“高度”数值框中分别输入“2400”和“1200”，单击 边距和分栏... 按钮，如图1-51所示。

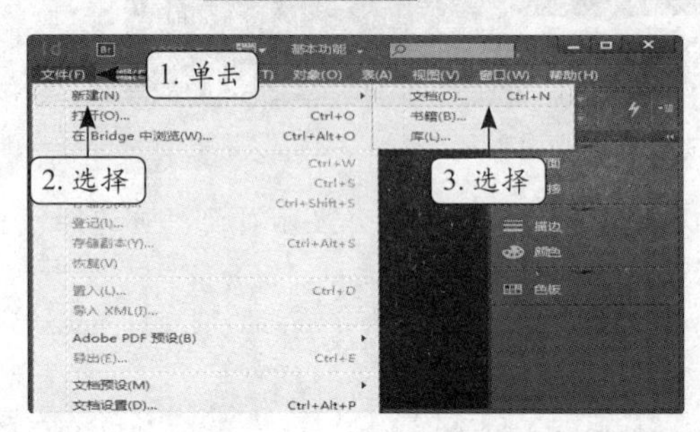

图 1-50　选择菜单命令

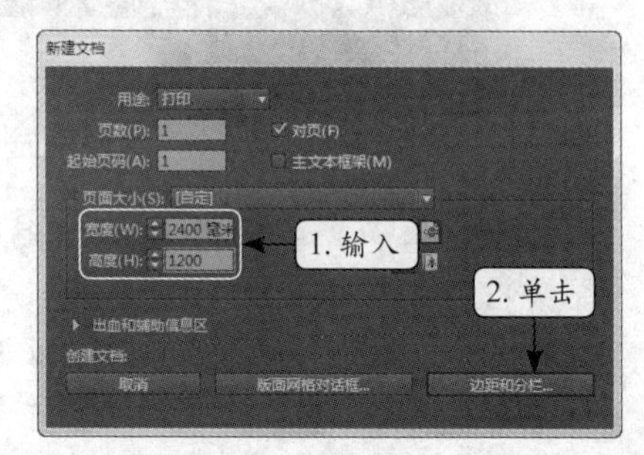

图 1-51　设置宽度和高度

3 打开“新建边距和分栏”对话框，在“边距”栏的“上”数值框中输入“10”，单击 确定 按钮，如图1-52所示。

4 在工作区左侧的垂直标尺处按住鼠标左键不放，向右拖动鼠标到版面中适当位置，释放鼠标，如图1-53所示。

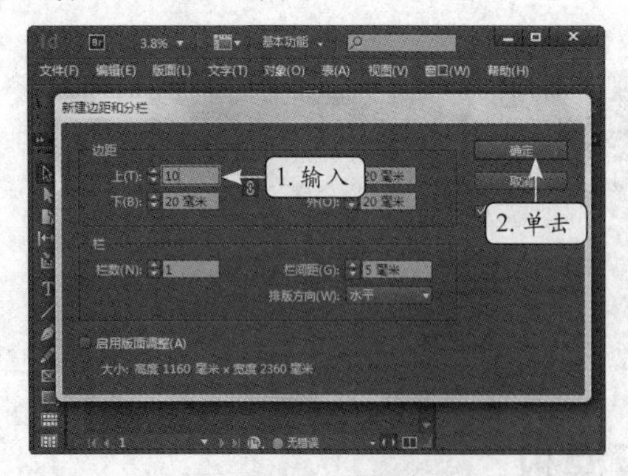

图 1-52　设置边距

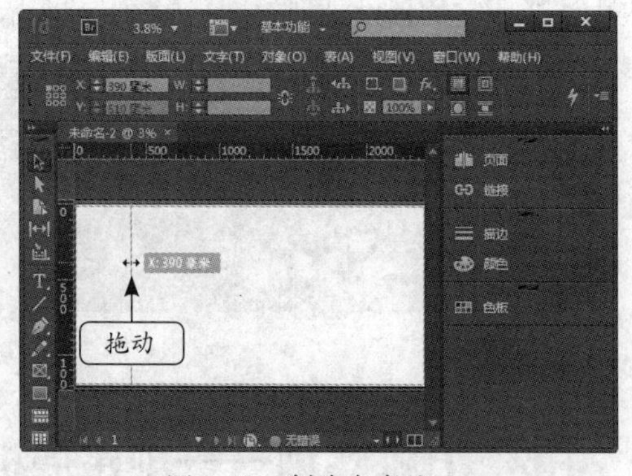

图 1-53　创建参考线

5 在属性面板中的“X”数值框中输入“150”，按【Enter】键，如图1-54所示。

6 按上述方法再创建一条垂直参考线，在属性面板中的“X”数值框中输入“2250”，按【Enter】键，如图1-55所示。

图 1-54　精确设置参考线位置

图 1-55　精确设置参考线位置

7 将鼠标指针移到上方水平标尺上，按住鼠标左键不放并拖动到版面中适当位置，释放鼠标，如图1-56所示。

8 在属性面板中的“Y”数值框中输入“150”，按【Enter】键，如图1-57所示。

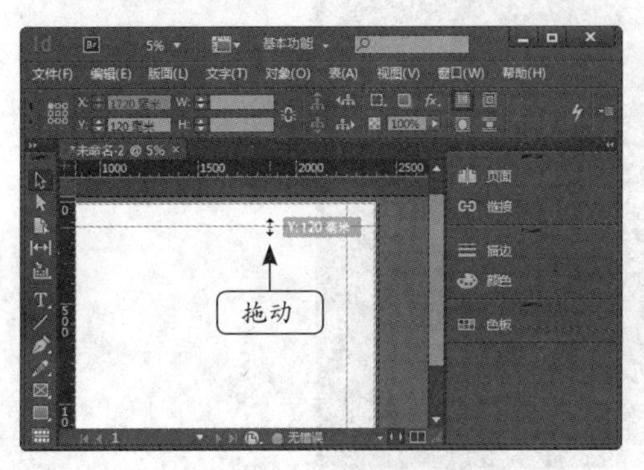

图 1-56　创建参考线

图 1-57　精确设置参考线位置

9 按上述方法再创建一条水平参考线，在属性面板中的“Y”数值框中输入“1050”，按【Enter】键，如图1-58所示。

10 选择【文件】/【存储】菜单命令，如图1-59所示。

图 1-58　精确设置参考线位置

图 1-59　保存文档

11 打开“存储为”对话框，在“路径”下拉列表框中设置文档的保存位置，在“文件名”下拉列表框中输入“展板”，单击保存(S)按钮，如图1-60所示。

12 单击工作区中选项卡上的“关闭”按钮关闭文档，如图1-61所示。

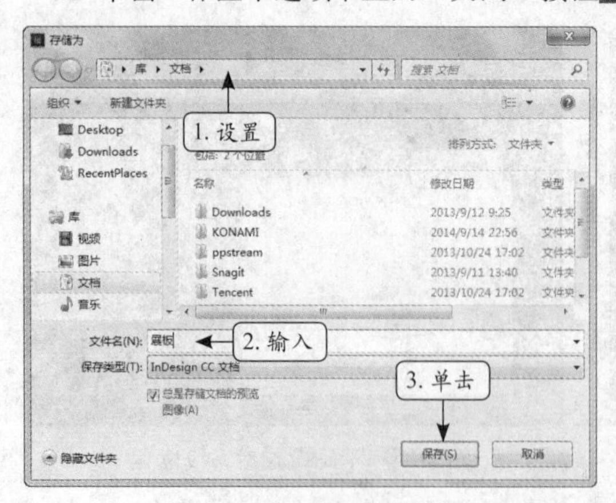

图 1-60　设置路径和文件名

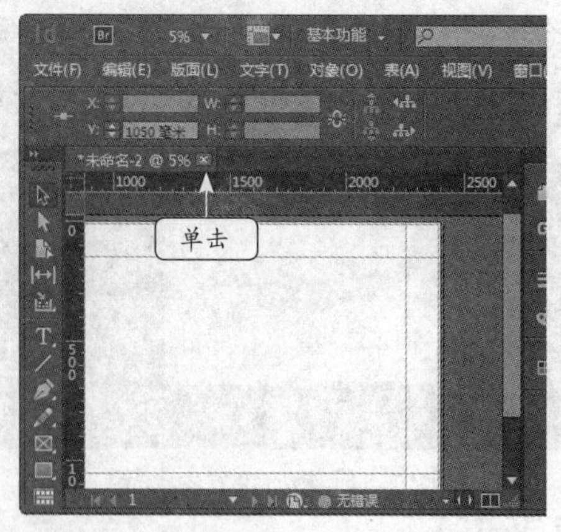

图 1-61　关闭文件

13 单击界面右上角的“关闭”按钮退出程序，如图1-62所示。

图 1-62　退出软件

1.5　本章小结

本章主要讲解了Indesign CC的基础知识，包括Indesign的应用领域、常见术语、启动与退出的方法，Indesign CC的操作界面组成、文件的管理、辅助工具与视图控制等内容。

其中，关于Indesign CC的操作界面需要熟练掌握，并着重掌握Indesign文件的管理和辅助工具的使用方法，特别是参考线的使用，它既可以准确地定位对象，又能够合理地划分和管理页面版式。

1.6　疑难解答

1.问：Indesign CC操作界面的大小和位置可以改变吗？

答：可以。当Indesign CC操作界面处于非最小化和最大化的状态时（单击“最小化”按钮右侧的“恢复”按钮可实现此状态），然后将鼠标指针移动到界面四个角的任意一个角边缘，当其变为状态时，按住鼠标左键不放并拖动即可改变界面的大小；在菜单栏中的任意空白区域拖动鼠标，则可改变界面的位置。

2.问：属性面板右端的按钮和按钮分别有什么作用？

答：属性面板右端的按钮是“快速应用”按钮，单击该按钮可以打开“快速应用”对话框，在其中可搜索并快速打开应用功能，这是Indesign CC为了方便用户在不熟悉应用功能的打开位置时特别设置的；属性面板右端的按钮是“展开菜单”按钮，此功能主要是在属性面板中添加和移除参数对象。

3.问：隐藏面板有快捷方法吗？

答：按【Tab】键可以同时隐藏属性面板、工具箱和功能面板区，按【Shift+Tab】键可单独隐藏功能面板区。

4.问：并排的功能面板拖动时是一起移动的，能不能单独移动其中一个功能面板？

答：想要单独移动某个面板，可以将鼠标指针移动到面板上方的区域，按住鼠标左键不放并拖动将会拆分并排的功能面板，如图1-63所示。

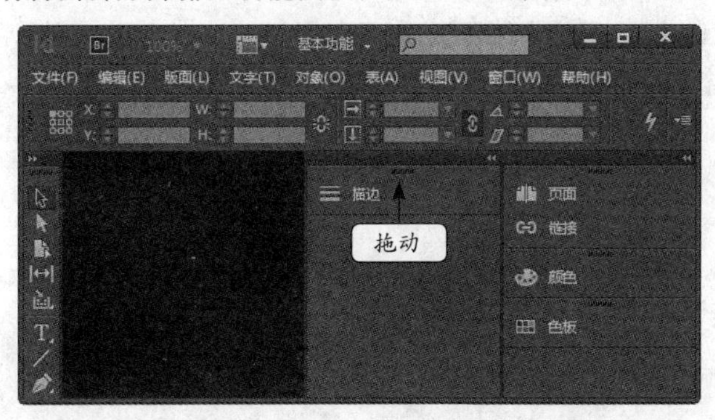

图 1-63　拆分并排面板

5.问：怎么存储调整好的功能面板区模板？

答：单击菜单栏中的按钮，在弹出的下拉菜单中选择“新建工作区”命令，在打开的“新建工作区”对话框中设置相应的参数即可将当前的功能面板区存储。

6.问：设置菜单命令快捷键时，为什么不能设置数字键盘上的按键？

答：自定义快捷键时，只能使用大键盘上的键，而数字键盘中的键在Indesign中是为了留给段落样式、字符样式、对象样式等使用的。

7.问：新建文档时，“新建边距和分栏”对话框中的“预览”复选框有什么作用？

答：选中该复选框，则在对话框中设置的内容会立刻在工作区中体现其效果；取消选中该复选框，则设置的内容就不会体现在工作区中，只有确认设置后才能体现。

8.问：Indesign CC怎么撤销误操作？

答：在设计制作过程中有时会执行错误的操作步骤，遇到此情况时，只需按【Ctrl+Z】组合键，或选择【编辑】/【还原】菜单命令，便可撤销误操作的步骤。

9.问：属性面板可以整体进行移动吗？

答：按住鼠标左键拖动属性面板最左端的“移动”标记，可将属性面板移动到任意位置，被移动后的属性面板最左端将会变为状态。

1.7 习题

1．新建一个空白文档，将标尺的单位更改为“厘米”。

2．将首选项中的标尺单位设置为“厘米”。

3．新建一个空白文档，调整页面显示比例为“60%”。

4．将Indesign CC的界面主题颜色改为“深色”。

5．打开路径为“效果\第1章\展板.indd”的Indesign文档，并将其另存为“展板框架”文档。

6．新建空白文档，显示版面网格，并设置其“字间距”为5点、“行间距”为11点、“栏数”为3栏、“栏间距”为10毫米。

7．启动Indesign CC，新建空白文档，具体参数为：“宽度”为“90毫米”、“高度”为“54毫米”；出血的具体参数为：“上”、“下”、“内”、“外”都为“2毫米”；边距的具体参数为：“上”、“下”、“内”、“外”都为“0毫米”。

8．新建一个空白文档，精确创建3条垂直参考线，位置以水平标尺为参考，分别为：“10毫米”、“30毫米”、“50毫米”，并将其都设置为“红色”。

第2章　文本的输入与编辑

Indesign CC具备强大的文本与段落编辑功能，相对于其他文档编辑工具而言，Indesign CC的专业性更强、操作更加丰富。本章将介绍文本与段落的各种基本编辑方法，包括文本框的创建、编辑、串联，文本的输入、设置以及段落的设置等内容。通过本章的学习，可以全面掌握使用Indesign创建并编排文本的各种操作。

学习要点

- 掌握文本框的创建与各种编辑操作
- 掌握文本的编辑方法
- 掌握文本格式的设置
- 熟悉段落对齐与缩进的设置
- 了解为段落添加编号和项目符号的方法

2.1　创建与编辑文本

在Indesign中可轻松创建水平方向和垂直方向上的文本，并能对文本进行各种操作，如移动、复制和删除等。除此之外，还能对文本进行各种设置，如设置字体与字号、字形、字符间距以及文本颜色等。

2.1.1　文本框的应用

在InDesign中，文本通过文本框显示在文档中，因此熟练掌握文本框的操作才能随心所欲地对文本进行编辑。

1. 创建文本框并输入文本

单击工具箱中的“文字工具”按钮T，然后在版面中按住鼠标左键不放并拖动，释放鼠标后即可创建文本框，此时文本框中将显示文本插入点，在其中输入需要的文本内容即可，如图2-1所示。

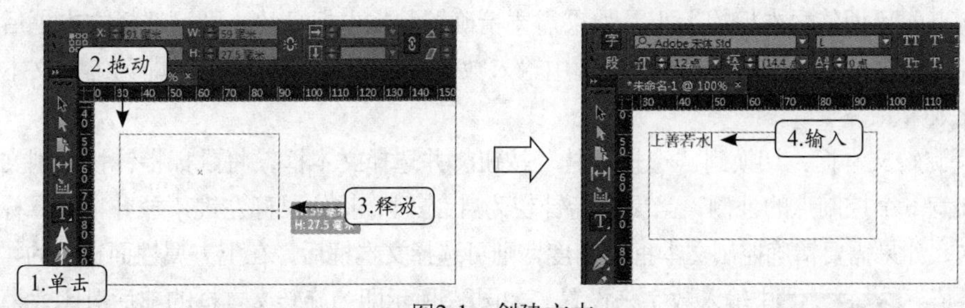

图2-1　创建文本

在“文字工具”按钮上单击鼠标右键，在弹出的快捷菜单中选择“直排文字工具”命令，此后创建的文本框将垂直显示其中的文本内容。

2. 编辑文本框

编辑文本框是指对文本框本身进行操作，而不是对其中的文本内容进行编辑。当文本框处于输入状态时，按【Esc】键单击工具箱中的“选择工具”按钮或“直接选择工具”按钮，都可以切换到选择状态。文本框被选中后，该文本框四周将显示各种控制点；文本框的输入状态是指可在其中输入文本时的状态，此时文本框中会有不断闪烁的文本插入点，且四周没有控制点，如图2-2所示即为文本框选择状态和输入状态的效果。

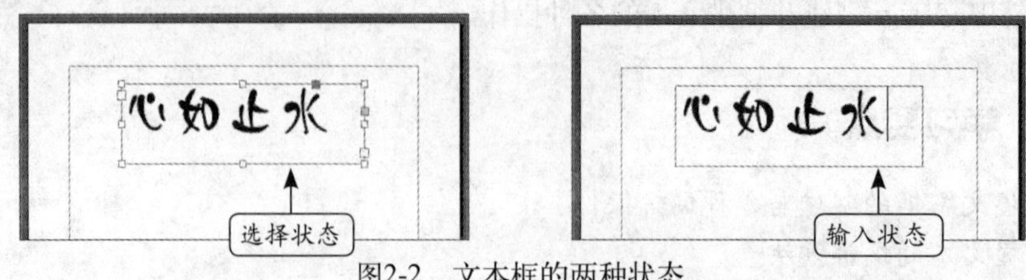

图2-2 文本框的两种状态

当文本框处于选择状态时，在文本框中双击鼠标或单击工具箱中的“文字工具”按钮，再单击文本框，便可以进入输入状态。

当文本框处于选择状态时，可对其进行移动、缩放和旋转等编辑，各操作的实现方法分别如下。

（1）移动文本框：切换到“选择工具”按钮或“直接选择工具”按钮，拖动文本框便可调整其在版面中的位置。如果需要精确定位文本框，可以选择该文本框后，在上方属性面板中的“X”和“Y”数值框中输入数字来设置。如图2-3所示即为移动文本框的前后对比效果。

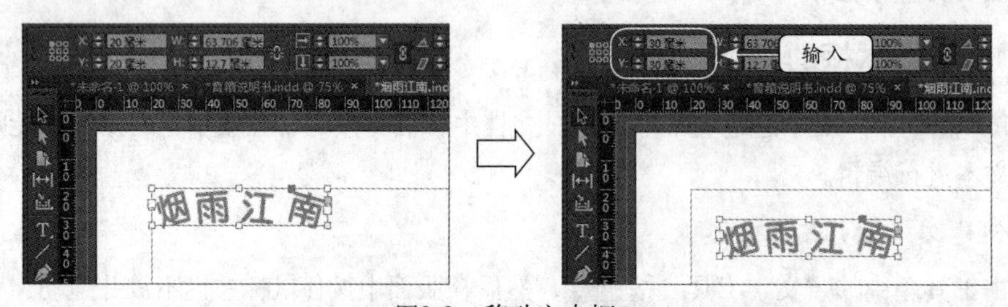

图2-3 移动文本框

（2）缩放文本框：切换到“选择工具”按钮并选择文本框，拖动文本框四个角上任意一个控制点便可调整文本框的大小。如果需要精确控制文本框尺寸，则可选择文本框后，在上方属性面板中的“W”和“H”数值框中输入数字来设置。如图2-4所示即为缩放文本框的前后对比效果。

（3）旋转文本框：切换到“选择工具”按钮并选择文本框，将鼠标指针移动到文本框四个角任意一个控制点的外侧，当鼠标指针变为状态时，按住鼠标左键不放并拖动鼠标即可将其旋转。如果需要精确控制文本框的角度，则可选择文本框后，在上方属性面板中的“旋转角度”数值框中输入数字来设置。如图2-5所示即为旋转文本框的前后对比效果。

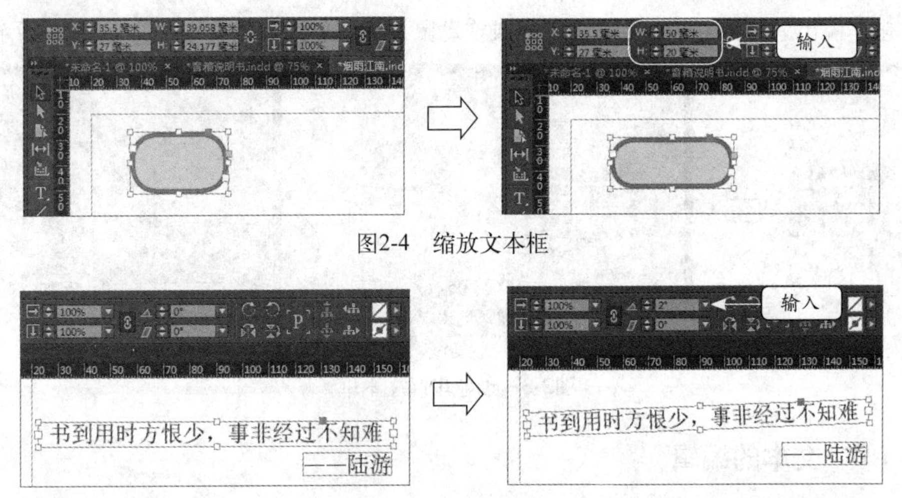

图2-4　缩放文本框

图2-5　旋转文本框

3. 复制和删除文本框

复制和删除文本框的方法分别如下。

(1) 复制文本框：选中需要复制的文本框，按【Ctrl+C】键复制，再按【Ctrl+V】键粘贴即可，如图2-6所示。

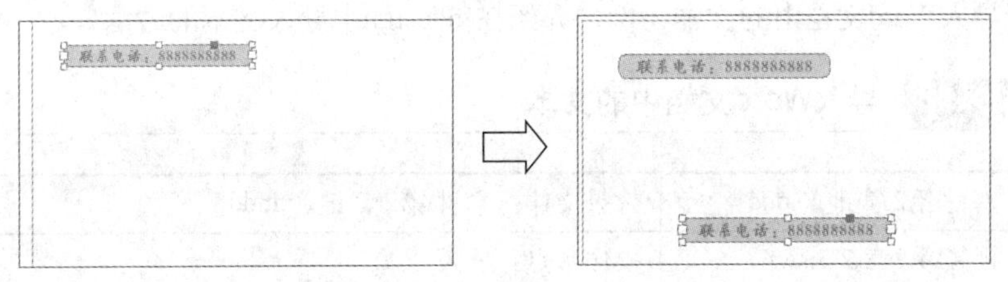

图2-6　复制文本框

按住【Alt】键不放的同时移动文本框也可实现复制操作。

(2) 删除文本框：选中需要删除的文本框，按【BackSpace】键或【Delete】键，如图2-7所示。如果删除的文本框是串联的文本框，则该文本框删除后，其中的文本将自动调整到串联的前一个文本框中，而不会被删除。

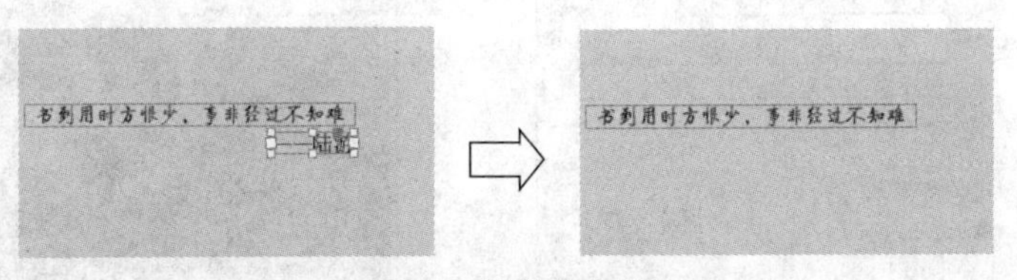

图2-7　删除文本框

4. 串联文本框

当文本框中的内容超过文本框的大小时，将会在其右下角显示⊞标记，该标记为“溢出”标记。若不想改变文本框中的对象，则需要对文本框进行串联操作，使用多个文本框来显示所有的内容。

单击“溢出”标记⊞，然后单击鼠标或拖动鼠标即可创建串联文本框，如图2-8所示。

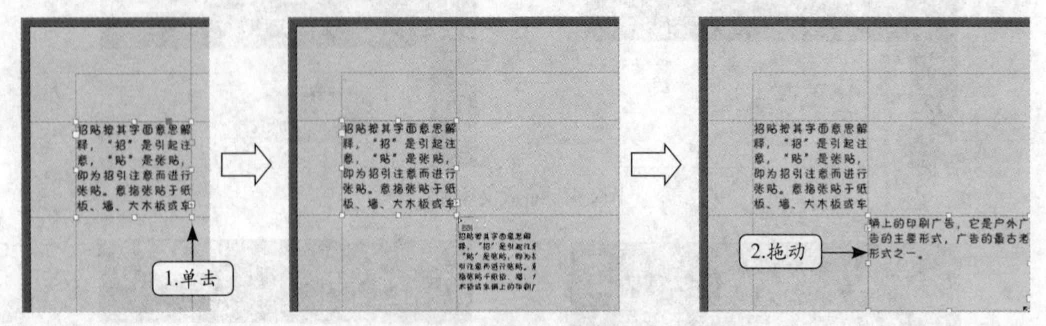

图2-8　创建串联文本框

2.1.2　文本的编辑

文本的编辑主要包括导入、选择、移动、复制和删除等操作。下面将对这些操作进行详细介绍，同时还将介绍插入特殊字符的方法。

1. 导入文本

除了在文本框中直接输入文本外，通过导入文本的方式可以更高效地创建文本。Indesign允许导入的文本格式有多种，常见的如Word格式、RTF格式、纯文本格式等。

下面以导入Word文档中的文本为例，介绍在Indesign中导入文本的方法。

【实例2-1】 导入Word文档中的文本

素材文件：素材\第2章\地产.doc	效果文件：素材\第2章\地产.indd
视频文件：视频\第2章\2-1.swf	操作重点：导入文本

1 在Indesign中新建一个空白文档，选择【文件】/【置入】菜单命令或按【Ctrl+D】键打开“置入”对话框，在其中选择需要导入的文本文件，选中“显示导入选项”复选框，单击打开(O)按钮，如图2-9所示。

2 打开如图2-10所示的“导入选项”对话框，在“格式”栏中选中“移去文本和表的样式和格式”选项，单击确定按钮。

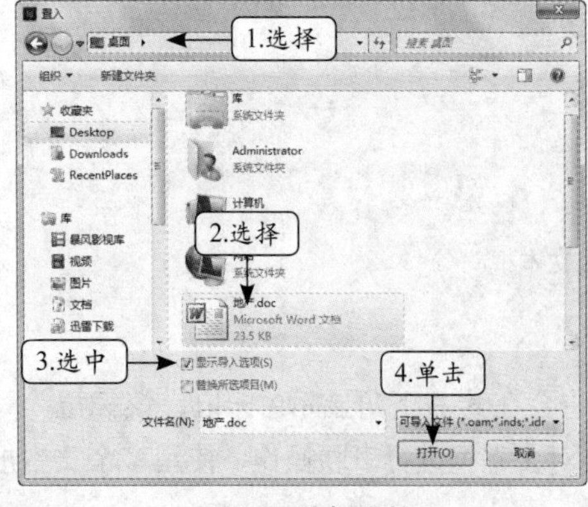

图2-9　选择文档

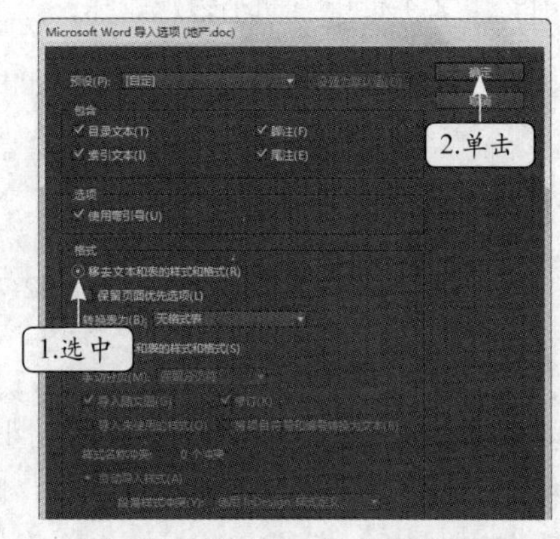

图2-10　设置文本导入的格式

3 在Indesign版面中拖动鼠标即可导入所选文档中的文本内容，如图2-11所示。

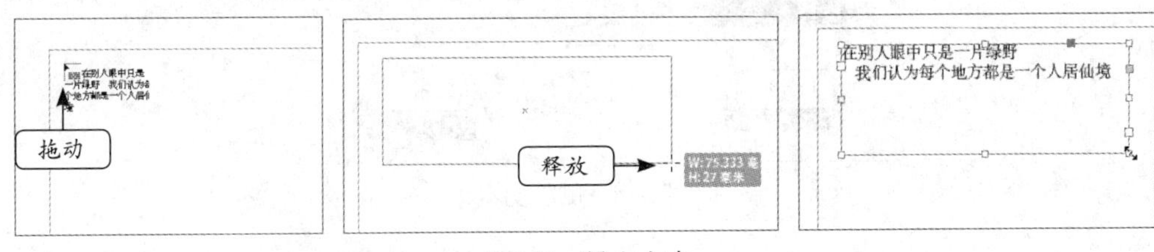

图2-11　导入文本

2. 选择文本

选择文本时可根据不同的需要执行不同的操作，熟练使用各种文本的选择方法可以提高编辑效率。

（1）选择任意文本：切换到“文字工具”按钮，在文本框中拖动鼠标即可选择所需的文本内容。

（2）选择一段文本：切换到“文字工具”按钮，在文本框的某段文本中双击鼠标即可选择该段文本内容。

（3）选择所有文本：切换到“文字工具”按钮，在文本框中单击鼠标定位文本插入点后，按【Ctrl+A】键即可选择文本框中的所有文本内容。

3. 移动、复制和删除文本

选择文本对象后，可根据需要对所选文本进行移动、复制或删除操作，以便更有效地进行文本编辑工作。

（1）移动文本：选择文本，按【Ctrl+X】键剪切到剪贴板中，将文本插入点定位到需要移动的目标位置后，按【Ctrl+V】键即可将剪切的文本粘贴到目标位置，如图2-12所示。

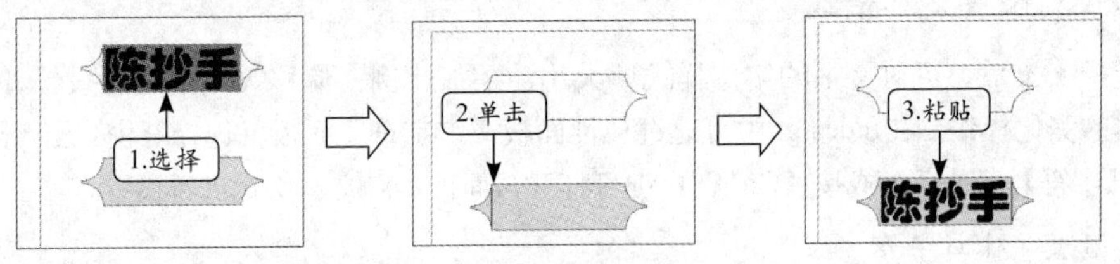

图2-12　移动文本

（2）复制文本：选择文本，按【Ctrl+C】键复制到剪贴板中，将文本插入点定位到需要复制的目标位置后，按【Ctrl+V】键即可将剪贴板中的文本粘贴到目标位置，实现复制操作，如图2-13所示。

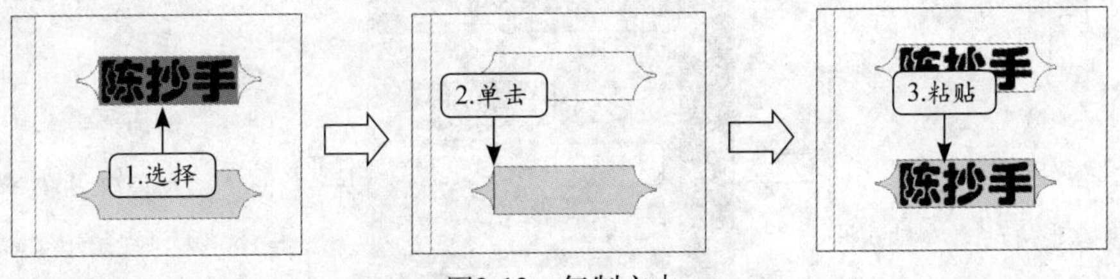

图2-13　复制文本

（3）删除文本：选择文本，按【BackSpace】或【Delete】键即可删除文本，如图2-14所示。

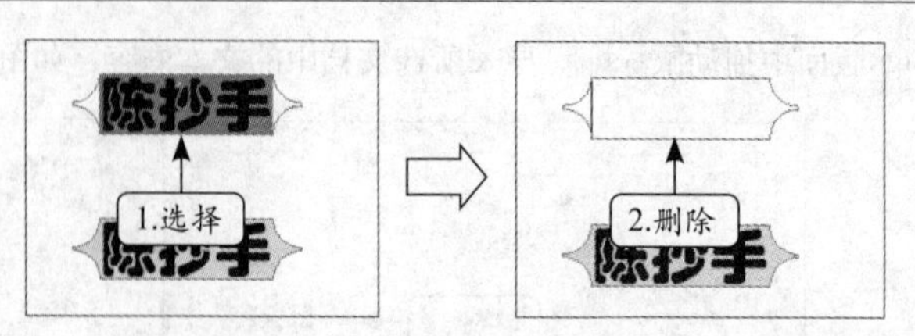

图2-14　删除文本

选择文本后，可利用“编辑”菜单或右键菜单中的“剪切”、“复制”、“粘贴”命令实现文本的移动或复制操作；利用“清除”命令则可实现文本的删除操作。

4. 插入特殊字符

当需要在文本框中插入一些无法用键盘输入的特殊字符时，如版权符号“©”、注册商标符号“®”等，可利用Indesign提供的“插入特殊字符”命令来实现。其方法为：选择【文字】/【插入特殊字符】菜单命令，在弹出的子菜单中选择相应的特殊字符命令，并在下一级子菜单中选择符号对应的命令即可，如图2-15所示。

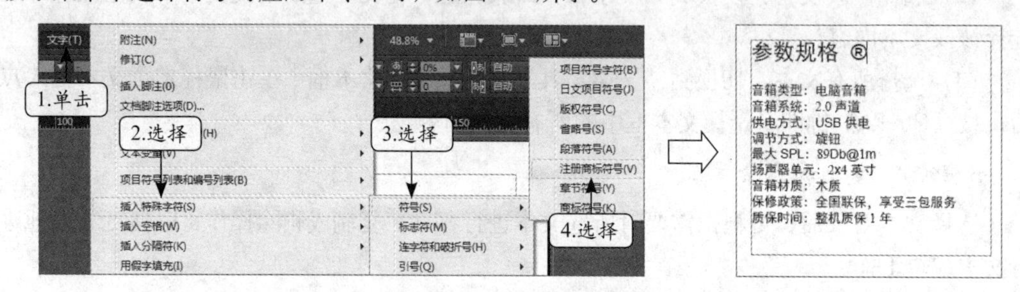

图2-15　插入特殊字符

2.1.3 设置文本格式

选择文本后，可对文本的字体样式、大小、缩放比例、偏移等属性进行设置，从而实现文本的美化操作。在Indesign中可通过属性面板或“字符”面板（选择【窗口】/【文字和表】/【字符】菜单命令或按【Ctrl+T】键可打开该面板）对文本格式进行设置。

1. 设置字体与字号

字体和字号是文本最直观的格式属性，设置它们的方法分别如下。

（1）设置字体：选择文本，在属性面板左侧的“字体”下拉列表框或“字符”面板上方的“字体”下拉列表框中均可设置字体，如图2-16所示为应用“黑体”前后的文本效果。

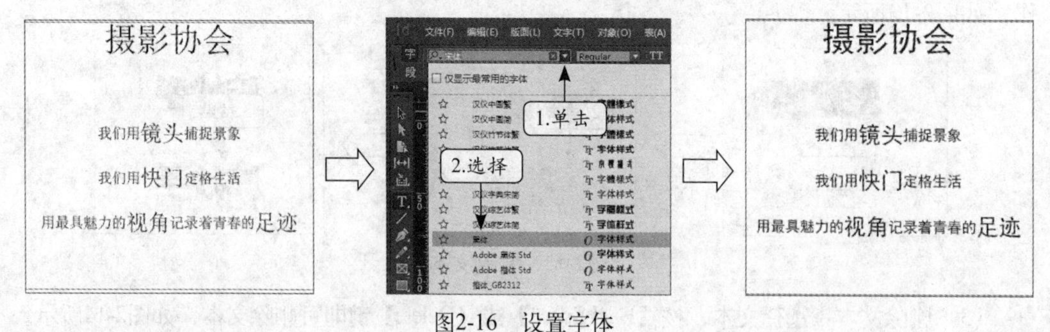

图2-16　设置字体

（2）设置字号：选择文本，在属性面板左侧的“字号”数值框或“字符”面板上方的“字号”数值框中均可设置字号（即字体大小），如图2-17所示为设置字号前后的文本效果。

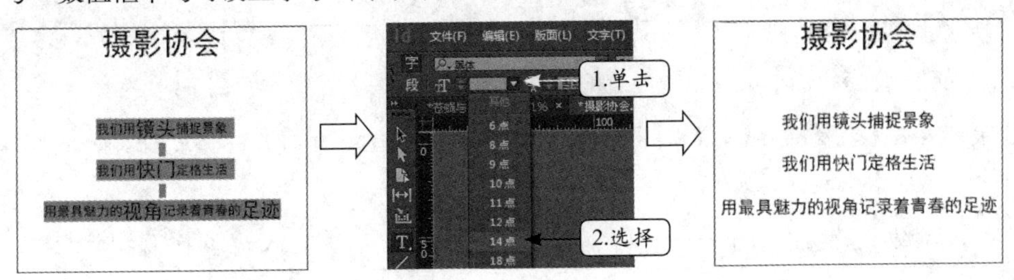

图2-17　设置字号

TIPS 设置字体时，可供选择的字体选项与电脑中保存的字体文件有关。将获取的各种字体文件保存到系统盘中的“WINDOWS/Fonts”文件夹中，便可在Indesign CC中使用这些字体。

2. 设置字形

字形是指文本的外形，在Indesign中可对文本进行多种字形设置，包括下划线、倾斜、大小写、上下标等。

（1）设置大写：属性面板中的按钮是全部大写字母按钮；按钮是小型大写字母按钮。其作用分别为：使用全部大写字母将会使小写字母改变为大写，并且外观增大；小型大写字母是指字符的外观变小，但是字符本身为大写字母。

（2）设置上下标：其作用是得到特殊的字符效果。属性面板中的按钮是上标；按钮是下标。设置上下标后的效果如图2-18所示。

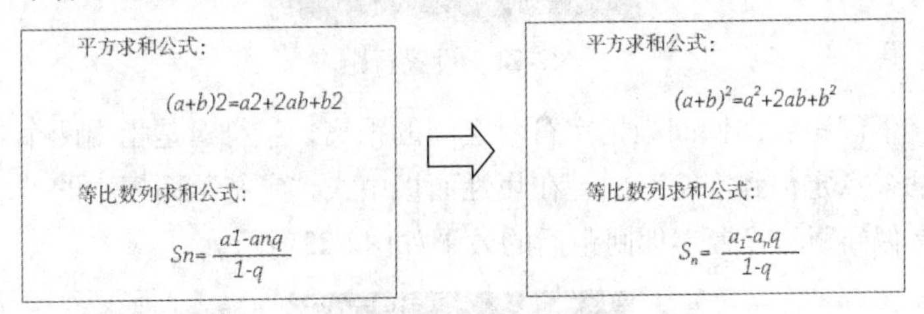

图2-18　设置上下标

（3）设置下划线和删除线：在属性面板中单击下划线按钮和删除线按钮可快速对字符设置下划线和删除线，如图2-19所示为设置下划线和删除线的前后效果对比。此外，在“字符”面板的展开菜单中可设置下划线和删除线的属性。

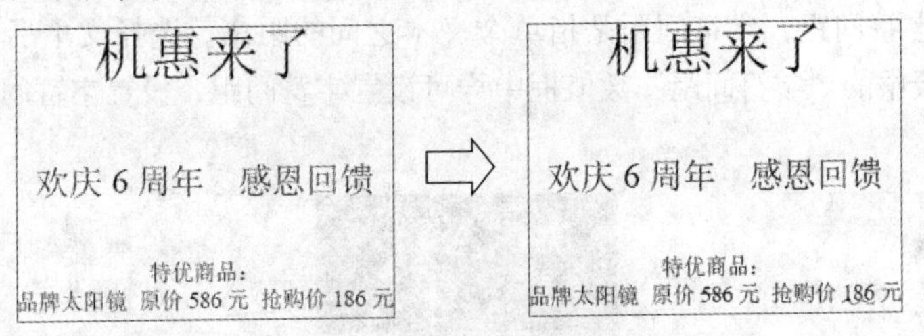

图2-19　设置下划线和删除线

（4）倾斜字符：在“字符”面板中的“倾斜”数值框中输入角度即可倾斜字

符，如图2-20所示为倾斜字符后的效果。此外，在“字符”面板的展开菜单中的“斜变体”命令提供了更加丰富的倾斜属性。

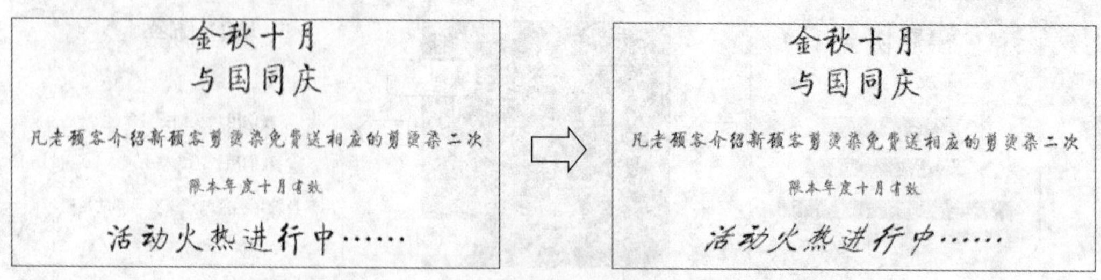

图2-20 倾斜字符

在Indesign中只有某些特定的字体才能使用加粗字符的设置，如“Chaparral Pro”字体可加粗。其方法为：在属性面板中的“字体样式”右侧的 Regular 下拉列表框中选择“bold”选项。

3. 设置行距、字偶间距和字符间距

行距、字偶间距和字符间距可以调整文本行与行之间，或字符与字符之间的距离，以便提高文本内容的清晰度和可读性。

（1）设置行距：行距指行与行之间的距离，选择若干行文本后，在属性面板中或“字符”面板中的“行距”数值框中均可设置行距，设置行距后的效果如图2-21所示。

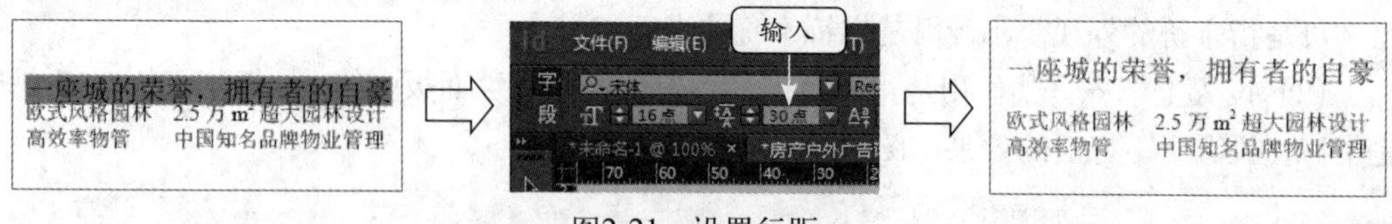

图2-21 设置行距

（2）设置字偶间距：字偶间距指字符对之间的距离，字符对是指由两个字符组成的一组字符。将文本插入点定位到字符对中，在属性面板中或“字符”面板中的“字偶间距”数值框中均可设置字偶间距，设置字偶间距后的效果如图2-22所示。

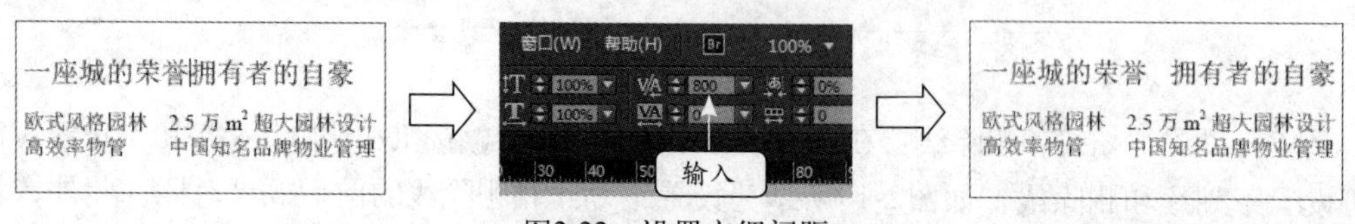

图2-22 设置字偶间距

（3）设置字符间距：字符间距是指单个文本之间的距离。选择文本后，在属性面板中或“字符”面板中的“字符间距”数值框中均可设置字符间距，设置字符间距后的效果如图2-23所示。

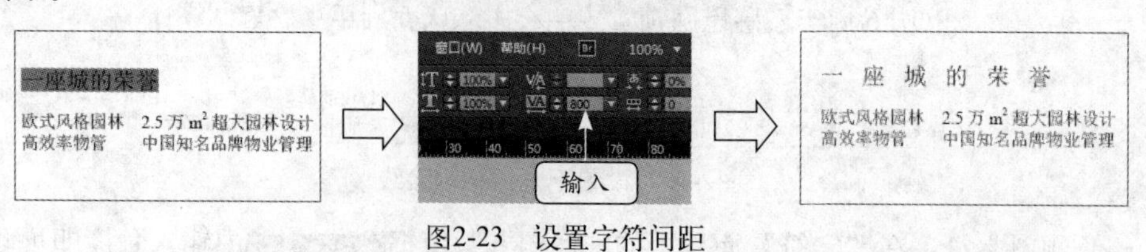

图2-23 设置字符间距

下面通过设置素材文档中文本的字体、字号、间距等属性为例，掌握设置字体的方法。

【实例2-2】 完善茶水单卡片的制作

素材文件：素材\第2章\茶水单.indd	效果文件：效果\第2章\茶水单.indd
视频文件：视频\第2章\2-2.swf	操作重点：设置文本各种格式

1 打开素材提供的文档，选中“茶水单”文本，在属性面板中的“字体”下拉列表框中选择“黑体”选项，在“字号”数值框中输入“72”，如图2-24所示。

2 按【Ctrl+T】键打开“字符”面板，在“倾斜”数值框中输入“－10”，按【Enter】键，如图2-25所示。

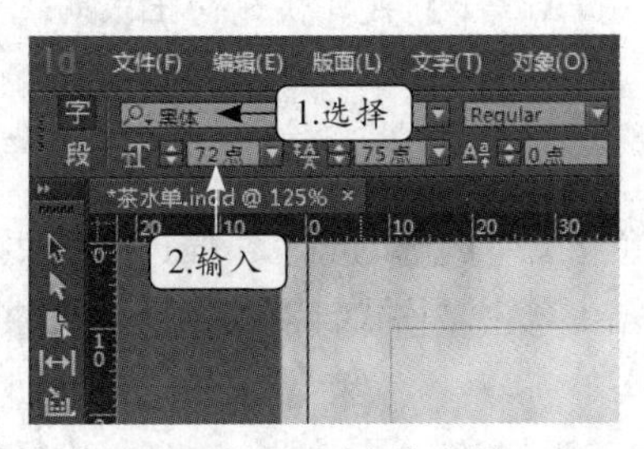

图2-24 设置字体字号

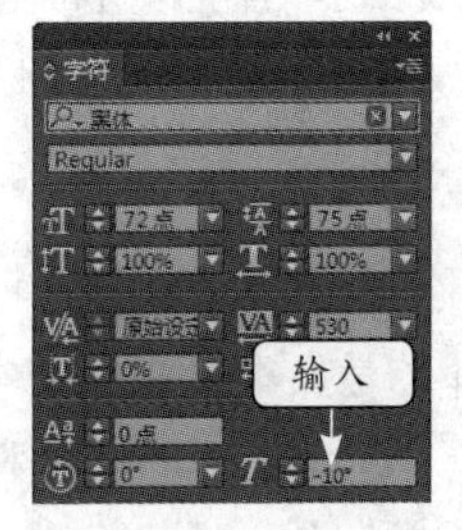

图2-25 设置倾斜角度

3 选中“价目表”文本，在属性面板中的“字符间距”数值框中输入“300”，按【Enter】键，最终效果如图2-26所示。

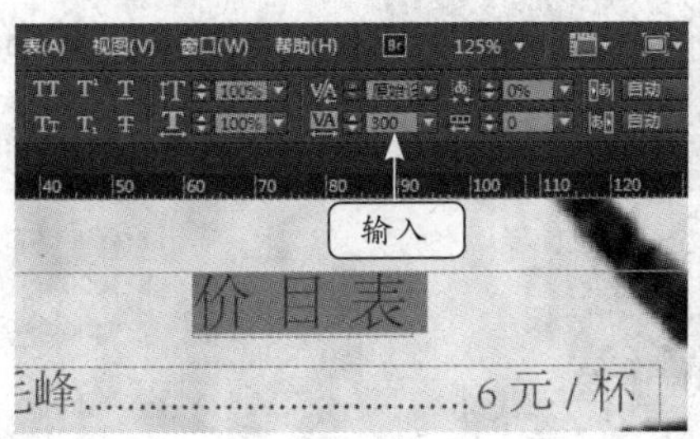

图2-26 设置字符间距

4.设置缩放和基线偏移

字符缩放是指通过挤压或扩展文本来调整其缩放比例；基线偏移则可实现在水平方向上调整文本的垂直位置。二者的设置方法分别如下。

(1) 设置缩放：选择文本，在属性面板中或“字符”面板的“垂直缩放”和“水平缩放”数值框中均可设置字符在垂直和水平方向上的缩放，如图2-27所示。

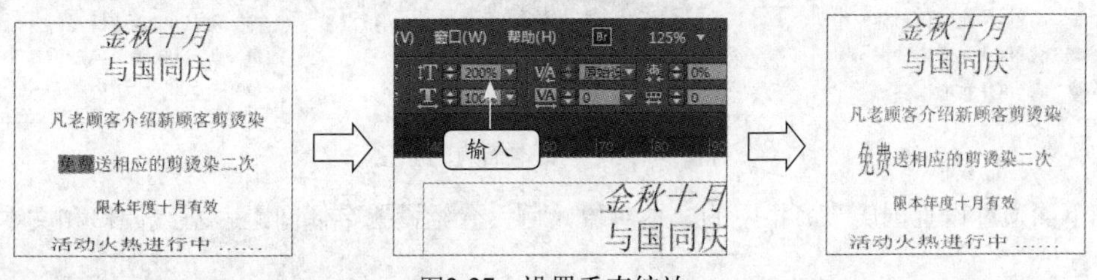

图2-27 设置垂直缩放

（2）设置基线偏移：选择文本，在属性面板或“字符”面板中的“基线偏移”数值框中均可设置字符的基线偏移，如图2-28所示。

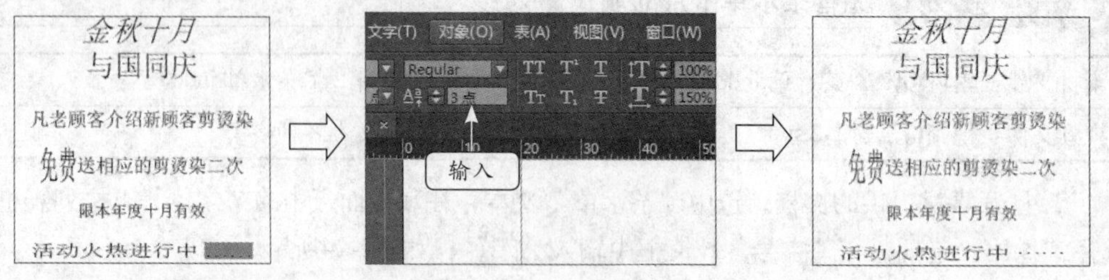

图2-28 设置基线偏移

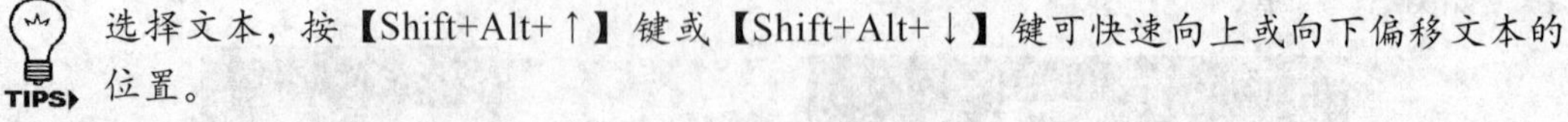

选择文本，按【Shift+Alt+↑】键或【Shift+Alt+↓】键可快速向上或向下偏移文本的位置。

5. 设置文本颜色

文本颜色包括填色和描边两种，其中，填色指文本内部的颜色；描边则指文本边缘的颜色。当选择的是文本所在的文本框时，在工具箱中单击“格式针对文本”按钮后，可统一设置文本框中所有文本的填色和描边。

（1）文本填色：选择文本，双击“填色”标记，在“拾色器”对话框中具体设置文本颜色；也可在属性面板中单击“填色”按钮，在弹出的下拉列表中选择预设的颜色选项，如图2-29所示。

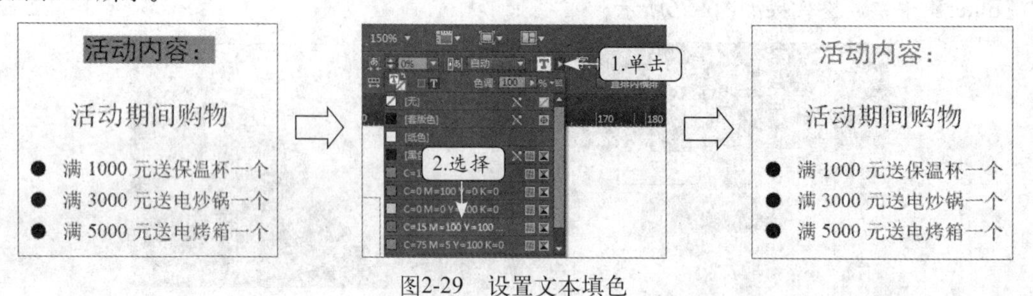

图2-29 设置文本填色

（2）文本描边：选择文本，双击“描边”标记，在“拾色器”对话框中具体设置描边的颜色；也可在属性面板中单击“描边”按钮，在弹出的下拉列表中选择预设的颜色选项，如图2-30所示。

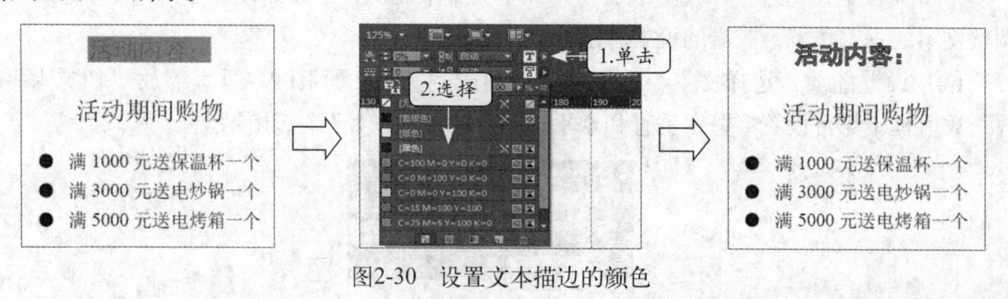

图2-30 设置文本描边的颜色

下面通过设置国庆节海报中的文本对象为例，介绍设置字偶间距、基线偏移和文本颜色的方法。

【实例2-3】 设置国庆节海报中的文本

素材文件：素材\第2章\国庆快乐.indd	效果文件：效果\第2章\国庆快乐.indd
视频文件：视频\第2章\2-3.swf	操作重点：设置字偶间距、基线偏移、设置填色和描边

1 打开素材提供的“国庆快乐.indd”文档，在“国庆”文本中双击鼠标定位文本插入点，按【Ctrl+T】键打开“字符”面板，在“字偶间距”数值框中输入“30”，按【Enter】键，如图2-31所示。

2 拖动鼠标选中“庆”文本，在“字符”面板的“基线偏移”数值框中输入“－15”，按【Enter】键，如图2-32所示。

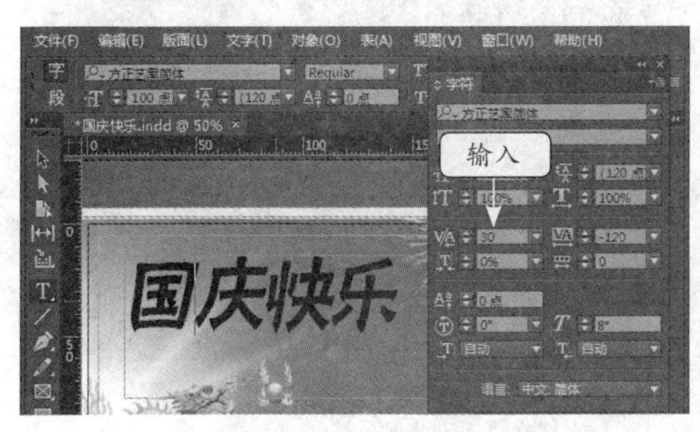

图2-31 设置字偶间距

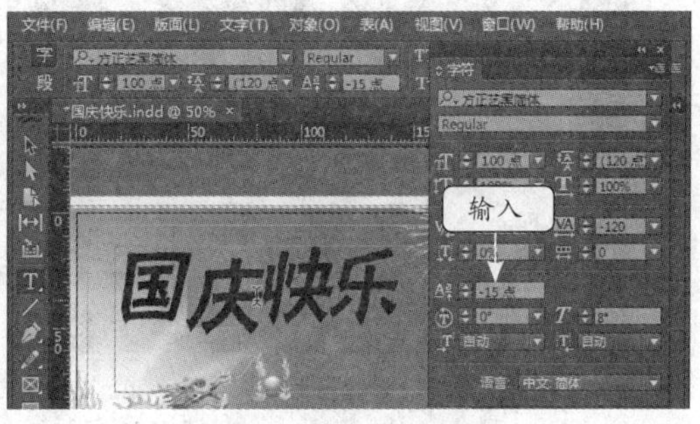

图2-32 设置基线偏移

3 拖动鼠标选中“快”文本，在“字符”面板中的“基线偏移”数值框中输入“10”，按【Enter】键，如图2-33所示。

4 将文本插入点定位到“快”和“乐”文本中间，在“字符”面板的“字偶间距”数值框中输入“30”，按【Enter】键，如图2-34所示。

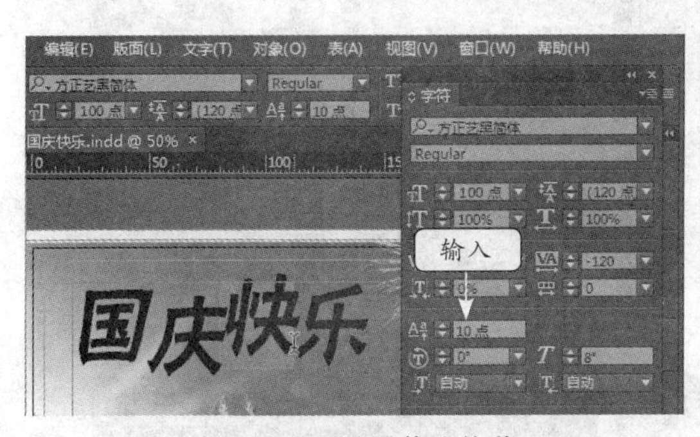

图2-33 设置基线偏移

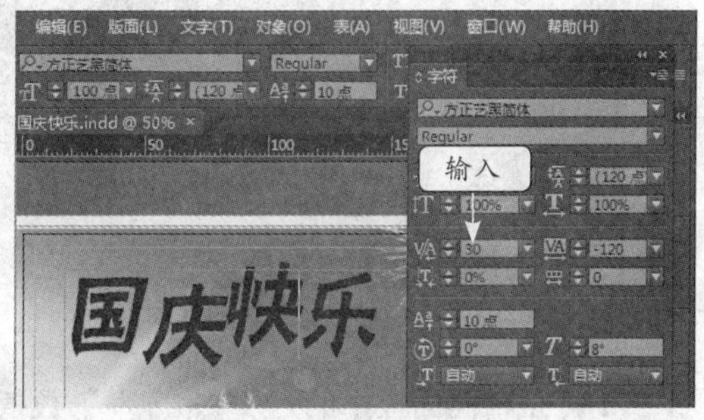

图2-34 设置字偶间距

5 拖动鼠标选中“乐”文本，在“字符”面板的“基线偏移”数值框中输入“－15”，按【Enter】键，如图2-35所示。

6 按【Esc】键，在工具箱中单击“格式针对文本”按钮，如图2-36所示。

7 双击工具箱中的“填色”按钮，如图2-37所示。

8 打开“拾色器”对话框，在“C”、“M”、“Y”、“K”文本框中分别输入“0”、“0”、“83”、“0”，单击 确定 按钮，如图2-38所示。

图2-35 设置基线偏移

图2-36 切换到格式针对文本状态

图2-37 设置文本填色

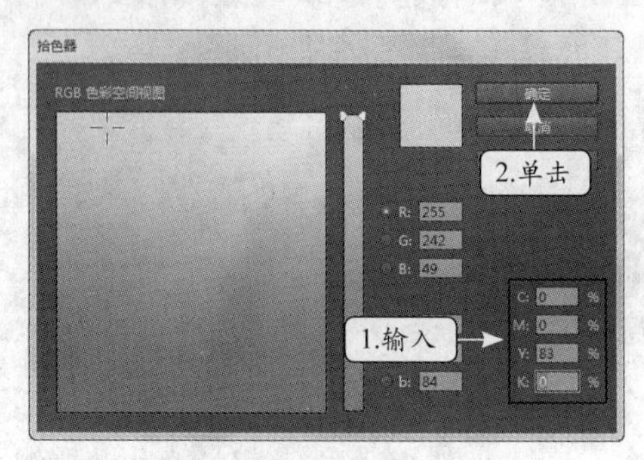

图2-38 设置颜色参数

9 双击工具箱中的“描边”按钮，如图2-39所示。

10 打开“拾色器”对话框，在“C”、“M”、“Y”、“K”文本框中分别输入“0”、“0”、“0”、“0”，单击确定按钮，如图2-40所示。

图2-39 设置文本描边

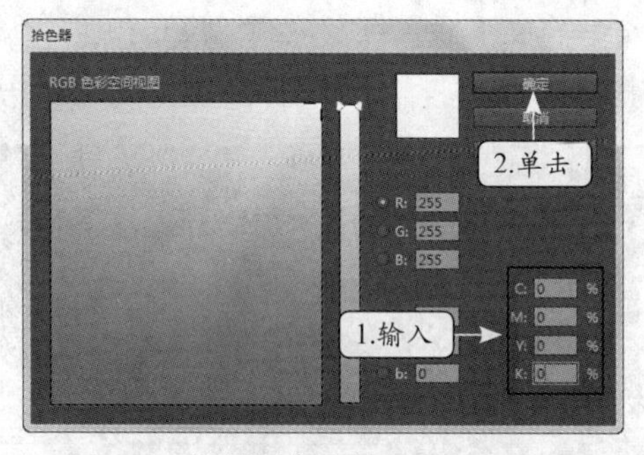

图2-40 设置颜色参数

11 在属性面板中的“X”和“Y”数值框中分别输入“51”和“19”，按【Enter】键完成设置，如图2-41所示。

选择文本后，选择【窗口】/【描边】菜单命令，或按【F10】键，在“描边”面板中的“粗细”数值框中可设置文本的描边粗细。

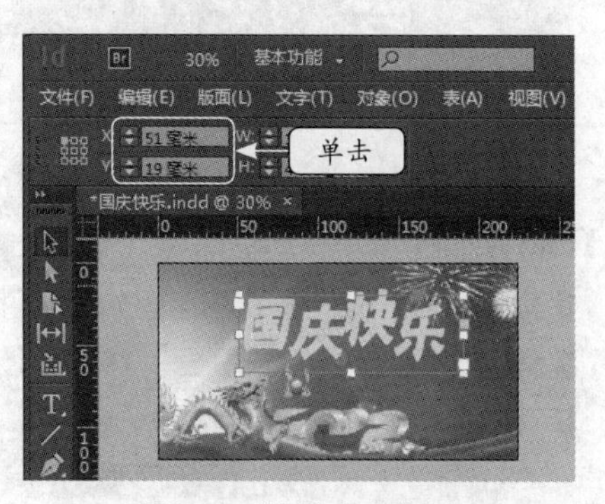

图2-41 设置文本位置

6. 文本常用排版技巧

Indesign提供的“直排内横排”和“分行缩排”两大功能，使文本可以轻松呈现出更加丰富的效果。

（1）直排内横排：指在垂直排列的文本中将所需文本进行水平排列，适用于同时包含中英文的文本对象等情形。选择目标文本，然后选中属性面板中的“直排内横排”复选框，即可实现该效果，如图2-42所示。

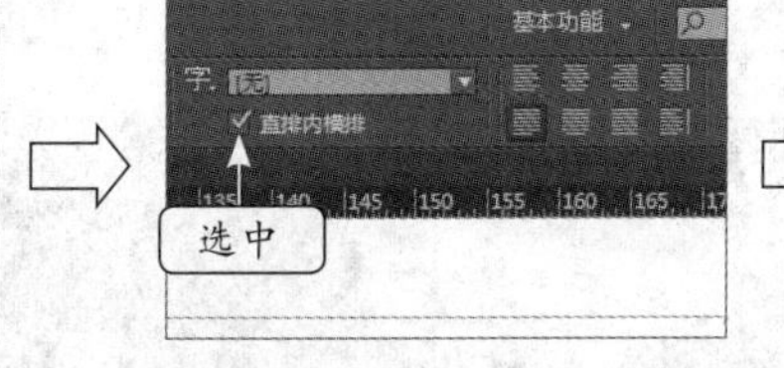

图2-42 设置直排内横排

通过旋转文本也可实现直排内横排文本的效果，其方法为：选择文本，按【Ctrl+T】键打开“字符”面板，在“字符旋转”数值框中输入“90”，按【Enter】键。

（2）分行缩排：指将选中的文本按原文本方向堆叠为两行或多行，常用于标题或装饰性文本的排版。选择目标文本，在“字符”面板中单击“展开菜单”按钮，在弹出的下拉菜单中选择“分行缩排设置”命令，在打开的“分行缩排设置”对话框中可设置分行缩排的各参数。也可选择“分行缩排”命令快速使用默认的分行缩排设置，如图2-43所示。

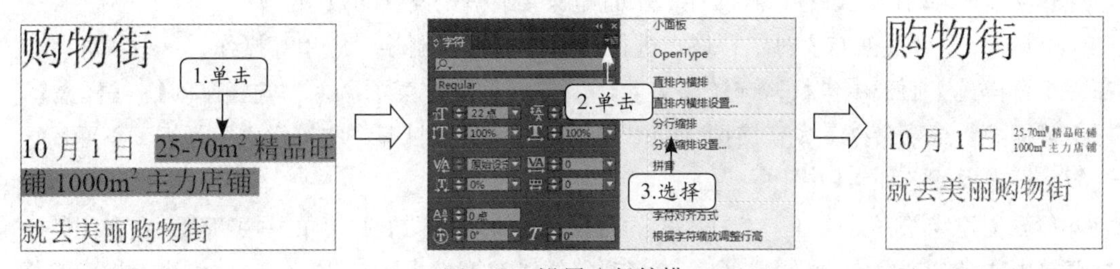

图2-43 设置分行缩排

下面通过设置素材文档中的文本效果为例，熟悉分行缩排的设置方法。

【实例2-4】 创建快艇卡片

素材文件：素材\第2章\快艇卡片.indd	效果文件：效果\第2章\快艇卡片.indd
视频文件：视频\第2章\2-4.swf	操作重点：设置分行缩排

1 打开素材提供的“快艇卡片.indd”文档，利用文字工具选中“山水明秀”文本，如图2-44所示。

2 在“字符”面板右上方单击“展开菜单”按钮，在弹出的下拉菜单中选择“分行缩排”命令，如图2-45所示。

3 拖动鼠标选中“快艇飞驰”文本，单击“字符”面板右上方的“展开菜单”按钮，在弹出的下拉菜单中选择“分行缩排”命令，最终效果如图2-46所示。

图2-44 选中文本

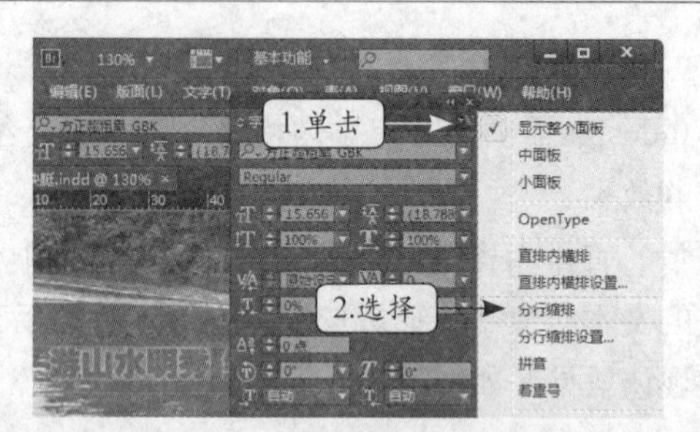

图2-45 设置分行缩排

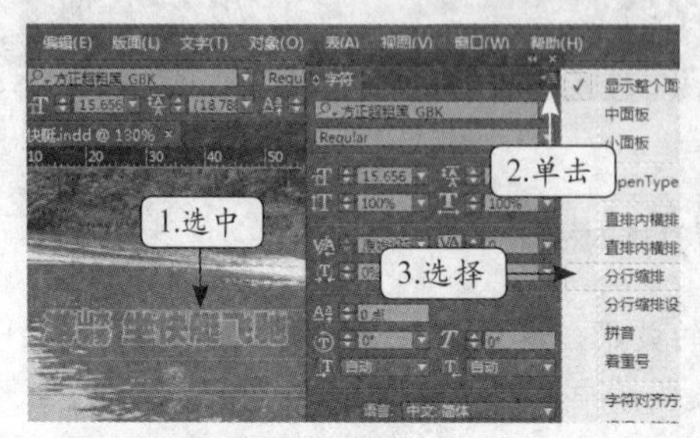

图2-46 设置分行缩排

7. 创建字符样式

字符样式是指多种文本格式的集合，为文本应用某种字符样式后，该文本便可根据字符样式的设置，同时改变各种格式属性，从而提高文本格式设置的效率。

Indesign中可根据需要对字符格式进行创建、复制、删除、应用等操作，这些操作都可在“字符样式”面板中进行，选择【文字】/【字符样式】菜单命令、或【窗口】/【样式】/【字符样式】菜单命令，或直接按【Shift+F11】键，均可打开“字符样式”面板，下面简要介绍字符样式的各种常用操作。

（1）创建字符样式：在“字符样式”面板右上方单击“展开菜单”按钮，在弹出的下拉菜单中选择“新建字符样式”命令，打开“新建字符样式”对话框，在左侧列表框中选择文本格式选项，在右侧界面中即可对格式参数进行设置，如图2-47所示。

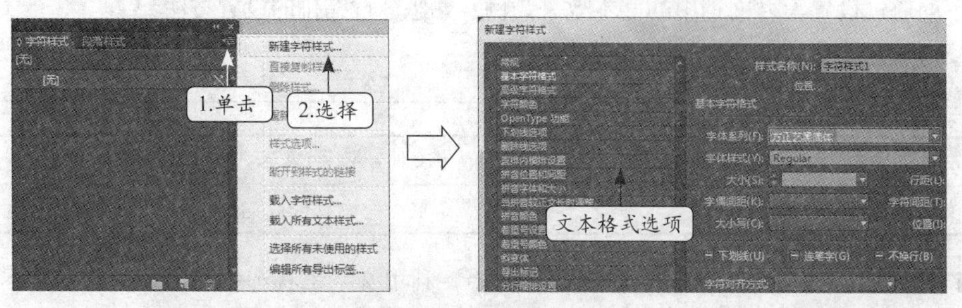

图2-47 创建字符样式

（2）复制字符样式：当需要创建基于某种字符样式的其他字符样式时，便可通过复制操作来提高效率，其方法为：在“字符样式”面板中需复制的样式选项上单击鼠标右键，在弹出的快捷菜单中选择“直接复制样式”命令，打开“直接复制字符样式”对话框，在其中更改样式名称和其他格式参数，确认设置即可，如图2-48所示。

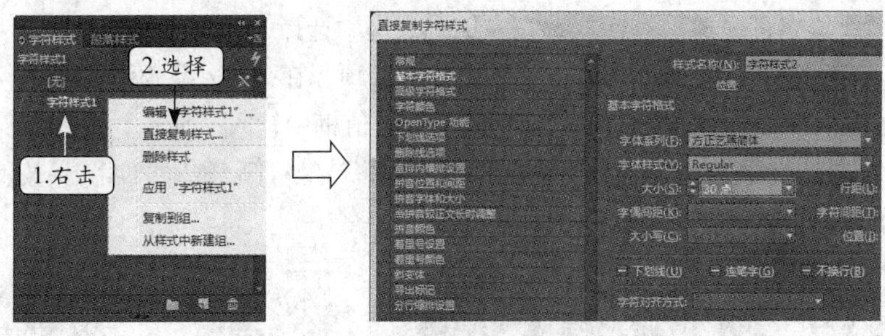

图2-48　复制字符样式

(3) 删除字符样式：在“字符样式”面板中需删除的样式选项上单击鼠标右键，在弹出的快捷菜单中选择“删除样式”命令。

(4) 应用字符样式：选择需应用字符样式的文本后，在“字符样式”面板中选择某种样式选项即可为所选文本应用该样式，如图2-49所示。

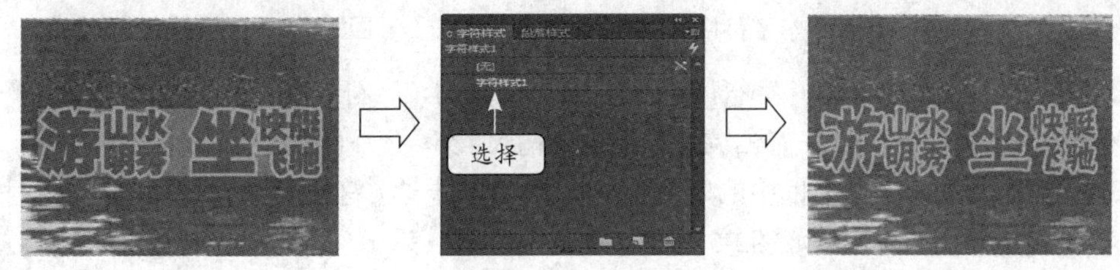

图2-49　应用字符样式

下面通过设置字体、字号、行距、字符间距等选项创建字符样式，并应用于文本为例，介绍字符样式的创建和应用方法。

【实例2-5】 创建风景区海报

素材文件：素材\第2章\尖山.indd	效果文件：效果\第2章\尖山.indd
视频文件：视频\第2章\2-5.swf	操作重点：字符样式的创建与应用

1 打开素材提供的“尖山.indd”文档，选择【文字】/【字符样式】菜单命令，如图2-50所示。

2 在“字符样式”面板中单击右上方的“展开菜单”按钮，在弹出的下拉菜单中选择“新建字符样式”命令，如图2-51所示。

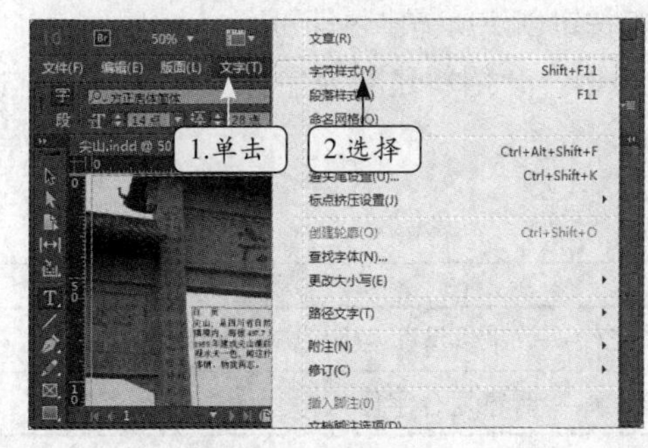

图2-50　打开面板

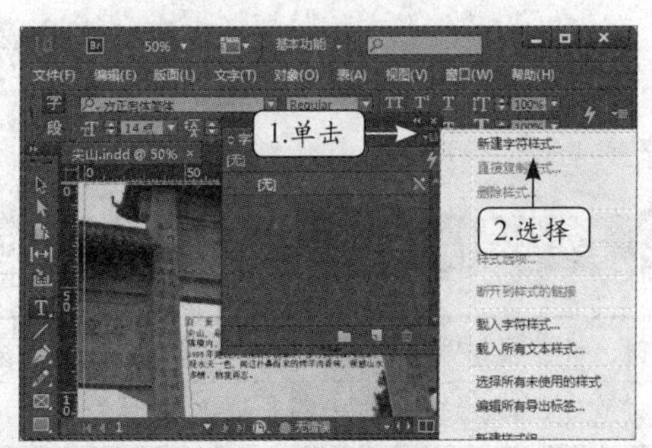

图2-51　新建字符样式

3 打开“新建字符样式”对话框，在左侧列表框中选择“基本字符格式”选项，在右侧“字体系列”下拉列表框中选择“方正启体简体”选项，在“大小”数值框中输入“14”，在“行距”数值框中输入“28”，在“字符间距”数值框中输入“50”，如图2-52所示。

4 在左侧列表框中选择“高级字符格式”选项，在右侧“基线偏移”数值框中输入“－10”，如图2-53所示。

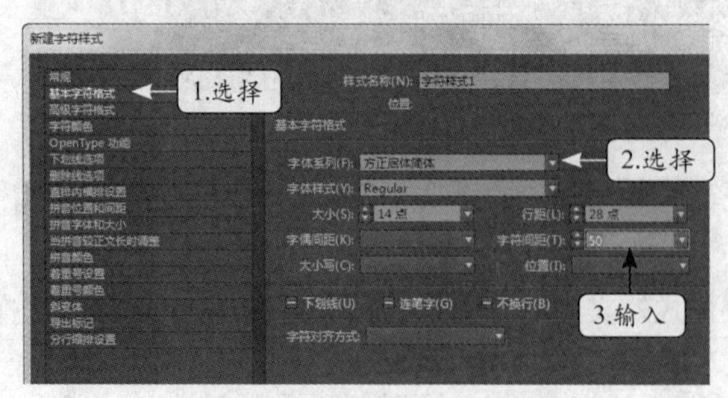

图2-52　设置基本字符格式

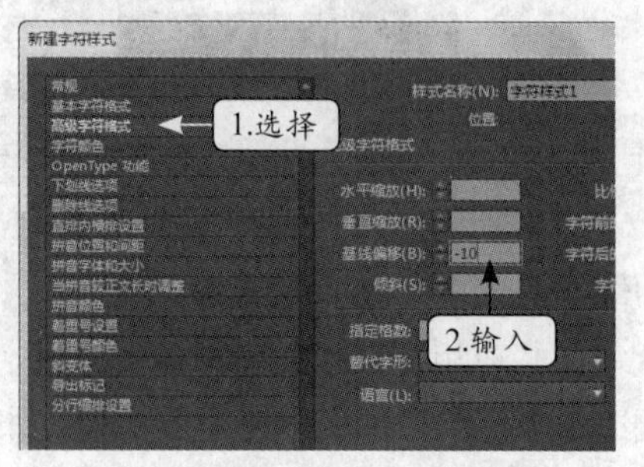

图2-53　设置高级字符格式

5 在左侧列表框中选择“字符颜色”选项，在右侧“字符颜色”列表框中选择“C=15 M=100 Y=100 K=0”选项，在“色调”数值框中输入“90”，确认设置，如图2-54所示。

6 在工作区中选中文本框中的所有文本，然后选择“字符样式”面板中的“字符样式1”选项，完成样式的应用，如图2-55所示。

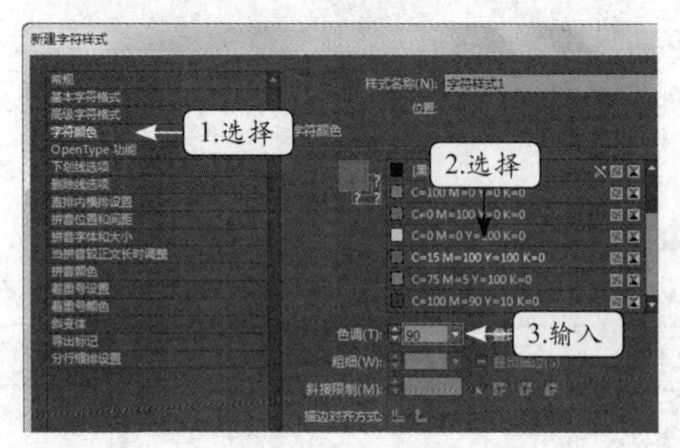

图2-54　设置字符颜色

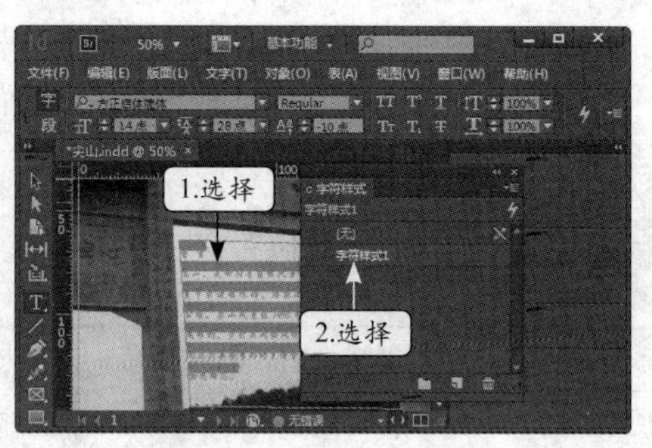

图2-55　应用字符样式

8. 添加复合字体

复合字体可以将不同类型的字体整合起来使用，可以分别指定汉字、标点、符号、罗马字等对象所使用的字体。选择【文字】/【复合字体】菜单命令，或按【Ctrl+Alt+Shift+T】键，在打开的“复合字体”对话框中利用 新建(N)... 按钮创建所需字体即可。

下面以创建数码杂志常用的正文复合字体为例，介绍新建复合字体并应用于文本的方法。

【实例2-6】 创建数码杂志正文复合字体

素材文件：素材\第2章\数码杂志.indd	效果文件：效果\第2章\数码杂志.indd
视频文件：视频\第2章\2-6.swf	操作重点：新建复合字体

1 打开素材提供的“数码杂志.indd”文档，选择【文字】/【复合字体】菜单命令，如

图2-56所示。

2 打开“复合字体编辑器”对话框，单击右侧的 新建(N)... 按钮，如图2-57所示。

图2-56 选择菜单

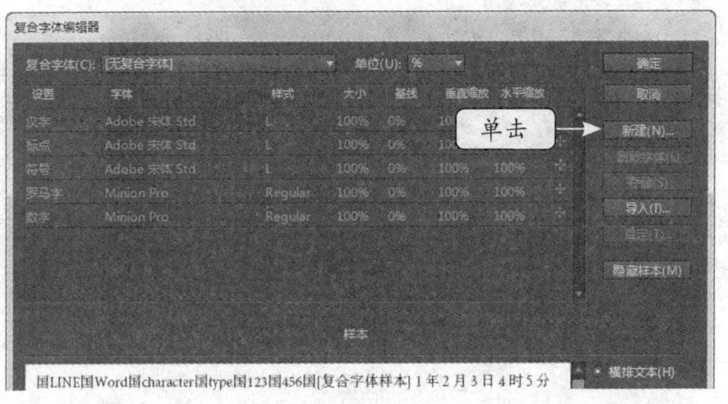

图2-57 新建复合字体

3 打开“新建复合字体”对话框，在“名称”文本框中输入“杂志正文”，单击 确定 按钮，如图2-58所示。

4 返回“复合字体编辑器”对话框，在“汉字”选项的“字体”下拉列表框中选择“方正少儿简体”选项，如图2-59所示。

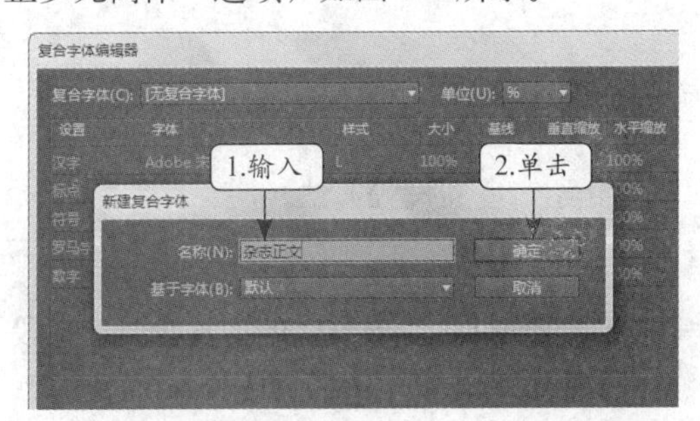

图2-58 设置复合字体名称

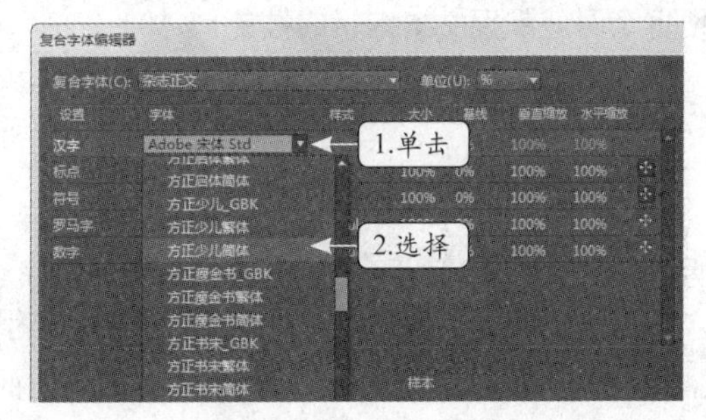

图2-59 设置汉字字体

5 按相同方法依次将“标点”选项的“字体”设置为“方正少儿简体”；“符号”选项的“字体”设置为“方正报宋简体”；“罗马字”选项的“字体”设置为“Arial”；“数字”选项的“字体”设置为“Arial”，完成设置后单击 存储(S) 按钮，再单击 确定 按钮，如图2-60所示。

6 选择正文文本框中的所有文本，在属性面板的“字体系列”下拉列表框中选择“杂志正文”选项，如图2-61所示。

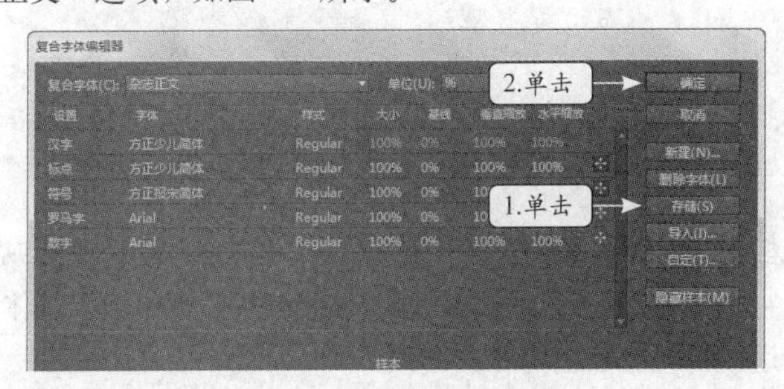

图2-60 设置复合字体

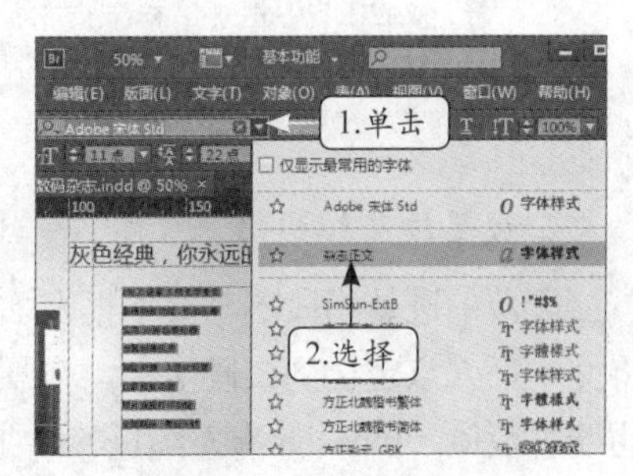

图2-61 选择复合字体

7 在“字体大小”数值框中输入“14”，按【Enter】键，如图2-62所示。

8 按【Esc】键切换文本框为选择状态，分别在属性面板中的“X”数值框和“Y”数值框中输入“130”和“165”，按【Enter】键完成操作，如图2-63所示。

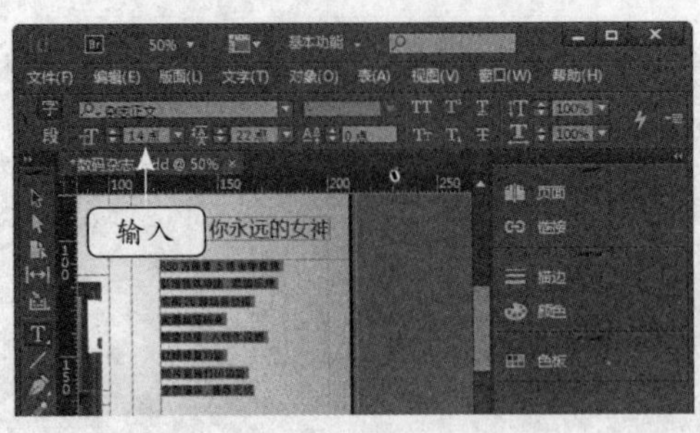

图2-62 设置字号

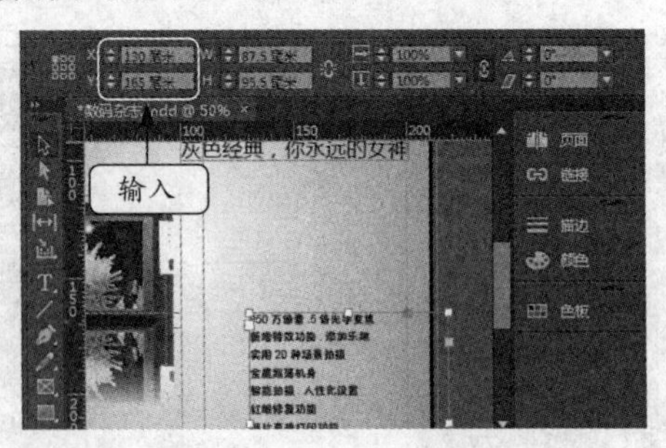

图2-63 调整文本框位置

2.2 段落的编辑

在输入文本时按【Enter】键便会生成一个段落，段落拥有自身的各种格式属性，如文本格式、对齐方式、缩进位置以及段间距等。下面将主要对段落的各种编辑设置进行讲解，以便更全面地掌握文本编辑的技能。

2.2.1 设置段落对齐与缩进

段落对齐与缩进是段落最基本的格式之一，下面介绍二者的设置方法。

1. 设置段落对齐方式

对齐方式是指段落在水平方向上文本的对齐方向。设置段落对齐方式的方法为：选择段落或将文本插入点定位到该段落中，在属性面板或“段落”面板（选择【文字】/【段落】菜单命令可打开该面板）中单击相应的对齐方式按钮即可。Indesign提供了多种对齐方式，其中主要包括左对齐、居中对齐、右对齐、双齐末行齐左、双齐末行居中、双齐末行齐右和全部强制双齐等，各对齐方式的效果如图2-64所示。

左对齐左对齐左对齐
左对齐左对齐左对齐
左对齐左对齐左对齐
左对齐左对齐

居中对齐居中对齐居
中对齐居中对齐居中
对齐居中对齐居中对
齐居中对齐

右对齐右对齐右对齐
右对齐右对齐右对齐
右对齐右对齐右对齐
右对齐右对齐

双齐末行齐左双齐末
行齐左双齐末行齐左
双齐末行齐左双齐末
行齐左

双齐末行居中双齐末
行居中双齐末行居中
双齐末行居中双齐末
行居中

双齐末行齐右双齐末
行齐右双齐末行齐右
双齐末行齐右双齐末
行齐右

全部强制双齐全部
强制双齐全部强制
双齐全部强制双
齐全部强制双齐

图2-64 各种对齐方式的效果

2. 设置段落缩进效果

段落缩进是指段落与文本框左右边界的距离。设置段落对齐方式的方法为：选择段落或将文本插入点定位到该段落中，在属性面板或“段落”面板中对应的缩进数值框中输入具体的缩进数值。Indesign有左缩进、右缩进、首行左缩进等缩进方式。

（1）左缩进：段落左侧与文本框左边框的距离。

（2）右缩进：段落右侧与文本框右边框的距离。

（3）首行左缩进：段落第一行左侧与文本框左边框的距离。

（4）末行右缩进：段落最后一行与文本框右边框的距离。

各缩进方式的效果如图2-65所示。

左缩进左缩进左缩进左缩进左缩进左缩进左缩进左缩进左缩进左缩进左缩进左缩进左缩进左缩进

右缩进右缩进右缩进右缩进右缩进右缩进右缩进右缩进右缩进右缩进右缩进右缩进右缩进右缩进

首行左缩进首行左缩进首行左缩进首行左缩进首行左缩进首行左缩进首行左缩进首行左缩进

末行右缩进末行右缩进末行右缩进末行右缩进末行右缩进末行右缩进末行右缩进末行右缩进

悬挂缩进悬挂缩进悬挂缩进悬挂缩进悬挂缩进悬挂缩进悬挂缩进悬挂缩进悬挂缩进

图2-65　各种缩进方式的效果

文本排版中还包含一种在此缩进对齐方式，此方式指段落中从插入点开始以后的所有行缩进，即悬挂缩进。设置方法为：将文本插入点定位在段落中需要悬挂缩进的位置，选择【文字】/【插入特殊字符】/【其他】/【在此缩进对齐】菜单命令，或按【Ctrl+\】键。

2.2.2　设置段落间距

段落间距是指段与段之间的距离，包括段前距离和段后距离两种，设置段落间距的方法为：选择段落或将文本插入点定位到该段落中，然后在属性面板或“段落”面板中对应的间距数值框中输入具体的数值即可。

下面以调整素材文档中各段落的属性为例，介绍设置段落对齐方式、缩进和间距等的方法。

【实例2-7】调整易拉宝段落属性

素材文件：素材\第2章\易拉宝.indd	效果文件：效果\第2章\易拉宝.indd
视频文件：视频\第2章\2-7.swf	操作重点：设置段落对齐方式、缩进和间距

1 打开素材提供的“易拉宝.indd”文档，双击标题，将文本插入点定位到此段落，在属性面板左侧单击段按钮，然后单击“居中对齐”按钮，如图2-66所示。

2 将文本插入点定位到第一段中的任意位置，选择【文字】/【段落】菜单命令，如图2-67所示。

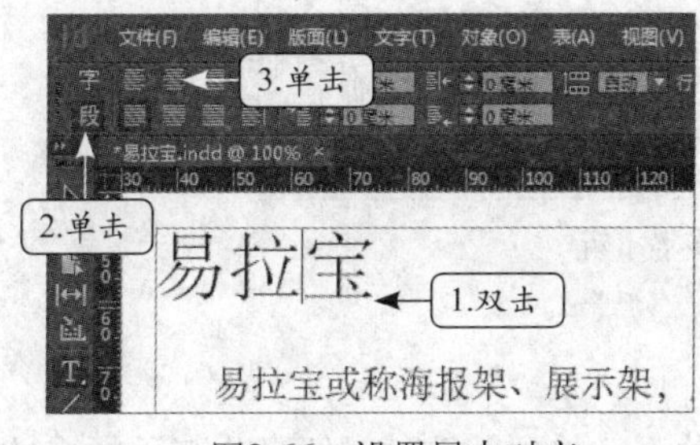

图2-66　设置居中对齐

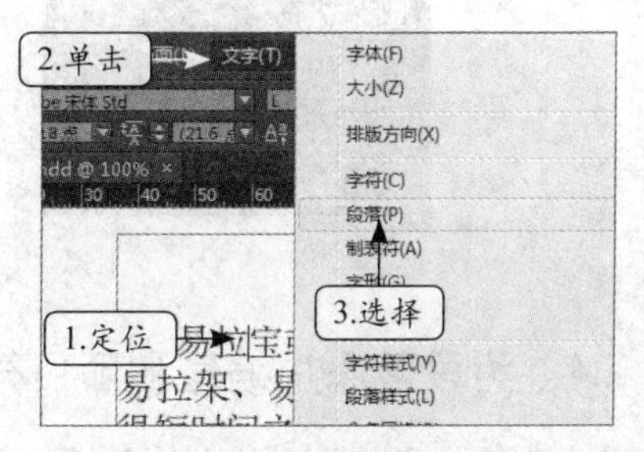

图2-67　选择段落

3 打开“段落”面板，在“段前间距”数值框中输入“8”，在“段后间距”数值框中输入“5”，按【Enter】键，如图2-68所示。

4 将文本插入点定位到第二段中的任意位置，在“段落”面板中的“首行左缩进”数值框中输入“10”，按【Enter】键，完成操作，如图2-69所示。

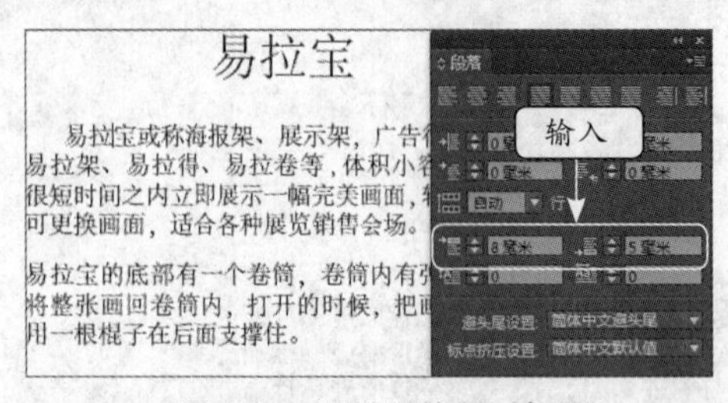

图2-68 设置段前段后间距

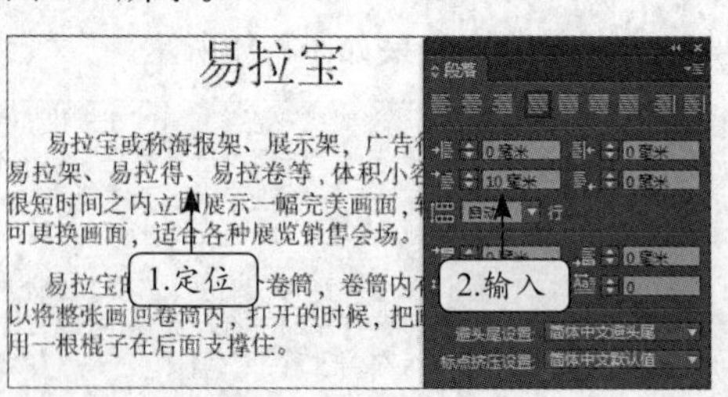

图2-69 设置首行左缩进

2.2.3 设置首字下沉效果

首字下沉是指将段落中第一行的第一个或几个文本变大，并下沉到与之相邻的一行或几行文本中的排版效果。设置首字下沉的方法为：选择段落或将文本插入点定位到该段落中，在属性面板或“段落”面板中的“首字下沉行数”数值框输入需下沉的行数，在“首字下沉一个或多个字符”数值框中输入下沉的字符即可。

下面将以设置正文第一个字符下沉两行为例，介绍设置首字下沉的方法。

【实例2-8】 为文档添加首字下沉

素材文件：素材\第2章\苍蝇和蜜.indd	效果文件：效果\第2章\苍蝇和蜜.indd
视频文件：视频\第2章\2-8.swf	操作重点：设置首字下沉

1 按【Ctrl+O】键打开素材提供的“苍蝇和蜜”文档，双击文本框进入文本输入状态，单击正文任意位置，将文本插入点定位在此段落。

2 打开“段落”面板，在“首字下沉行数”数值框中输入“2”，在“首字下沉一个或多个字符”数值框中输入“1”，按【Enter】键，即可完成首字下沉效果的设置，如图2-70所示。

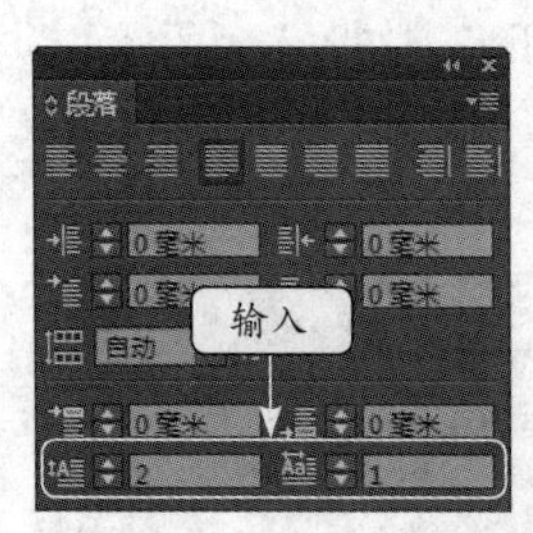

苍蝇与蜜

房里有蜜漏流出来，许多苍蝇便飞去饱餐起来。蜂蜜太甜美了，他们舍不得走。然而，就在这时他们的脚被蜜粘住，再也飞不起来了。他们后悔不已，嗡嗡乱叫：“我们真不幸，因贪图一时的享受而丧了命”。对于许多人来说，贪婪是许多灾祸的根源。

图2-70 添加首字下沉

2.2.4 为段落添加编号和项目符号

当几个连续的段落具有特定的关系，如前后关系、并列关系时，便可为其添加编号或项目符号使段落更具可读性和层次性。通过手动输入或插入特殊字符的方法可实现编号或项目符号的添加，但如果段落数量较多时，便可利用Indesign提供的添加编号和项目符号的功能来快速添加。

1. 添加编号

添加编号的方法有以下两种。

(1) 快速添加编号：选择连续的多个段落，在属性面板中单击“编号列表”按钮，所选段落将快速添加默认样式的编号。

(2) 自定义添加编号：选择连续的多个段落，在“段落”面板中单击“展开菜单”按钮，在弹出的下拉菜单中选择“项目符号和编号”命令，在打开的“项目符号和编号”对话框中可对编号的各项属性进行设置，如图2-71所示。

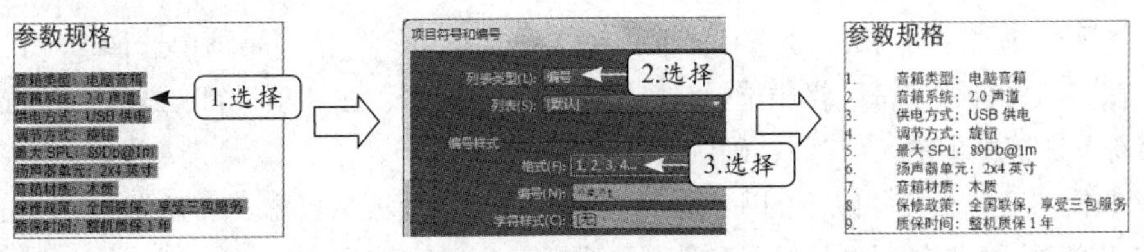

图2-71 自定义添加编号

2. 添加项目符号

添加项目符号的方法有以下两种。

(1) 快速添加项目符号：选择连续的多个段落，在属性面板中单击“项目符号列表”按钮。

(2) 自定义添加项目符号：选择连续的多个段落，在“段落”面板中单击“展开菜单”按钮，在弹出的下拉菜单中选择“项目符号和编号”命令，在打开的“项目符号和编号”对话框中可设置项目符号的各项属性，如图2-72所示。

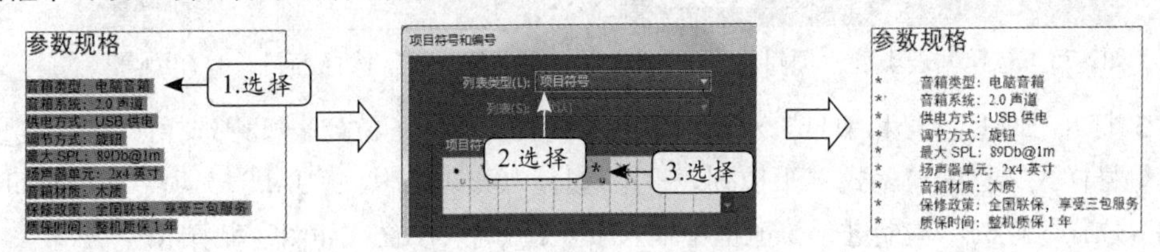

图2-72 自定义添加项目符号

下面将以指定段落添加项目符合和编号，并设置编号的缩进为例，介绍添加编号和项目符号的方法。

【实例2-9】 完善说明书内容

素材文件：素材\第2章\说明书.indd	效果文件：效果\第2章\说明书.indd
视频文件：视频\第2章\2-9.swf	操作重点：添加编号、添加项目符号

1 打开素材提供的“说明书.indd”文档，选择“三包责任”及以上所有的段落，选择【文字】/【段落】菜单命令，如图2-73所示。

2 打开“段落”面板，单击“展开菜单”按钮，在弹出的下拉菜单中选择“项目符号和编号”命令，如图2-74所示。

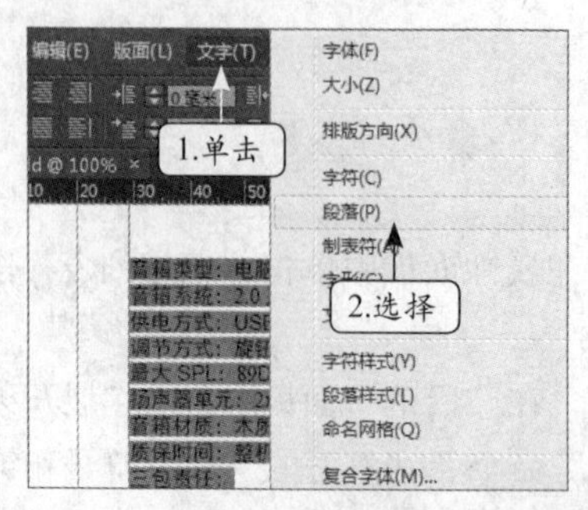

图2-73 选择段落

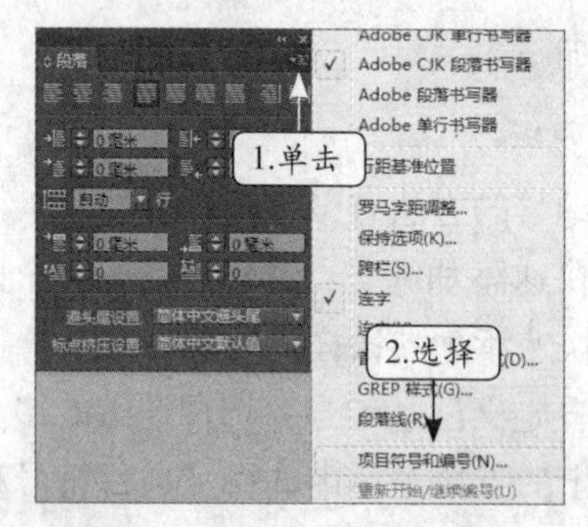

图2-74 选择项目符号和编号

3 打开“项目符号和编号”对话框，在“列表类型”下拉列表框中选择“项目符号”选项；在“项目符号字符”栏中选择“实心小圆点”选项；在“项目符号或编号位置”栏的“制表符”数值框中输入“3”，确认设置，如图2-75所示。

4 选择“三包责任”以下的所有段落，在“段落”面板中单击“展开菜单”按钮，在弹出的下拉菜单中选择“项目符号和编号”命令，如图2-76所示。

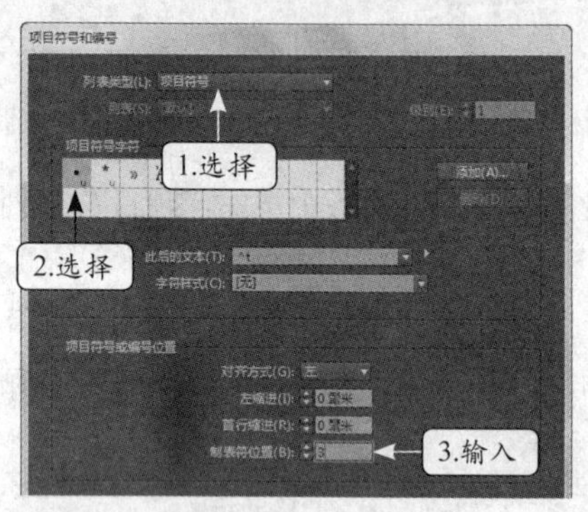

图2-75 选择列表类型、项目符号字符等

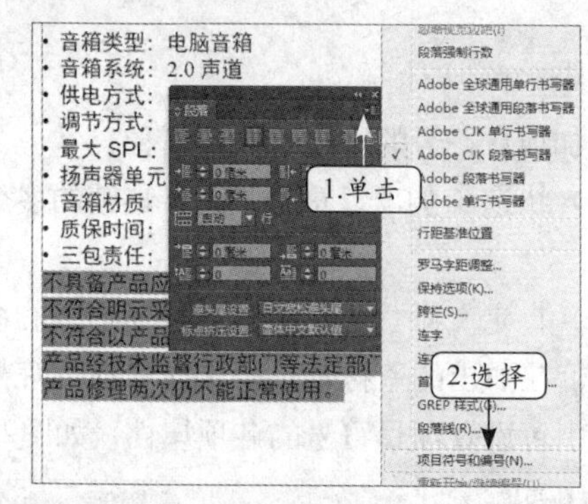

图2-76 选择项目符号和编号

5 打开“项目符号和编号”对话框，在“列表类型”下拉列表框中选择“编号”选项；在“编号样式”栏的“格式”下拉列表框中选择“①、②、③、④...”选项；在“项目符号或编号位置”栏的“左缩进”数值框中输入“7”，确认设置，如图2-77所示。

6 按【Esc】键选择文本框，在属性面板中的“W”和“H”数值框中分别输入“101”、“76”，按【Enter】键完成操作，如图2-78所示。

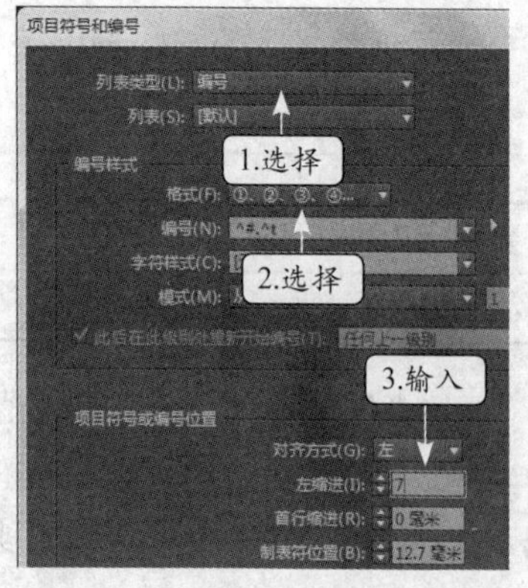

图2-77 选择列表类型、格式等

图2-78 设置文本框大小

2.2.5　创建段落样式

与字符样式相比，段落样式除了拥有字符样式的功能以外，还拥有段落格式的属性，可应用于一个或多个段落。

设置段落样式的方法与字符样式相似，选择【文字】/【段落样式】菜单命令或【窗口】/【样式】/【段落样式】菜单命令，也可直接按【F11】键均可打开“段落样式”面板，单击“段落样式”面板右上方的“展开菜单”按钮，在弹出的下拉菜单中选择“新建段落样式”命令，打开“新建段落样式”对话框，如图2-79所示，在其中可分别设置各种段落属性。

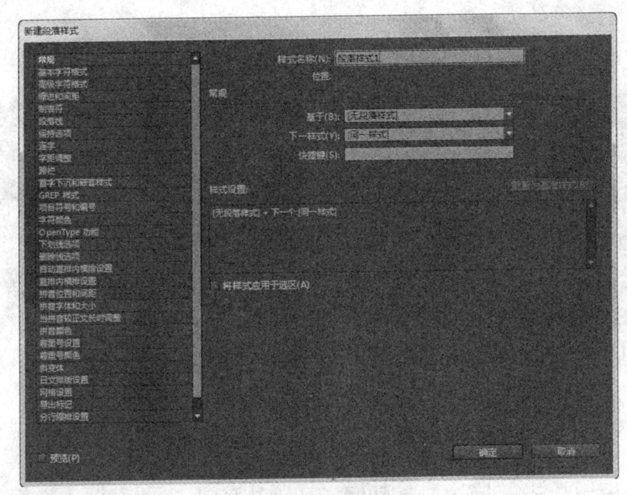

图2-79　段落样式界面

除新建段落样式外，还可复制、删除和应用段落样式，其方法均与字符样式的相应操作相同，这里就不再重复介绍了。

2.3　上机实训——制作茶楼海报

下面将通过制作茶楼海报，综合练习本章介绍的文本应用中的部分知识，最终效果如图2-80所示。

图2-80　最终效果

素材文件：素材\第2章\茶楼海报.indd	效果文件：效果\第2章\茶楼海报.indd
视频文件：视频\第2章\2-10.swf	操作重点：字体字号的更改、首字下沉、设置文本颜色……

1. 制作海报标题内容

下面将利用设置字体颜色和应用段落样式等知识制作标题。

1 启动Indesign CC，按【Ctrl+O】键打开素材提供的“茶楼海报.indd”文档，选中标题“休闲会所”文本，在属性面板中的“字体大小”数值框中输入“80”，按【Enter】键，如图2-81所示。

2 在属性面板中双击“填色”按钮，如图2-82所示。

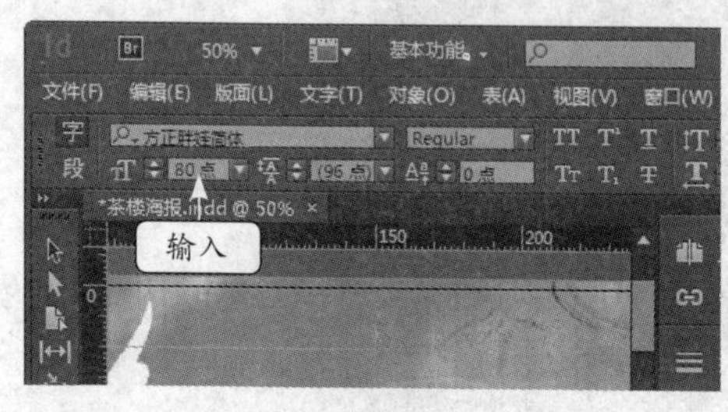

图2-81 设置字体大小

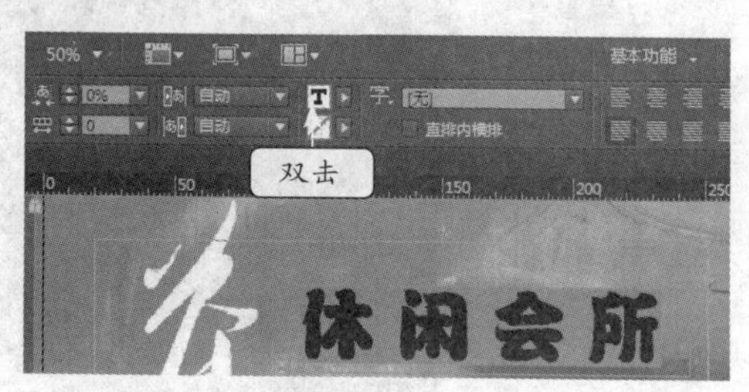

图2-82 打开“拾色器”对话框

3 打开“拾色器”对话框，在其中将颜色参数“C”、“M”、“Y”、“K”分别设置为“0”、“65”、“100”、“0”，然后单击确定按钮，如图2-83所示。

4 返回属性面板，单击“描边”按钮，在弹出的下拉列表框中选择“C=0 M=0 Y=100 K=0”选项，如图2-84所示。

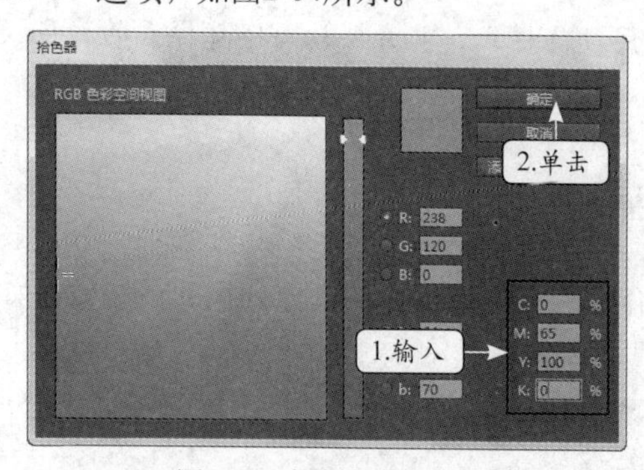

图2-83 设置颜色的参数

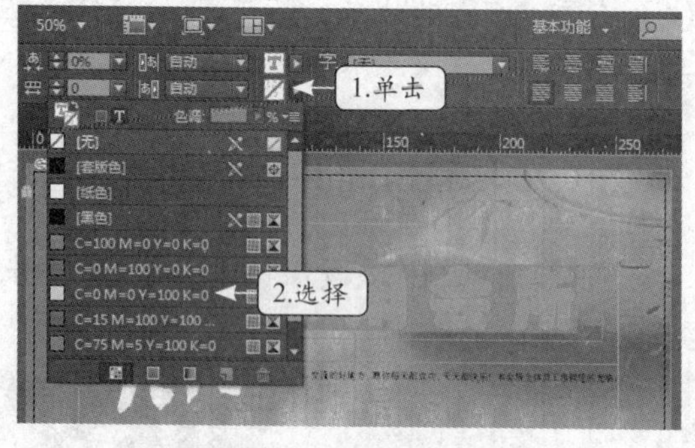

图2-84 设置描边颜色

5 单击两次版面空白处，选择【文字】/【段落样式】菜单命令，如图2-85所示。

6 在“段落样式”面板右上方单击“展开菜单”按钮，在弹出的下拉菜单中选择“新建段落样式”命令，如图2-86所示。

7 打开“新建段落样式”对话框，在左侧列表框中选择“基本字符格式”选项，在右侧“字体系列”下拉列表框中选择“方正少儿简体”选项，在“大小”数值框中输入“36”，如图2-87所示。

8 在左侧列表框中选择“字符颜色”选项，在右侧“填色”列表框中选择“C=15 M=100 Y=100 K=0”选项，在“色调”数值框中输入“50”，如图2-88所示。

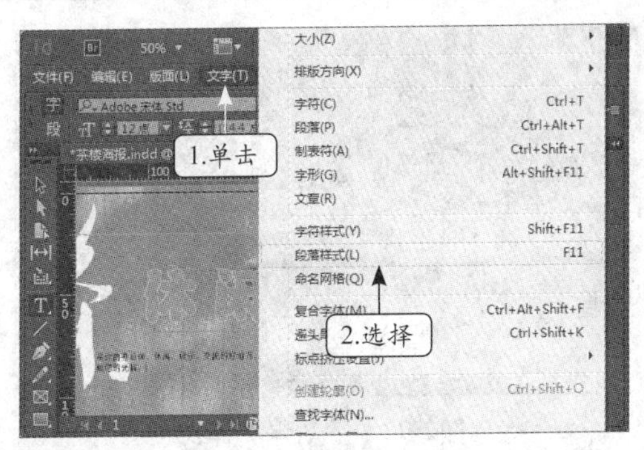

图2-85　选择菜单命令

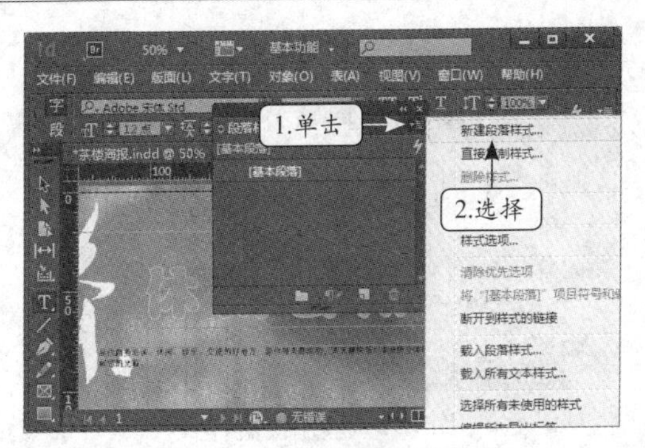

图2-86　新建段落样式

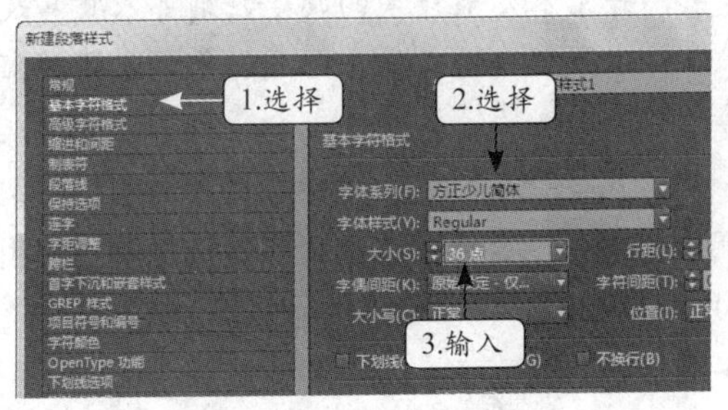

图2-87　设置字体和字号

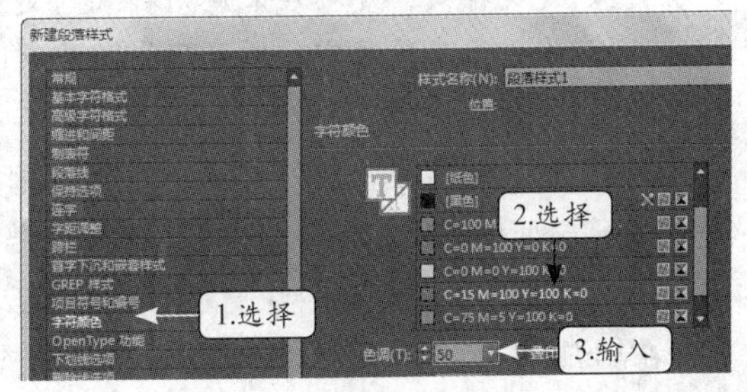

图2-88　设置填色的颜色和色调

9 单击“填色”标记下面的“描边”按钮，在“描边”列表框中选择“C=0 M=0 Y=100 K=0”选项，在“色调”数值框中输入“50”，确认设置，如图2-89所示。

10 返回工作区，将文本插入点定位到标题下方的文本中，然后在“段落样式”面板中选择“段落样式1”选项，如图2-90所示。

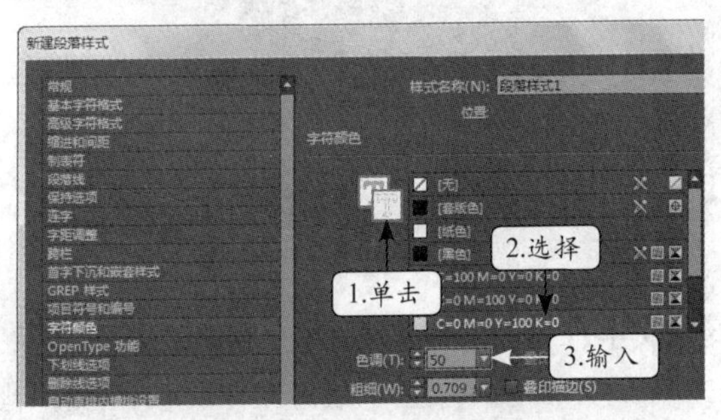

图2-89　设置描边的颜色和色调

图2-90　应用段落样式

2. 制作收费标准

下面将综合利用置入Word文档、设置分行缩排、应用首字下沉和段落缩进等知识制作收费标准。

1 将文本插入点定位到“每客最低消费6元起”文本中，选择“段落样式”面板中的“段落样式1”选项，如图2-91所示。

2 将文本插入点定位到“休闲会所”文本中，当“段落样式”面板中的“基本段落”选项出现“基本段落+”状态时，单击“展开菜单”按钮，在弹出的下拉菜单中选择“重新定义样式”命令，如图2-92所示。

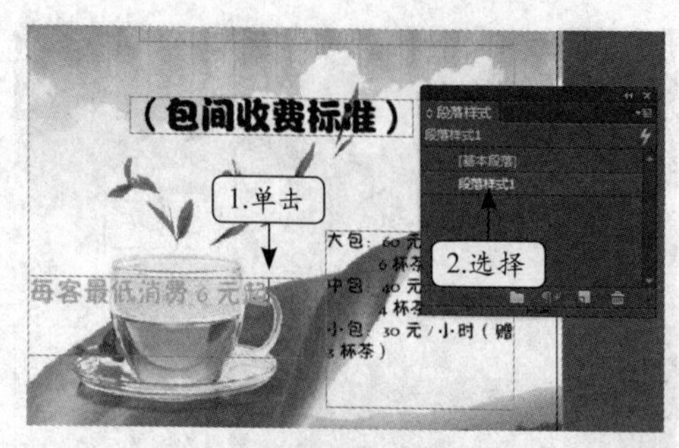

图2-91 应用段落样式

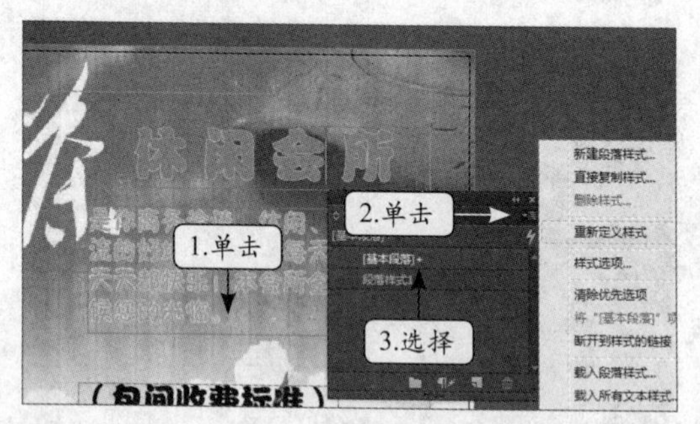

图2-92 重新定义样式

TIPS 重新定义样式，是指在未应用样式的文本中，若文本发生样式的改变，则可以将其改变应用于基本段落中，所有应用了基本段落的文本都会随之发生改变。例如，选择重新定义样式以后，创建的文本都会应用基于定义好的基本段落样式进行。

3 按【Ctrl+D】键，打开“置入”对话框，在“路径”下拉列表框中选择素材所在的位置，在下方列表框中选择“加时费”Word文档，取消选中“替换所选项目”复选框和“应用网格格式”复选框，单击 打开(O) 按钮，如图2-93所示。

4 在版面下方拖动鼠标置入文本，如图2-94所示。

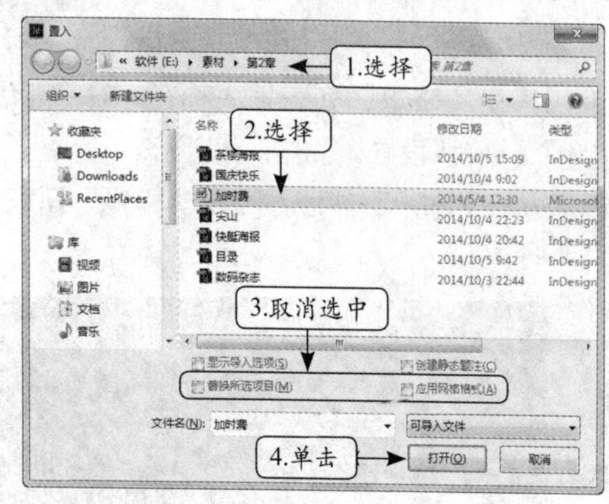

图2-93 选择路径、文档

图2-94 置入文本

5 设置刚置入的文本字号为“24”，选择【文字】/【字符】菜单命令，如图2-95所示。

6 选中“24点后”之后所有的文本，在“字符”面板中单击“展开菜单”按钮，在弹出的下拉菜单中选择“分行缩排”命令，如图2-96所示。

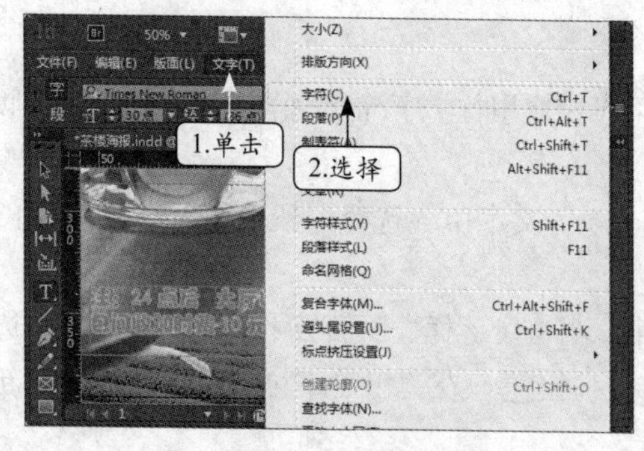

图2-95 选择菜单命令

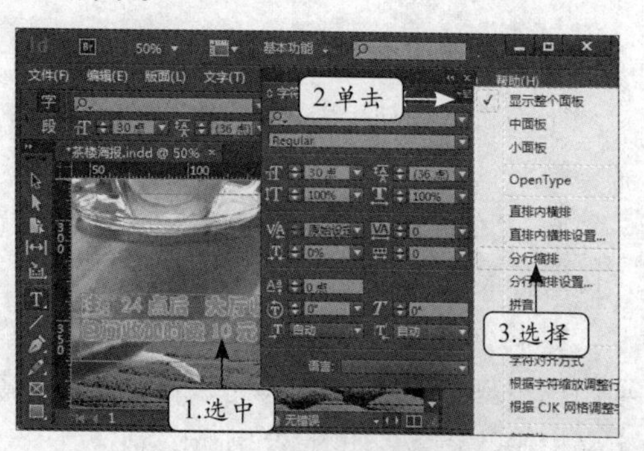

图2-96 设置分行缩排

7 按【Esc】键选择文本框，在属性面板中的“X”、“Y”、“W”、“H”数值框中分别输入“73”、“332”、“125”、“24”，按【Enter】键，如图2-97所示。

8 选择【文字】/【段落】菜单命令，如图2-98所示。

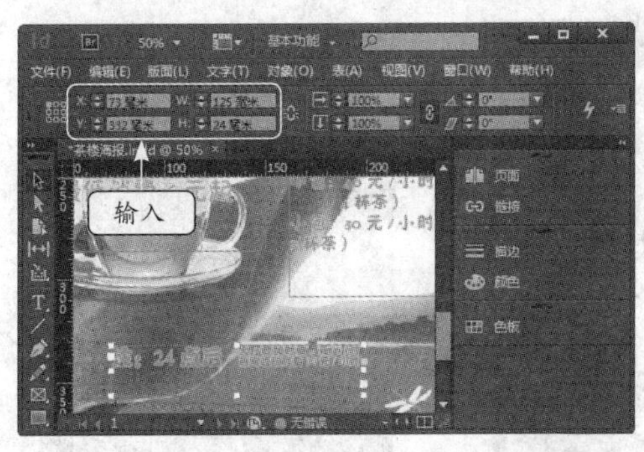

图2-97　设置文本框位置和大小

图2-98　选择菜单命令

9 将文本插入点定位到“每客最低消费6元起”文本中，在“段落”面板的“首字下沉行数”数值框中输入“2”，按【Enter】键，如图2-99所示。

10 按【Esc】键选择文本框，在属性面板中的“X”、“Y”、“W”、“H”数值框中分别输入“26”、“233”、“94”、“40”，按【Enter】键，如图2-100所示。

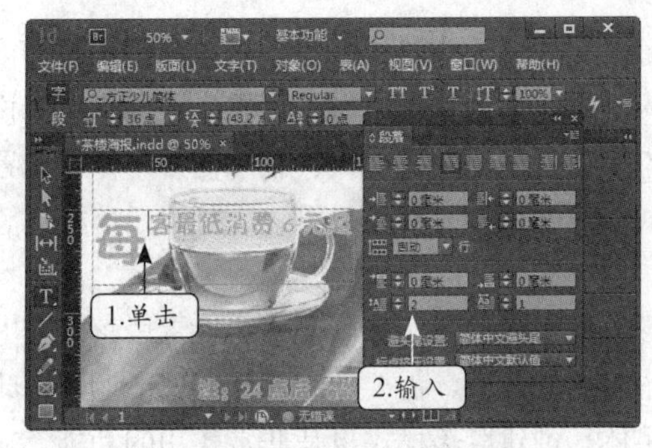

图2-99　设置首字下沉

图2-100　设置文本框位置和大小

11 选中右侧价格文本中最后一段文本，在“段落”面板的“左缩进”数值框中输入“25”，在“首行左缩进”数值框中输入“－25”，按【Enter】键，如图2-101所示。

12 将文本插入点定位到标题下方的文本中，在“段落”面板的“首行左缩进”数值框中输入“25”，按【Enter】键，如图2-102所示。

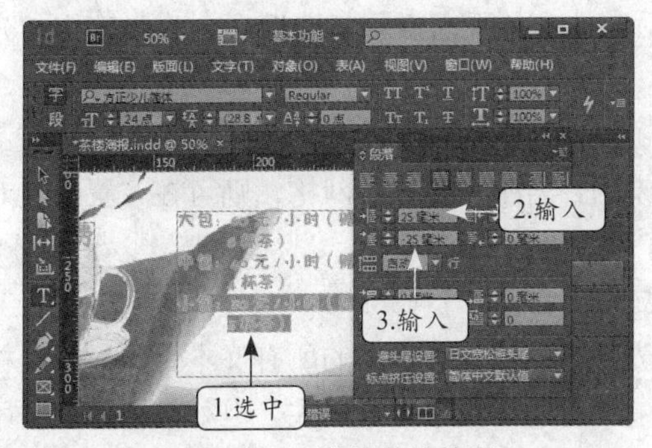

图2-101　设置悬挂缩进

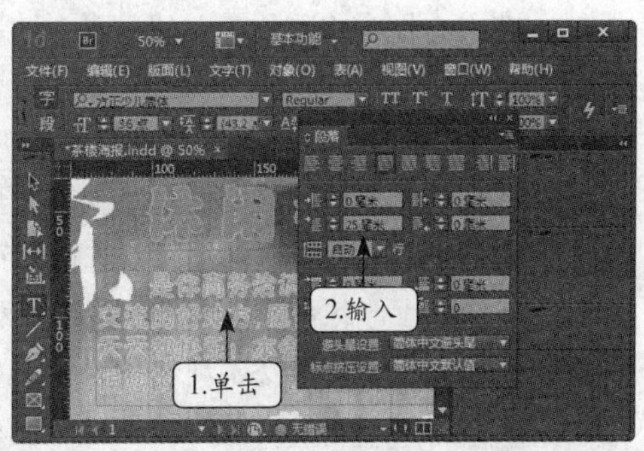

图2-102　设置首行左缩进

13 按【Esc】键选择文本框，在属性面板中的“Y”数值框中输入“82”，按【Enter】键，如图2-103所示。

14 保存文档，最终效果如图2-104所示。

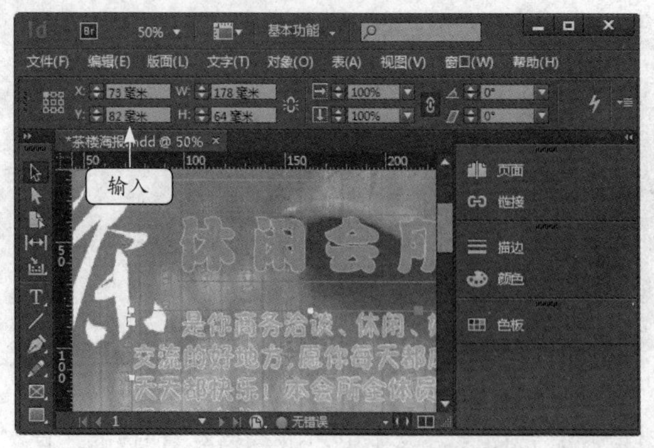

图2-103 设置文本框位置

图2-104 最终效果

2.4 本章小结

本章主要讲解了在Indesign CC中文本的创建及编辑、文本格式的设置、段落的编辑等内容，包括创建文本框及文本、编辑文本框、导入文本、插入特殊字符、设置字体与字号、设置行距和间距、设置缩放和基线偏移、设置文本颜色、创建字符样式、添加复合字体、设置段落对齐方式、设置段落缩进效果、设置段落间距、添加编号和项目符号、创建段落样式等内容。

其中，创建文本框及文本、编辑文本框、导入文本、设置字体与字号、设置段落对齐方式、设置段落缩进效果、设置段落间距等是文本应用的基础，需要熟练掌握并灵活运用。此外，设置文本颜色、创建字符样式、添加复合字体、创建段落样式也是非常实用的功能，应熟悉其用法。

2.5 疑难解答

1.问：“文本框架选项”对话框中的“平衡栏”复选框有什么作用？

答：在文本框中将“栏数”设置为≥2以后，选中“平衡栏”复选框，会将内容均匀分布在每个文本框中。

2.问：为什么置入的文本有很多网格？

答：置入的文本显示的网格是不会打印出来的，若不需要显示网格，则可在“置入”对话框中取消选中“应用网格格式”复选框即可。

3.问：如何对一个文本框架中的所有文本应用样式？

答：可以通过两种方法实现，第一种：首先要选中该文本框中的所有文本，然后设置样式；第二种：只需选中要设置的文本，然后在“字符”面板中设置样式，但如果该框架是串接的组成部分，则不能通过此方法修改框架中的文本格式。

4.问：可以混用罗马字符、全角字符和半角字符吗？

答：最好不要混用。因为，混用全角字符和半角字符不利于版面的美观，除此之外，罗马字符很难与基于方块的汉字统一起来，比如：汉字的大小和大写字母的高度差不多，但是下行的小写字符的下行部分将会影响下一行字符，所以汉字和小写字母混用时会显得小写字母很小。

5.问：如何快速创建删除线或下划线？

答：按【Ctrl+Shift+/】键可以快速创建删除线；按【Ctrl+Shift+U】键可快速创建删除线。

6.问：CJK文字是什么意思？

答：CJK是中文（Chinese）、日文（Japanese）、韩文（Korean）三国文字的缩写。顾名思义，它能够支持这三种文字。中日韩使用统一的表意文字，目的是要把分别来自中文、日文、韩文、越文中，意义相同、形状一样或稍异的表意文字于ISO 10646及Unicode标准内赋予相同编码。

7.问：避头尾和标点挤压怎么不能设置？

答：在Indesign CC中，对于避头尾和标点挤压的是不能改变其默认设置的，必须先要新建基于默认状态下的“集”，然后再在新建的“集”中才能进行编辑操作。

8.问：悬挂缩进是什么意思？

答：所谓悬挂缩进是指段落的首行文本不会变动，而除首行以外的该段落中所有文本缩进一定的距离。

9.问：如何修改在Indesign CC中默认的文本设置？

答：选择“文字工具”后，确认没有在操作界面中选中文本框或输入文本状态时，在“段落”面板中所做的任何设置都会成为文本的默认设置，并自动应用于新创建的文本。

2.6 习题

1．将素材提供的文档（素材文件：素材\第2章\课后练习\视频拍摄手法.indd）制作如图2-105所示的悬挂缩进的效果（效果文件：效果\第2章\课后练习\视频拍摄手法.indd）。

编辑“拉镜头”段落的左缩进为正数、首行左缩进为负数。

2．将素材提供的文档（素材文件：素材\第2章\课后练习\广告语.indd）制作如图2-106所示的排版效果（效果文件：效果\第2章\课后练习\广告语.indd），要求设置第一段的间距和第二段数字的上标。

推镜头：摄影机逐渐靠近被摄主体，使观众的视线从整体看到某一局部，更深刻地感受此局部的特征，加强情绪气氛的烘托。
拉镜头：画面外框逐渐放大，画面内的景物逐渐缩小，使观众视点后移，深切感受局部和整体之间的联系。

图2-105 悬挂缩进效果

一座城的荣誉，拥有者的自豪
欧式风格园林 2.5 万 m^2 超大园林设计，欧式风格独一无二
高效率物管 中国知名品牌物业管理，高效人性化专业服务

图2-106 排版效果

3．将素材提供的文档（素材文件：素材\第2章\课后练习\体育杂志.indd）制作如图2-107所示的效果（效果文件：效果\第2章\课后练习\体育杂志.indd）。

(1) 设置第一段英文为全部大写字母。

(2) 设置第二段英文为小型大写字母。

4．创建如图2-108所示的复合字体。

SPORT

—THE FIRST

第一运动时尚杂志

图2-107　体育杂志效果

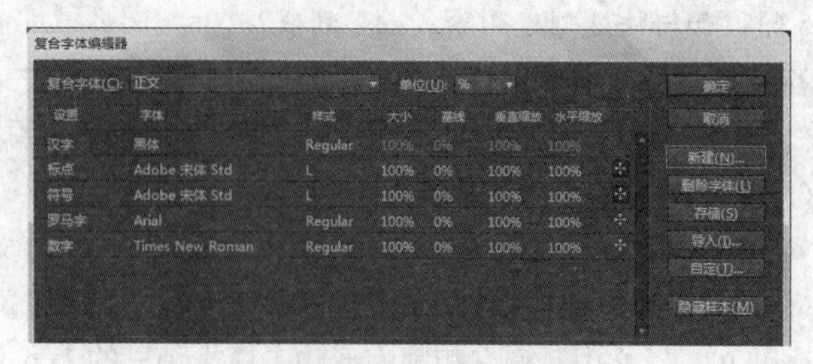

图2-108　复合字体

第3章　图形的绘制与设置

图形是指由计算机绘制的直线、圆、矩形、曲线等，在平面设计中有着重要的地位。正确运用图形的视觉效果可丰富版面内容，使读者更易于理解和接受其传达的信息。Indesign具备强大的图形绘制功能，本章将介绍图形的基本绘制和编辑方法，包括绘制路径与图形、认识路径和锚点、路径工具的使用和编辑图形等知识。

学习要点

- 掌握路径与图形的绘制操作
- 了解路径和锚点的作用
- 掌握路径工具的使用方法
- 熟悉路径的编辑方法

3.1　绘制图形与路径

Indesign CC包含了大量的图形与路径绘制工具，可以轻松完成各种对象的绘制工作。下面将重点介绍各种图形与路径的绘制方法，包括直线、矩形、椭圆以及多边形等基本图形的绘制，以及使用各种路径工具绘制路径的操作。

3.1.1　绘制基本图形

基本图形实质上就是预设的某种形状的路径，它们是组成复杂图形的基础，可以提高图形的制作效率，从而避免了所有图形都通过路径来制作的麻烦。因此，掌握基本图形的绘制方法是非常必要的技能。

1. 绘制直线

使用直线工具可以绘制水平直线、垂直直线和斜线。单击工具箱中的“直线工具”按钮，在版面中按住鼠标左键不放并拖动即可绘制出直线。常用的绘制方法有如下两种。

（1）绘制水平、垂直或45°直线：按住【Shift】键不放，向不同方向拖动鼠标即可绘制水平直线、垂直直线或呈45°角显示的直线。

（2）以起点为中心点绘制直线：按住【Alt】键不放，拖动鼠标绘制直线时则是以拖动的起点为中心点，向两侧延伸的直线。

TIPS 按住【Alt+Shift】键不放，拖动鼠标绘制的直线则是以拖动的起点为中心点，向两侧延伸的水平直线、垂直直线或45°角直线。

2. 绘制矩形

绘制矩形的方法有以下两种。

(1) 拖动绘制：单击工具箱中的“矩形工具”按钮，在版面中拖动鼠标即可绘制任意大小的矩形，如图3-1所示。

(2) 单击绘制：单击“矩形工具”按钮，在版面中单击鼠标，打开“矩形”对话框，设置宽度和高度后，可创建精确尺寸的矩形，如图3-2所示。

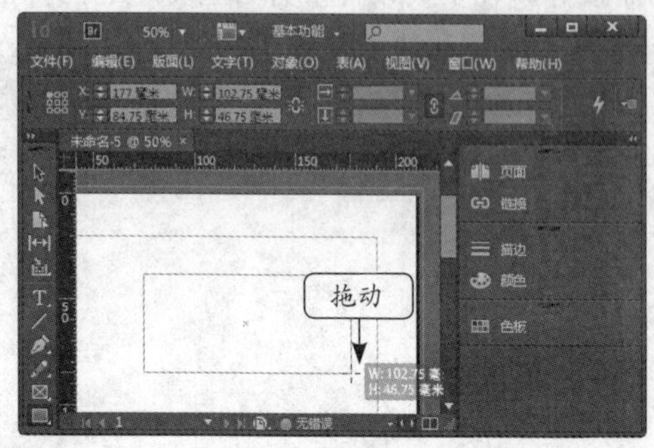

图3-1 拖动鼠标创建矩形

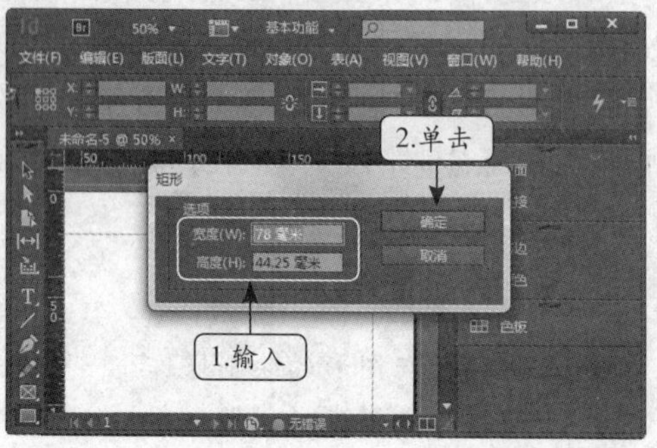

图3-2 创建精确尺寸的矩形

按住【Shift】键不放，拖动鼠标可在版面中绘制出正方形。

3. 绘制椭圆

椭圆是广告宣传文档中常见的图形元素，在Indesign中可以创建椭圆和正圆。在工具箱中的“矩形工具”按钮处单击鼠标右键，在弹出的下拉列表中选择“椭圆工具”选项，通过拖动鼠标或单击鼠标均可创建椭圆，方法与绘制矩形类似。

按住【Shift】键不放，拖动鼠标可绘制正圆；按住【Alt】键不放，拖动鼠标绘制椭圆时则是以拖动的起点为椭圆的中心点，向四周按比例延伸绘制椭圆。

4. 绘制多边形

多边形是指包含三条或三条以上的边，在同一平面且不在同一直线上的首尾相连的线段组成的图形。在工具箱中的“矩形工具”按钮处单击鼠标右键，在弹出的下拉列表中选择“多边形工具”选项，拖动鼠标即可绘制6边形。

若想绘制出其他多边形，则可在选择该工具后单击版面，在打开的“多边形”对话框中通过设置参数来创建多边形，如图3-3所示。

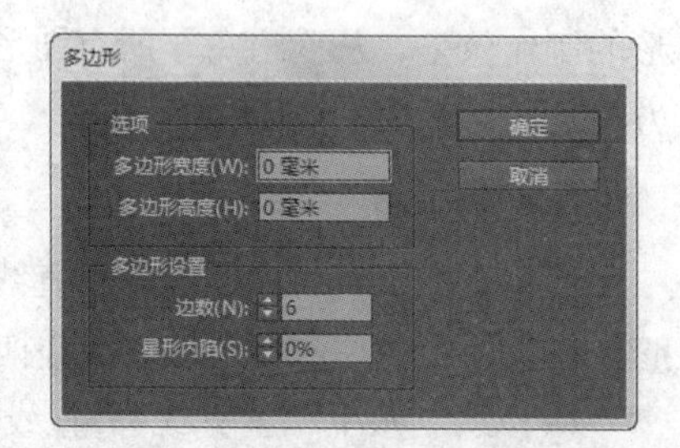

图3-3 “多边形”对话框

“星形内陷”是指每一条边往多边形内部凹陷，比如创建标准五角星时，只需将边数设置为“5”，星形内陷设置为“50%”，即每条边往多边形内部凹陷50%，便形成五角星形状。

下面将通过制作女生标志为例，介绍创建直线和正圆的方法。

【实例3-1】 制作女生标志

素材文件：无	效果文件：效果\第3章\女生标志.indd
视频文件：视频\第3章\3-1.swf	操作重点：创建直线、创建正圆

1 创建一个空白文档，在工具箱中的“矩形工具”按钮上单击鼠标右键，在弹出的下拉列表中选择“椭圆工具”选项，如图3-4所示。

2 按住【Shift】键不放，在版面中拖动鼠标绘制一个正圆，如图3-5所示。

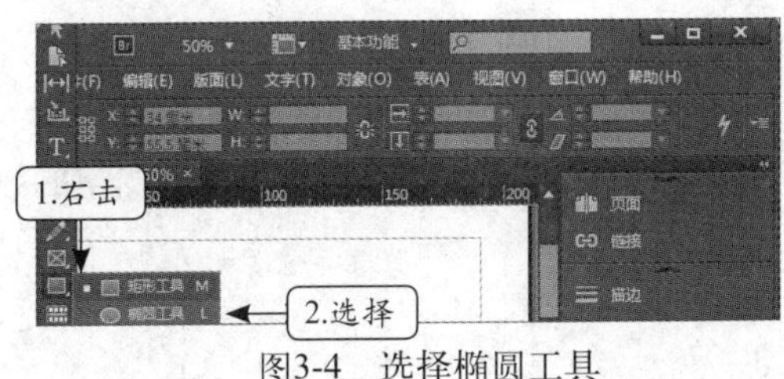

图3-4 选择椭圆工具

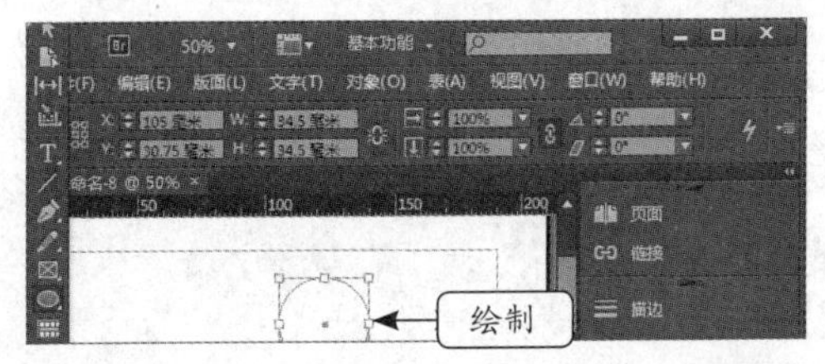

图3-5 绘制正圆

3 单击工具箱中的“直线工具”按钮，然后按住【Alt+Shift】键不放，在版面中拖动鼠标绘制水平直线，如图3-6所示。

4 再次按住【Alt+Shift】键不放，拖动鼠标绘制垂直直线，如图3-7所示。

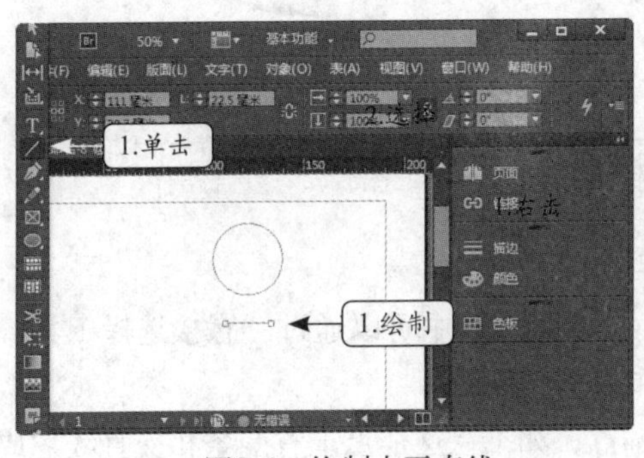

图3-6 绘制水平直线

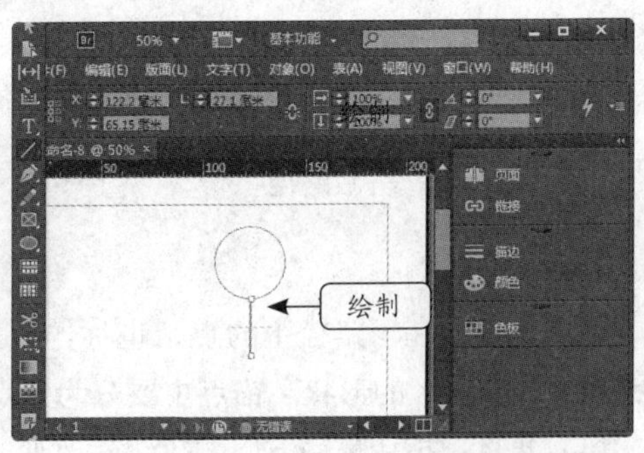

图3-7 绘制垂直直线

5 单击工具箱中的“选择工具”按钮，拖动鼠标选中绘制的所有图形，如图3-8所示。

6 在属性面板的“描边”数值框中输入“20”，按【Enter】键完成操作，如图3-9所示。

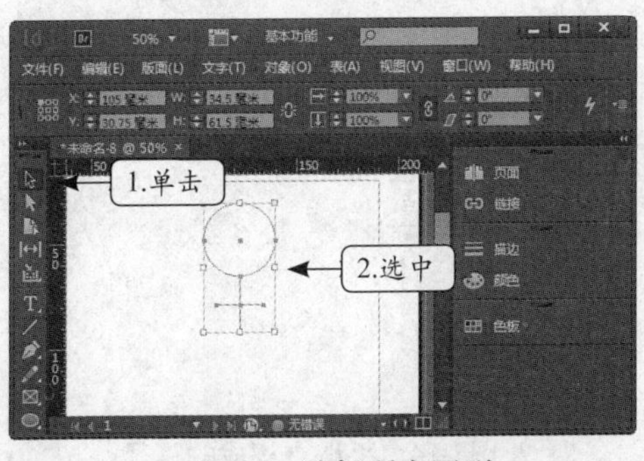

图3-8 选择所有图形

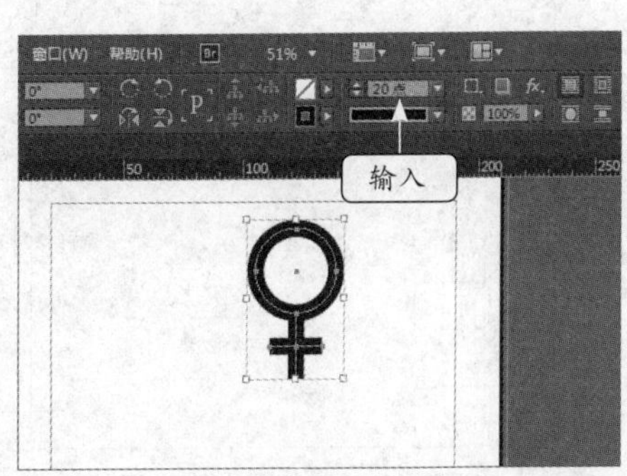

图3-9 创建女生标志

3.1.2 认识路径和锚点

路径和锚点是图形中较为重要的概念，任何图形实际上都是建立在路径和锚点基础之上的，要想成功制作出各种各样的复杂图形，首先应该认识并掌握路径和锚点的作用和设置方法。

1. 路径

使用绘图工具绘制的直线、椭圆、多边形等都属于路径，路径分为开放路径、封闭路径和复合路径三种。

（1）开放路径：指首尾不相连的路径，如弧形，如图3-10所示。

（2）封闭路径：指首尾相连的路径，如圆形，如图3-11所示。

（3）复合路径：指两个或两个以上的路径组成的独立路径，复合路径可填充出镂空的效果，如图3-12所示。

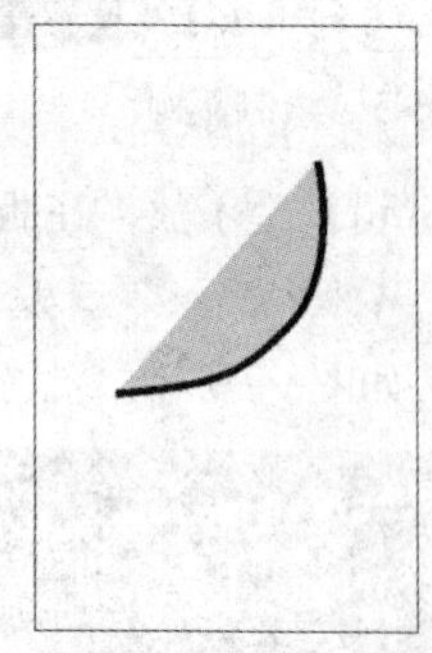

图3-10　开放路径

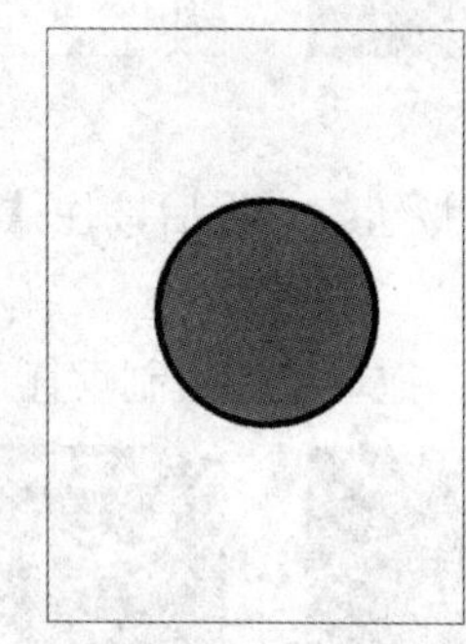

图3-11　封闭路径

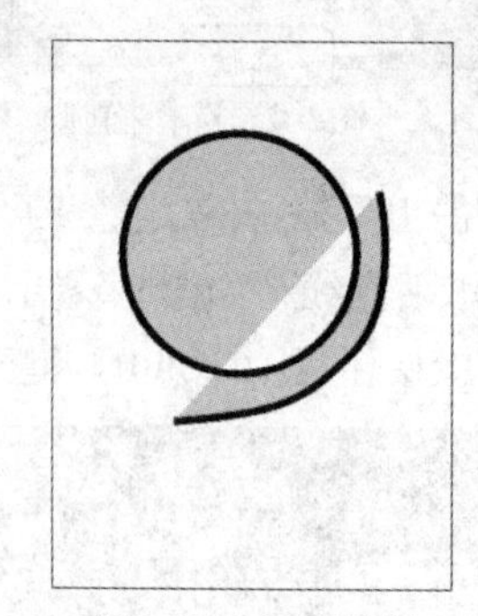

图3-12　复合路径

2. 锚点

锚点是指存在于路径上的点，也称作节点。在Indesign中可以通过“直接选择工具”拖动锚点来改变路径的形状。锚点主要分为角点和平滑点两类。

（1）角点：指让路径方向发生突然改变的锚点，如果在这个点上有两条相交直线形成一个角度，这个点就叫做角点，角点的两侧是没有控制柄的，如图3-13所示。

（2）平滑点：指由一条或两条曲线构成的中间的点，它的两侧会出现一个或两个控制柄，如图3-14所示。平滑点一般不会突然地改变方向，会有一个缓和的过渡过程。

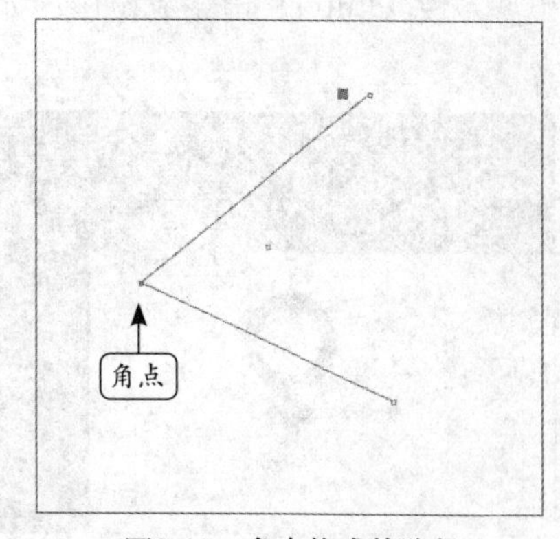

图3-13　角点构成的路径

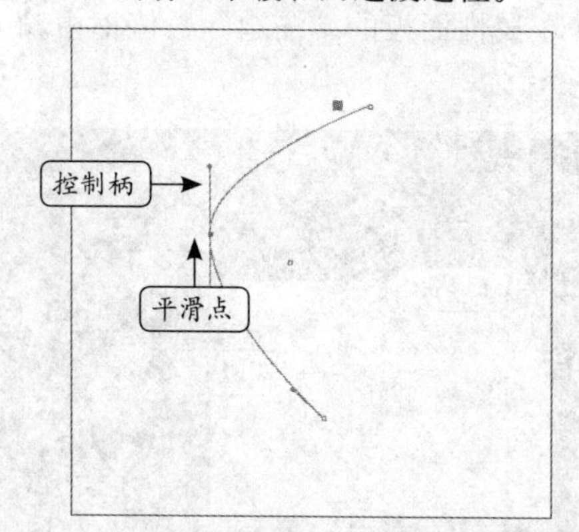

图3-14　平滑点构成的路径

控制柄是独立的，拖动控制柄可以调整曲线的形状。

3.1.3 绘制路径

Indesign提供了多种绘制路径的工具，以满足实际操作时的不同需求，包括钢笔工具、铅笔工具、平滑工具、抹除工具以及剪刀工具等。下面将依次介绍使用这些工具绘制路径的方法。

1. 使用钢笔工具绘制路径

钢笔工具是Indesign CC中绘制路径最常用的工具之一，利用钢笔工具不仅可以绘制各种各样的图形，而且还可利用其工具组中的其他工具，对路径中的锚点进行添加和删除等操作。

单击工具箱中的“钢笔工具”按钮，或直接按【P】键切换到钢笔工具，在版面中即可绘制路径。下面分别介绍使用钢笔工具绘制直线和曲线的方法。

(1) 绘制直线：在版面上单击鼠标确定第1个锚点，移动鼠标指针至目标位置，再次单击鼠标即可绘制直线，如图3-15所示。

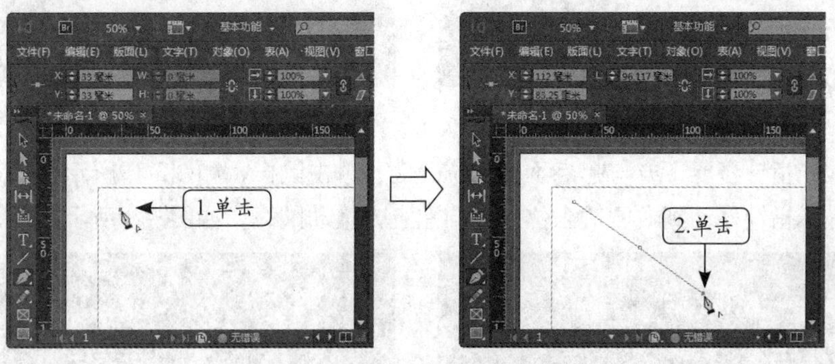

图3-15 利用钢笔工具绘制直线

(2) 绘制曲线：在版面上单击鼠标确定第1个锚点，移动鼠标指针至目标位置，按住鼠标左键不放并拖动鼠标即可绘制曲线，如图3-16所示。

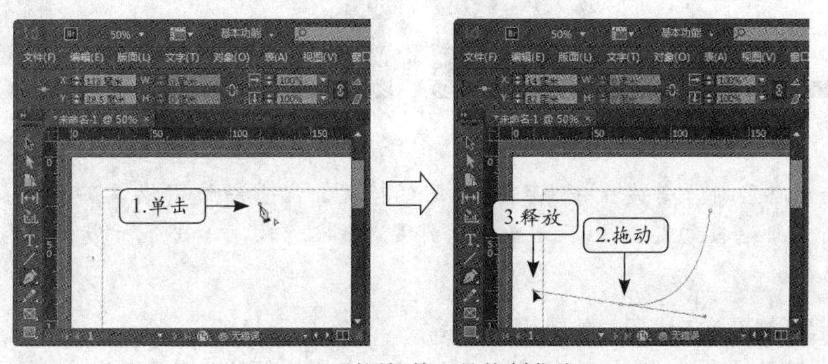

图3-16 利用钢笔工具绘制曲线

在拖动鼠标绘制曲线时，还未释放鼠标之前，按住空格键不放继续拖动鼠标，可以改变当前锚点的位置。

下面以绘制心形为例，介绍钢笔工具的使用方法。

【实例3-2】 绘制心形

素材文件：无	效果文件：效果\第3章\心形.indd
视频文件：视频\第3章\3-2.swf	操作重点：钢笔工具的使用、直接选择工具的使用

1 创建一个空白文档，单击工具箱中的“钢笔工具”按钮，在版面中单击鼠标确定第1个锚点，如图3-17所示。

2 将鼠标指针移动到左侧适当位置，按住鼠标左键不放并向左下方拖动至适当位置，释放鼠标创建曲线，如图3-18所示。

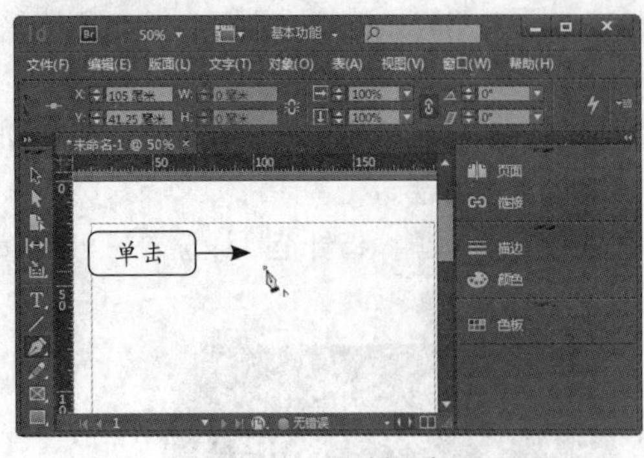

图3-17 绘制锚点

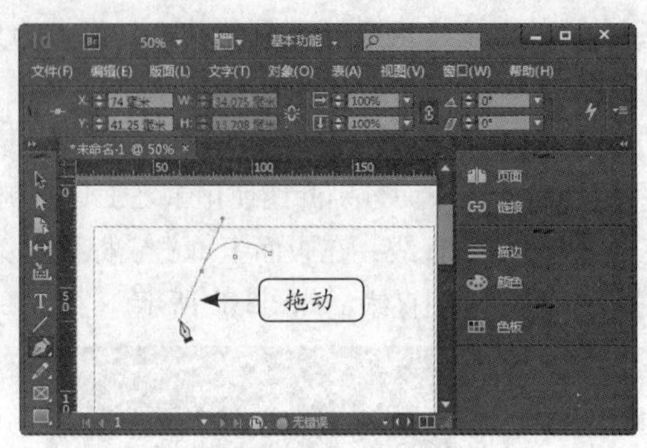

图3-18 绘制曲线

3 将鼠标指针移至下方与起点垂直的位置处，单击鼠标，如图3-19所示。

4 将鼠标指针移动到右侧适当位置，向左上方拖动鼠标，如图3-20所示。

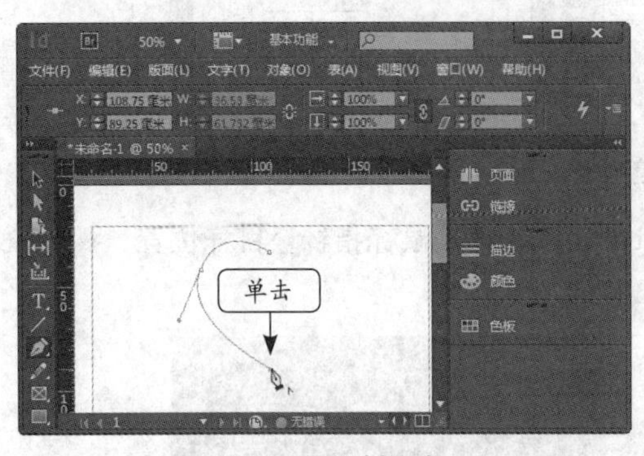

图3-19 绘制锚点

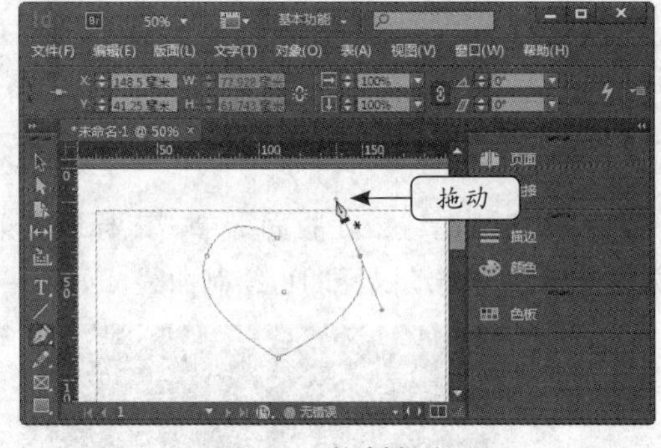

图3-20 绘制曲线

在绘制路径时，若发生中断绘制步骤的情况，应重新使用钢笔工具将鼠标指针移动到需要连接的锚点上，当鼠标指针变为状态时，单击鼠标就能继续绘制连续的路径。

5 在起点位置单击鼠标，如图3-21所示。

6 单击工具箱中的“直接选择工具”按钮，拖动左侧的锚点到适当的位置释放鼠标，如图3-22所示。

7 拖动右侧的锚点到适当的位置释放鼠标，如图3-23所示。

8 绘制完成后最终效果如图3-24所示。

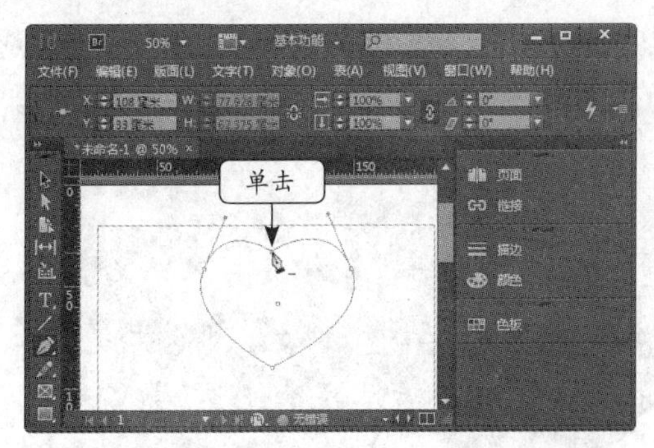

图3-21　单击完成绘制

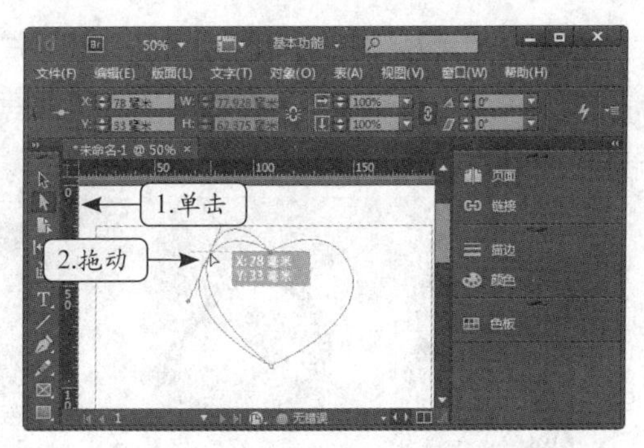

图3-22　拖动锚点

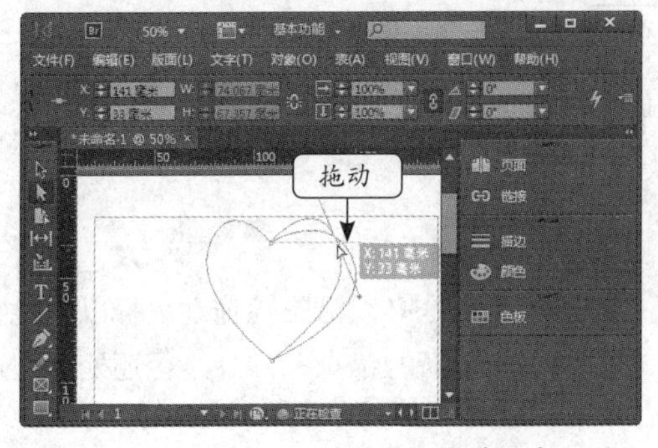

图3-23　拖动锚点

图3-24　最终效果

2. 使用铅笔工具绘制路径

铅笔工具可以绘制和编辑任意形状的路径，可以达到类似用铅笔在纸上绘图的效果，它是绘图时经常用到的一种既方便又快捷的工具。双击工具箱中的“铅笔工具”按钮，可以打开“铅笔工具首选项”对话框，其界面如图3-25所示。

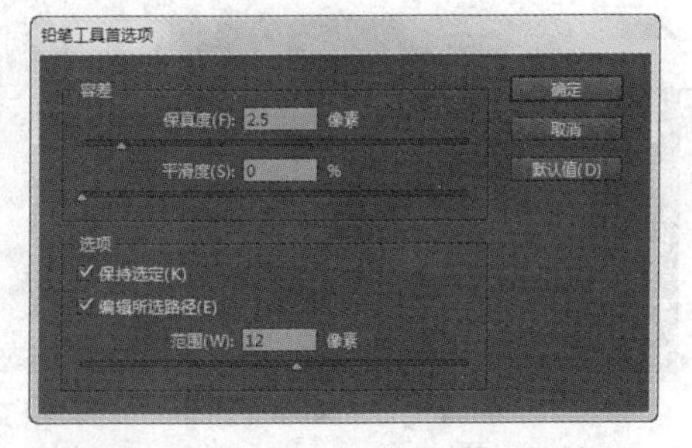

图3-25　“铅笔工具首选项”对话框

TIPS 使用铅笔工具绘制路径时，锚点的位置不能预先设定，其数量是由路径的长度和复杂性以及“铅笔工具首选项”对话框中的设定来决定的。

- 保真度：值越大，所画曲线上的锚点越少；值越小，所画曲线上的锚点越多。
- 平滑度：值越大，所画的曲线与铅笔在工作区移动的方向差别越大；值越小，所画的曲线与铅笔在工作区移动的方向差别越小。
- 默认值：单击此按钮，对话框中所有参数将恢复到初始状态。
- 保持选定：选中该复选框，使用铅笔工具绘制完曲线后，曲线将自动处于被选中状态。
- 编辑所选路径：选中该复选框，使用铅笔工具便可以修改选中的路径外观。具体方法是：选中路径，然后利用铅笔工具在路径端点处拖动鼠标以改变路径的外观。

3. 使用平滑工具平滑路径

平滑工具是通过增加或删除锚点来实现对路径的平滑处理。使用平滑工具时该工具会尽可能地保持路径的原有形状，针对比较尖锐的位置进行平滑。

选中路径，在工具箱中的“铅笔工具”按钮上单击鼠标右键，在弹出的下拉列表中选择“平滑工具”选项，然后在需要做平滑处理的路径上反复拖动鼠标，即可实现平滑处理，如图3-26所示。

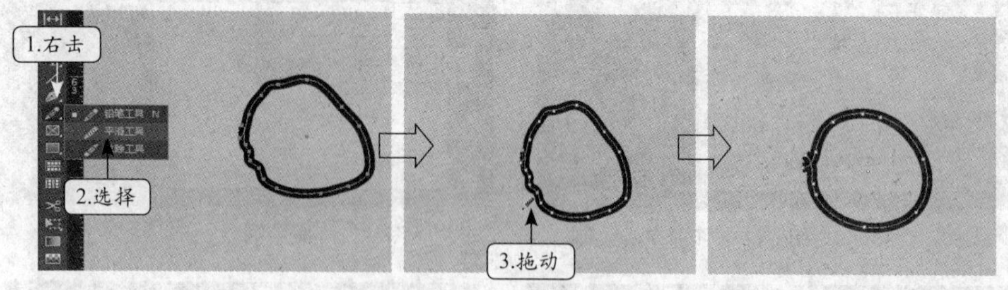

图3-26 平滑路径

双击“平滑工具”按钮，在打开的“平滑工具首选项”对话框中可对平滑选项进行设置，各参数的作用与铅笔工具的参数大致相同。

4. 使用抹除工具删除路径

抹除工具的功能是删除选中路径的一部分，其操作重点是必须沿路径拖动鼠标以删除路径中需要抹除的位置。抹除后会自动在路径的末端生成一个新的锚点，并且路径还处于被选中状态。

使用抹除工具的方法为：在工具箱中的“铅笔工具”按钮上单击鼠标右键，在弹出的下拉列表中选择“抹除工具”选项，拖动到路径上需抹除的位置，如图3-27所示。

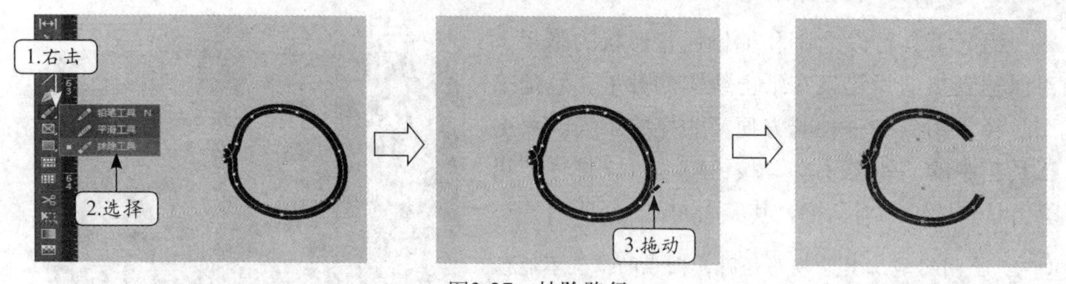

图3-27 抹除路径

5. 使用剪刀工具剪断路径

剪刀工具可以将路径沿任意直线方向剪断，在被剪刀工具断开处会出现两个重叠的锚点，使用直接选择工具拖动路径便可将其分离。

使用剪刀工具的方法为：在工具箱中单击“剪刀工具”按钮，在路径上需剪断位置处单击鼠标，然后在路径的另一位置需断开处再次单击鼠标即可，如图3-28所示。

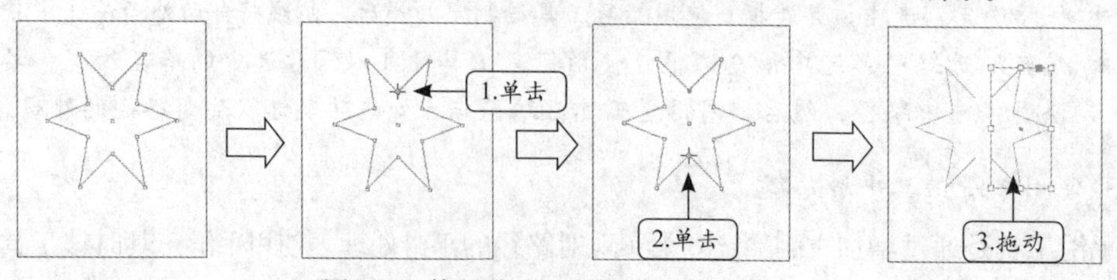

图3-28 使用剪刀工具剪断路径的过程

3.2　编辑路径和锚点

对于路径的使用，只会绘制是远远不够的，并且大多数情况下绘制的路径也不可能一步到位，此时就应该对路径及其之上的锚点进行适当编辑，使路径符合需要。下面将介绍路径和锚点的各种编辑操作，包括添加与删除锚点、建立复合路径、使用路径查找器等内容。

3.2.1　编辑锚点

锚点是路径非常重要的组成部分，前面已经学习使用直接选择工具拖动锚点来改变路径形状的操作，下面将进一步介绍如何对路径上的锚点进行添加、删除、转换等操作。

1. 添加锚点

在工具箱中的“钢笔工具”按钮上单击鼠标右键，在弹出的下拉列表中选择“添加锚点工具”选项，或直接按【=】键，此时鼠标指针将变为形状，在选中的路径上需要添加锚点的位置单击鼠标即可添加锚点，如图3-29所示。

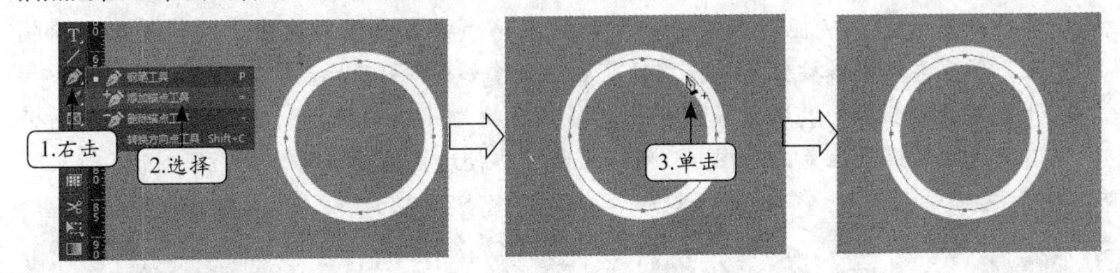

图3-29　添加锚点

2. 删除锚点

在工具箱中的“钢笔工具”按钮上单击鼠标右键，在弹出的下拉列表中选择“删除锚点工具”选项，或直接按【-】键，此时鼠标指针将变为形状，在路径上需要删除的锚点上单击鼠标即可删除锚点，如图3-30所示。

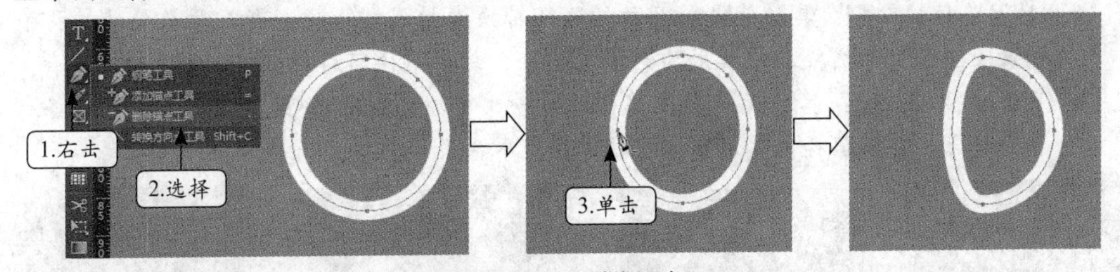

图3-30　删除锚点

3. 转换锚点

转换锚点是指将当前锚点更改为不同的类型，从而更改路径形状。锚点的转换可以通过路径查找器来实现。选择【窗口】/【对象和面板】/【路径查找器】菜单命令，打开“路径查找器”面板，在面板最下方的“转换点”栏中单击相应的按钮即可实现锚点的转换操作。各按钮的作用分别如下。

- 普通按钮：将锚点转换为普通点，没有控制柄。
- 角点按钮：将锚点转换为角点，保持独立的控制柄。
- 平滑按钮：将锚点转换为平滑点，具有连接的控制柄并且该线段变为曲线。

● 对称按钮：将锚点转换为对称的平滑点，具有相同长度的控制柄。

快速转换锚点的方法：在工具箱中的“钢笔工具”按钮上单击鼠标右键，在弹出的下拉列表中选择“转换方向点工具”选项，单击平滑点可将其转换为普通点；拖动普通点则可将其转换为平滑点。

3.2.2 编辑路径

编辑路径主要是指对路径的外观、形状等属性进行设置，主要包括变化路径、转换形状、建立复合路径以及计算并组合路径等。

1. 变化路径

变化路径设置通过对路径上的锚点进行编辑来达到连接路径、开放路径、封闭路径和反转路径等目的。变化路径的方法为：选中路径中的锚点，打开“路径查找器”面板，在该面板上方的“路径”栏中单击相应的按钮即可，各按钮的作用分别如下。

● 连接路径按钮：其功能是可以把两个独立的路径的锚点连接起来，使其成为一个路径。在使用该功能时，首先需要利用直接选择工具同时选中需要连接的两个锚点，然后再单击该按钮，连接路径前后的效果如图3-31所示。
● 开放路径按钮：其功能是将封闭的路径转换为开放的路径，断开的位置即为打开前所选中的锚点位置，如图3-32所示为断开路径后再拖动其锚点的效果对比。

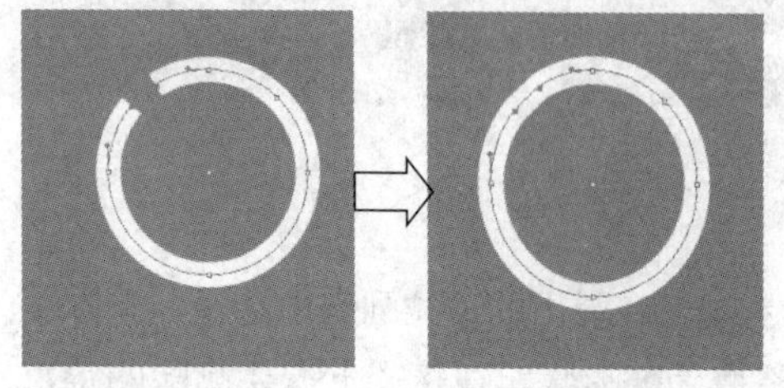

图3-31 连接路径的效果

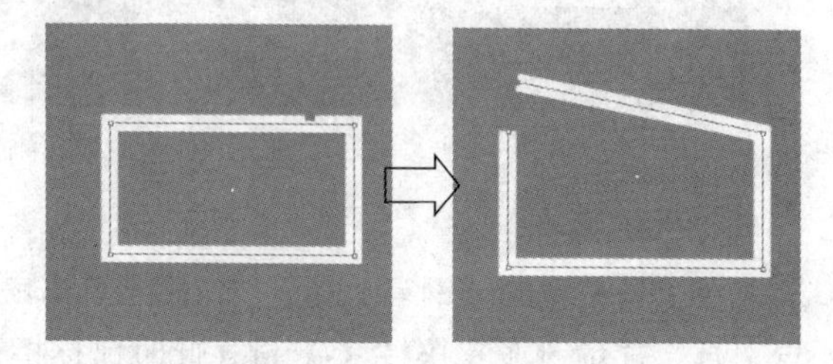

图3-32 开放路径的效果

● 封闭路径按钮：其功能是将开放的路径转换为封闭的路径，即在开放路径的两个端点上连接一条线段，使其成为封闭的路径，封闭路径前后的效果如图3-33所示。
● 反转路径按钮：其功能是更改路径的方向，即原来的起点变为终点，原来的终点变为起点，反转路径前后的效果如图3-34所示。

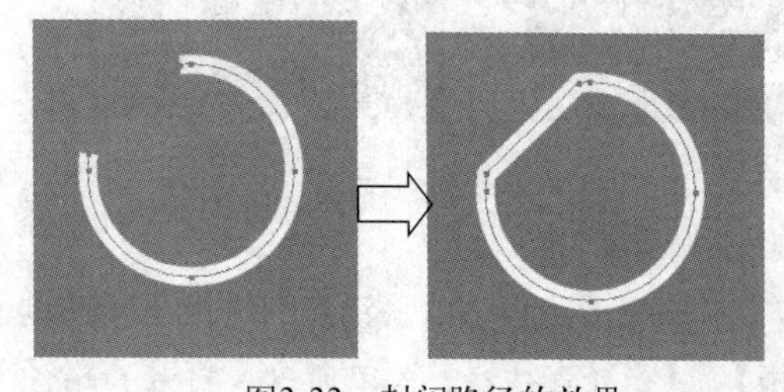

图3-33 封闭路径的效果

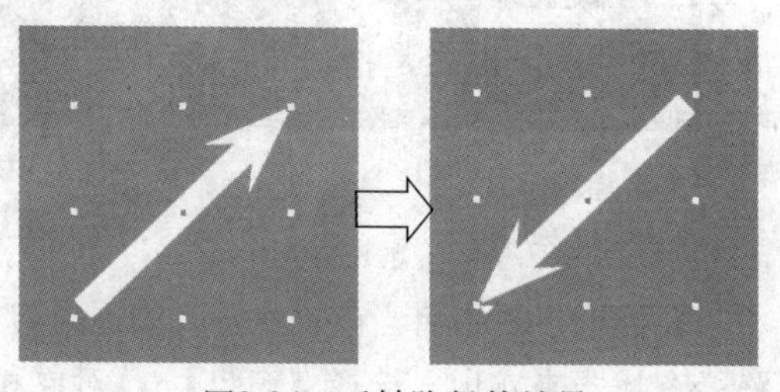

图3-34 反转路径的效果

使用菜单命令也能实现上述4种路径变化的功能，选中锚点后，选择【对象】/【路径】菜单命令，在弹出的子菜单中选择相应的命令即可。

2. 转换形状

转换形状是指将选中的路径快速转换为某种预设的图形，如矩形、多边形、椭圆等。其方法为：选中路径，在“路径查找器”面板的“转换形状”栏中单击相应的图形按钮即可。如图3-35所示为将不规则的多个路径同时转换为反向圆角矩形的效果。

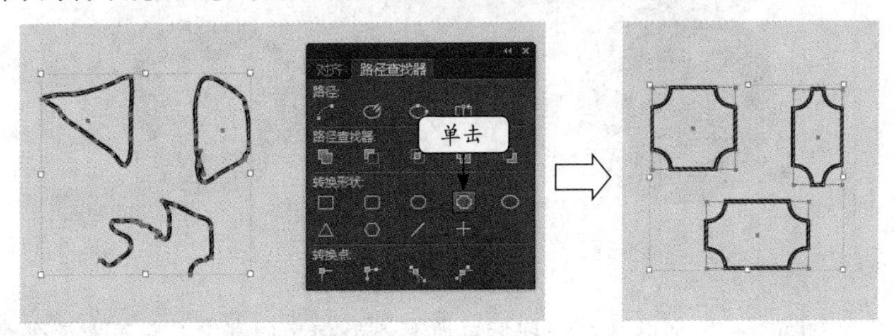

图3-35　转换形状

3. 复合路径

复合路径是指将多个独立的路径复合为一个路径。其方法为：选中多个路径，选择【对象】/【路径】/【建立复合路径】菜单命令，或按【Ctrl+8】键即可。如图3-36所示为建立复合路径后的前后效果。

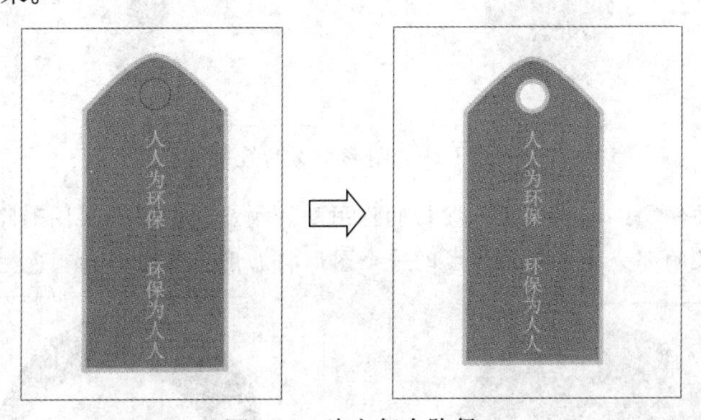

图3-36　建立复合路径

TIPS 选择【对象】/【路径】/【释放复合路径】菜单命令，或按【Ctrl+Alt+8】键，可以将建立的复合路径释放。

4. 计算并组合路径

计算并组合路径是指按设定的算法，如相加、减去等，将多个路径组合为新的路径。其方法为：选中需进行计算并组合的多个路径，在“路径查找器”面板的“路径查找器”栏中单击相应的按钮即可。各按钮的作用分别如下。

- 相加按钮：将选中的图形组合成一个图形，若位于上层的图形有颜色，那么组合成的这个图形将沿用上层图形的颜色，如图3-37所示。

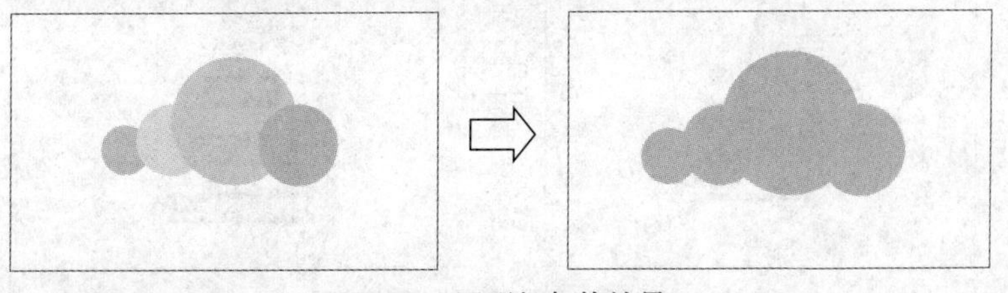

图3-37　图形相加的效果

● 减去按钮：从最底层的图形中减去最顶层的图形，如图3-38所示。

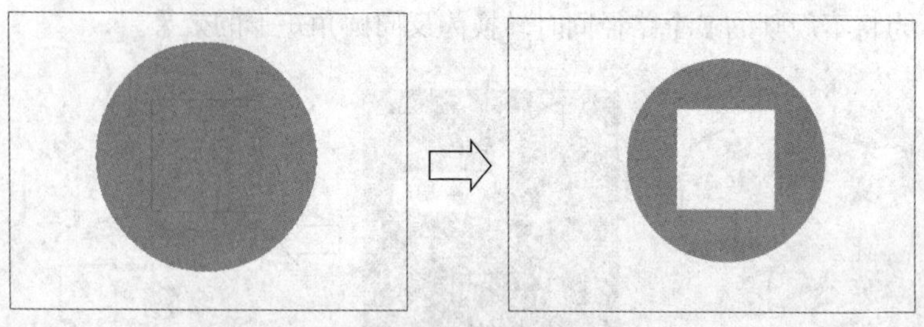

图3-38　图形相减的效果

● 交叉按钮：交叉形状区域，即保留所有图形相交的部分，没有相交的部分将被去除，组合成的这个图形将沿用上层图形的颜色，如图3-39所示。

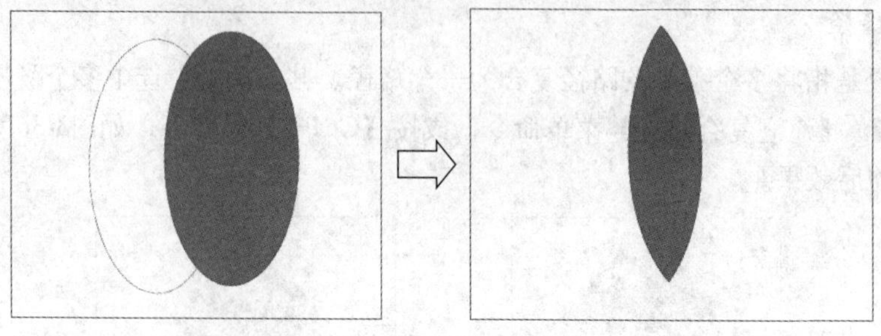

图3-39　图形交叉的效果

● 排除重叠按钮：与“交叉”按钮的作用刚好相反，是指交叉图形除去交叉的部分，剩下没有交叉的部分，并且组合成的这个图形将沿用上层图形的颜色，如图3-40所示。

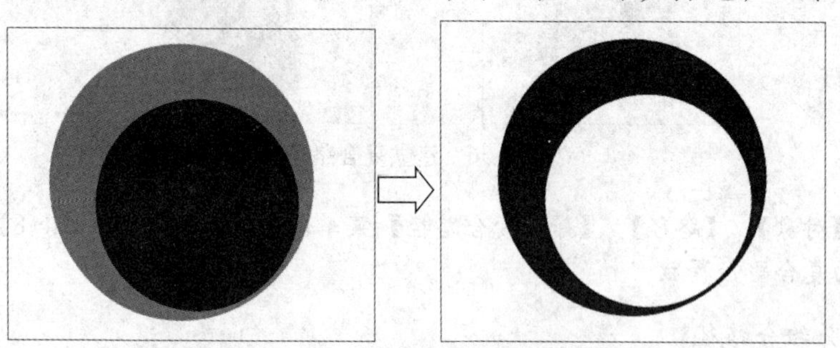

图3-40　排除重叠的效果

● 减去后方对象按钮：与“减去”按钮的作用刚好相反，是指从顶层图形减去底层图形，如图3-41所示。

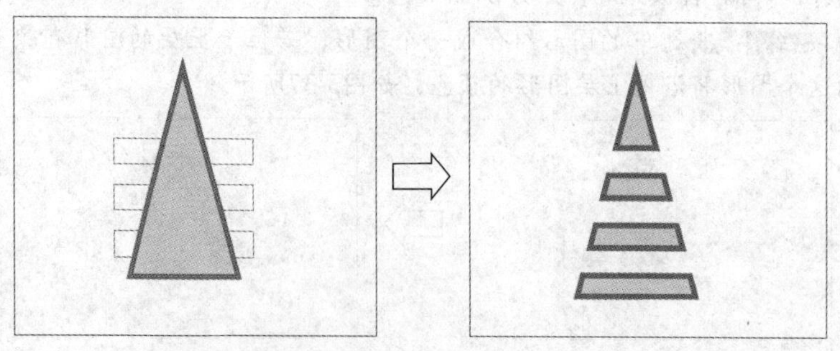

图3-41　减去后方对象的效果

5. 编辑路径角选项

编辑路径角选项是指对图形的角形状进行处理，其方法为：选中路径后，选择【对象】/【角选项】菜单命令，打开“角选项”对话框，在其中设置转角的大小和形状即可。如图3-42所示即为运用角选项中的圆角形状的前后对比效果。

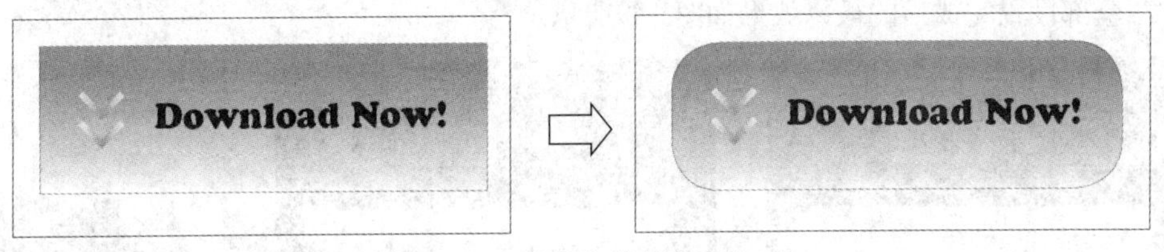

图3-42　设置路径的角形状

下面以制作按钮为例，介绍路径查找器和角选项的应用方法。

【实例3-3】 制作按钮

素材文件：素材\第3章\按钮.indd	效果文件：效果\第3章\按钮.indd
视频文件：视频\第3章\3-3.swf	操作重点：路径查找器的使用、圆角的处理

1 打开素材提供的“按钮.indd”文档，利用直接选择工具拖动鼠标框选环形和椭圆形，选择【窗口】/【对象和面板】/【路径查找器】菜单命令，如图3-43所示。

2 打开“路径查找器”面板，在“路径查找器”栏中单击“交叉”按钮，如图3-44所示。

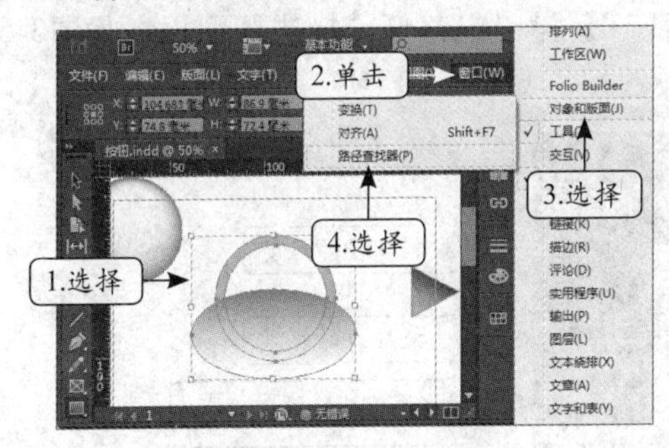

图3-43　选中图形

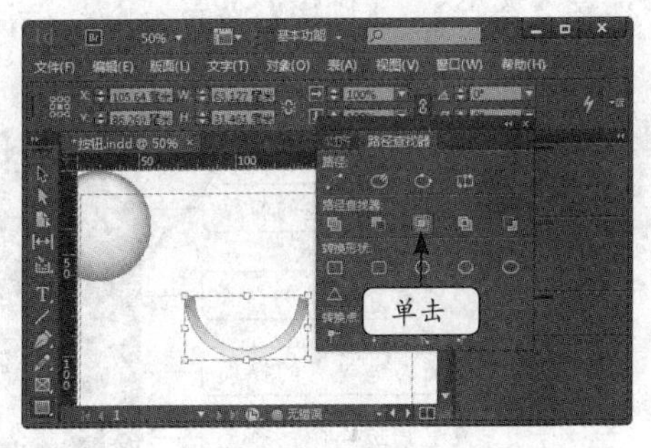

图3-44　应用“交叉”路径

3 选中右侧的三角形，选择【对象】/【角选项】菜单命令，如图3-45所示。

4 打开“角选项”对话框，在“形状”下拉列表框中选择“圆角”选项，单击 确定 按钮，如图3-46所示。

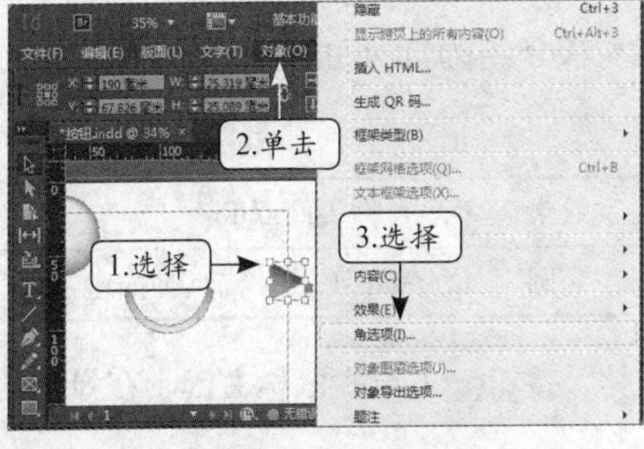

图3-45　选中图形

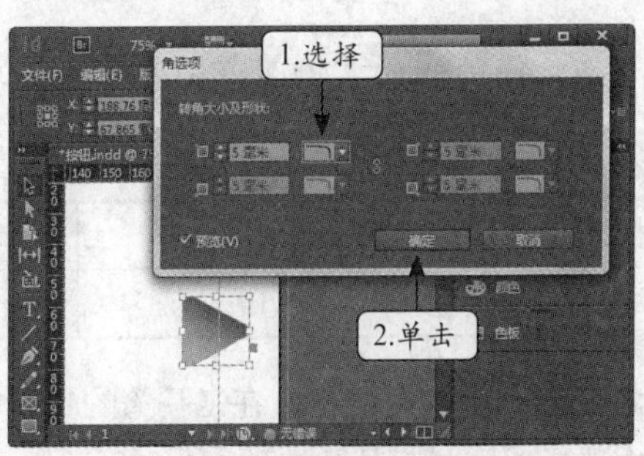

图3-46　设置转角形状

5 选中左侧的圆形，在属性面板中的“X”、“Y”数值框中分别输入“105.75”和“71.615”，按【Enter】键，如图3-47所示。

6 选中右侧的三角形，在属性面板中的“X”、“Y”数值框中分别输入“108.695”和“71.615”，按【Enter】键，如图3-48所示。

7 全部设置完成后的最终效果如图3-49所示。

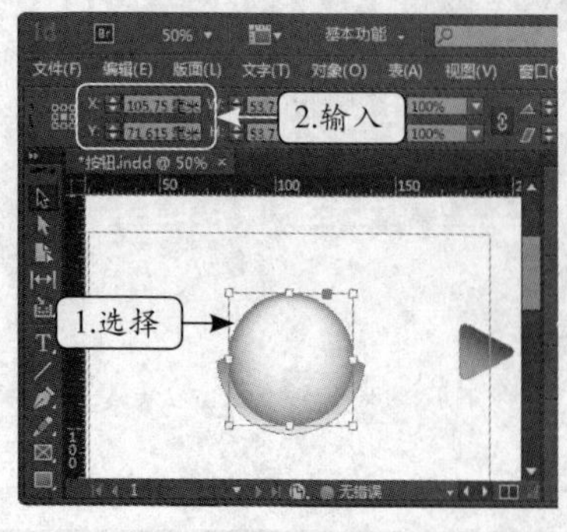

图3-47 设置图形位置

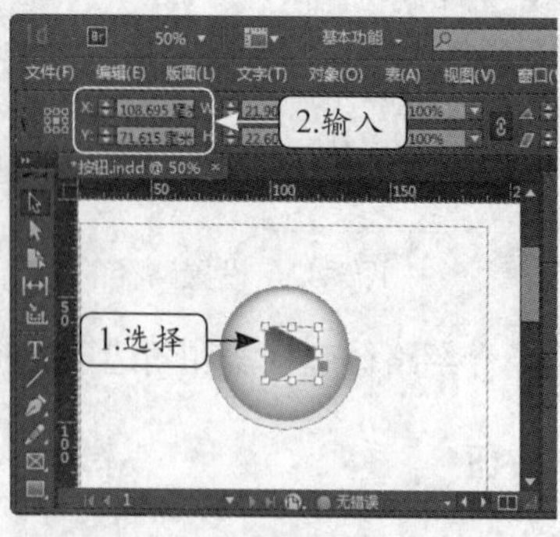

图3-48 设置图形位置

图3-49 最终效果

6. 描边路径

描边是指图形对象的边缘路径，在默认状态下，绘制Indesign中出的图形都应用了相应的描边效果。可通过“描边”面板对描边的相关属性进行设置，如线条粗细、线条样式、线条连接、起点形状以及终点形状等。

选择【窗口】/【描边】菜单命令，或按【F10】键可以打开“描边”面板，如图3-50所示。

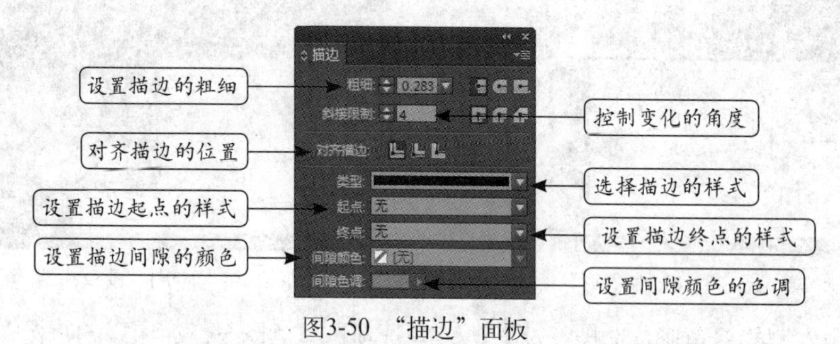

图3-50 “描边”面板

3.3 上机实训——制作人物头像

下面将通过制作人物图形为例，综合练习本章介绍的部分知识，最终效果如图3-51所示。

素材文件：无	效果文件：效果\第3章\人物头像.indd
视频文件：视频\第3章\3-4.swf	操作重点：椭圆工具、钢笔工具、锚点、描边

1 新建一个空白文档，在工具箱的“矩形工具”按钮上单击鼠标右键，在弹出的下拉列表中选择“椭圆工具”选项，如图3-52所示。

2 按住【Shift】键不放，拖动鼠标在版面上绘制一个正圆，如图3-53所示。

3 按照上述方法再绘制一个正圆，如图3-54所示。

4 在工具箱的“钢笔工具”按钮上单击鼠标右键，在弹出的下拉列表中选择“添加锚点工具”选项，如图3-55所示。

图3-51　人物头像的效果

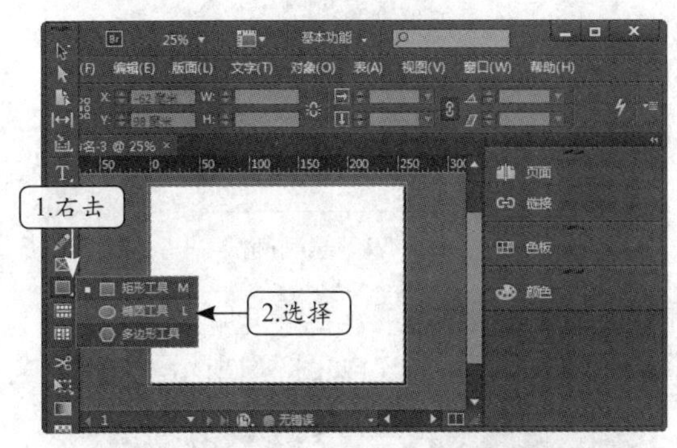

图3-52　选择椭圆工具

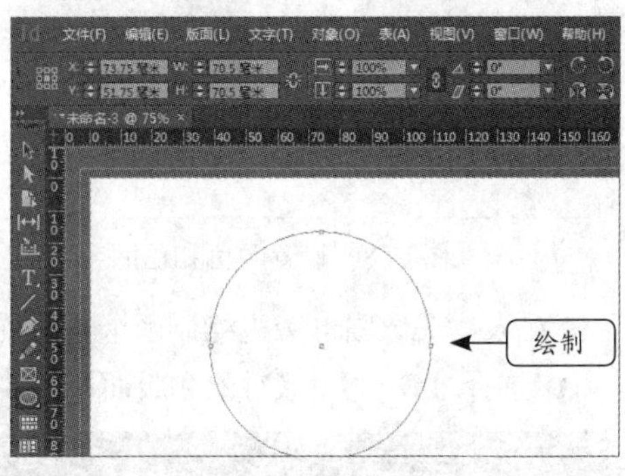

图3-53　绘制正圆

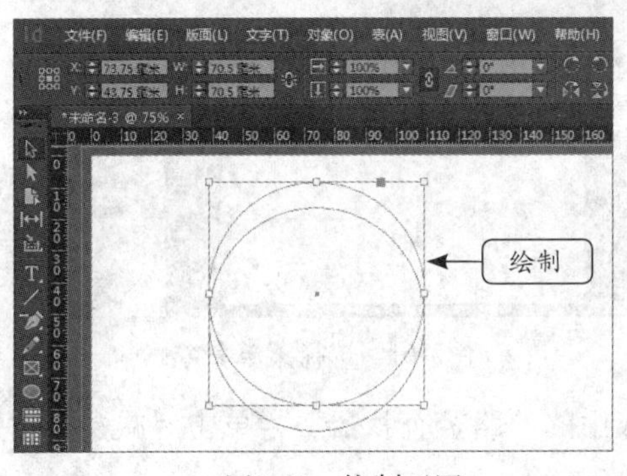

图3-54　绘制正圆

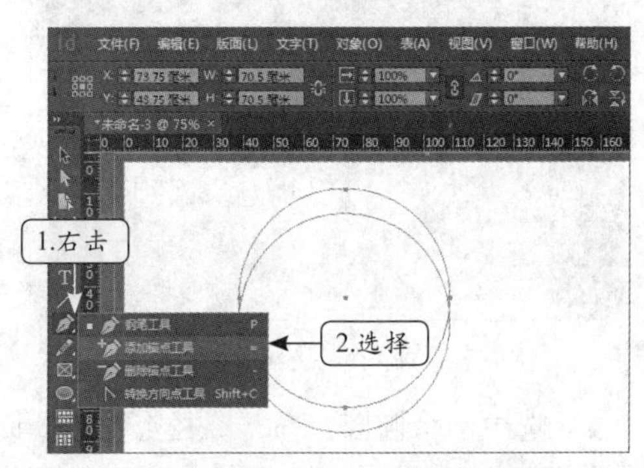

图3-55　选择添加锚点工具

5 依次在刚绘制的正圆上添加锚点，如图3-56所示。

6 在工具箱中单击“直接选择工具”按钮，拖动相应的锚点到适当的位置，如图3-57所示。

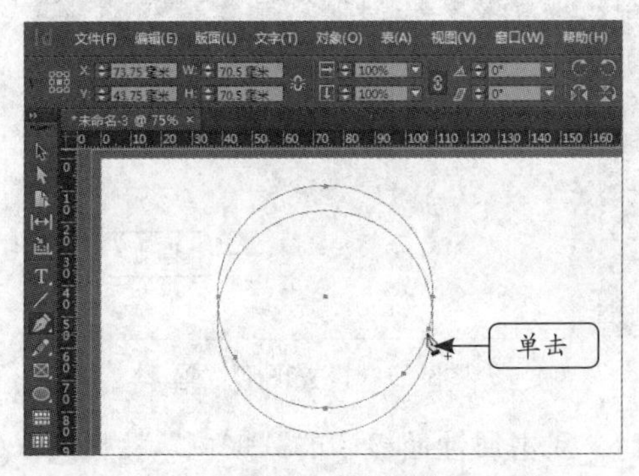

图3-56　添加锚点

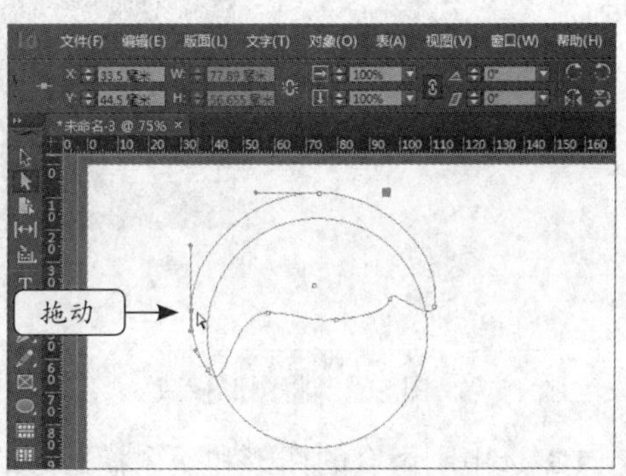

图3-57　拖动锚点

7 在属性面板中单击“填色”按钮，在弹出的下拉列表框中选择“C=15 M=100 Y=100 K=0”选项，在“色调”数值框中输入“60”，按【Enter】键，如图3-58所示。

8 利用椭圆工具绘制两个椭圆，如图3-59所示。

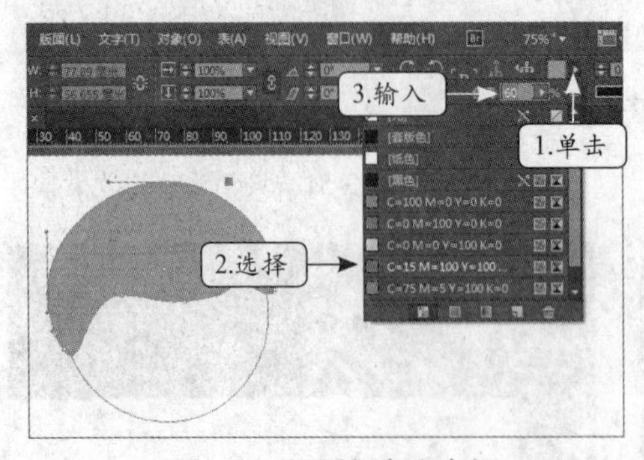

图3-58 设置颜色和色调

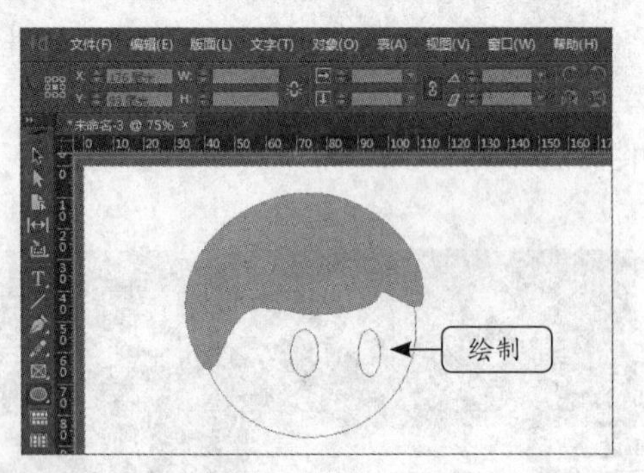

图3-59 绘制椭圆

9 在人物头像图形旁边绘制两个重叠的椭圆，如图3-60所示。

10 选择【窗口】/【对象和版面】/【路径查找器】菜单命令，如图3-61所示。

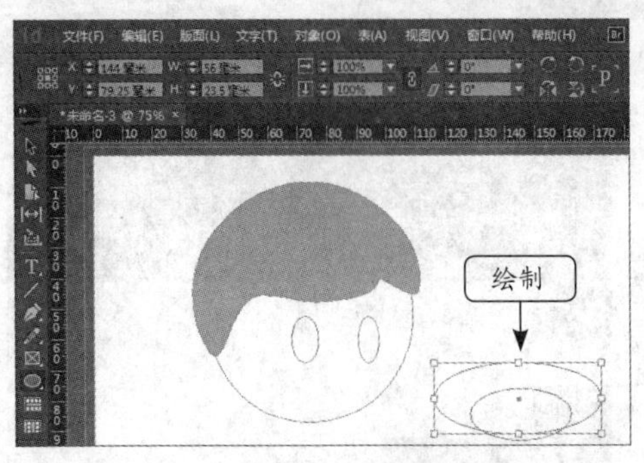

图3-60 绘制椭圆

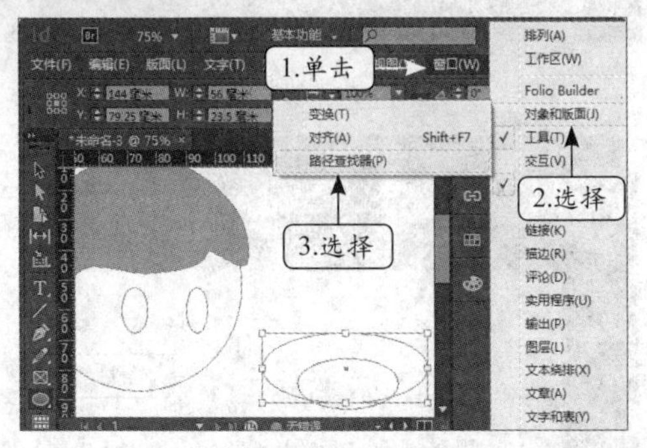

图3-61 选择菜单命令

11 选中两个椭圆，在“路径查找器”面板中的“路径查找器”栏单击“减去”按钮，如图3-62所示。

12 将刚创建的图形拖动到如图3-63所示的位置。

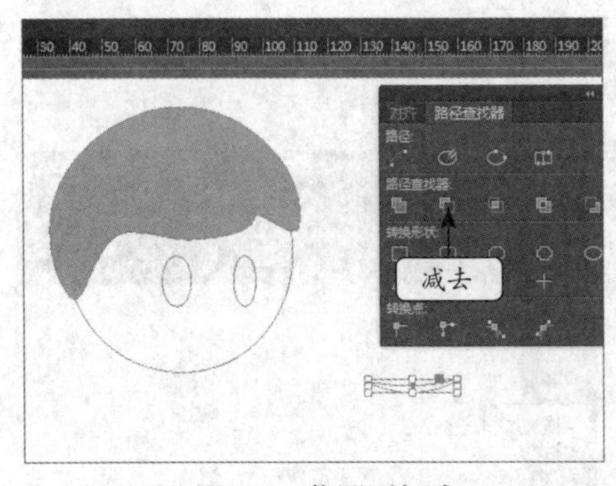

图3-62 将图形相减

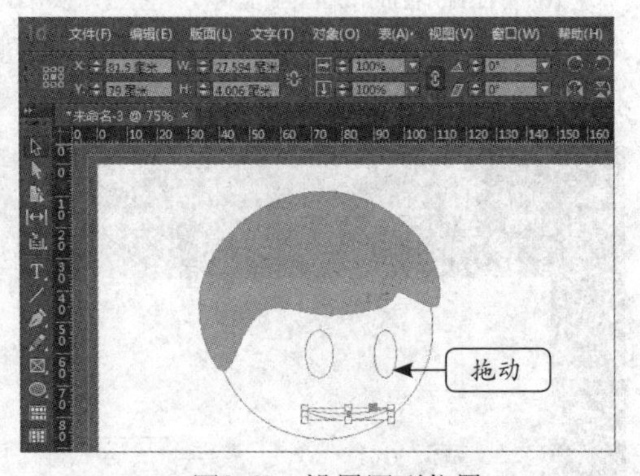

图3-63 设置图形位置

13 选中刚组合的图形和两个椭圆形的眼睛，双击属性面板中的“填色”按钮，如图3-64所示。

14 打开“拾色器”对话框，在“R”、“G”、“B”文本框中分别输入“130”、“130”、“130”，单击 确定 按钮，如图3-65所示。

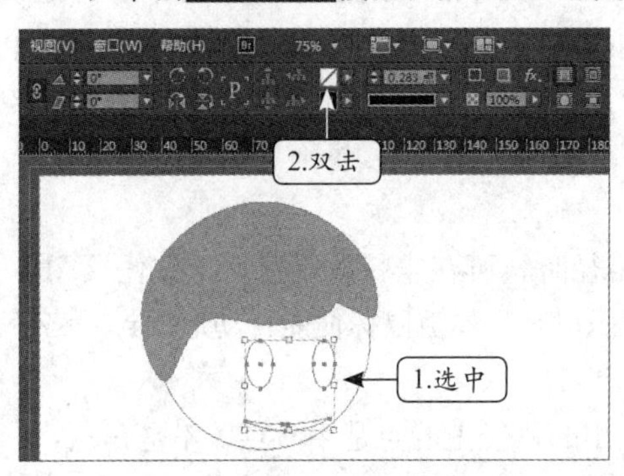

图3-64　选中图形

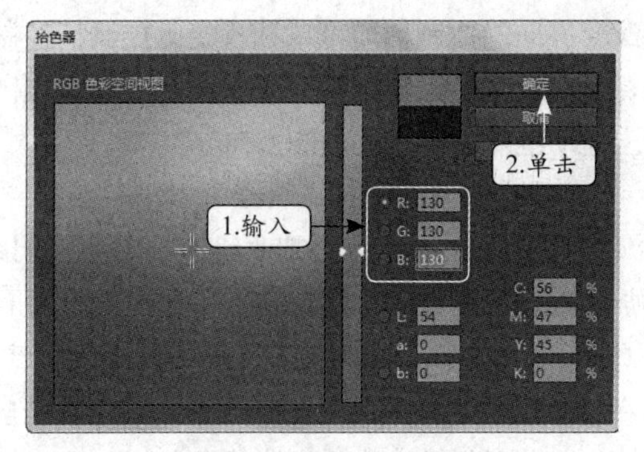

图3-65　设置颜色参数

15 框选所有图形，在属性面板中单击“描边”按钮，在弹出的下拉列表框中选择“无”选项，如图3-66所示。

16 制作完成后的最终效果如图3-67所示。

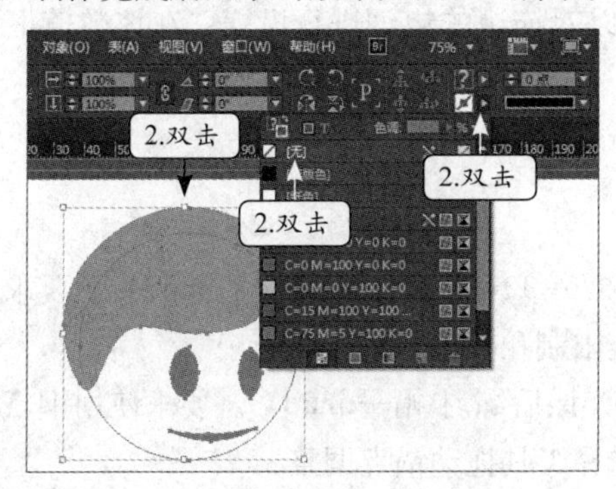

图3-66　设置描边颜色

图3-67　最终效果

3.4　本章小结

本章主要讲解了在Indesign中利用基本工具和路径工具绘制各种图形和路径的方法，并对路径的编辑进行各种基本操作，包括矩形工具、椭圆工具、钢笔工具、铅笔工具、剪刀工具、添加与删除锚点、建立复合路径、设置角选项、描边的控制等内容。

上述内容中，基本绘图工具的使用较为简单，需要重点掌握的是钢笔工具的使用方法和锚点的管理。另外，“路径查找器”面板的使用也是另一个需要重点熟悉和掌握的内容，需要多加练习方能灵活运用。

3.5　疑难解答

1.问：基本绘图工具有快捷键吗？

答：基本绘图工具中的直线工具和多边形工具是没有快捷键的，矩形工具的快捷键为【M】键、椭圆工具的快捷键为【L】键。

2.问：锚点的控制柄可以改变方向吗？如果是两个控制柄可以单独改变方向吗？

答：可以。首先确定在工具箱中选中的是钢笔工具，然后按住【Alt】键不放，拖动需要改变方向的控制柄即可单独改变此控制柄控制的曲线方向。在“钢笔工具”按钮处单击鼠标右键，在弹出的下拉列表中选择“转换方向点工具”选项，然后在需要改变方向的控制柄上拖动也可关闭控制柄的方向。

3.问：如何使用铅笔工具绘制封闭路径？

答：拖动铅笔工具绘制曲线，当需要封闭路径时，可在未释放鼠标前，按住【Alt】键不放，当鼠标指针的铅笔形状右下角出现小圆圈标记时，释放鼠标便能自动形成封闭路径。

4.问：为什么对图形应用了角效果却没有显示呢？

答：出现这种情况可能有两种原因，一是应用的路径上的点是平滑点，不是角点；二是被应用的路径无描边或无描边颜色。

5.问：有快速设置描边的方法吗？

答：有。在属性面板中双击“描边”按钮，可以在打开的“拾色器”对话框中对其进行颜色设置；单击“描边”按钮右侧的下拉按钮，可在弹出的下拉列表中选择色板中预设的颜色；在属性面板中的 0.283 点 数值框可以对描边的粗细进行设置；在该数值框下方的下拉列表框中则可设置描边的类型。

3.6 习题

1．制作如图3-68所示的多变形效果（效果\第3章\课后练习\多边形.indd）。要求使用多边形工具创建，并且设置其描边的粗细、斜接限制和颜色、填充颜色。

2．制作如图3-69所示的帽子（效果\第3章\课后练习\帽子.indd）。要求使用钢笔工具和直线工具制作，对绘制不合理区域利用直接选择工具拖动锚点调整。

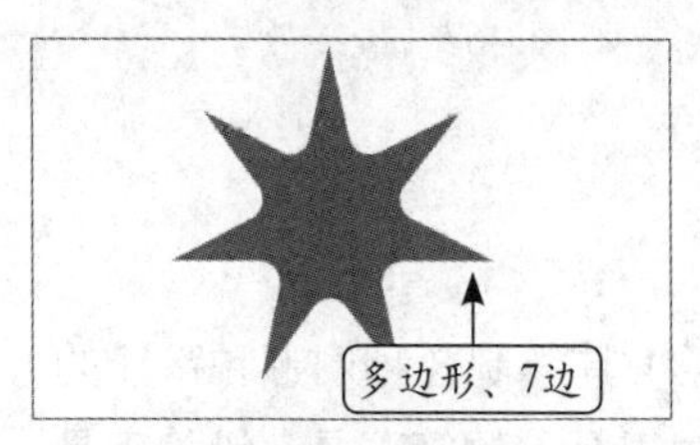

图3-68 多边形

图3-69 帽子

3．打开素材提供的文件（素材\第3章\课后练习\标志.indd），首先通过“多边形”对话框，将边数设置为“5”、星形内陷设置为“40%”，然后在路径查找器中将三角形图形转换为多边形，复制多边形，将复制的多变形拖动到圆角矩形中的适当位置，加选中圆角矩形，在路径查找器中单击“减去”按钮，再将另一个多变拖动到如图3-70所示的位置（效果\第3章\课后练习\标志.indd）。

图3-70 标志的效果

第4章　图像对象的置入与编辑

Indesign CC除了能绘制与编辑图形和路径外，还能对外部图像进行各种设置，使文档设计更加灵活自如。本章将主要介绍与图像相关的各种操作，包括图像的置入与链接、图像的各种编辑管理及组合图像等内容。其中关于图像的编辑与组合，对图形和路径同样适用。通过本章的学习，可以更好地控制各种图像对象，从而为设计出更加精美、丰富的版面打下坚实的基础。

学习要点

- 掌握图像的置入操作
- 掌握编辑图像对象的方法

4.1　图像的置入

在Indesign中使用外部图像，就需要进行置入操作，置入的图像实际上并没有保存在文档中，而是通过链接的方式与源图像建立了链接。下面介绍置入图像的方法，并了解链接图像的原理和常用链接操作。

4.1.1　置入图像

图像是文档中非常重要的元素之一，它不仅能丰富文档内容，而且能直观、生动地表现文本所要表达的意思。下面介绍在Indesign中置入外部图像的方法，包括直接置入和在对象中置入两种方式。

1. 直接置入图像

在文档中选择【文件】/【置入】菜单命令或按【Ctrl+D】键，打开“置入”对话框，选择需要置入的图像后，在版面上拖动鼠标或单击鼠标便能将其置入，如图4-1所示。

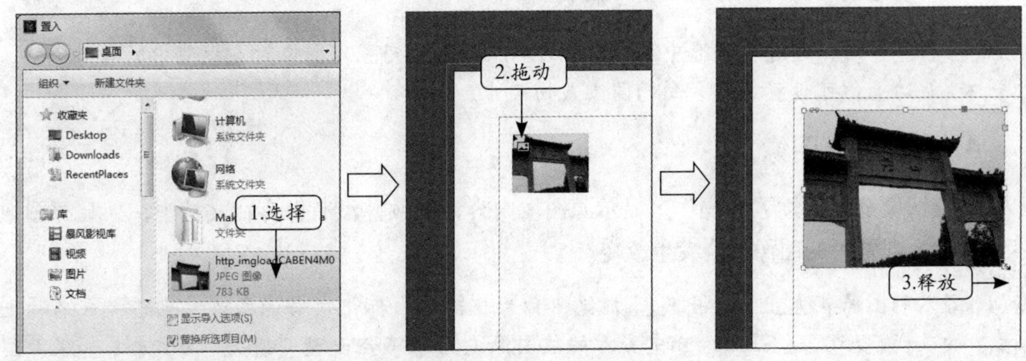

图4-1　置入图像

单击鼠标置入图像，则图像大小将按其实际大小显示；拖动鼠标置入图像，则会根据拖动的文本框大小来自动调整图像显示的大小。

2. 向对象中置入图像

向对象中置入图像是指在版面中将需要置入图像的位置和大小预先设计好，不管置入的图像大于或小于这个位置都会被限定在指定范围之内。这个范围的划定可以通过Indesign CC提供的框架工具来实现。

在工具箱中的“矩形框架工具”按钮⊠上单击鼠标右键，在弹出的下拉列表中可以选择矩形框架工具、椭圆框架工具和多边形框架工具。

一般情况下在绘制完框架以后，都会先对框架进行设置，这样置入的图像才能按要求显示在框架中。绘制好框架以后选择【对象】/【适合】/【框架适合选项】菜单命令，或在框架上单击鼠标右键，在弹出的快捷菜单中选择【适合】/【框架适合选项】命令都将打开“框架适合选项”对话框，如图4-2所示，其中部分参数的作用如下。

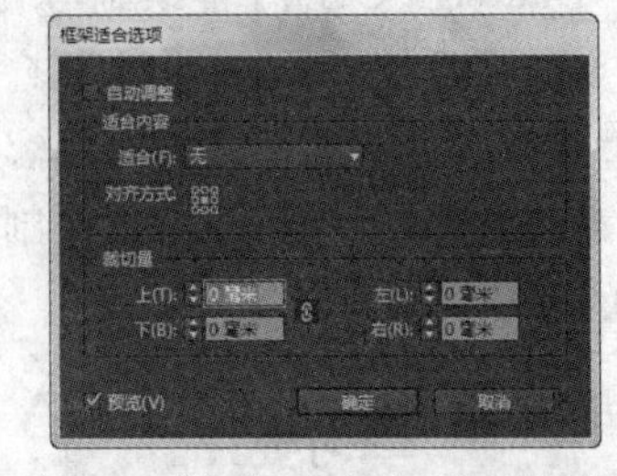

图4-2 “框架适合选项”对话框

若选中“自动调整”复选框，那么在置入图像的时候会自动根据图像的大小和绘制的框架的大小调整置入图像的大小。

- 适合：在其中可以选择适合内容的方式，包括内容适合框架、按比例适合内容、按比例填充框架三种，其效果分别如图4-3所示。

图4-3 三种适合内容的方式

内容适合框架，是指图像按照框架的尺寸进行拉伸或缩小，显示整个图像；按比例适合内容，是指图像的长宽比例不变进行填充框架，显示整个图像；按比例填充框架，是指图像的原始尺寸不变，以框架的尺寸来显示，框架以外的部分将被裁剪，框架以内未填充满框架的部分将以空白区域显示。

- 对齐方式：通过单击选中▦参数中的基点，来确定置入图像时在框架中的对齐点。
- 裁切量：可设置各个方向的图像裁切尺寸。

4.1.2 链接图像

链接图像是指通过置入操作，显示源图像内容，图像并没有保存在文档中，一旦源图像发生变动，则置入的图像也会发生改变。

置入的图像在左上方会出现⊖标记，称为“链接”标记。若源图像发生路径或名称上的改变，那么，在Indesign中置入的该图像左上角将会出现“缺失”标记❓。如果源图像的内容发生了变化，则置入的图像也会发生变化（在刷新链接后才会同步变更）。

1. 链接图像

选择【窗口】/【链接】菜单命令，或按【Ctrl+Shift+D】键可打开“链接”面板，如图4-4所示，其中部分参数的作用如下。

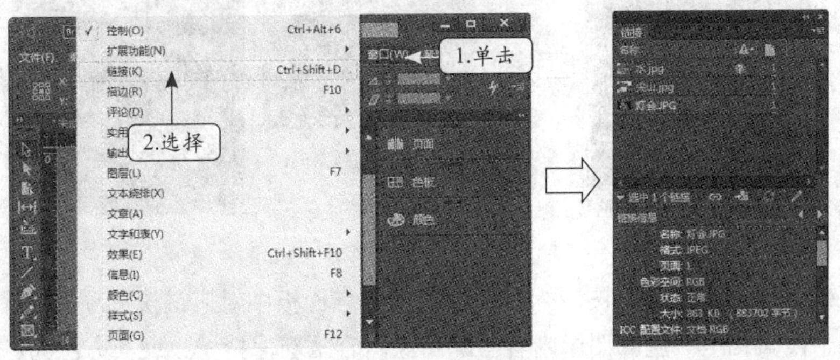

图4-4　打开“链接”面板

- 展开菜单按钮：位于版面的右上方，单击该按钮，可在弹出的下拉菜单中选择关于链接的各种设置。
- 状态标记：位于“名称”栏右侧，可显示每张图像的链接状态，其中标记表示链接的源图像缺失；标记表示链接的源图像内容有变动。
- 页面标记：位于“状态”标记右侧，单击该标记，可以将面板中的图像缩略图按页面排列。

在“链接”面板中选择某个图像链接选项后，可在面板下方的列表框中查看该链接图像的相关信息，包括名称、格式、所在页面、链接状态、图像大小等。拖动“链接”面板下边缘可显示完整的图像信息。

2. 使用“链接”面板

“链接”面板主要用于控制和管理文档中置入的图像对象，其中常用的操作包括重新链接、转到链接、更新链接、嵌入链接以及编辑原稿等。

(1) 重新链接：当置入的图像错误或图像丢失出现标记时，便可重新链接图像。其方法为：选择需重新链接的选项，单击面板中间的“重新链接”按钮，打开“定位”对话框，在其中重新选择图像即可，如图4-5所示。

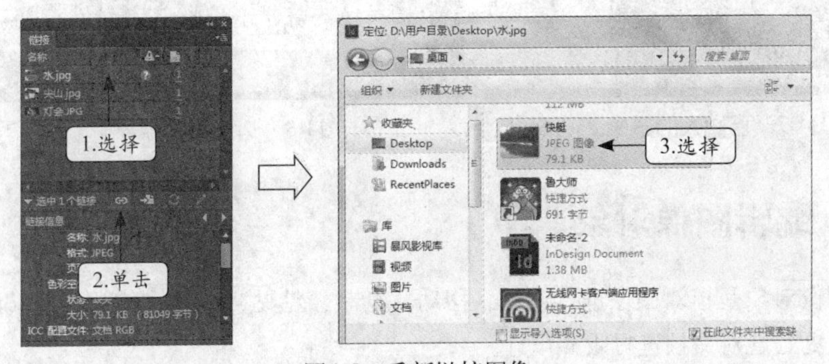

图4-5　重新链接图像

(2) 转到链接：当需要快速查看并定位链接对象时，可在面板中选择对应的链接选项，然后单击“重新链接”按钮右侧的“转到链接”按钮，此时将快速定位到该图像所在的页面，并选中该图像，如图4-6所示。

图4-6 转到链接图像

（3）更新链接：当链接的图像内容发生变化，且面板中对应链接选项显示⚠标记时，便可更新链接，使文档中对应的图像内容与源图像内容重新保持一致。其方法为：选择面板中需更新链接的选项，单击“转到链接”按钮右侧的“更新链接”按钮即可。

（4）嵌入链接：是指将置入的图像保存到文档中，而不以链接方式显示图像内容。嵌入链接后的图像，无论源图像的内容或文件本身如何变化，都不会影响嵌入链接后的图像。嵌入链接的方法为：在需嵌入链接的图像选项上单击鼠标右键，在弹出的快捷菜单中选择“嵌入链接”命令，当该选项右侧出现“已嵌入”标记时，表示嵌入成功，如图4-7所示。

（5）编辑原稿：在面板的某个链接选项上单击鼠标右键，在弹出的快捷菜单中选择“编辑原稿”命令，或选择该链接选项后，单击“更新链接”按钮右侧的“编辑原稿”按钮，可打开电脑中已安装的某个图像编辑软件，对链接的图像进行编辑处理。完成并退出编辑软件后，置入的图像与源图像会同时更新。除此之外，也可在弹出的快捷菜单中选择“编辑工具”命令，在弹出的子菜单中选择编辑图像的软件，如图4-8所示。

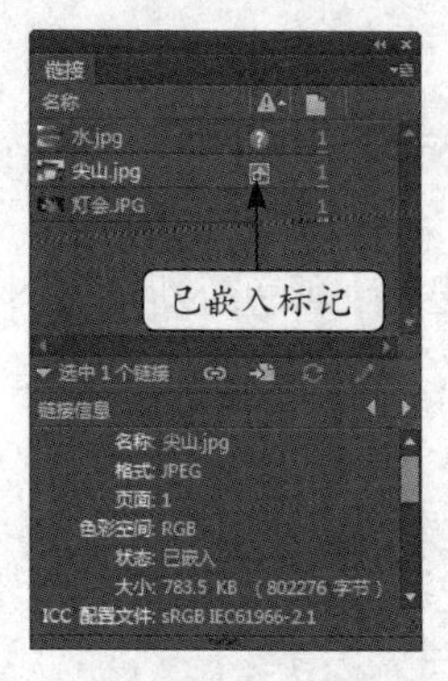

图4-7 已嵌入的图像

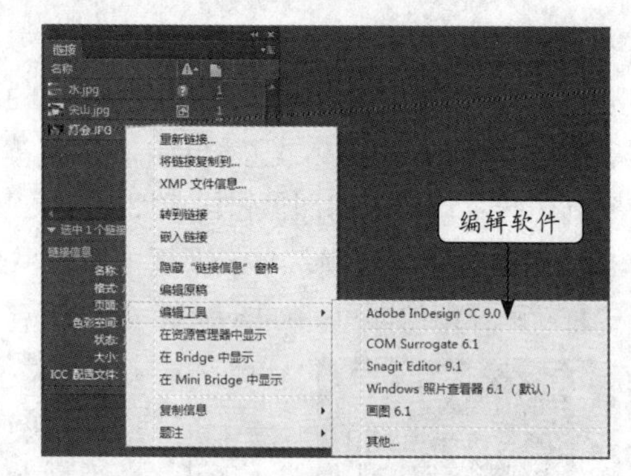

图4-8 选择编辑软件

4.2 编辑图像对象

编辑图像对象是指对图像进行选择、移动、复制、粘贴、翻转、缩放、旋转以及切变等操作，以便更好地对文档进行版面设计。

4.2.1 选择对象

选择对象使用的工具为选择工具，根据不同的情况，在Indesign CC中选择对象的基本方法有以下几种。

(1) 选择单个对象：单击工具栏上的“选择工具”按钮，将鼠标指针移至某个图像上，当其变为形状时，单击鼠标即可选择该对象，所选对象将出现白色边框，如图4-9所示。

(2) 框选对象：单击工具栏上的“选择工具”按钮，按住鼠标左键不放并拖动鼠标，框选需选择的对象，释放鼠标后，选框内的图像都将被选择，如图4-10所示。

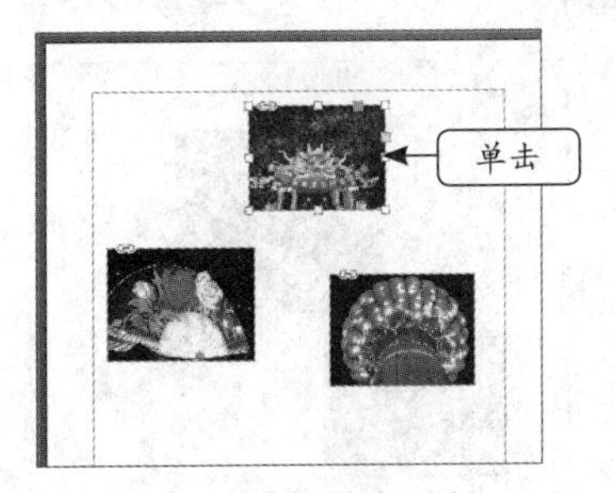

图4-9 选择单个对象

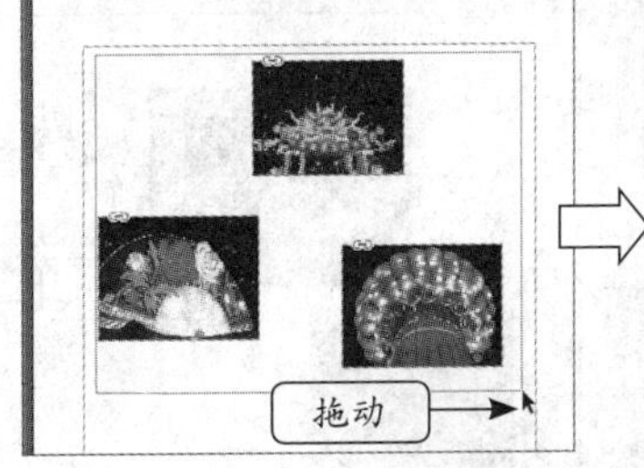

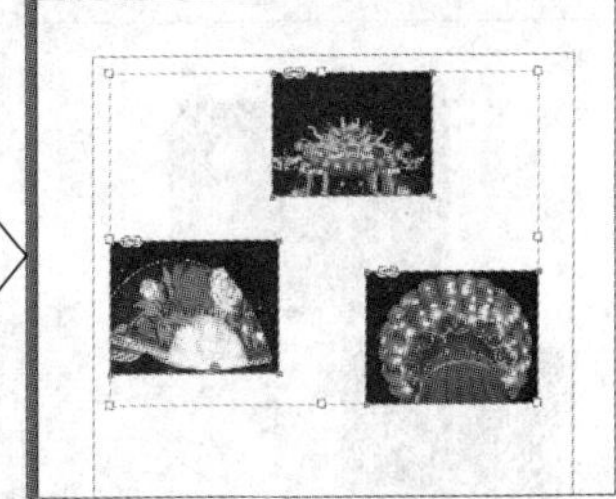

图4-10 框选对象

(3) 加选对象：加选对象可实现同时选择多个对象的目的。按住【Shift】键不放，依次单击需选中的图像即可，如图4-11所示。

(4) 减选对象：减选对象是指在选择了多个对象的基础上，取消其中部分对象的选择状态。按住【Shift】键不放，单击需取消选择的对象即可，如图4-12所示。

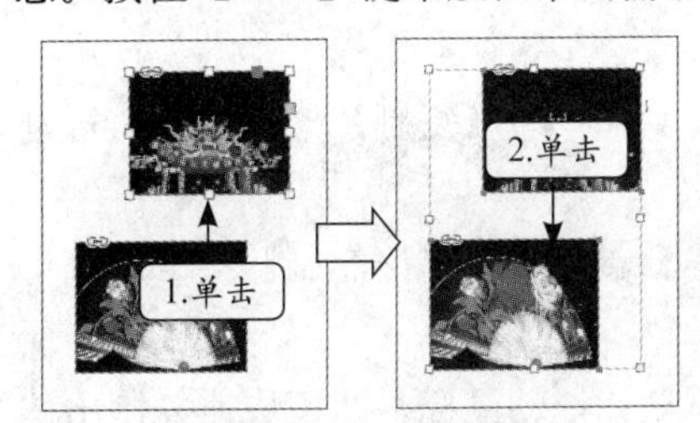

图4-11 加选对象

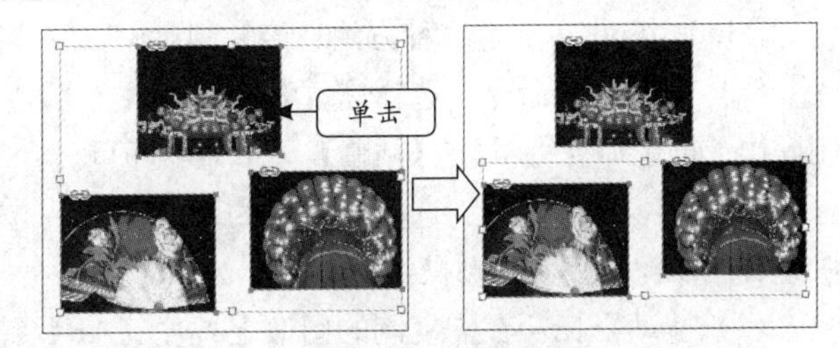

图4-12 减选对象

4.2.2 移动对象

在Indesign中移动对象主要分为两种，第一种是对象和框架一起移动，在版面上的坐标位置发生改变；第二种是坐标位置不变，图像仅在框架中移动。

1. 移动对象

使用选择工具在需移动的图像上拖动鼠标即可移动对象，如图4-13所示。若需精确移动对象，则可选择图形后，在属性面板中通过设置框架的坐标位置来移动。

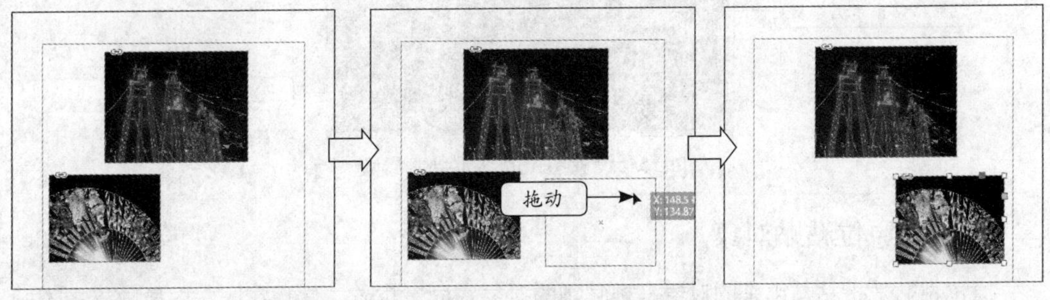

图4-13 移动对象

TIPS 按住【Shift】键移动对象时，可根据拖动鼠标的方向实现在水平方向、垂直方向、45°方向或45°倍数的方向上移动对象。

2. 在框架中移动图像

使用工具箱中的直接选择工具，将鼠标指针定位到图像上，当其变为状态时，拖动鼠标即可在框架中移动图像，而不会改变框架的位置，如图4-14所示。

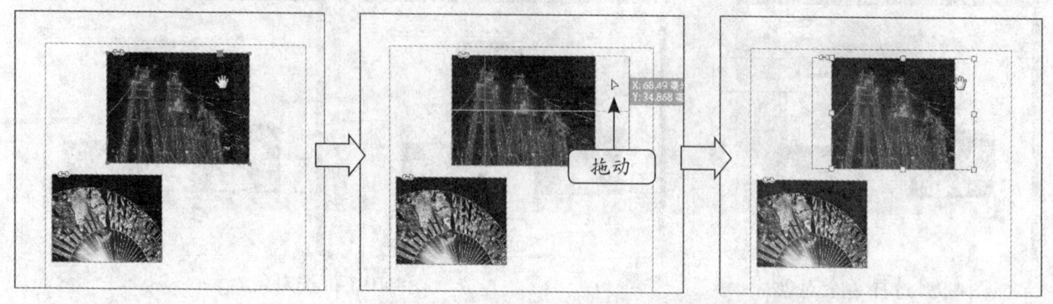

图4-14　在框架中移动图像

4.2.3　复制对象

1. 直接复制对象

在Indesign中可通过多种方法直接复制对象，具体如下。

（1）复制粘贴命令：选择需复制的图像，然后选择【编辑】/【复制】菜单命令执行复制操作，再选择【编辑】/【粘贴】菜单命令即可。

（2）直接复制命令：选择需复制的图像，然后选择【编辑】/【直接复制】菜单命令可快速实现图像的复制粘贴操作。

（3）拖动鼠标：在需复制的图像上按住【Alt】键不放并拖动鼠标，即可快速复制出该图像。

2. 多重复制对象

多重复制对象是指将对象一次性复制粘贴出多个对象，这些对象在水平或垂直方向上按一定的间隔大小规则排列。多重复制对象的方法为：选择需复制的图像，然后选择【编辑】/【多重复制】菜单命令，打开“多重复制”对话框，如图4-15所示，在其中设置复制的数量和间隔距离即可。

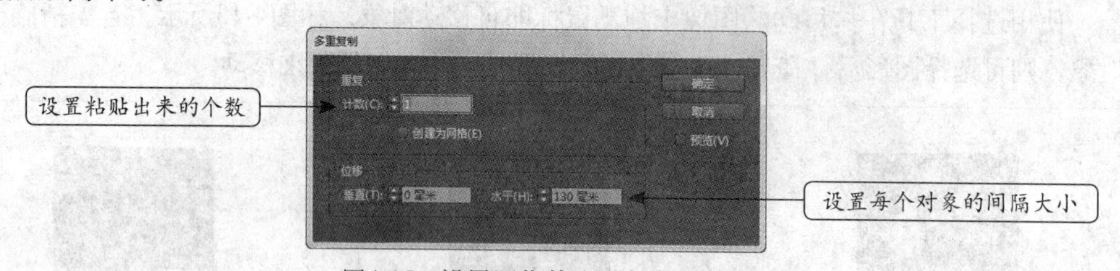

图4-15　设置图像的多重复制参数

4.2.4　原位粘贴对象

原位粘贴是指粘贴出来的对象与被复制的对象在同一位置，常用在同一图像放置在不同页面的相同位置的情况。原位粘贴的方法为：选择对象后，按【Ctrl+C】键复制，切换到需要粘贴的页面后，选择【编辑】/【原位粘贴】菜单命令即可。

4.2.5　翻转对象

翻转对象是指将图像围绕一个中心轴进行立体旋转。其中，单击属性栏中的“水平翻转”按钮可在水平方向上翻转对象；单击“垂直翻转”按钮可在垂直方向上翻转对象。如图4-16所示即为水平翻转对象的效果。

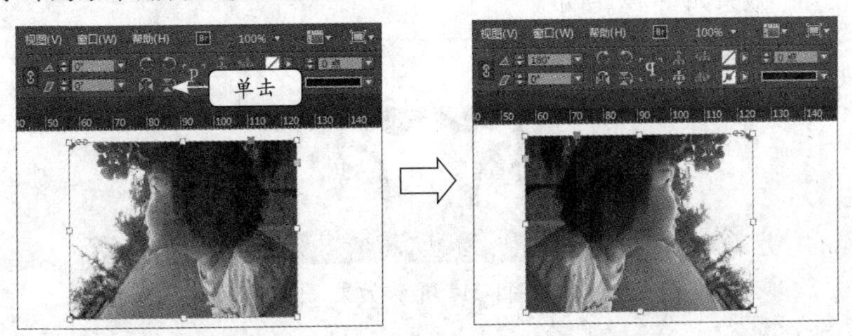

图4-16　水平翻转对象

> TIPS 翻转对象之前可先在属性面板中的“参考点”标记中单击确定参考点的位置，翻转时将以设置的参考点为中心轴进行翻转。

下面以原位粘贴图像并将其水平翻转、多重复制图形为例，进一步掌握多重复制、原位粘贴、翻转对象的方法。

【实例4-1】　镜像对象的制作

素材文件：素材\第4章\拳击.indd	效果文件：效果\第4章\拳击.indd
视频文件：视频\第4章\4-1.swf	操作重点：多重复制对象、原位粘贴

1 按【Ctrl+O】键打开素材提供的“拳击.indd”文档，选择人物对象后，按【Ctrl+C】键复制，然后选择【编辑】/【原位粘贴】菜单命令，如图4-17所示。

2 在属性面板中单击“参考点”右侧中间的标记，然后单击“水平翻转”按钮，如图4-18所示。

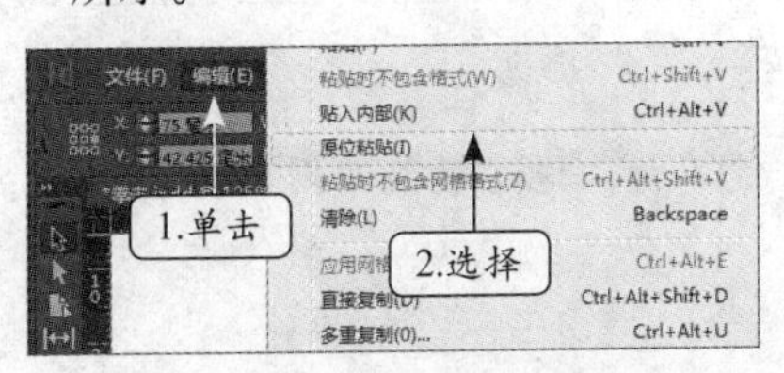

图4-17　选择菜单命令

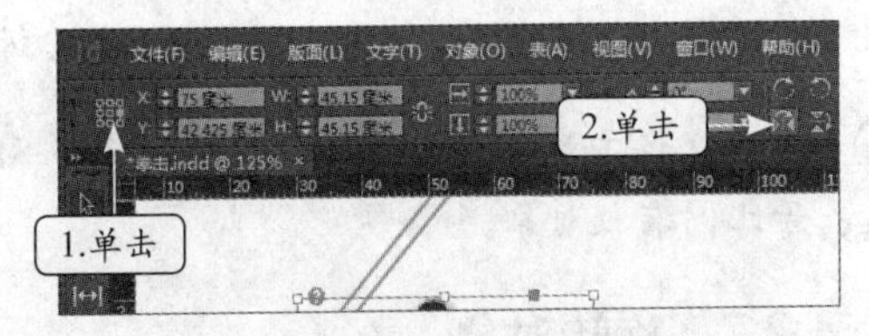

图4-18　设置参考点和水平翻转对象

3 选中双斜线，然后选择【编辑】/【多重复制】菜单命令，如图4-19所示。

4 打开“多重复制”对话框，在“重复”栏的“计数”数值框中输入“2”；在“位移”栏的“垂直”数值框中输入“0”，在“水平”数值框中输入“40”，单击 确定 按钮，如图4-20所示。

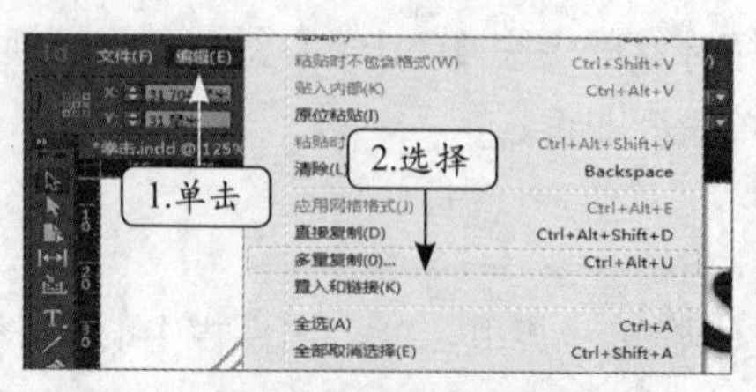

图4-19 选择菜单命令

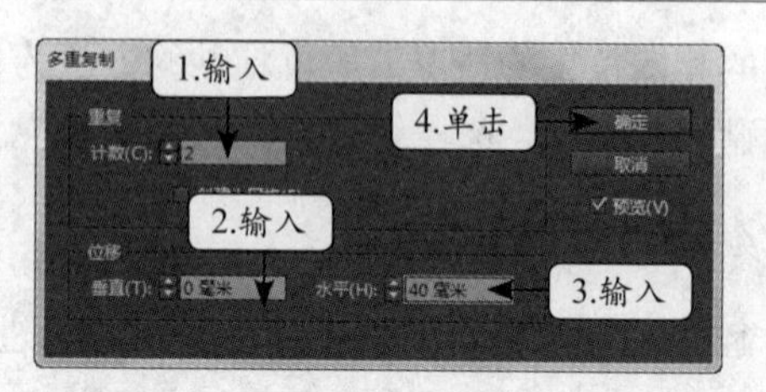

图4-20 设置重复计数和水平位移

5 完成设置，效果如图4-21所示。

图4-21 最终效果

4.2.6 缩放对象

缩放对象用于调整对象的大小，常用方法有以下两种。

（1）精确缩放：选择图像后，在属性面板中的“X缩放百分比”数值框和“Y缩放百分比”数值框中可分别设置图像在水平方向和垂直方向上的缩放比例。

当缩放百分比数值框右侧的“约束缩放比例”按钮为状态时，X和Y方向的缩放比例将会等比例同时进行缩放，单击该按钮使其变为状态时，才能单独对X或Y方向进行缩放。

（2）快速缩放：选择图像，按住【Ctrl】键不放，拖动图像框架四周的角点或中点即可，如图4-22所示。

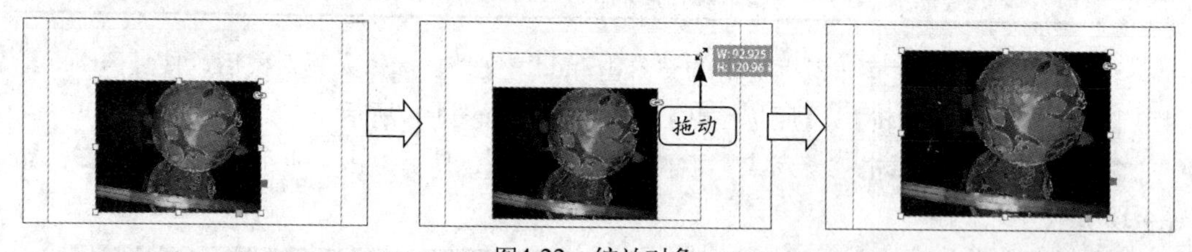

图4-22 缩放对象

使用选择工具选择图像后，按住【Ctrl+Shift】键不放，拖动框架四周的角点和中点可等比例缩放对象。

4.2.7 旋转对象

旋转对象是指将对象围绕某个中心点做平面的旋转，在Indesign中可以通过以下几种方法旋转对象。

（1）自由变换工具：选择需要旋转的对象，然后在工具箱中切换到自由变换工具，将鼠标指针移动到对象四周任意位置，拖动鼠标即可，如图4-23所示。

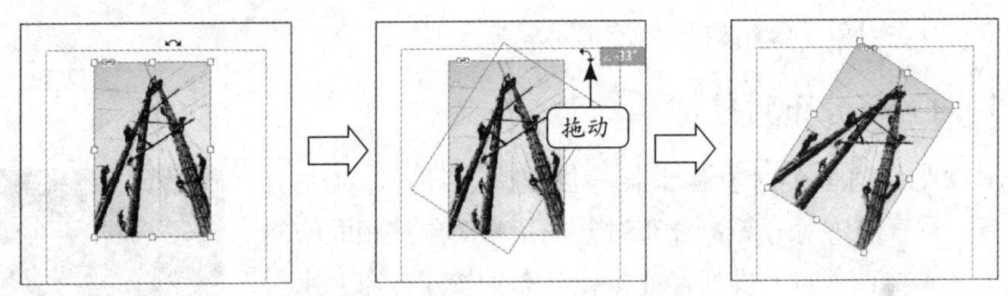

图4-23　自由变换工具旋转对象

（2）旋转工具：在工具箱中的“自由变换工具”按钮上单击鼠标右键，在弹出的下拉列表中选择“旋转工具”选项，然后在对象中单击鼠标确定旋转中心点，再拖动鼠标即可将对象围绕该点进行旋转，如图4-24所示。

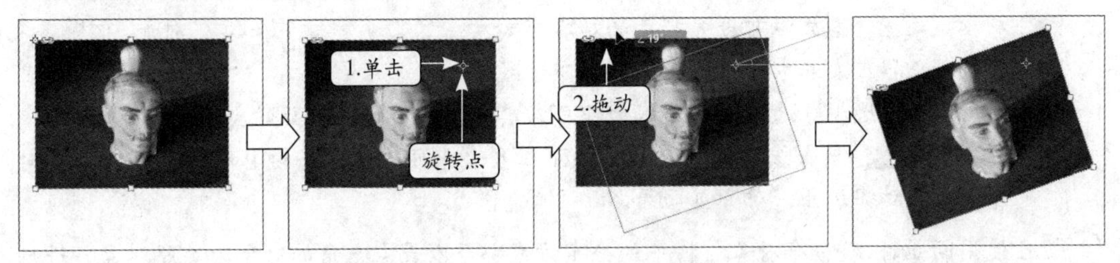

图4-24　旋转工具旋转对象

TIPS 双击“旋转工具”按钮可打开“旋转”对话框，在其中可以设置精确的角度来旋转对象。若输入角度后单击 复制(C) 按钮，则可旋转并复制出该对象。

（3）旋转角度：在属性面板中的“旋转角度”数值框中可以直接输入角度进行旋转，旋转时也可在属性面板最左侧的标记中确定参考点的位置，使其作为旋转的中心点。

TIPS 单击属性面板中的“顺时针旋转90°”按钮或“逆时针旋转90°”按钮可以快速将对象进行90°旋转。

4.2.8　切变对象

切变是指将对象做倾斜处理，常用在制作倾斜文本或投影上。切变对象的方法有以下两种。

（1）精确切变：选择对象，在属性栏中的“X切变角度”数值框中输入数值即可。

（2）快速切变：选择对象，在工具箱中的“自由变换工具”按钮上单击鼠标右键，在弹出的下拉列表中选择“切变工具”选项，拖动对象即可，如图4-25所示。

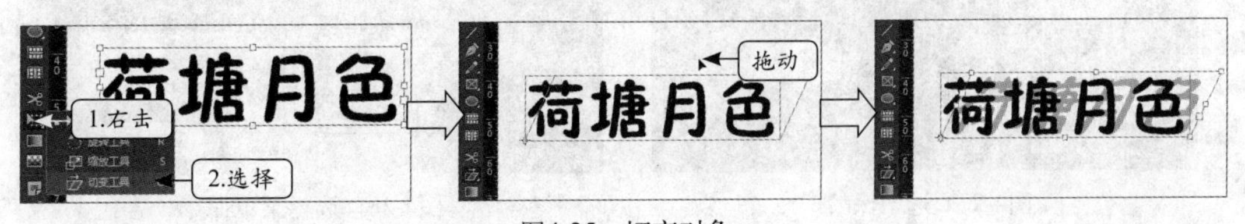

图4-25　切变对象

4.3　组合对象

为了更好地对多个对象进行管理，Indesign提供了许多实用的功能来解决实际问题，包括对齐对象、分布对象、编组对象和锁定对象等。

4.3.1 对齐与分布对象

对齐对象是指将多个对象基于某一位置快速对齐，如左对齐、顶对齐、垂直居中对齐等；分布对象是指将对象按相同的间隔距离在水平或垂直方向上排列，如按顶分布、按左分布、水平居中分布等。

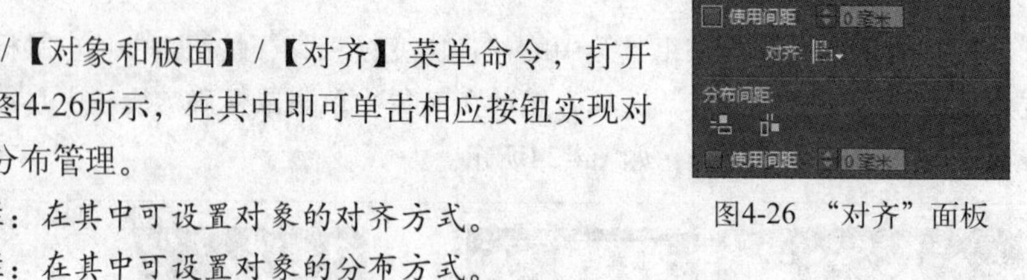

图4-26 “对齐”面板

选择【窗口】/【对象和版面】/【对齐】菜单命令，打开“对齐”面板，如图4-26所示，在其中即可单击相应按钮实现对多个对象的对齐与分布管理。

- 对齐对象栏：在其中可设置对象的对齐方式。
- 分布对象栏：在其中可设置对象的分布方式。
- 使用间距复选框：选中该复选框后便可在其数值框中输入间距的大小。
- 对齐按钮：单击该按钮，在弹出的下拉列表中可选择对齐对象时的参照物，如对齐选区、对齐边距、对齐页面等。

TIPS 在使用间距时，“分布对象”栏中的分布方式都会以最左上角的对象为参照对象，进行等间距的水平或垂直方向的分布。

下面通过底对齐和按左对齐分布一组保龄球为例，学习并掌握对齐与分布对象的方法。

【实例4-2】 调整保龄球的对齐和分布

素材文件：素材\第4章\保龄球.indd	效果文件：效果\第4章\保龄球.indd
视频文件：视频\第4章\4-2.swf	操作重点：对齐对象、分布对象

1 按【Ctrl+O】键打开素材提供的“保龄球.indd”文档，按住【Shift】键不放依次加选7个保龄球瓶，如图4-27所示。

2 选择【窗口】/【对象和版面】/【对齐】菜单命令，或按【Shift+F7】键，如图4-28所示。

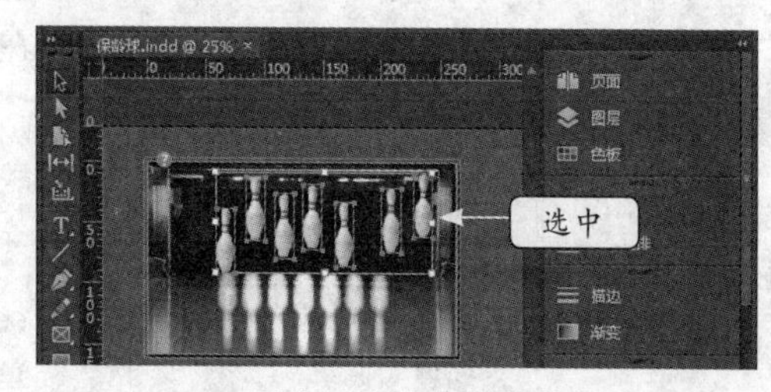

图4-27 选中保龄球瓶

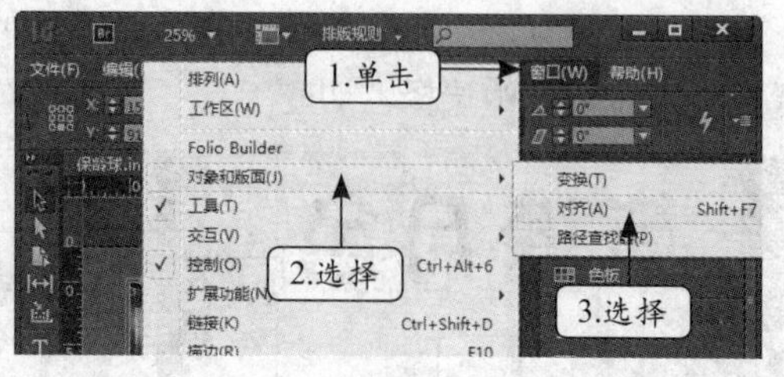

图4-28 选择菜单命令

3 打开“对齐”面板，单击“分布对象”栏的“对齐”按钮，在弹出的下拉列表中选择“对齐关键对象”选项，如图4-29所示。

4 单击“对齐对象”栏的“底对齐”按钮，如图4-30所示。

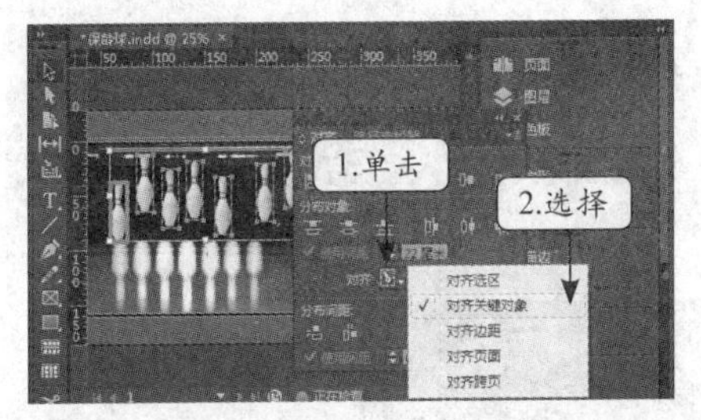

图4-29 设置对齐关键对象

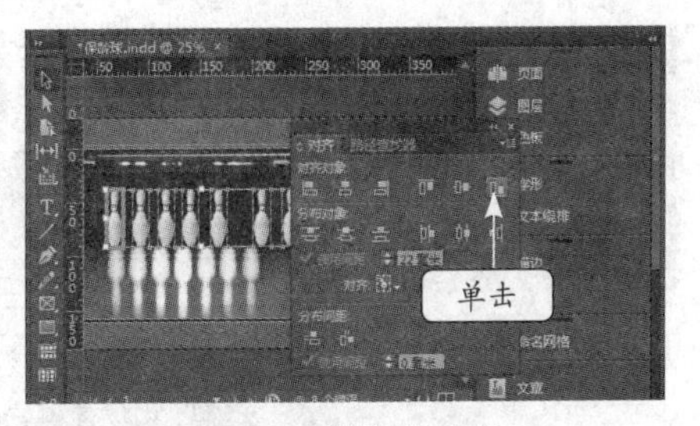

图4-30 设置底对齐

5 在“分布对象”栏中选中“使用间距”复选框，在右侧的“使用间距”数值框中输入“22”，然后单击“按左对齐”按钮完成操作，如图4-31所示。

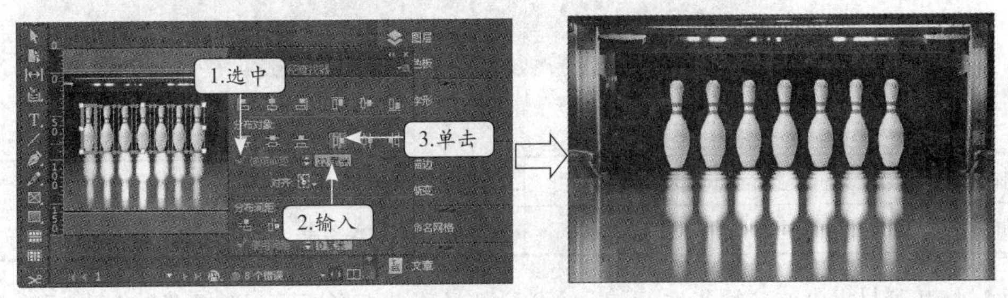

图4-31 设置按左对齐和间距

4.3.2 排列对象

在Indesign中排列对象是指改变对象的叠放顺序，其方法为：选择需调整叠放顺序的对象，然后选择【对象】/【排列】菜单命令，并在弹出的子菜单中选择所需的排列命令即可，如图4-32所示。

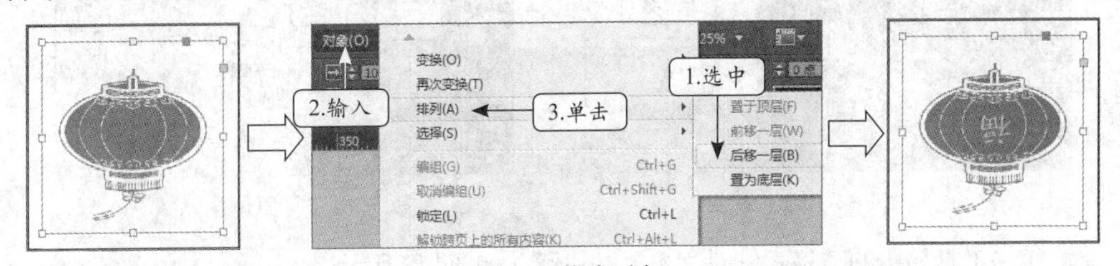

图4-32 排序对象

4.3.3 编组对象

编组对象是指将多个对象组合在一起，以方便统一对这些对象进行移动、缩放等操作。编组对象的方法为：选择需要编为一组的多个对象，然后选择【对象】/【编组】菜单命令，或按【Ctrl+G】键。

4.3.4 锁定对象

锁定对象是指将对象设定为不能编辑的固定对象，当对象较多时，为避免误操作，便可将不需要编辑的对象暂时锁定。其方法为：选择对象后，选择【对象】/【锁定】菜单命令，或按【Ctrl+L】键。

4.4 上机实训——制作鲜花店招牌

下面通过制作一个鲜花店的招牌为例，综合练习图像的置入、缩放、排列以及切变等内容，制作后的效果如图4-33所示。

图4-33 鲜花坊的效果

素材文件：素材\第4章\鲜花坊.indd、玫瑰.png	效果文件：效果\第4章\鲜花坊.indd
视频文件：视频\第4章\4-3.swf	操作重点：置入图像、缩放图像、切变对象……

1 打开素材提供的“鲜花坊.indd”文档，选择背景矩形框后，选择【对象】/【锁定】菜单命令，如图4-34所示。

2 选择“鲜花坊”文本所在的文本框，按【Ctrl+C】键复制该文本框，然后选择【编辑】/【原位粘贴】菜单命令，如图4-35所示。

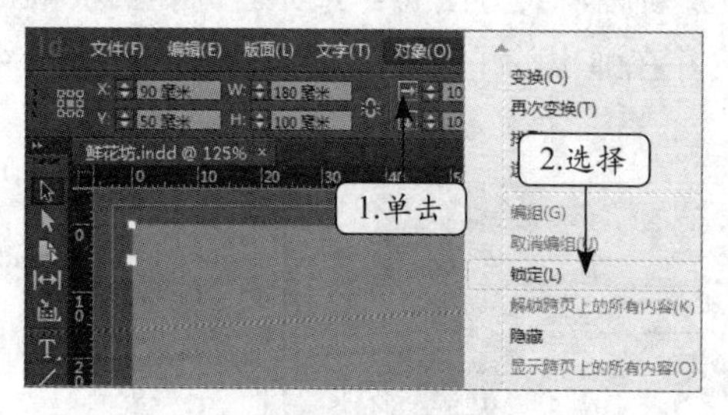

图4-34 锁定对象

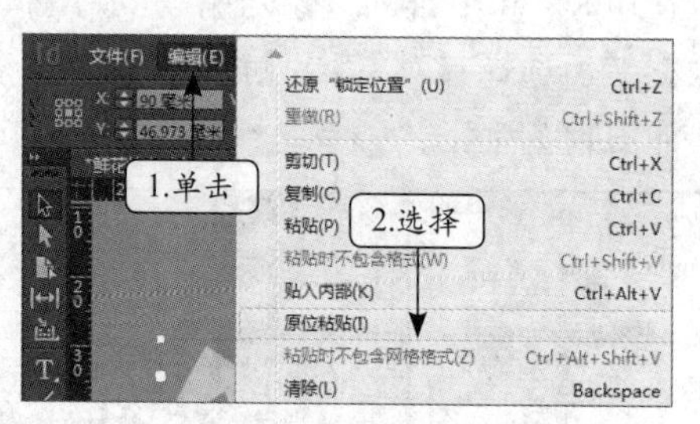

图4-35 原位粘贴

3 单击工具箱中的“格式针对文本”按钮，如图4-36所示。

4 在工具箱中双击“填色”标记，如图4-37所示。

图4-36 选择格式针对文本

图4-37 编辑颜色

5 打开“拾色器”对话框，在“R”、“G”、“B”文本框中分别输入“50”、“0”、“50”，单击 确定 按钮，如图4-38所示。

6 在属性面板中单击参考点标记中左下角的标记，再在“X切变角度”数值框中输入“5”，按【Enter】键，如图4-39所示。

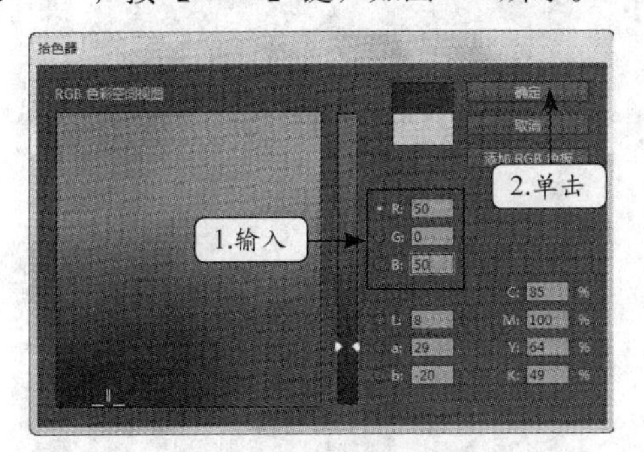

图4-38 输入颜色参数

图4-39 切变对象

7 选择【对象】/【排列】/【后移一层】菜单命令，如图4-40所示。

8 选择两个“鲜花坊”文本所在的文本框，然后选择【对象】/【编组】菜单命令，如图4-41所示。

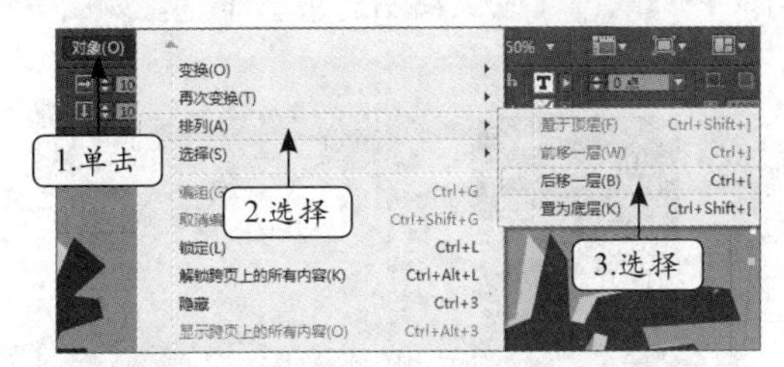

图4-40 排序对象

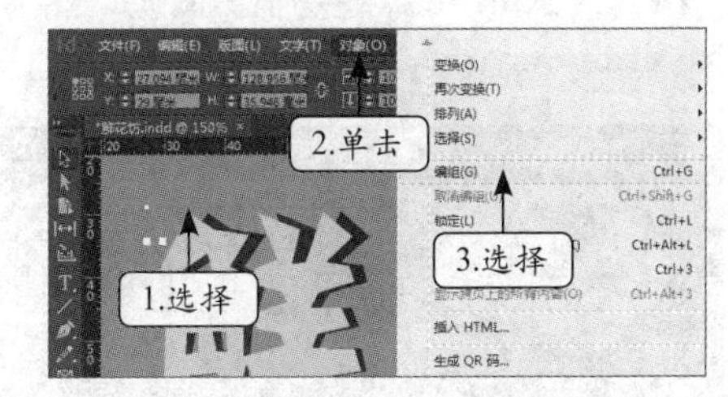

图4-41 编组对象

9 选择【对象】/【锁定】菜单命令，如图4-42所示。

10 框选下方的6个鲜花图像，按【Shift+F7】键打开“对齐”面板，单击“对齐对象”栏中的“顶对齐”按钮，再单击“分布间距”栏中的“水平分布间距”按钮，如图4-43所示。

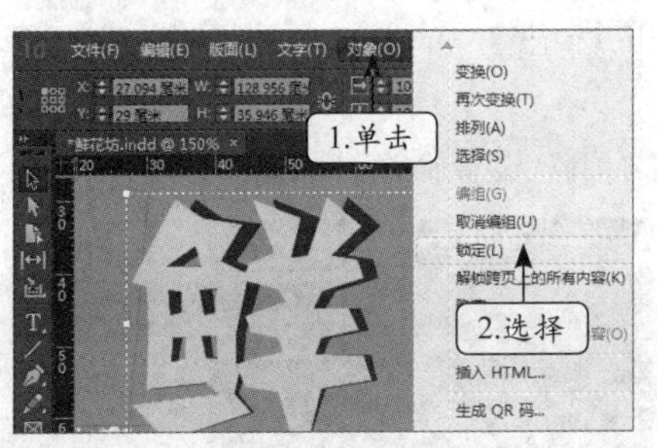

图4-42 锁定对象

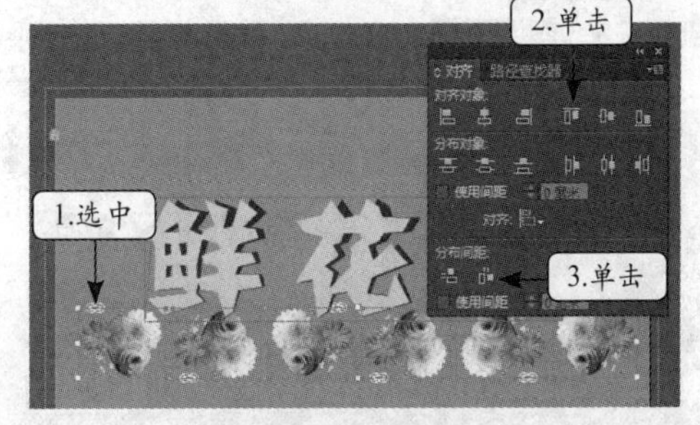

图4-43 对齐对象

TIPS 框选鲜花图像时可从左侧图像在垂直方向的中间位置开始往右方框选，以免框选中上方文本。

11 按【Ctrl+D】键打开“置入”对话框，在路径下拉列表框中选择素材所在的路径，在下方列表框中选择“玫瑰.png”文件，单击 打开(O) 按钮，如图4-44所示。

12 在页面拖动鼠标置入图像，如图4-45所示。

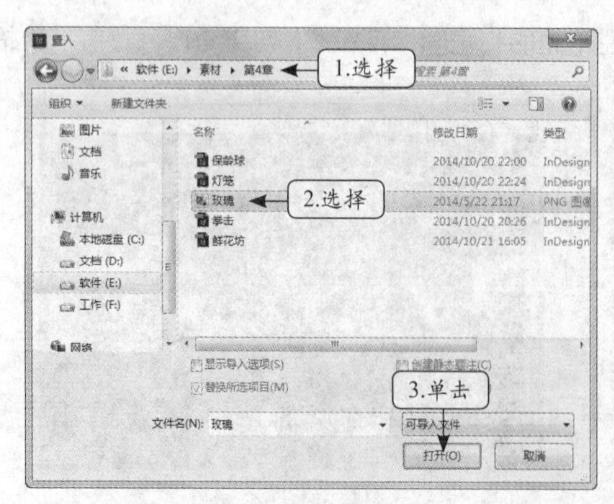

图4-44 选择路径和文件

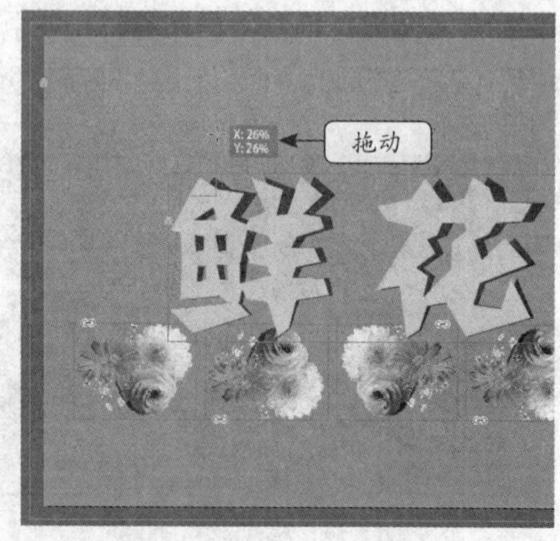

图4-45 置入图像

13 在属性面板中的“X缩放百分比”数值框中输入“40”，按【Enter】键，如图4-46所示。

14 按【Ctrl+C】键复制该图像，然后选择【编辑】/【原位粘贴】菜单命令，如图4-47所示。

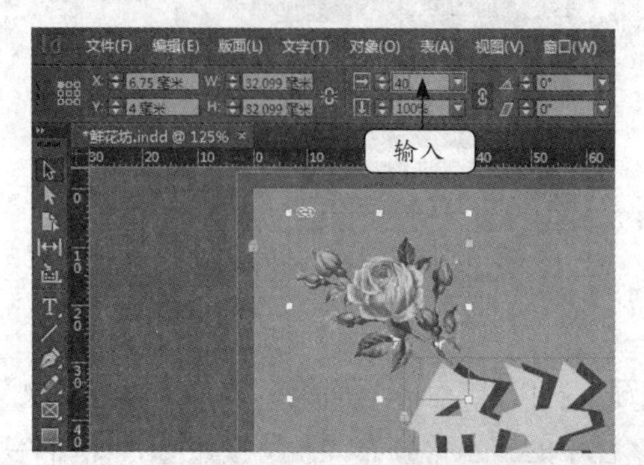

图4-46 缩放对象

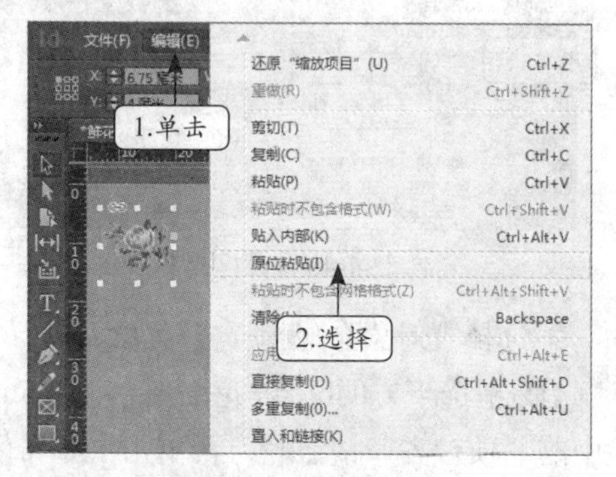

图4-47 原位粘贴

15 在属性面板中单击参考点标记右侧中间的标记，单击“水平翻转”按钮，如图4-48所示。

16 选择两个玫瑰图像，然后选择【对象】/【编组】菜单命令，如图4-49所示。

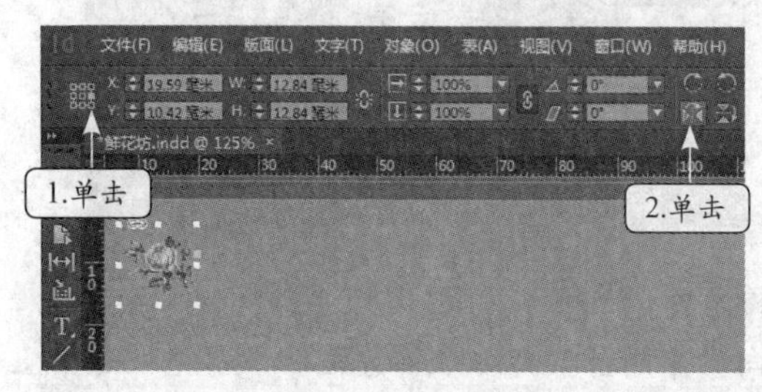

图4-48 水平翻转对象

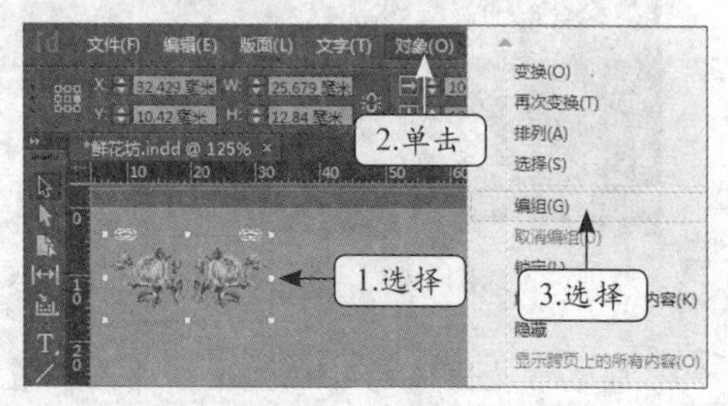

图4-49 编组对象

17 选择【编辑】/【多重复制】菜单命令，如图4-50所示。

18 打开“多重复制”对话框，在“重复”栏中的“计数”数值框中输入“4”，在“位移”栏的“水平”数值框中输入“30”，单击 确定 按钮，如图4-51所示。

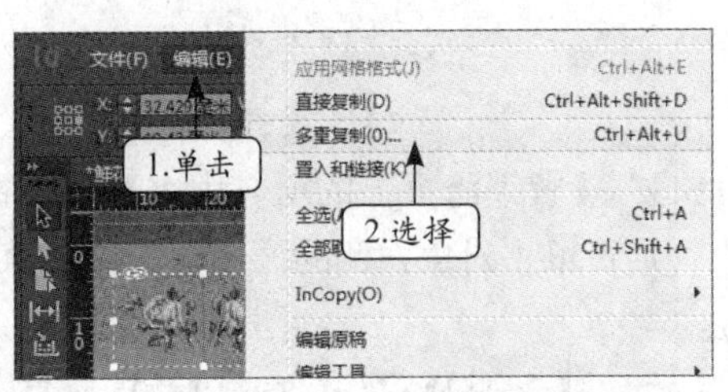

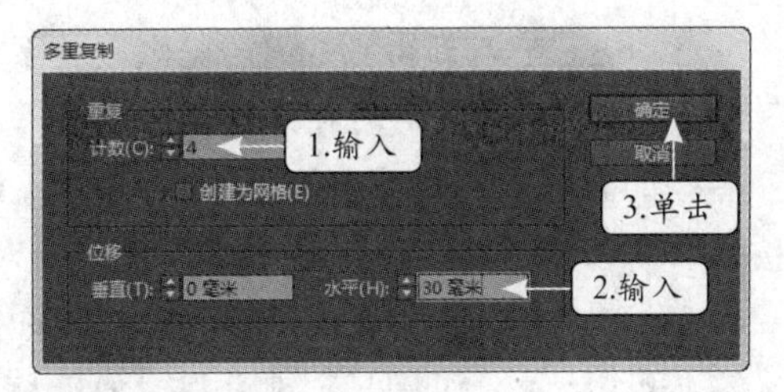

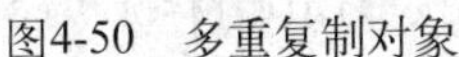
图4-50 多重复制对象 图4-51 设置数量和位移方向

19 框选所有玫瑰图像，按【Ctrl+G】键，在属性面板中的“X”和“Y”数值框中分别输入“163”和“18”，按【Enter】键，完成后的效果如图4-52所示。

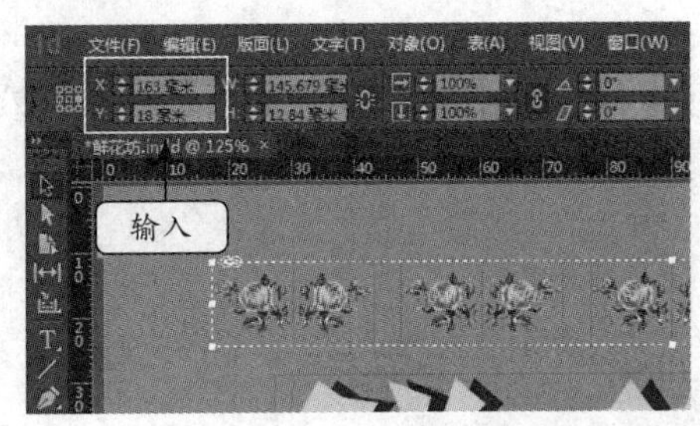

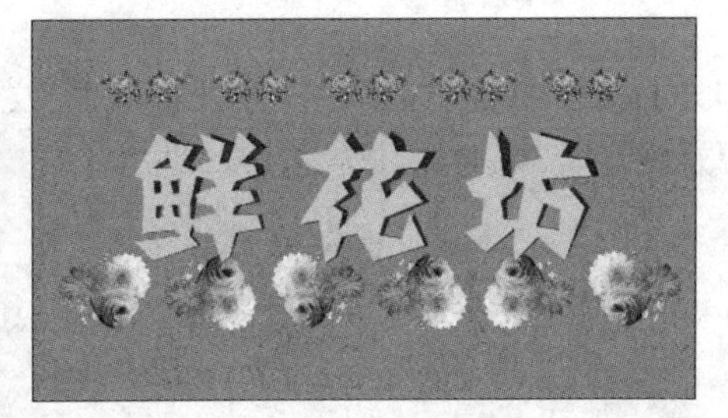

图4-52 移动对象

4.5 本章小结

本章主要讲解了在Indesign CC中置入与编辑图像的各种操作，包括置入图像、链接图像、选择图像、移动图像、复制图像、粘贴图像、旋转图像、缩放图像、切变图像及多个对象的各种管理操作等内容。

对于本章讲解的知识，应重点掌握图像的置入与链接管理方法。对于图像的各种编辑操作，也应熟悉，其中尤以对图像的选择、移动、复制、缩放以及旋转等操作需要重点掌握，对多对象的管理操作适当了解即可。

4.6 疑难解答

1.问：怎么删除对象？

答：删除对象有多种方法，可以选择【编辑】/【清除】菜单命令，也可以按【Delete】键或【Backspace】键快速删除。

2.问：如何精确移动对象？

答：按住【Shift】键的同时，按方向键可按2.5毫米的数值逐步移动对象；按住【Ctrl+Shift】键的同时按方向键，则可按0.025毫米的数值移动对象。

3.问：怎么取消已编组的对象？

答：选择编组的对象后，选择【对象】/【取消编组】菜单命令或按【Ctrl+Shift+G】键即可。

4.问：已设置编组的对象还能和其他对象进行编组吗？

答：可以。编组命令可以将几个不同的组进行进一步的组合，在重新组合后，原来的组合并没有消失，它与新得到的组合是嵌套关系。

5.问：如何解锁锁定的对象？

答：如需解锁所有锁定的对象，可选择【对象】/【解锁跨页上的所有内容】菜单命令或按【Ctrl+Alt+L】键；如需单独解锁某一个对象，则可单击对象左侧的“锁定”标记。

6.问：能不能通过快捷键快速调整对象的叠放顺序？

答：可以。按【Ctrl+[】键可将对象后移一层，按【Ctrl+]】键可将对象前移一层；按【Ctrl+Shift+[】键可将对象置于底层；按【Ctrl+Shift+]】键可将对象置于顶层。

4.7 习题

1．打开素材提供的“空白文档.indd”文件，置入如图4-53所示的图像效果（效果文件：效果\第4章\课后练习\杂志.indd）。

（1）绘制3个矩形框架。

（2）设置按比例填充框架。

（3）依次置入素材提供的“1.jpeg”、“2.jpeg”、“3.jpeg”图像。

2．打开素材提供的“篮球.indd”文件，制作如图4-54所示的图形效果（效果文件：效果\第4章\课后练习\篮球.indd）。

（1）缩小人物图像为50%，并设置其旋转角度为5°。

（2）选中2个对象，使用间距为“40毫米”的按左分布。

图4-53　杂志效果

图4-54　篮球效果

3．打开素材提供的“金鱼.indd”文件，制作如图4-55所示的图像效果（效果文件：效果\第4章\课后练习\金鱼.indd）。

（1）缩小图像为20%。

（2）原位粘贴图像。

（3）选择右侧参考线做水平翻转。

图4-55　金鱼效果

第5章　颜色的管理与应用

无论是文本、图形还是图像等对象，都会涉及颜色的应用，且都将直接关系到版面设计的好坏。Indesign中的颜色管理与应用功能也非常强大，可以解决各种颜色设置的问题。本章将首先对颜色的一些理论进行简单介绍，然后再详细介绍颜色的各种应用及管理，包括色板的创建、管理和应用以及各种效果的处理等内容。

学习要点

- 了解颜色的基础知识
- 掌握在“颜色”面板中使用与管理颜色的方法
- 掌握在“色板”面板中应用颜色的方法
- 熟悉“渐变”面板的设置
- 熟悉效果的应用与设置方法

5.1　颜色基础知识概述

在使用颜色之前，下面将首先介绍颜色的各种基础知识，包括颜色的模式、色域和专色等内容，以便更好地运用颜色这一工具来提升版面质量。

5.1.1　颜色的模式

在计算机中将某种颜色表现为数字形式的模型，或用数字来记录图像颜色，便是颜色的模式。Indesign中常用的颜色模式包括RGB、CMYK和Lab等。

1. RGB颜色模式

RGB颜色模式是通过对红（R）、绿（G）、蓝（B）三个颜色通道的变化以及它们之间相互的叠加，从而得到的各种颜色，它是一种发光的色彩模式。R、G、B三种参数的取值范围均为0～255，若均为255时显示为白色，均为0时显示为黑色。

2. CMYK颜色模式

CMYK颜色模式是一种印刷色模式，也是减色色彩模式，即当光线照射到一个物体上时，这个物体会吸收部分光线，并将未吸收的光线反射，反射的光线就是物体显示的颜色。

CMYK中的C代表青色，M代表洋红色，Y代表黄色，K代表黑色。它与RGB模式的不同在于：RGB模式是一种发光的色彩模式，比如在一间黑暗的房间内可以看见屏幕上的内容，而CMYK是一种依靠反光的色彩模式，在黑暗房间内是无法阅读的。所以，一般情况下，在屏幕上显示的图像是以RGB模式表现的，而在印刷品上看到的图像则是以CMYK模式表现的。

3. Lab颜色模式

Lab模式既不依赖光线，也不依赖颜料，它是在机器之间交换色彩信息的最高级模式，如扫描仪便是采用此模式。Lab模式由三个通道组成，L通道是指明度，另外两个是色彩通道，用a和b来表示，a通道包括的颜色是从深绿色到灰色再到亮粉红色；b通道则是从亮蓝色到灰色再到黄色，这两种色彩混合后会产生明亮的色彩效果。

5.1.2 色域

色域是指某种颜色模式所能表达的颜色数量构成的范围区域，也指具体介质，如屏幕显示、数码输出及印刷复制所能表现的颜色范围。在前面所学的颜色模式中，Lab颜色模式比其他颜色模式拥有更大的色域，它包含了RGB颜色模式的所有颜色。其次是RGB颜色模式，它含有的颜色比CMYK颜色模式所拥有的颜色多，但不包括CMYK颜色模式中的所有颜色，而CMYK颜色模式所具有的色域最小。

5.1.3 专色

专色是指在印刷时，不是通过某种颜色模式中各参数通道组合而成的颜色，而是专门用一种特定的油墨来印刷该颜色。

专色油墨是由印刷厂预先混合好或油墨厂生产的一种特定颜色，用于代替或对CMYK油墨进行补充，在颜色不足或颜色不够精确时，才会用到专色。对于印刷品的每一种专色，在印刷时都有专门的一个色版对应。

对于设计中设定的非标准的专色颜色，印刷厂不一定能准确地调配出来，而且在屏幕上也无法看到准确的颜色，所以只有在特殊的需求时才会使用专色。

5.2 颜色的编辑

Indesign提供了多种颜色编辑的工具，可根据实际需要选择使用，其中最常用的主要包括“颜色”面板、“色板”面板和“渐变”面板等。

5.2.1 颜色面板

在Indesign CC中所有的颜色都可以通过“颜色”面板得到，在该面板中除了能为对象添加颜色以外，还可对描边颜色进行设置。

1. “颜色”面板的管理

“颜色”面板可通过选择【窗口】/【颜色】/【颜色】菜单命令打开，其管理主要针对颜色的设置和颜色模式的选择。单击面板右侧上方的“展开菜单”按钮，在弹出的下拉菜单中可选择颜色模式命令，如图5-1所示即为3种不同颜色模式对应的“颜色”面板效果。下面具体介绍该面板中一些常用参数的作用和使用方法。

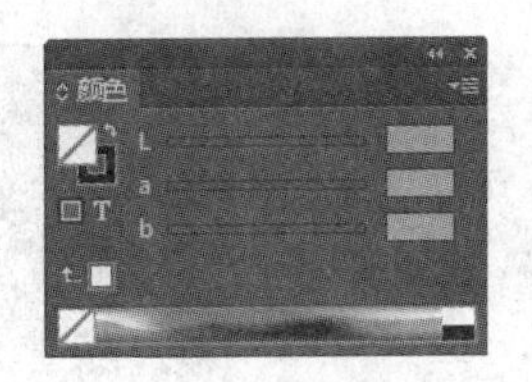

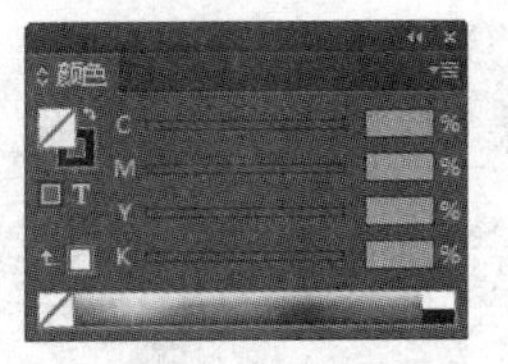

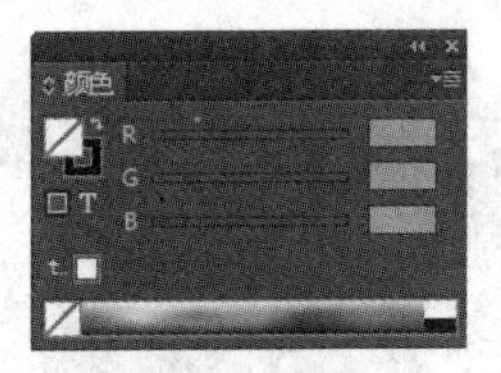

图5-1 颜色的三种模式

- 填色和描边：在面板左侧上方的按钮组中可切换设置填色或描边的颜色。单击左上方的按钮，使其位于上层显示时，可设置填充颜色；单击右下方的按钮，使其位于上层显示时，则可设置描边颜色。
- 格式：在面板左侧中间的按钮组中可切换设置框架和文本的颜色。单击按钮可切换到框架颜色的设置状态；单击按钮则可针对文本对象进行颜色设置。
- 颜色滑块：在面板中间的颜色滑块可精确设置颜色，其调整方法分为两种：拖动滑块和在文本框中直接输入数字。
- 色谱条：在面板下方的色谱条中显示了大量颜色区域，单击某个区域即可快速应用该颜色。单击色谱条最左侧的标记，可将颜色设为“无”；单击色谱条最右侧的标记中的相应区域则可快速设置颜色为“白色”或“黑色”。

2. 颜色的应用

使用“颜色”面板设置对象颜色的方法为：选择需应用颜色的对象后，在“颜色”面板中设置相应的颜色即可。

下面通过使用“颜色”面板设置文本及其描边颜色为例，学习使用“颜色”面板设置对象颜色的方法。

【实例5-1】 在“颜色”面板中设置文本及其描边的颜色

素材文件：素材\第5章\我狂购.indd	效果文件：效果\第5章\我狂购.indd
视频文件：视频\第5章\5-1.swf	操作重点：格式的切换、填色及描边的切换、颜色的设置

1 打开素材文件“我狂购.indd”文件，选择“我狂购”文本所在的文本框，选择【窗口】/【颜色】/【颜色】菜单命令按【F6】键打开“颜色”面板，如图5-2所示。

2 在“颜色”面板左侧单击“格式针对文本”按钮，如图5-3所示。

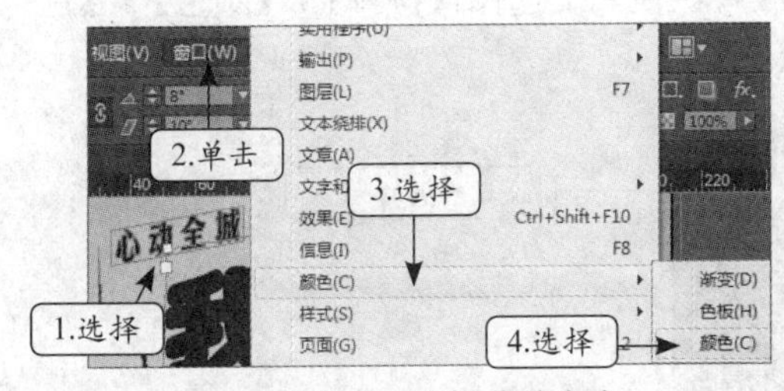

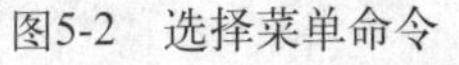
图5-2 选择菜单命令

图5-3 设置格式针对文本

3 单击面板右上方的“展开菜单”按钮，在弹出的下拉菜单中选择“RGB”命令，如图5-4所示。

4 在“R”、“G”、“B”文本框中分别输入“105”、“184”、“46”，如图5-5所示。

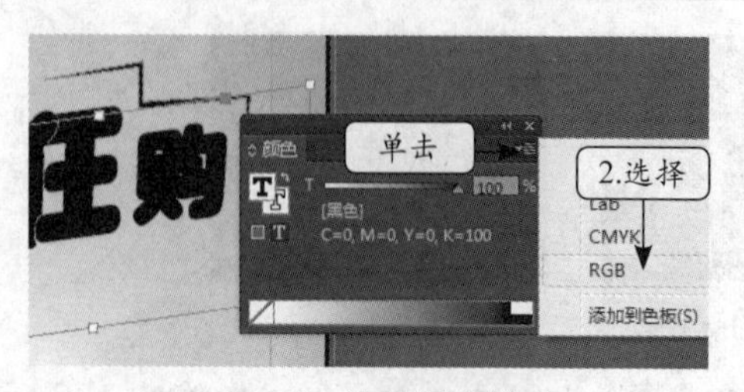

图5-4　选择颜色模式

图5-5　设置颜色参数

5 单击左侧的“描边”按钮，如图5-6所示。

6 单击面板右上方的“展开菜单”按钮，在弹出的下拉菜单中选择“RGB”命令，如图5-7所示。

图5-6　切换到描边状态

图5-7　选择颜色模式

7 在“R”、“G”、“B”文本框中分别输入“255”、“255”、“255”，最终效果如图5-8所示。

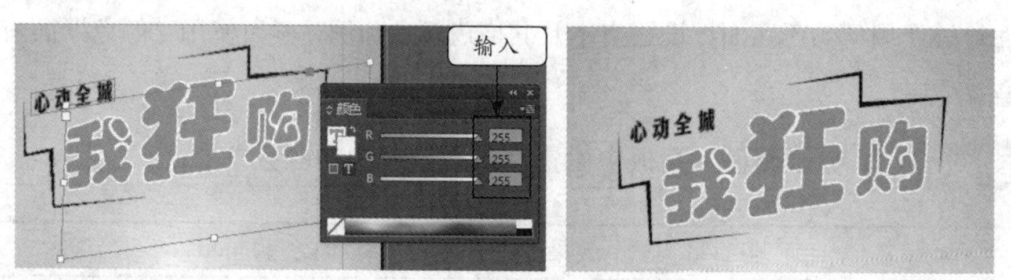

图5-8　设置颜色参数

5.2.2　色板面板

“色板”面板除了拥有“颜色”面板中的各项功能以外，还可以预设颜色管理、调整色调、新建混合油墨色板，复制、删除、存储和载入色板等。选择【窗口】/【颜色】/【色板】菜单命令，打开“色板”面板，如图5-9所示。

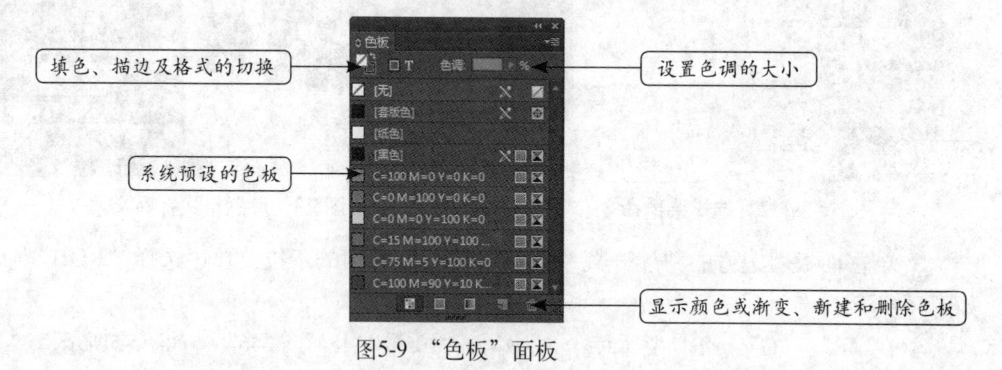

图5-9　“色板”面板

1. 新建颜色色板

在“色板”面板中可新建各种颜色的色板，其方法为：单击面板右上方的“展开菜单”按钮，在弹出的下拉菜单中选择“新建颜色色板”命令，打开“新建颜色色板”对话框，如图5-10所示，在其中设置所需色板即可。其中部分参数的作用如下。

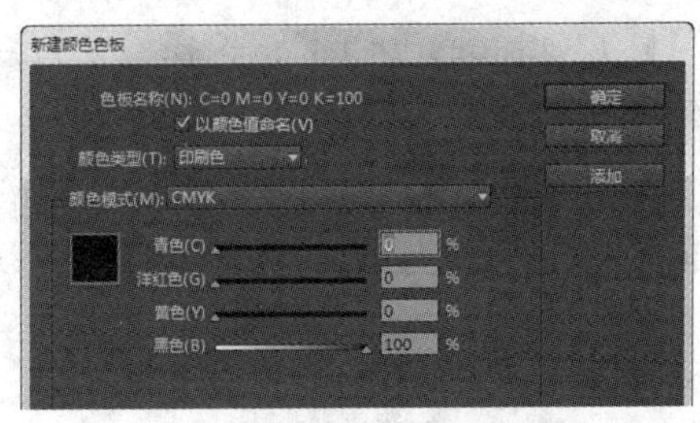

图5-10　“新建颜色色板”对话框

- 以颜色值命令：取消选中该复选框便可在上方的“色板名称”文本框中输入新建的色板名称。
- 颜色模式：在其中可选择预设的颜色模式。
- 颜色滑块：在其中拖动滑块可调整颜色参数，也可直接在相应的文本框中输入数字来设置颜色。

2. 复制和删除色板

复制色板和删除色板方法类似，选择色板后，执行以下任意操作便可实现色板的复制或删除操作。

（1）通过按钮操作：单击下方的“新建色板”按钮可复制色板；单击“删除色板”按钮可删除色板。

（2）选择菜单命令操作：单击“展开菜单”按钮，在弹出的下拉菜单中选择“复制色板”命令可复制色板；选择“删除色板”命令可删除色板。

（3）通过快捷菜单操作：在所选色板上单击鼠标右键，在弹出的快捷菜单中选择“复制色板”命令可复制色板；选择“删除色板”命令可删除色板。

3. 存储和载入色板

存储色板是指将色板以文件的形式存储在电脑中，方便在其他电脑的Indesign软件中载入该文件时，也能使用其中的色板。下面分别介绍存储和载入色板的方法。

（1）存储色板：选择色板选项，单击“展开菜单”按钮，在弹出的下拉菜单中选择“存储色板”命令，打开“另存为”对话框，设置存储路径和名称即可。

（2）载入色板：单击“展开菜单”按钮，在弹出的下拉菜单中选择“载入色板”命令，打开“打开文件”对话框，在其中选择色板文件即可。

TIPS　在Indesign中只能存储和载入Adobe色板交换文件格式的色板，即文件后缀名为“.ase”。

下面以复制色板、删除原始色板、载入一个新的色板为例，进一步掌握使用“色板”面板管理色板的方法。

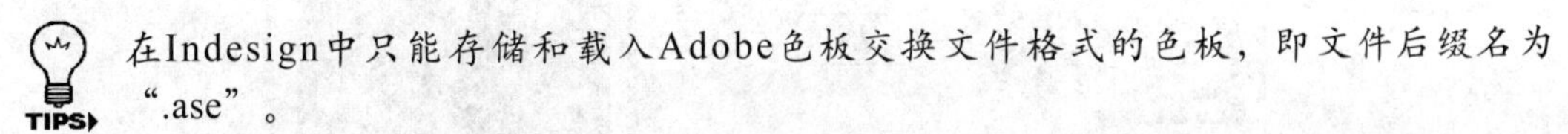

【实例5-2】 色板的控制

素材文件：素材\第5章\灰色.ase	效果文件：无
视频文件：视频\第5章\5-2.swf	操作重点：复制、删除和载入色板

1 启动Indesign CC，选择【窗口】/【颜色】/【色板】菜单命令或按【F5】键，如图5-11所示。

2 打开“色板”面板，在“C=100 M=0 Y=0 K=0”选项上单击鼠标右键，在弹出的快捷菜单中选择“复制色板”命令，如图5-12所示。

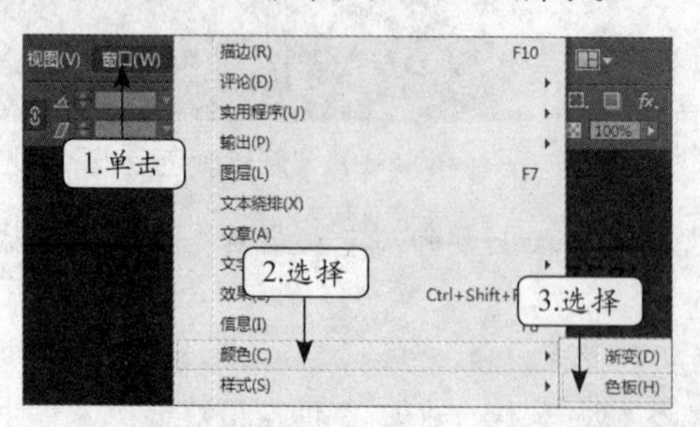

图5-11　打开“色板”面板

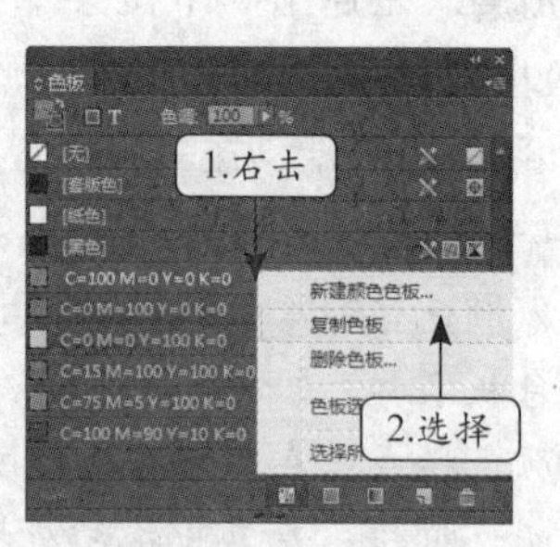

图5-12　复制色板

3 在“C=100 M=0 Y=0 K=0”选项上单击鼠标右键，在弹出的快捷菜单中选择“删除色板”命令，如图5-13所示。

4 单击“展开菜单”按钮，在弹出的下拉菜单中选择“载入色板”命令，如图5-14所示。

图5-13　删除色板

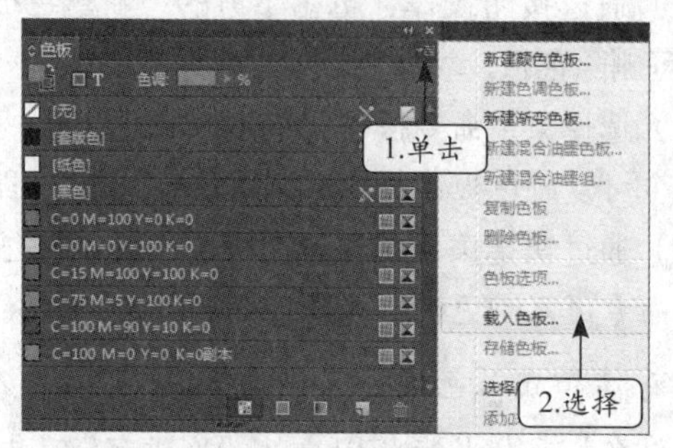

图5-14　载入色板

5 打开“打开文件”对话框，在路径下拉列表框中选择素材所在的路径，在下方列表框中选择“灰色.ase”文件，确认打开，最终“色板”面板的效果如图5-15所示。

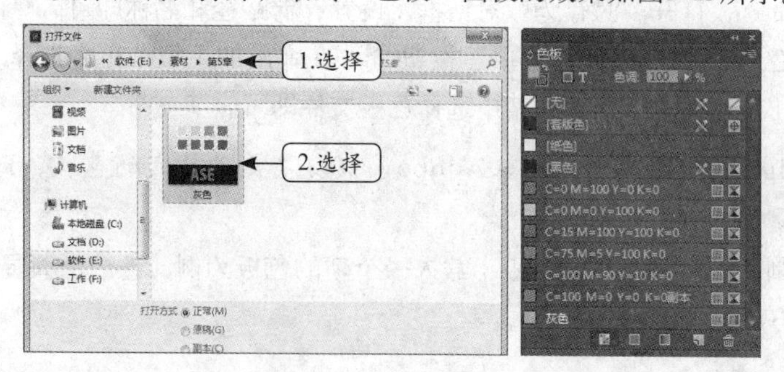

图5-15　选择色板文件

4. 新建混合油墨色板

混合油墨色板是指通过两种专色油墨或将1种专色油墨与1种或多种印刷油墨混合后创建的新的油墨色板。当需要使用最少数量的油墨获得最大数量的印刷颜色时，便可使用混合油墨功能。需要注意的是“色板”面板中要先设有专色，才可以创建混合油墨色板。

下面通过创建淡蓝色的混合油墨为例，熟悉并掌握混合油墨色板的创建方法。

【实例5-3】 创建淡蓝色混合油墨

素材文件：无	效果文件：无
视频文件：视频\第5章\5-3.swf	操作重点：新建混合油墨

1 启动Indesign CC，选择【窗口】/【颜色】/【色板】菜单命令，如图5-16所示。

2 在“色板”面板中选择“C=75 M=5 Y=100 K=0”选项，再单击“新建色板”按钮，复制一个副本“色板”，如图5-17所示。

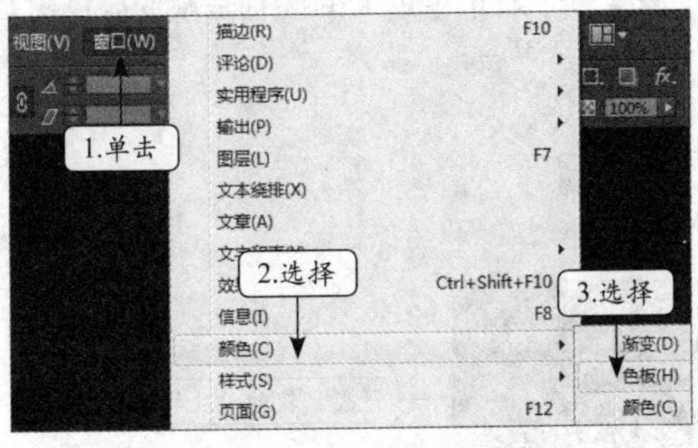

图5-16　选择菜单命令

图5-17　复制色板

3 双击“C=75 M=5 Y=100 K=0副本”选项，如图5-18所示。

4 打开“色板选项”对话框，在“颜色模式”下拉列表框中选择“PANTONE+ Solid Uncoated”选项，然后在下方的列表框中选择“PANTONE 292 U”选项，单击确定按钮，如图5-19所示。

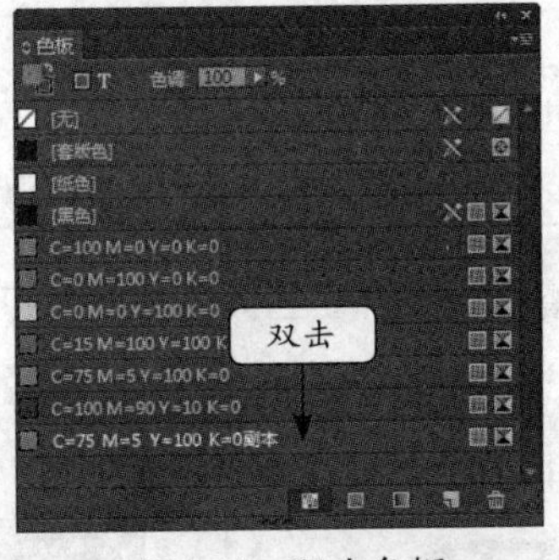

图5-18　双击色板

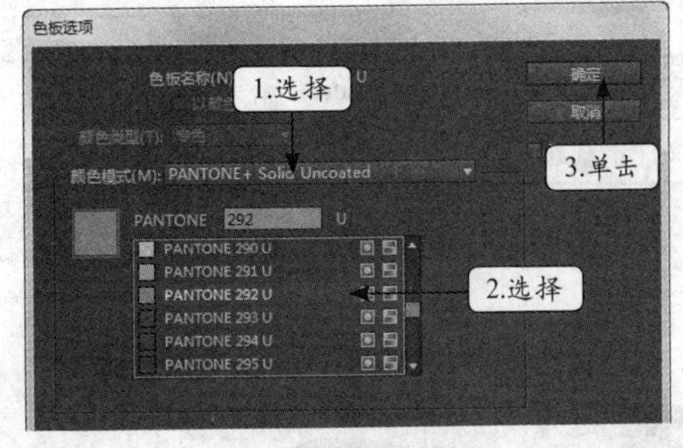

图5-19　设置专色色板

5 单击“色板”面板右上方的“展开菜单”按钮，在弹出的下拉菜单中选择“新建混合油墨色板”命令，如图5-20所示。

6 打开“新建混合油墨色板”对话框，分别单击“青色”、“黄色”、“PANTONE 292 U”前面的空白框，使其变为选中状态，然后分别将“青色”、“黄色”、“PANTONE 292 U”的滑块拖动到“54”、“32”、“66”处，单击确定按钮，完成操作效果如图5-21所示。

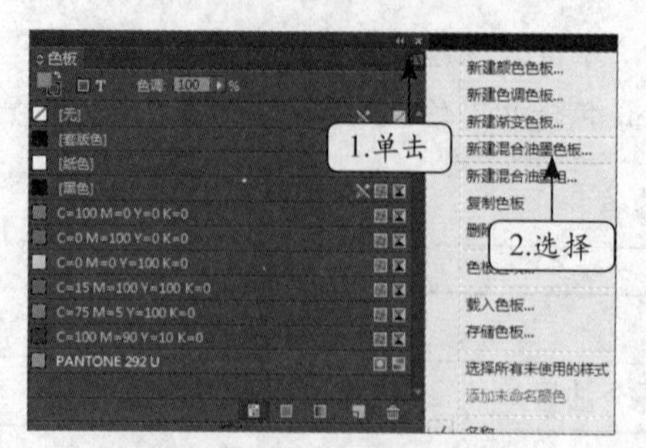

图5-20 新建混合油墨色板

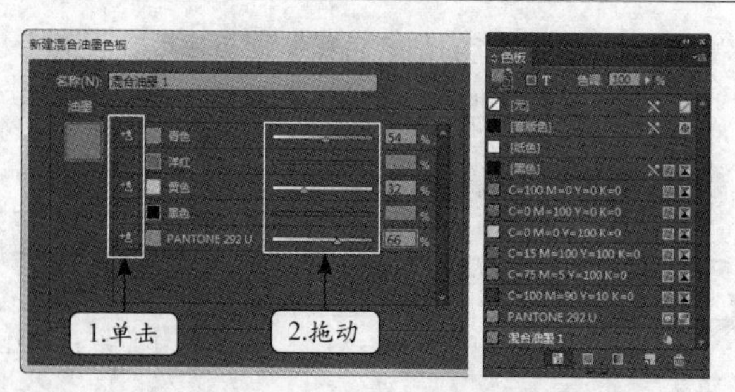

图5-21 设置混合油墨颜色

5.2.3 渐变面板

“渐变”面板可为颜色设置渐变效果。渐变颜色与单色最大的区别是渐变颜色由2种或2种以上的颜色组成。打开“渐变”面板的方法有以下两种。

（1）选择【窗口】/【颜色】/【渐变】菜单命令。

（2）在工具箱中双击“渐变色板工具”按钮■。

“渐变”面板的界面如图5-22所示。

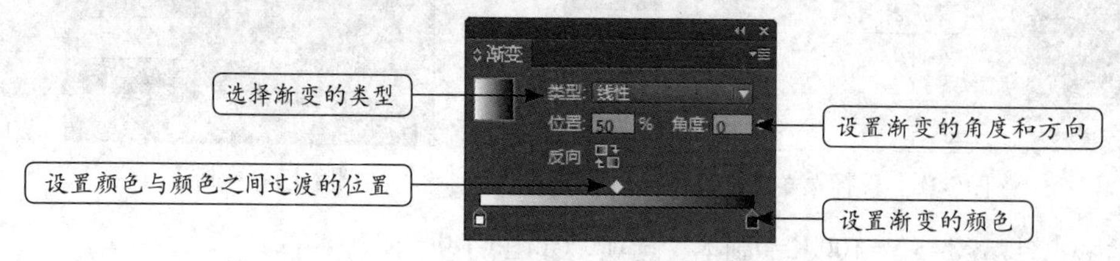

图5-22 “渐变”面板

下面通过在圆形中添加渐变效果为例，学习使用“渐变”面板设置渐变颜色的方法。

【实例5-4】 为圆形添加渐变效果

素材文件：素材\第5章\圆形.indd	效果文件：效果\第5章\圆形.indd
视频文件：视频\第5章\5-4.swf	操作重点：使用“渐变”面板

1 打开素材提供的“圆形.indd”文件，双击工具箱中的“渐变色板工具”按钮■，如图5-23所示。

2 选择黄色的月牙图形，如图5-24所示。

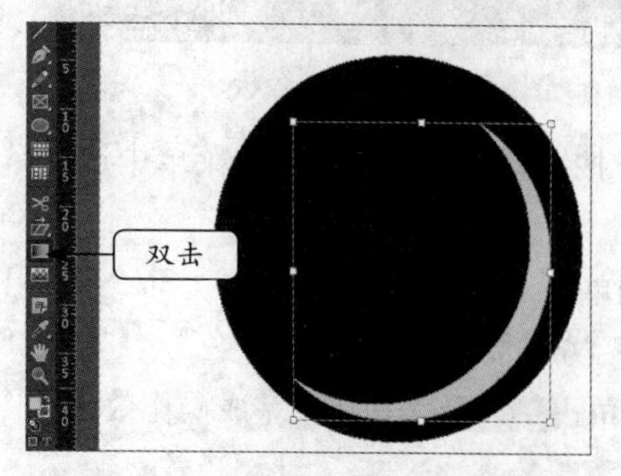

图5-23 双击“渐变色板工具”按钮

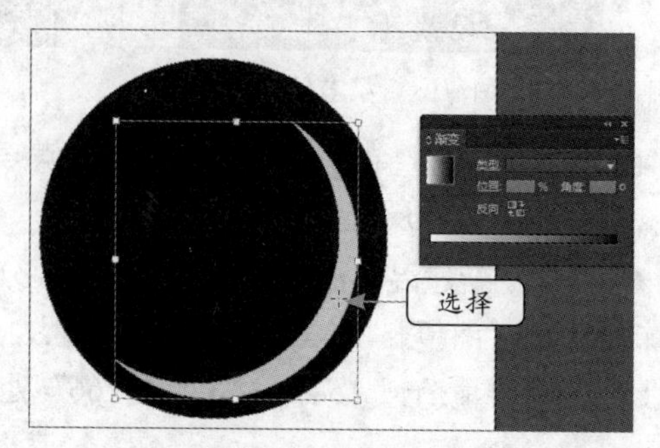

图5-24 选择对象

3 在“渐变”面板的“类型”下拉列表框中选择“径向”选项，如图5-25所示。

4 单击颜色条下方位置添加渐变颜色，如图5-26所示。

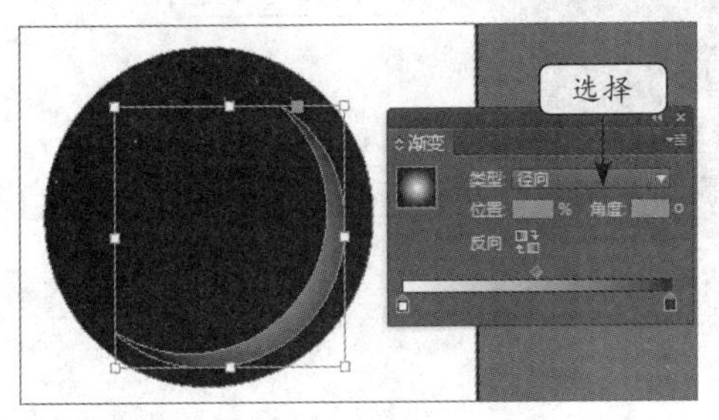

图5-25　选择渐变类型

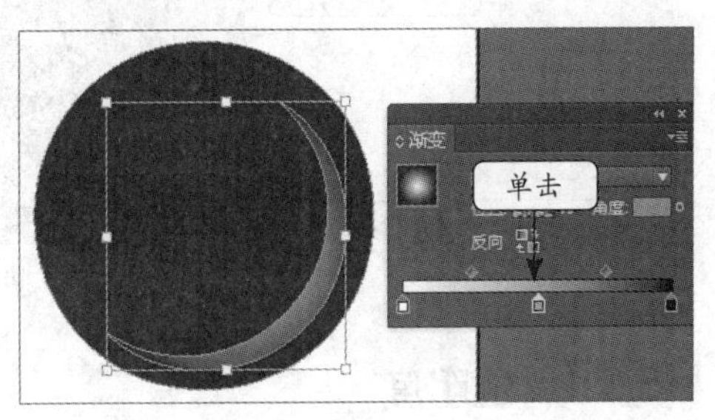

图5-26　添加色标

5 在“位置”文本框中输入“80”，按【Enter】键，如图5-27所示。

6 在版面适当的位置单击色板应用渐变颜色，效果如图5-28所示。

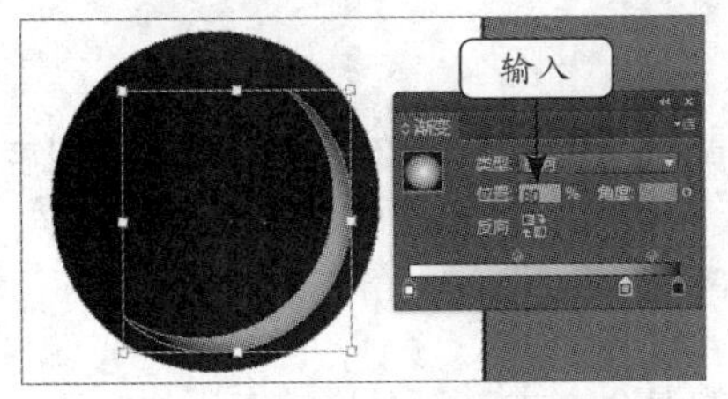

图5-27　设置色标位置

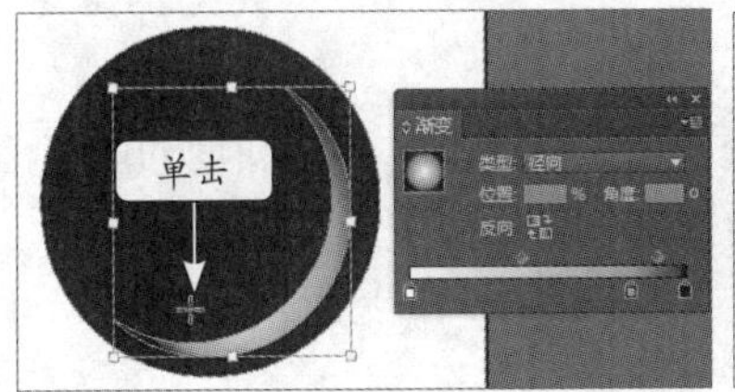

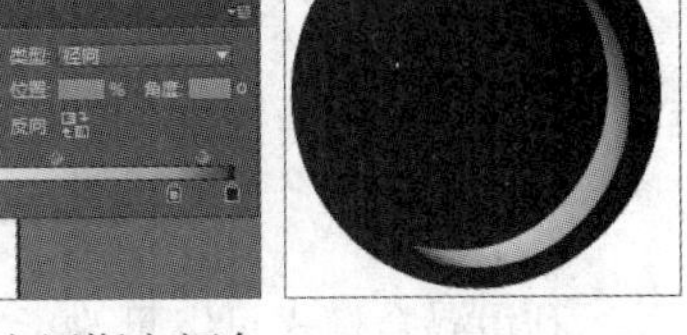
图5-28　应用渐变颜色

5.3　效果的应用

为对象运用各种效果，可使其更加生动、美观。Indesign提供了多种效果，包括透明度、阴影、内发光、羽化等。为对象添加效果的方法有以下两种。

（1）通过对话框添加：选择【对象】/【效果】/【透明度】菜单命令，在打开的“效果”对话框中设置效果参数，如图5-29所示。

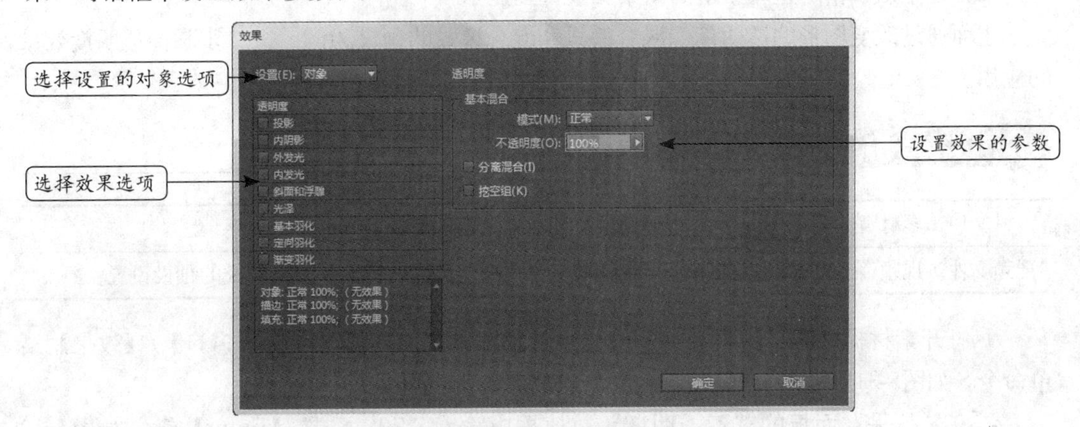

图5-29　“效果”对话框

（2）通过面板添加：选择【窗口】/【效果】菜单命令，在打开的“效果”面板中设置对象的效果，如图5-30所示。

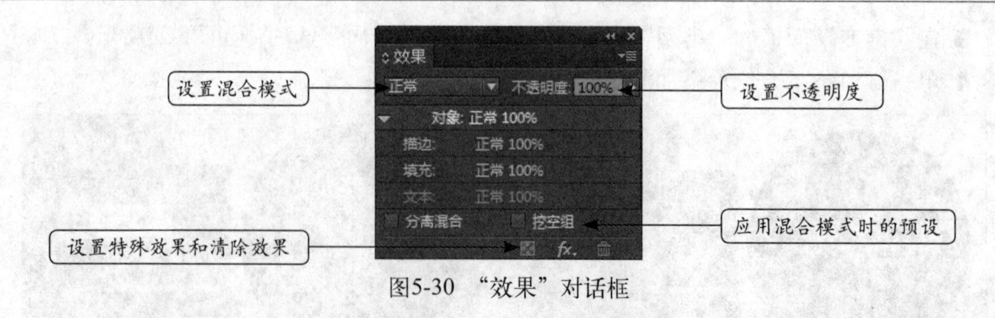

图5-30 “效果”对话框

5.3.1 透明度

透明度可使对象产生透明效果，各种特殊效果的设置参数中都包含透明度的设置。需要注意的是，在Indesign中透明度的概念除了本身意义以外还包含混合模式和混合模式的预设条件。

1. 透明度

透明是以不透明度来描述的，不透明度的取值范围为0～100%，当降低对象的不透明度时，下层对象便会透过上层对象变为可见。

2. 混合模式

利用混合模式可以更改上层对象与下层对象间颜色的混合方式。混合模式有正片叠底、颜色加深、变亮、色相以及饱和度等。

3. 混合模式的预设

混合模式的预设的作用是防止使用混合模式后对象组的杂乱现象。在使用混合模式的预设时，必须先将对象进行编组处理。

混合模式的预设包括分离混合和挖空组两种。

（1）分离混合：指应用混合模式时防止超出对象组的底部。

（2）挖空组：指防止对象组的图素相互重叠显示。

下面通过改变图形的透明度、混合模式和混合模式的预设为例，进一步掌握透明度效果的应用。

【实例5-5】 为图形添加透明度效果

素材文件：素材\第5章\图画.indd	效果文件：效果\第5章\图画.indd
视频文件：视频\第5章\5-5.swf	操作重点：透明度、混合模式和混合模式的预设设置

1 打开素材提供的“图画.indd”文件，选择浅绿色的图形，选择【窗口】/【效果】菜单命令，如图5-31所示。

2 在“效果”面板的“不透明度”数值框中输入“70”，按【Enter】键，如图5-32所示。

3 在“混合模式”下拉列表框中选择“正片叠底”选项，如图5-33所示。

4 选择下方两个图形，选择【对象】/【编组】菜单命令，如图5-34所示。

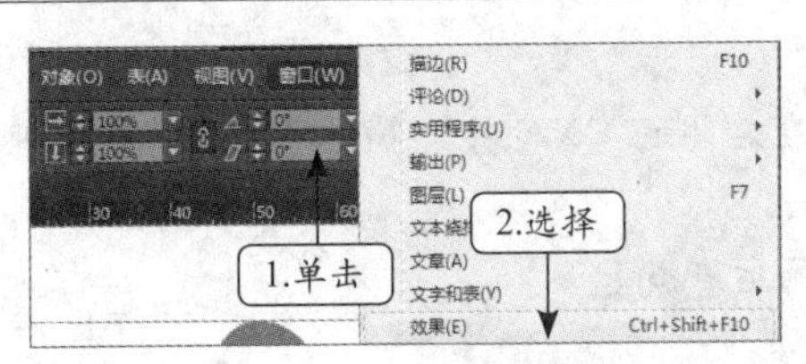

图5-31　选择菜单命令

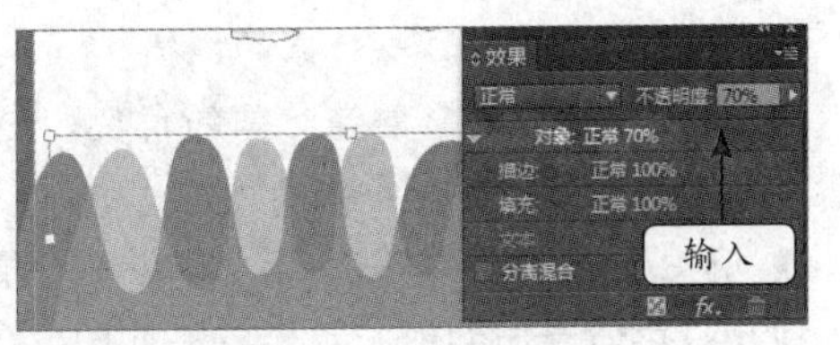

图5-32　设置不透明度

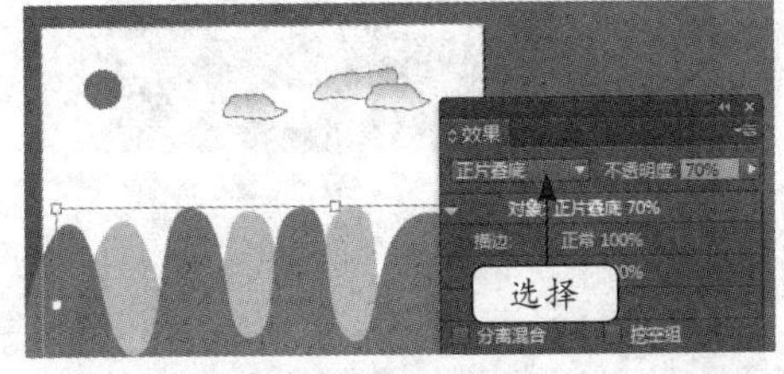

图5-33　设置混合模式

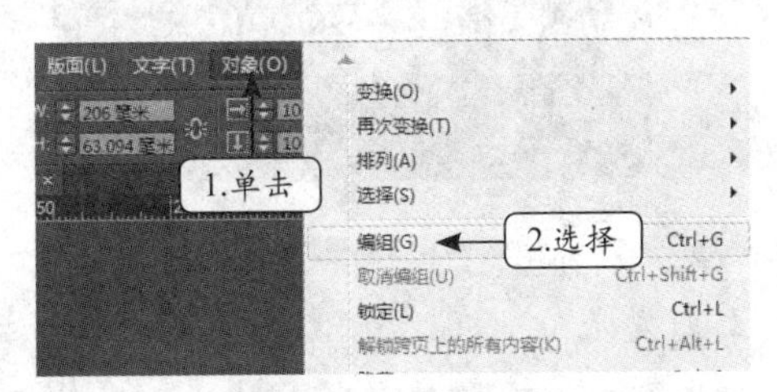

图5-34　组合对象

5 返回“效果”面板，选中“挖空组”复选框，最终效果如图5-35所示。

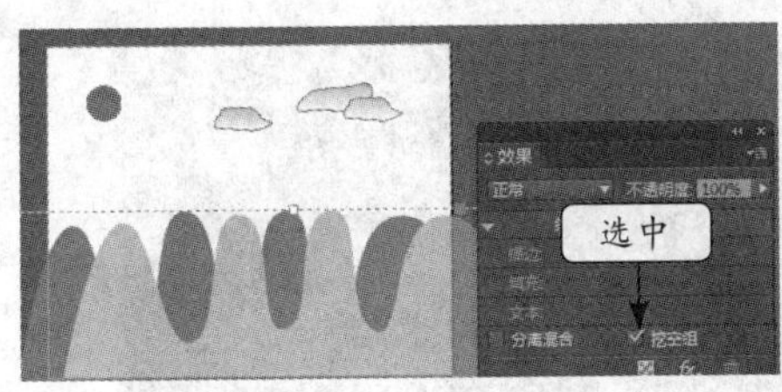

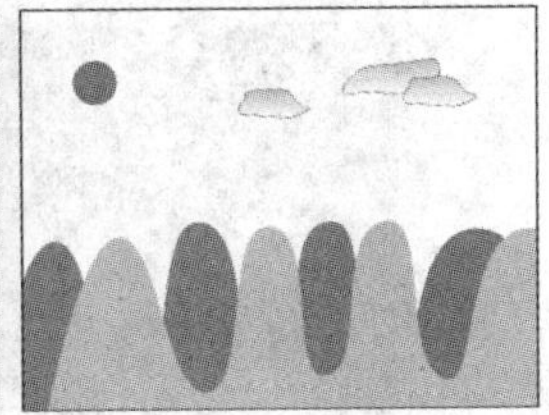

图5-35　设置混合模式的预设

5.3.2　特殊效果

在Indesign中可为对象的描边或填充属性设置丰富的特殊效果，下面重点介绍投影、内发光和渐变羽化等特殊效果的应用方法，其他特殊效果的应用方法类似。

1. 投影

投影效果可使对象产生立体感，也能从相似颜色的背景中将对象凸显出来。选择【对象】/【效果】/【投影】菜单命令，可在任意对象上添加三维阴影，其界面如图5-36所示，部分参数的作用分别如下。

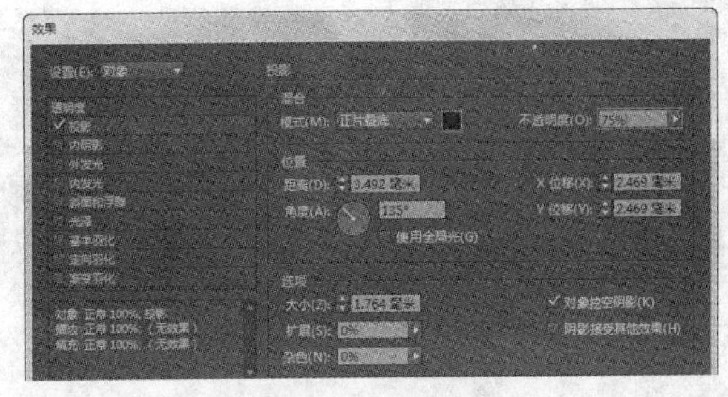

图5-36　投影的参数

- 设置阴影颜色■：双击该按钮，打开“效果颜色”对话框，在其中可设置阴影的颜色。
- 不透明度：在其中可设置阴影的透明度。

- 距离：设置阴影与对象的距离。
- 角度：设置阴影围绕对象的角度，也可在右侧的“X位移”和“Y位移”数值框中直接输入数字进行调整。
- 杂色：设置阴影的杂色，值越大，阴影的斑点就越多。

应用投影效果后的前后效果对比如图5-37所示。

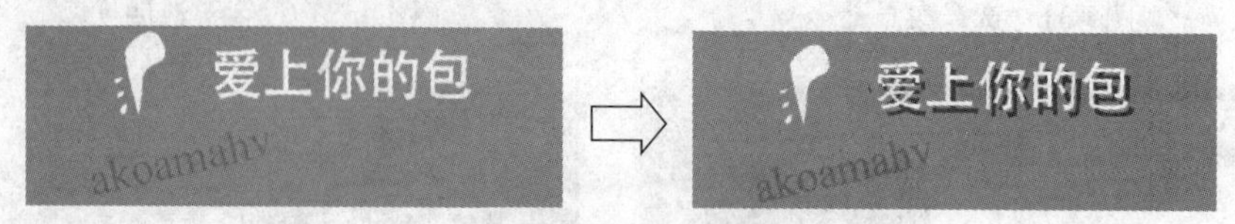

图5-37　应用投影效果

2. 内发光

选择【对象】/【效果】/【内发光】菜单命令，可为对象添加从内向外发光的效果，其界面如图5-38所示，部分参数的作用分别如下。

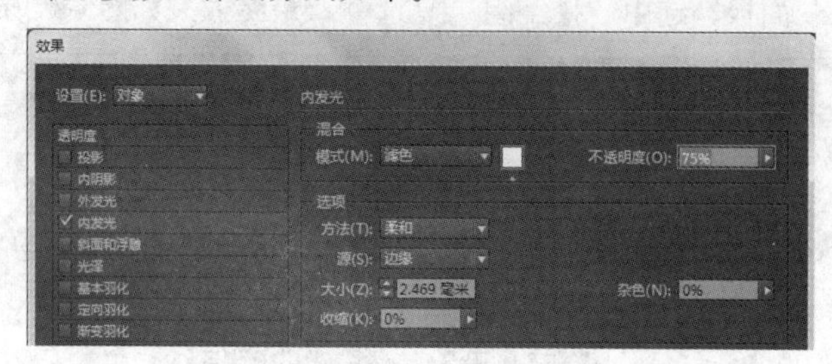

图5-38　内发光的参数

- 方法：在其中可选择“柔和”和“精确”选项，柔和指发光显得更模糊，“精确”指发光显得更清晰。
- 源：在其中可选择“边缘”和“中心”选项，边缘指光从对象边界放射出来，中心指光从中间位置放射出来。
- 大小：设置发光的大小，数值越大，发光的颜色覆盖对象越多。
- 收缩：设置发光的收缩比例，数值越大，发光的颜色按照对象轮廓的比例扩张越多。

应用内发光效果后与应用前的对比效果如图5-39所示。

图5-39　应用内发光的效果

3. 渐变羽化

选择【对象】/【效果】/【渐变羽化】菜单命令，可使对象所在区域渐隐为透明，其界面如图5-40所示，部分参数的作用分别如下。

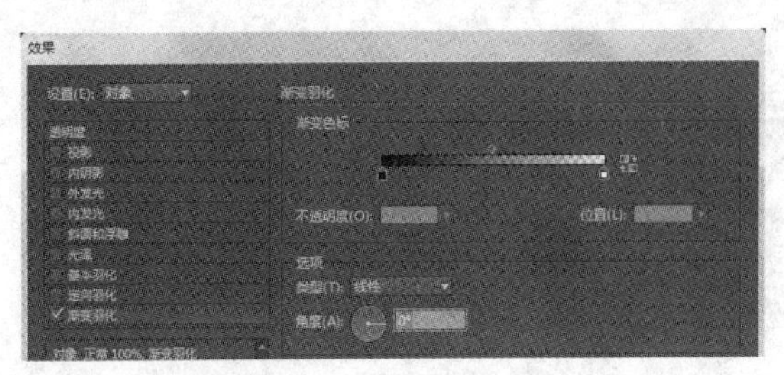

图5-40　渐变羽化的参数

- 渐变色标：在其中可设置羽化开始与结束的位置和透明度，从而确定羽化程度。
- 类型：设置渐变羽化是线性方向还是径向方向。
- 角度：设置渐变羽化的角度。

应用渐变羽化效果后与应用前的对比效果如图5-41所示。

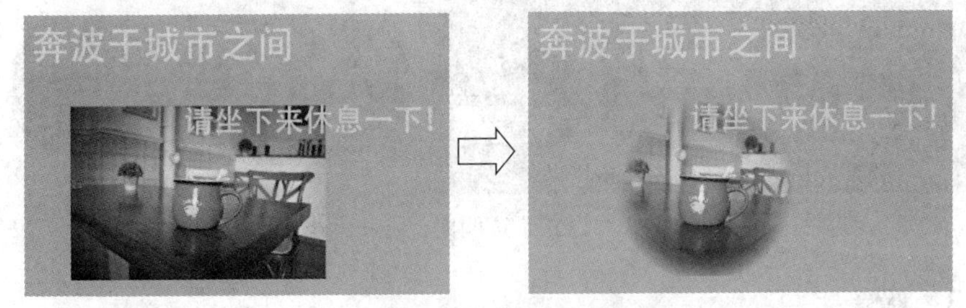

图5-41　应用渐变羽化的效果

下面通过为标志做美化处理为例，进一步掌握渐变羽化和内发光效果的应用。

【实例5-6】 为标志添加特殊效果

素材文件：素材\第5章\标志.indd	效果文件：效果\第5章\标志.indd
视频文件：视频\第5章\5-6.swf	操作重点：渐变羽化和内发光效果

1 打开素材提供的“标志.indd”文件，选择白色椭圆，选择【对象】/【效果】/【渐变羽化】菜单命令，如图5-42所示。

2 打开“效果”对话框，在“选项”栏的“类型”下拉列表框中选择“径向”选项，确认设置，如图5-43所示。

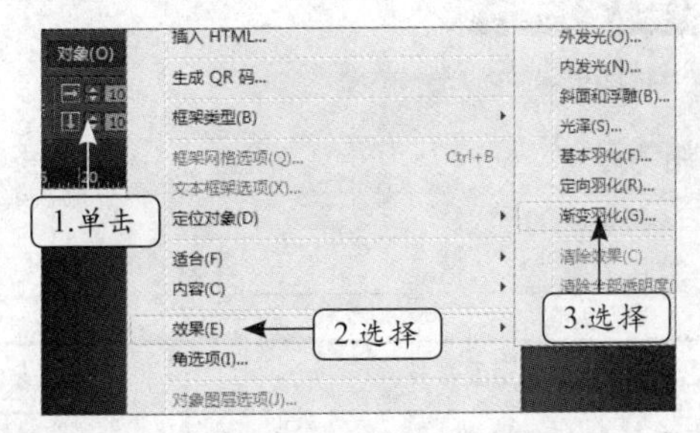

图5-42　选择菜单命令

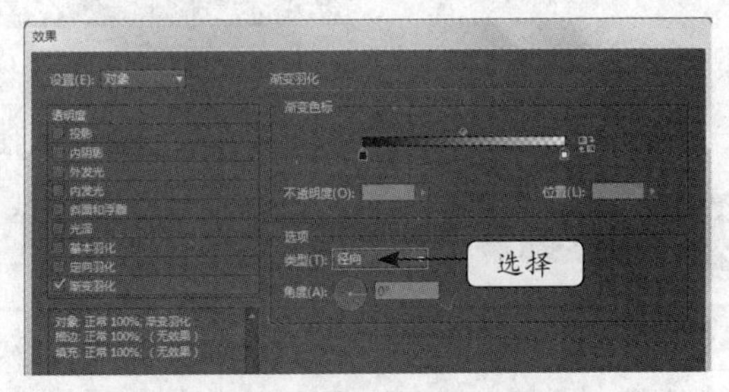

图5-43　设置渐变羽化的类型

3 按住【Alt】键不放，拖动椭圆图形到下方的适当位置，如图5-44所示。

4 选择“OK”文本所在的文本框，选择【对象】/【效果】/【内发光】菜单命令，如

图5-45所示。

图5-44　复制图形

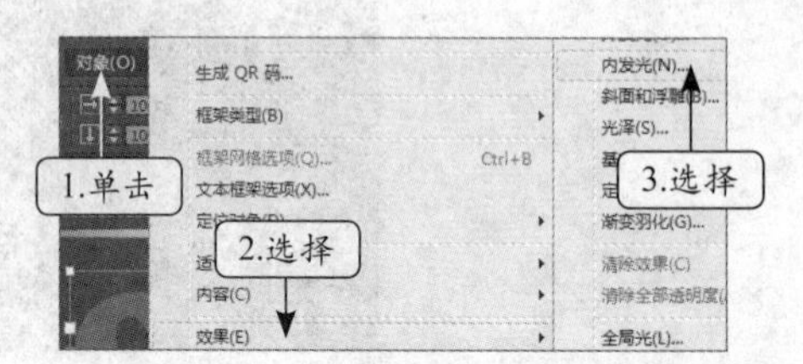

图5-45　选择菜单命令

5 打开“效果”对话框，在“混合”栏的“不透明度”数值框中输入“30”，在“选项”栏的“源”下拉列表框中选择“中心”选项，在“大小”数值框中输入“3”，确认设置后的最终效果如图5-46所示。

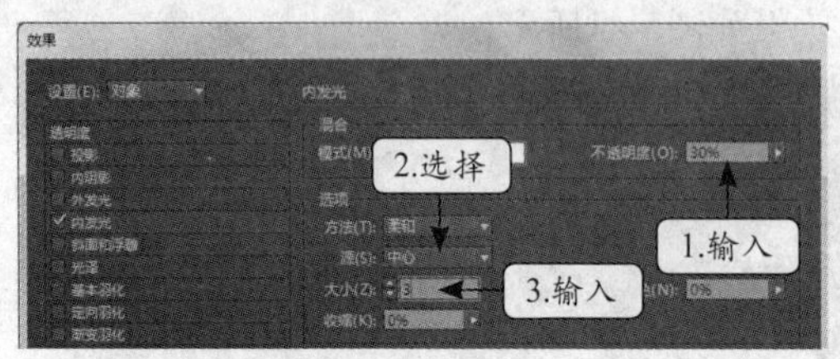

图5-46　设置不透明度、源和大小

5.3.3　吸管工具

使用吸管工具可从已有的对象上吸取各种属性，并快速应用到其他对象上，避免了重复设置相同属性的麻烦。在Indesign CC中可以选择性地吸取部分或全部属性，其中的属性包括描边、填色、字符、段落以及效果等。双击工具箱中的“吸管工具”按钮可打开“吸管选项”对话框，在其中可设置吸管工具的属性，如图5-47所示。

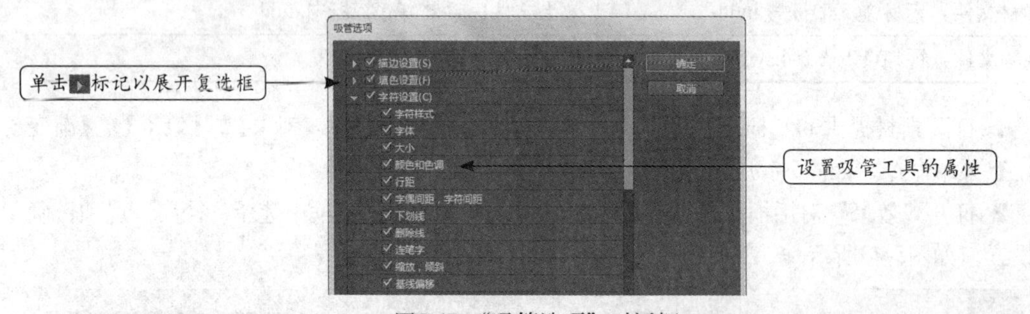

图5-47　“吸管选项”对话框

下面以复制文本属性为例，介绍吸管工具的使用方法。

【实例5-7】　利用吸管工具运用文本属性

素材文件：素材\第5章\花.indd	效果文件：效果\第5章\花.indd
视频文件：视频\第5章\5-7.swf	操作重点：吸管工具的使用

1 打开素材提供的“花.indd”文件，双击工具箱中的“吸管工具”按钮，如图5-48所示。

2 在“吸管选项”对话框中单击“字符设置”复选框前的▶标记，如图5-49所示。

图5-48　打开“吸管选项”对话框

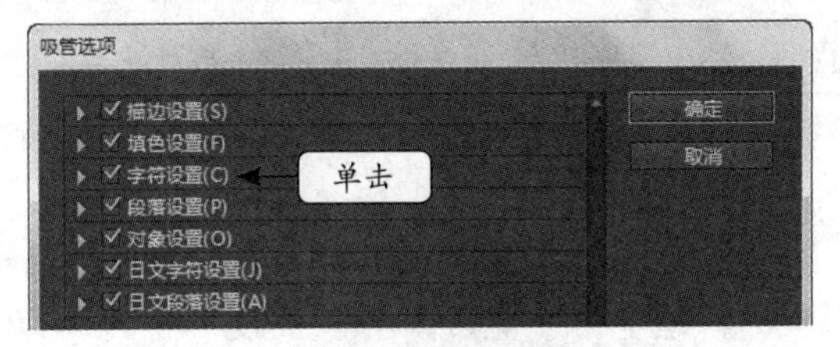

图5-49　展开复选框选项

3 取消选中“大小”和“颜色和色调”复选框，单击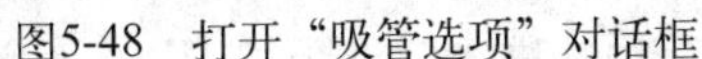按钮，如图5-50所示。

4 将鼠标指针移至“水龙吟”文本上，单击鼠标吸取属性，如图5-51所示。

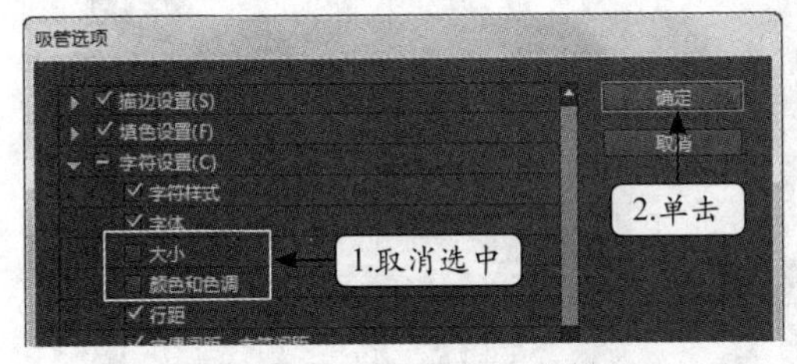

图5-50　设置吸管工具属性

图5-51　吸取文本属性

5 拖动鼠标选中诗词正文文本，最终效果如图5-52所示。

图5-52　应用吸管吸取的属性

5.4　上机实训——制作水晶风格按钮

下面通过制作水晶风格的按钮为例，综合练习添加颜色、应用渐变色、使用效果等内容，制作后的效果如图5-53所示。

图5-53　水晶按钮的最终效果

素材文件：无	效果文件：效果\第5章\按钮.indd
视频文件：视频\第5章\5-8.swf	操作重点：添加颜色、应用渐变色、使用效果

1. 制作按钮主体

下面利用椭圆工具和渐变工具制作按钮的主体部分。

1 新建一个“宽度”和“高度”都为“50毫米”、“出血”和“页边距”都为“0毫米”的空白文档，选择“椭圆工具”，设置其“填色”和“描边”都为“无”，如图5-54所示。

2 按住【Shift】键不放，拖动鼠标在页面中创建一个正圆，如图5-55所示。

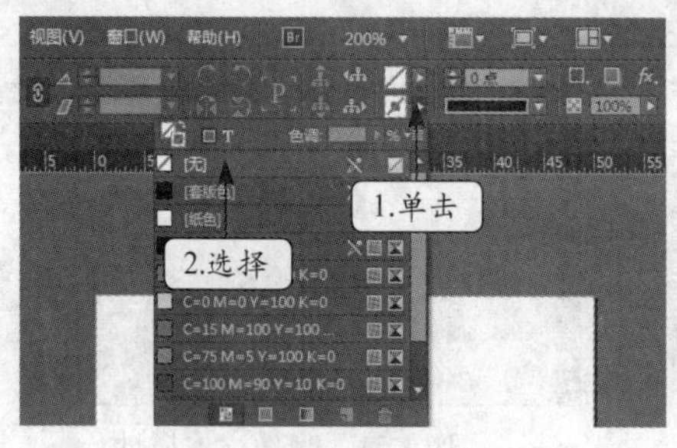

图5-54 设置填色和描边

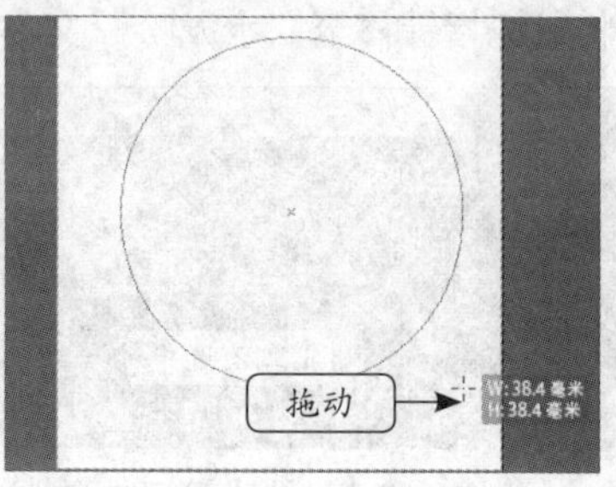

图5-55 绘制正圆

3 按【F6】键打开“颜色”面板，单击“填色”标记▱，如图5-56所示。

4 双击工具箱中的“渐变色板工具”按钮▣，打开“渐变”面板，在“类型”下拉列表框中选择“径向”选项，单击下方左侧的白色色标，如图5-57所示。

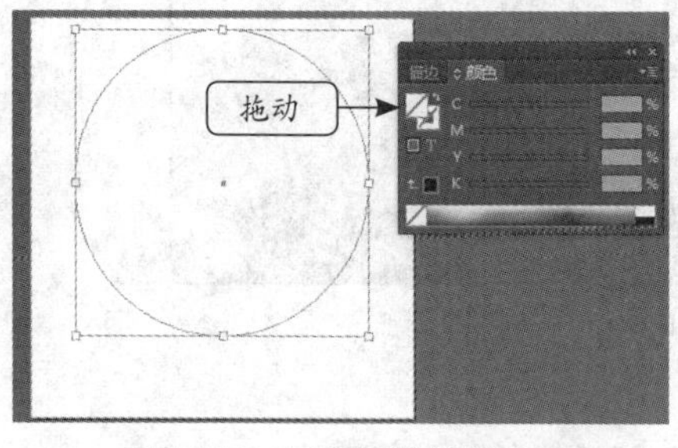

图5-56 切换颜色设置状态

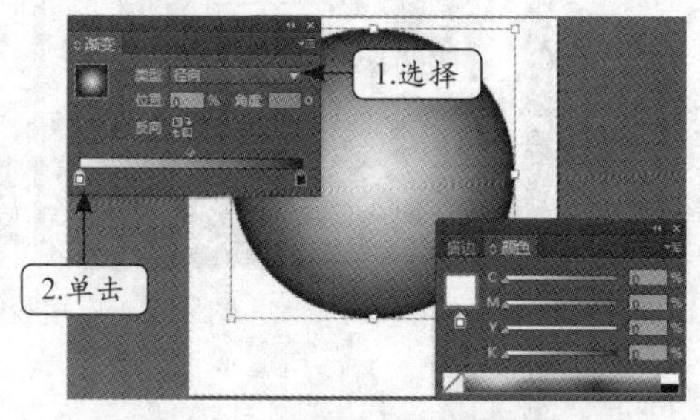

图5-57 选择渐变类型

5 在“颜色”面板中的“C”文本框中输入“50”，如图5-58所示。

6 在“渐变”面板中单击下方右侧的黑色色标，如图5-59所示。

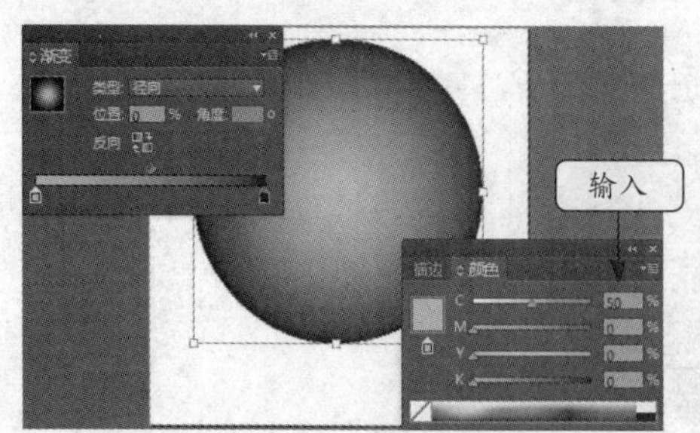

图5-58 设置颜色参数

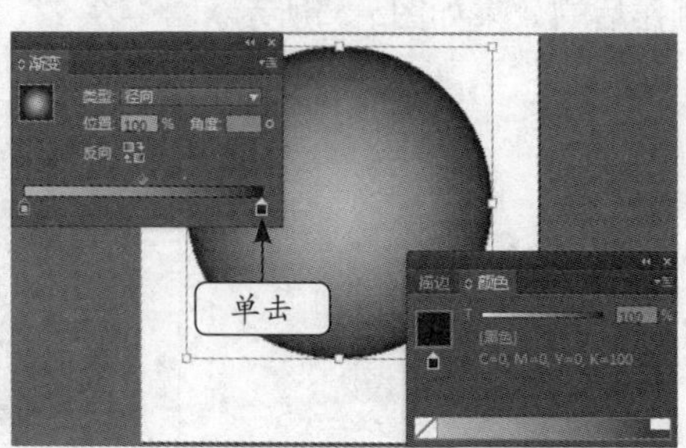

图5-59 选择色标

7 在“颜色”面板中单击“展开菜单”按钮，在弹出的下拉菜单中选择“CMYK”选项，如图5-60所示。

8 在“C”文本框中输入“100”、“K”文本框中输入“80”，按【Enter】键，如图5-61所示。

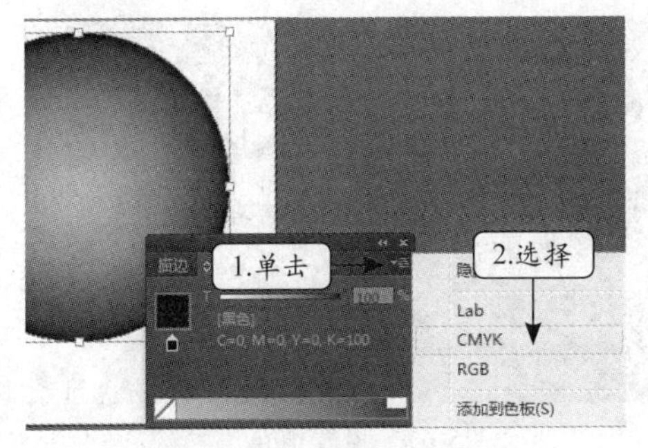

图5-60　选择颜色模式

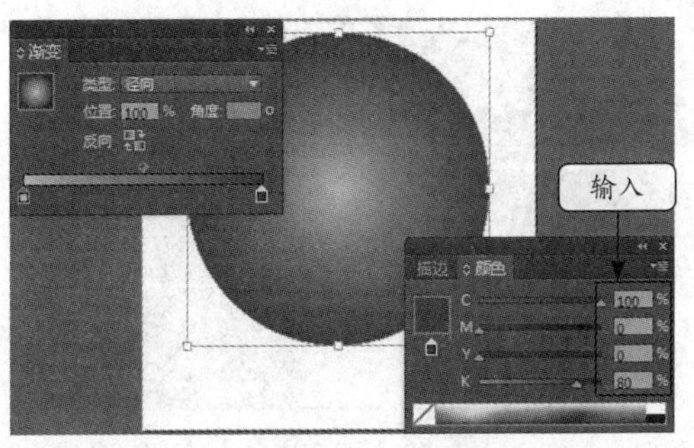

图5-61　设置颜色参数

9 在“渐变”色板中的“位置”文本框中输入“70”，如图5-62所示。

10 在页面上方适当的位置单击鼠标应用渐变颜色，如图5-63所示。

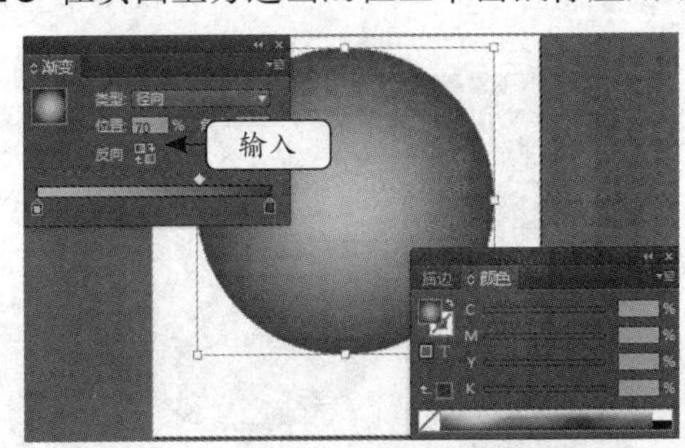

图5-62　调整渐变的位置

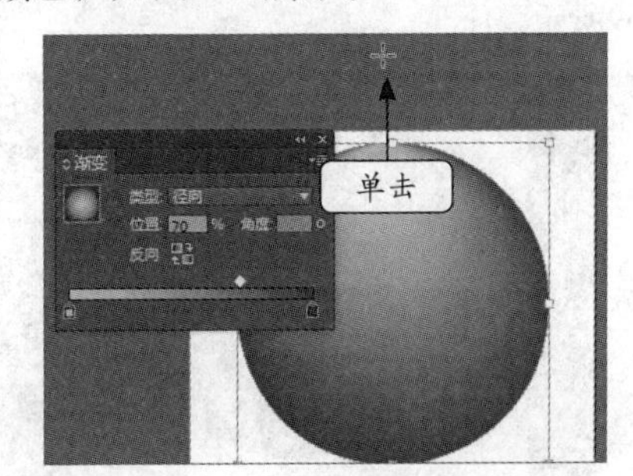

图5-63　应用渐变效果

2. 制作高光部分

下面利用钢笔工具绘制图形，并设置其描边与渐变色，再适当地调整各图形位置完成高光部分的制作。

1 利用椭圆工具在页面绘制一个椭圆，如图5-64所示。

2 打开“渐变”面板，在“类型”下拉列表框中选择“线性”选项，单击颜色条上方菱形标记，在“位置”文本框中输入“30”，在“角度”文本框中输入“–90”，按【Enter】键，如图5-65所示。

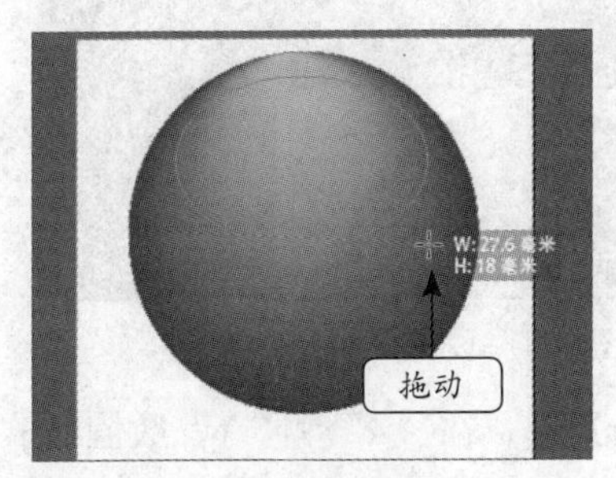

图5-64　绘制椭圆

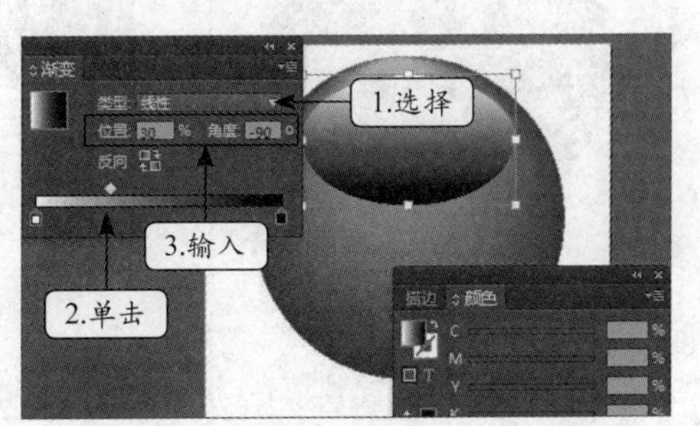

图5-65　设置渐变的类型、位置和角度

3 单击下方右侧的黑色色标，在“颜色”面板中的“C”文本框中输入“70”，“K”文本框中输入“0”，按【Enter】键，如图5-66所示。

4 在工具箱中单击“钢笔工具”按钮，设置其“填色”和“描边”为无，如图5-67所示。

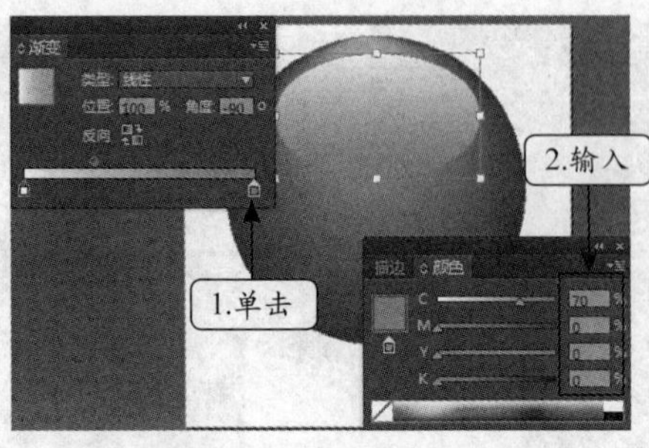

图5-66 设置颜色的参数

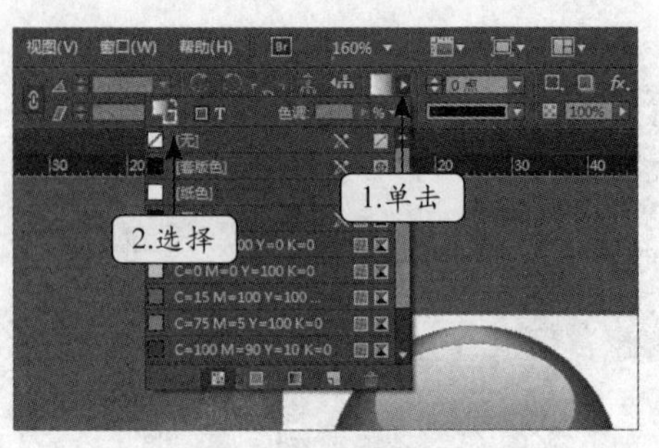

图5-67 设置填色

5 利用钢笔工具在页面中绘制封闭图形，如图5-68所示。

6 在“渐变”色板的“类型”下拉列表框中选择“线性”选项，单击反向按钮，如图5-69所示。

图5-68 绘制封闭图形

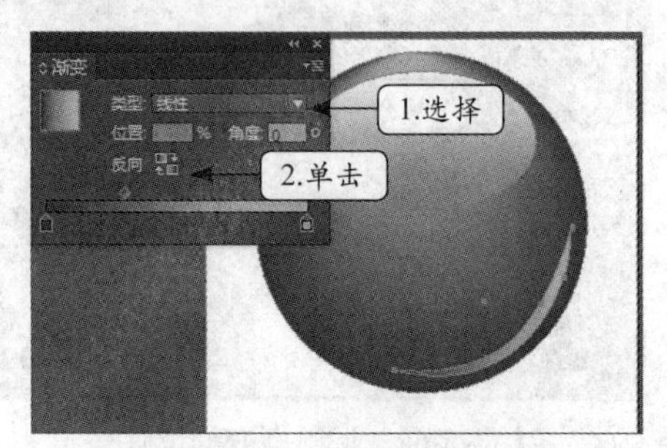

图5-69 设置渐变的类型和渐变方向

7 运用相同的方法，绘制其他图形并设置上方图形为白色、下方图形为蓝色，效果如图5-70所示。

8 创建“Enter”文本，按【Ctrl+A】键全选文本，在属性面板的“大小”数值框中输入“30”，如图5-71所示。

图5-70 绘制并编辑图形

图5-71 设置文本大小

9 在属性面板中设置其填色为“纸色”，按【Esc】键，在“X”和“Y”数值框中分别输入“14”和“27”，按【Enter】键，如图5-72所示。

图5-72　设置文本框的位置

3. 制作阴影效果

下面将进行对象排序，再应用定向羽化特殊效果制作阴影部分。

1 在版面中创建一个W、H分别为“38.4毫米”，“10.583”的椭圆，然后双击属性面板中的“填色”按钮，如图5-73所示。

2 打开“拾色器”对话框，在“R”，“G”，“B”文本框中输入“60”，“140”，“200”，单击 确定 按钮，如图5-74所示。

图5-73　设置填色

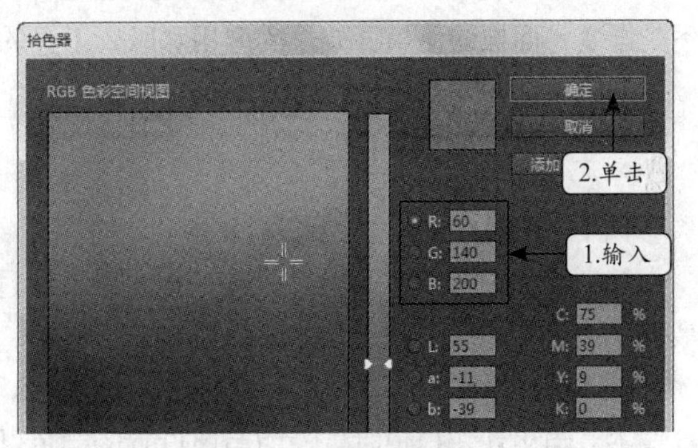

图5-74　设置颜色参数

3 选择【对象】/【排列】/【置为底层】菜单命令，如图5-75所示。

4 选择【对象】/【效果】/【定向羽化】菜单命令，如图5-76所示。

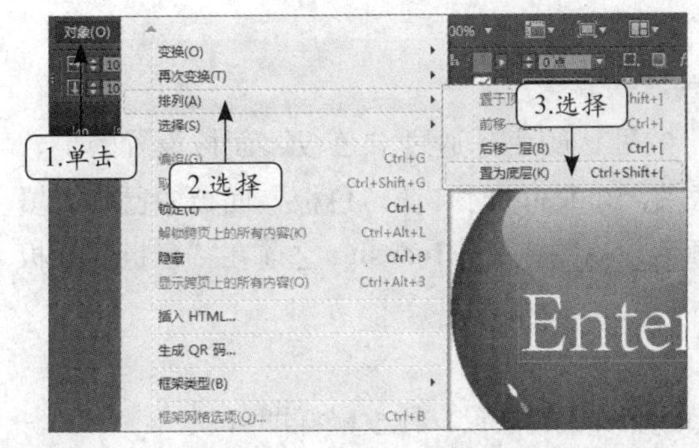

图5-75　设置排列顺序

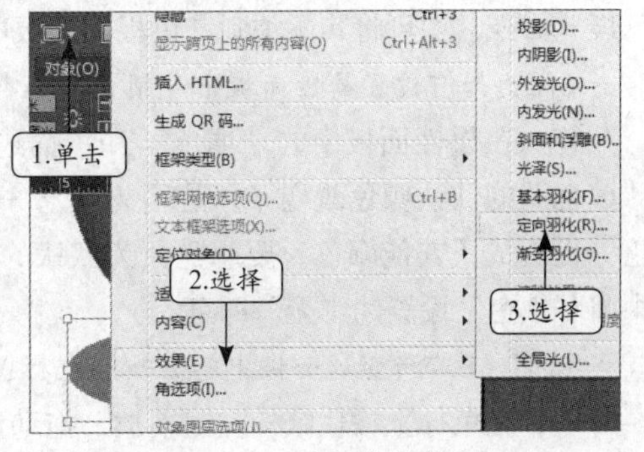

图5-76　选择菜单命令

5 打开“效果”对话框，在“羽化宽度”栏的“上”，“下”，“左”，“右”数值框中分别输入“5”，“4”，“10”，“10”，在“选项”栏的“收缩”文本框中输入“60”，确认设置，完成所有操作如图5-77所示。

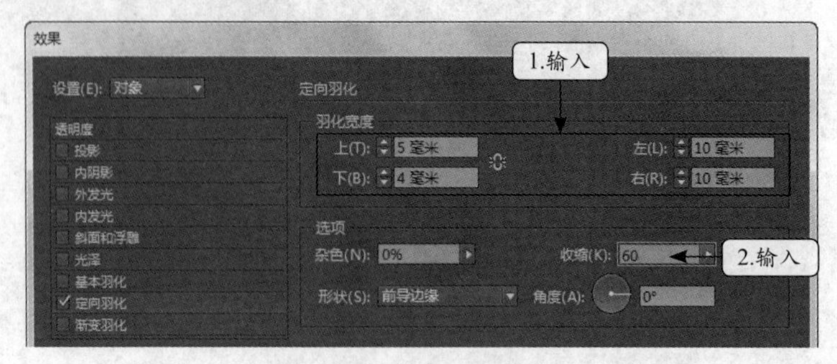

图5-77　设置定向羽化的高度和宽度以及收缩比例

5.5　本章小结

本章主要讲解了颜色的基础知识、“颜色”面板的应用、“色板”面板的管理、“渐变”面板的使用、效果的应用以及吸管工具等内容。

对于本章讲解的知识，应重点掌握“颜色”面板和“色板”面板的使用方法，并适当熟悉“渐变”面板的使用、效果的应用和吸管工具的使用等知识。

5.6　疑难解答

1.问：在颜色面板中的标记有什么作用？

答：该标记称为“上次颜色”标记，当设置过颜色后便会出现，单击该按钮将直接应用最近一次设置的颜色效果。

2.问：在“颜色”面板中出现的标记是什么意思？

答：当出现该标记时，说明当前设置的颜色已超出色域范围，单击该标记可校正。

3.问：如何将创建好的颜色从“颜色”面板添加到“色板”面板？

答：在“颜色”面板中创建好颜色后，拖动“颜色”面板中的“填色”标记或“描边”标记到“色板”面板中，或在其上单击鼠标右键，在弹出的快捷菜单中选择“添加到色板”命令，均可将其添加到“色板”面板中。

4.问：如何设置属性面板中“填色”参数的默认颜色？

答：在属性面板中的“填色”和“描边”的默认颜色是通过“色板”面板设置的，若“填色”的默认颜色改变了，是因为在上一次关闭Indesign时，在“色板”面板中已将“填色”设置成了其他颜色。要想还原为默认的颜色，只需在关闭Indesign之前在“色板”面板中将“填色”设置为“无”即可。

5.问：在“渐变”面板中怎么删除色标？

答：在色标上按住鼠标左键不放，拖动至面板以外的位置，释放鼠标即可。

6.问：怎么将创建好的渐变颜色添加到色板？

答：在“渐变”面板中创建好渐变颜色后，拖动“渐变”面板中的“渐变颜色”标记到“色板”面板中，或在其上单击鼠标右键，在弹出的快捷菜单中选择“添加到色板”命令即可。

7.问：怎么清除已应用的效果？

答：在“效果”面板中单击“从选定的目标中移去效果”按钮即可，若单击“清除所有效果并使对象变为不透明”按钮，则会在清除效果的同时，将对象设置为不透明效果。

8.问：使用吸管工具时，已吸取了属性，但是又不想应用该属性时应怎么处理？

答：只需在粘贴板处单击鼠标，即可释放吸取的属性。

5.7 习题

1．打开素材提供的“汽车名片.indd”文件（素材文件：效果\第5章\课后练习\汽车名片.indd），将下方矩形设置渐变填充色后的效果如图5-78所示（效果文件：效果\第5章\课后练习\汽车名片.indd）。

（1）在“渐变”面板中添加3个色标。

（2）分别设置5个色标颜色。

（3）调整颜色调上方的“菱形”标记的位置。

2．打开素材提供的“公司标志.indd”文件（素材文件：效果\第5章\课后练习\公司标志.indd），设置矩形文本框应用投影，最终效果如图5-79所示（效果文件：效果\第5章\课后练习\公司标志.indd）。

取消“对象”的投影设置，为“描边”设置投影。

图5-78 汽车名片效果

图5-79 公司标志的效果

3．打开素材提供的“饭店招牌.indd”文件（素材文件：效果\第5章\课后练习\饭店招牌.indd），为中文文本上方的文本添加内发光效果，最终效果如图5-80所示（效果文件：效果\第5章\课后练习\饭店招牌.indd）。

（1）将中文文本上方的2个文本框编组。

（2）对组进行内发光效果的应用。

4．打开素材提供的“抄手店.indd”文件（素材文件：效果\第5章\课后练习\抄手店.indd），首先将第1个挂牌的描边设置为“无”，然后为第1个挂牌设置投影效果和应用渐变色效果，再利用吸管工具将第1个挂牌上应用的效果依次应用到其他挂牌上，最终效果如图5-81所示（效果文件：效果\第5章\课后练习\抄手店.indd）。

图5-80　饭店招牌效果

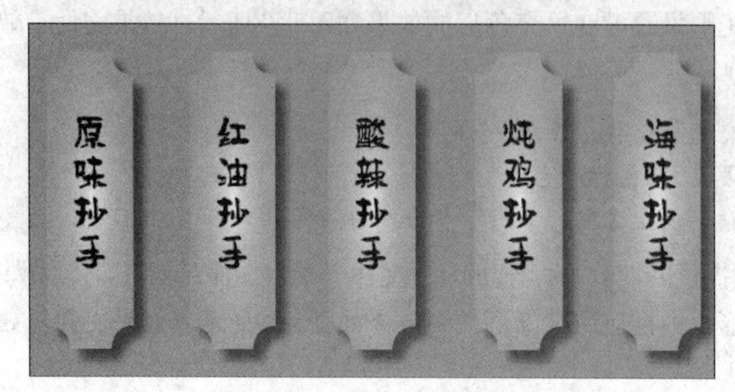

图5-81　抄手店效果

第6章　表格的创建与编辑

表格是文档中非常重要的元素，它是由单元格排列的行和列组成的，在单元格中可添加文本、图形、图像或其他表格。在Indesign中不仅可以创建和编辑表格，还能导入Excel或Word表格。本章将介绍表格的基本操作、表格的编辑、表格的格式化以及外观设置等知识，通过学习掌握在Indesign中使用表格整理对象和美化表格的方法。

学习要点

- 掌握表格的创建和置入操作
- 掌握表格的编辑及格式、外观的设置方法

6.1　表格的基本操作

表格的基本操作主要包括表格的创建、单元格的定位、在表格中添加图文对象，以及表格与文本的互换等内容。

6.1.1　表格的创建

在Indesign CC中创建表格的方法较多，常用的有手动创建表格、置入Word表格和置入Excel表格等。

1. 手动创建表格

在页面中创建文本框，将文本插入点定位到文本框中，然后选择【表】/【插入表】菜单命令，在打开的“插入表”对话框中设置表格的尺寸和样式参数后，单击 确定 按钮即可创建表格，如图6-1所示。

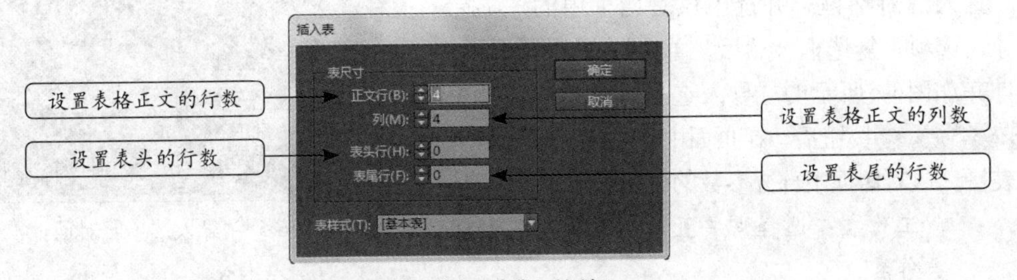

图6-1　“插入表”对话框

表头和表尾通常是指表格中的第一行和最后一行。设置表头和表尾主要是为了当表格在多个栏、串接文本框或页面显示时，快速自动生成连续的表头和表尾对象。

下面以创建行数为6、列数为3的表格为例，掌握手动创建表格的方法。

【实例6-1】 创建空白表格

素材文件：素材\第6章\地产.doc	效果文件：素材\第6章\地产.indd
视频文件：视频\第6章\6-1.swf	操作重点：导入文本

1 创建一个空白文档，利用“文字工具”创建一个文本框，如图6-2所示。

2 将文本插入点定位到文本框中，选择【表】/【插入表】菜单命令，如图6-3所示。

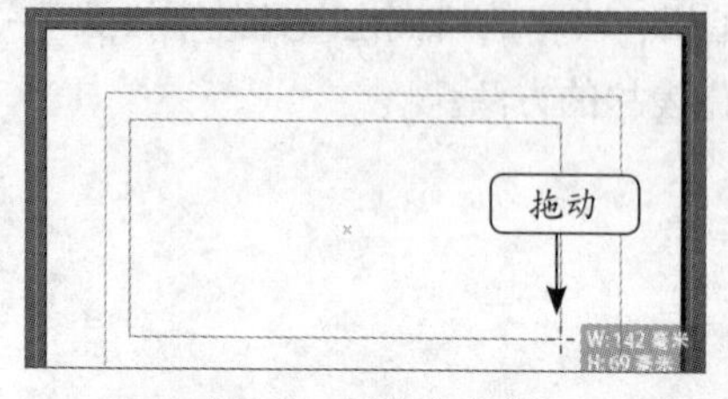

图6-2 创建文本框

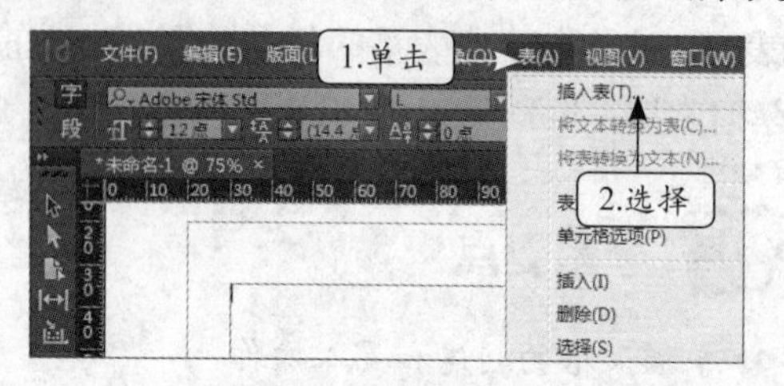

图6-3 选择菜单命令

3 打开“插入表”对话框，在“正文行”数值框中输入“6”，在“列”数值框中输入“3”，单击 确定 按钮，最终效果如图6-4所示。

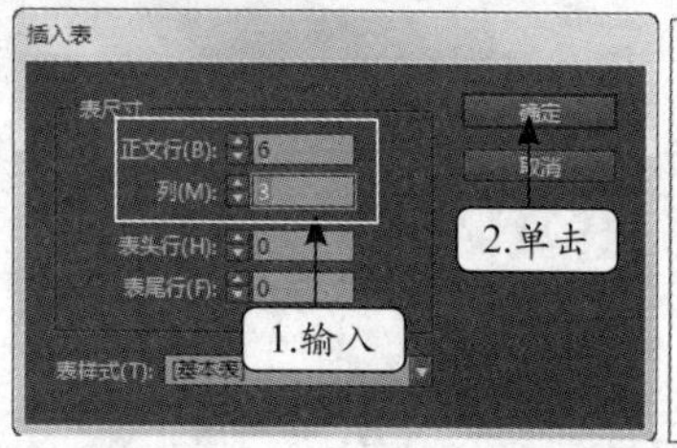

图6-4 设置行数和列数

2. 置入Excel表格

Indesign可以识别并置入Excel表格对象，并能在“导入选项”对话框中设置导入的表格范围和包含的表格格式。按【Ctrl+D】键打开“置入”对话框，并选中该对话框中的“显示导入选项”复选框，然后，单击 打开(O) 按钮，将打开如图6-5所示的“导入选项”对话框，单击 确定 按钮后，在页面中拖动鼠标即可导入表格。该对话框中部分参数的作用如下。

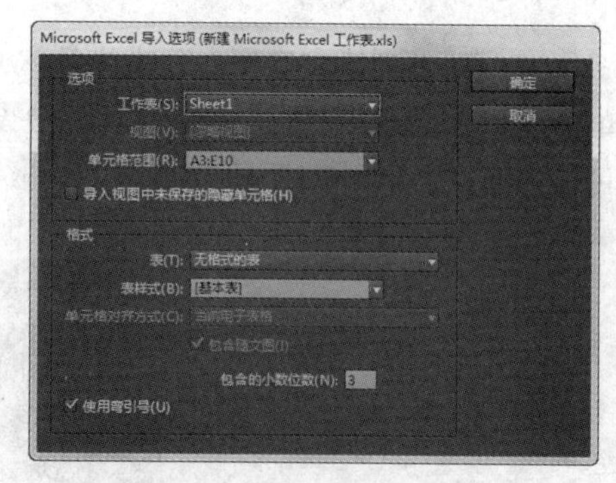

图6-5 “导入选项”对话框

- 工作表：选择需要置入的表格所在的工作表。
- 单元格范围：设置表格的置入范围。
- 表：选择表使用的格式，包括有格式的表、无格式的表等。
- 单元格对齐方式：设置单元格的对齐方式。

下面以置入素材提供的Excel表格并使用表格式为例，学习置入Excel表格的方法。

【实例6-2】置入“消费指南.xls”电子表格

素材文件：素材\第6章\地产.doc	效果文件：素材\第6章\地产.indd
视频文件：视频\第6章\6-2.swf	操作重点：导入文本

1 启动Indesign CC，按【Ctrl+D】键打开“置入”对话框，在路径下拉列表框中选择素材所在的路径，在下方列表框中选择素材文件，选中“显示导入选项”复选框，取消选中“替换所选项目”和“应用网格格式”复选框，单击打开(O)按钮，如图6-6所示。

2 打开“导入选项”对话框，在“格式”栏的“表”下拉列表框中选择“有格式的表”选项，单击确定按钮，如图6-7所示。

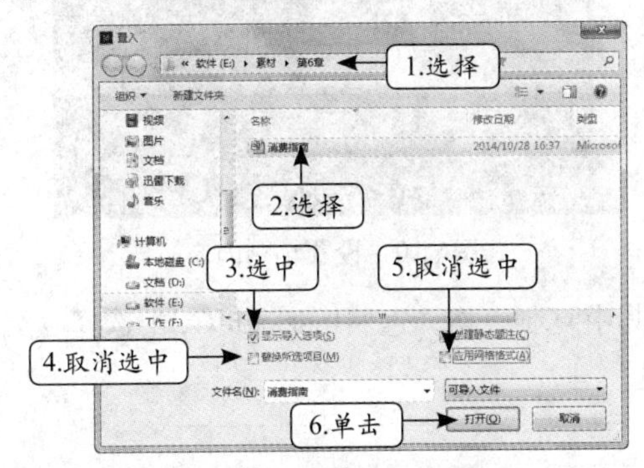

图6-6　设置路径、文件等

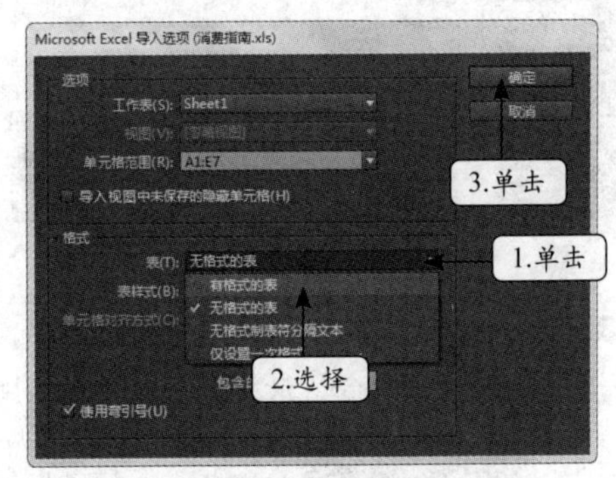

图6-7　设置表的格式

3 在页面中拖动鼠标即可置入，最终效果如图6-8所示。

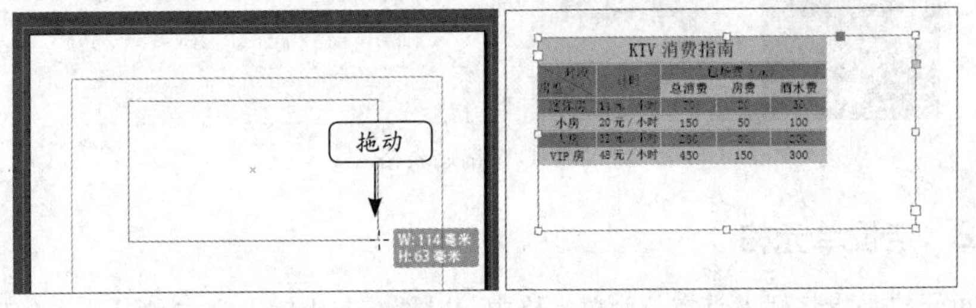

图6-8　置入表格

3. 置入Word表格

在Indesign CC中置入Word表格的方法有如下两种。

(1) 通过“置入”功能置入：此方法与置入Excel表格相似，但会使表格和文本一同置入，且不具备设置单元格范围和表格格式的功能。

(2) 复制粘贴置入：选择【编辑】/【首选项】/【剪贴板处理】菜单命令，在打开的“首选项”对话框中选中“从其他应用程序粘贴文本和表格时”栏中的“所有信息”单选项，确认设置，然后在Word文档中复制表格，再在Indesign CC页面中执行粘贴命令即可。

下面以将素材提供的Word文档中的表格通过复制粘贴的方法置入到Indesign CC为例，学习置入Word文档中表格的方法。

【实例6-3】 置入“规格表.doc”文档中的表格

素材文件：素材\第6章\地产.doc	效果文件：素材\第6章\地产.indd
视频文件：视频\第6章\6-3.swf	操作重点：导入文本

1 启动Indesign CC，创建一个空白文档，选择【编辑】/【首选项】/【剪贴板处理】菜单命令，如图6-9所示。

2 打开“首选项”对话框，在“从其他应用程序粘贴文本和表格时”栏中选中“所有信息”单选项，如图6-10所示。

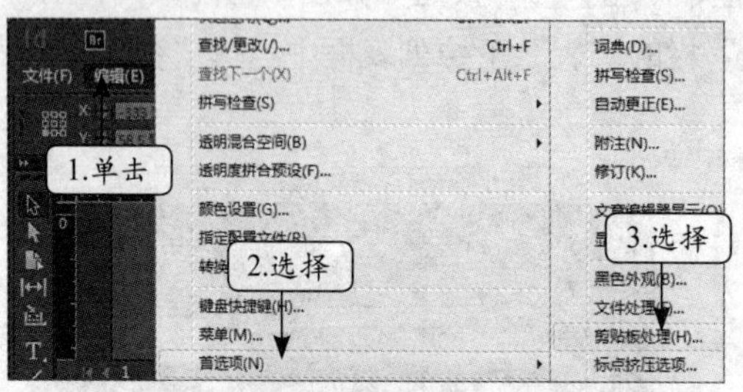

图6-9 选择菜单

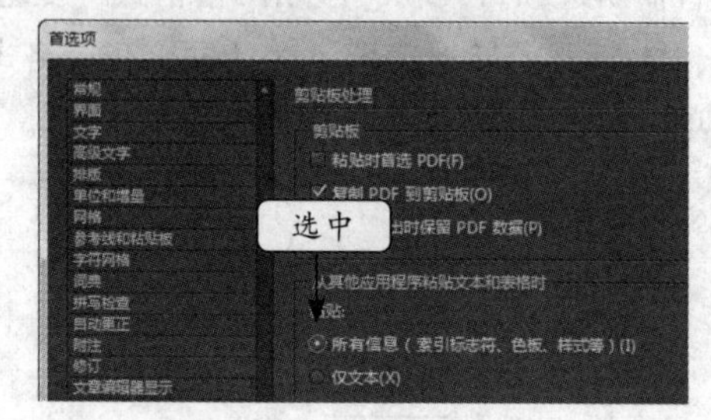

图6-10 设置粘贴内容

3 打开素材提供的“规格表.doc”文档，在其中复制表格，返回Indesign CC中选择【编辑】/【粘贴】菜单命令，最终效果如图6-11所示。

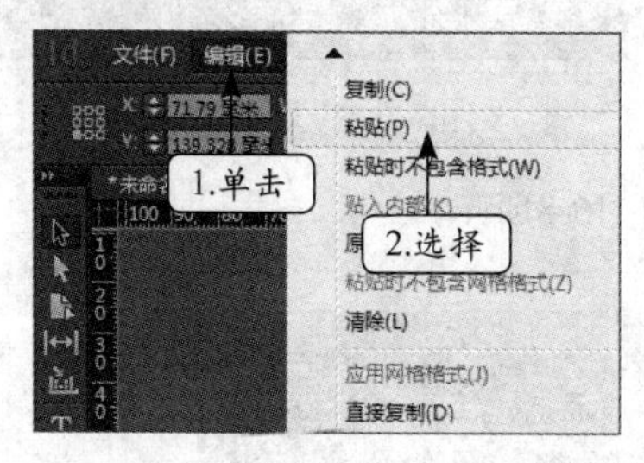

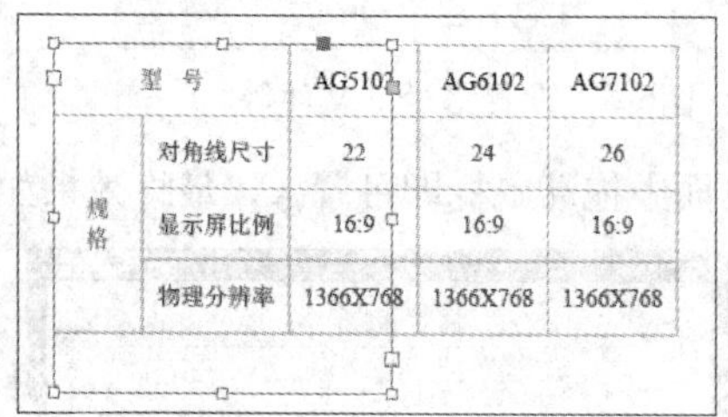

型号		AG5102	AG6102	AG7102
规格	对角线尺寸	22	24	26
	显示屏比例	16:9	16:9	16:9
	物理分辨率	1366X768	1366X768	1366X768

图6-11 粘贴表格

6.1.2 定位单元格

定位单元格是指将插入点定位到单元格中，以便在其中输入文本和置入其他对象。切换到文字工具，单击相应的单元格即可定位单元格。

6.1.3 添加图文对象

在单元格中可添加多种对象，包括文本、图形和图像等。

(1) 添加文本：定位单元格后，可直接在其中输入文本，也可按【Ctrl+D】键打开“置入”对话框，在其中选择文本文档置入。

(2) 添加图形或图像：定位单元格后按【Ctrl+D】键打开“置入”对话框，在其中选择图形或图像置入。

下面以在单元格中置入素材提供的“相机.jpg”图像为例，介绍在单元格中添加图像的方法。

【实例6-4】置入“相机.jpg”图像到单元格中

素材文件：素材\第6章\地产.doc	效果文件：素材\第6章\地产.indd
视频文件：视频\第6章\6-4.swf	操作重点：导入文本

1 启动Indesign CC，按【Ctrl+O】键打开“打开文件”对话框，在路径下拉列表框中选择素材所在的路径，在列表框中选择“订货单.indd”文档，确认打开，如图6-12所示。

2 按【Ctrl+D】键打开“置入”对话框，在路径下拉列表框中选择素材所在的路径，在列表框中选择“相机.jpg”图像文件，确认打开，如图6-13所示。

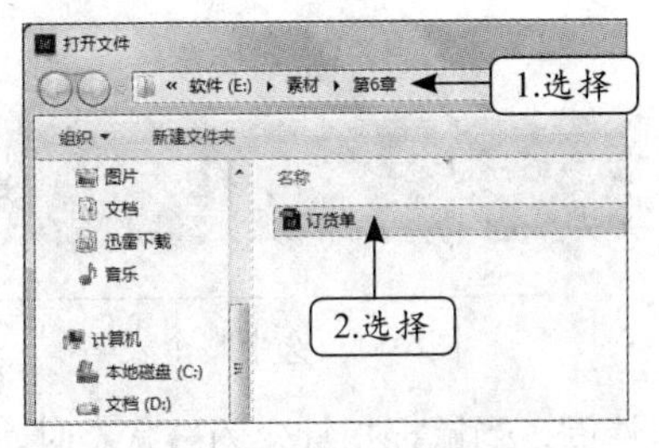

图6-12　打开Indesign文档

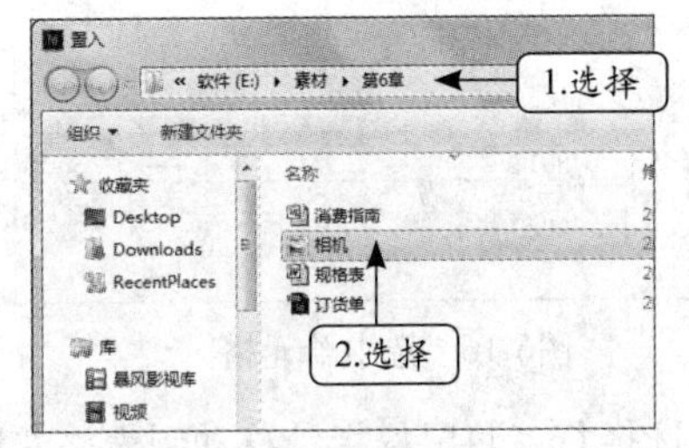

图6-13　打开图像

3 在表格的空白单元格中单击鼠标完成置入，效果如图6-14所示。

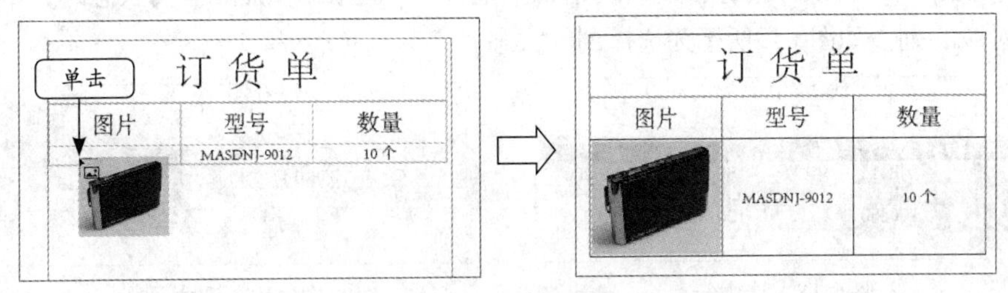

图6-14　置入图像

6.1.4　表格与文本互换

在Indesign CC中可将表格与文本互换，在转换过程中需要注意制表符、段落标记、逗号的位置，这些符号可以确定转换后文本所在表格的内容及表格自身的结构。转换的方法为：选择文本后，选择【表】/【将文本转换为表】菜单命令即可。若选择【表】/【将表转换为文本】菜单命令则可实现将表格转换为文本的操作。如图6-15所示为将文本转换为表的效果。

进出货时间表
商品　进货日期　出货日期
钢笔　2014年1月3日　2014年3月2日
铅笔　2013年12月24日　2014年2月8日
签字笔　2013年12月27日　2014年4月1日

进出货时间表		
商品	进货日期	出货日期
钢笔	2014年1月3日	2014年3月2日
铅笔	2013年12月24日	2014年2月8日
签字笔	2013年12月27日	2014年4月1日

图6-15　将文本转换为表

6.2　表格的编辑

表格的编辑工作主要包括增加或删除行和列、合并与拆分单元格、设置表头和表尾、串接表格等。

6.2.1 表格的选择

表格的选择包括在表格中选择单元格、行、列和整个表格，其方法分别如下。

（1）选择单个单元格：将插入点定位到单元格中，拖动鼠标到单元格内边缘处，或单击鼠标右键，在弹出的快捷菜单中选择【选择】/【单元格】命令，或按【Esc】键均可选择该单元格，如图6-16所示为单元格的选择状态。

（2）选择整个表格：将鼠标指针移动到表格左上角外侧，当鼠标指针变为↘状态时单击鼠标，或将插入点定位到单元格中并单击鼠标右键，在弹出的快捷菜单中选择【选择】/【表】命令。如图6-17所示为选择整个表格的状态。

售货单

货品名称	规　格	附件	单价	数量	总　价
音箱	DJH014	电源	180	2	360
耳机	KM-6	无	60	8	480
麦克风	YG025D	无	120	5	600

图6-16　选中单元格

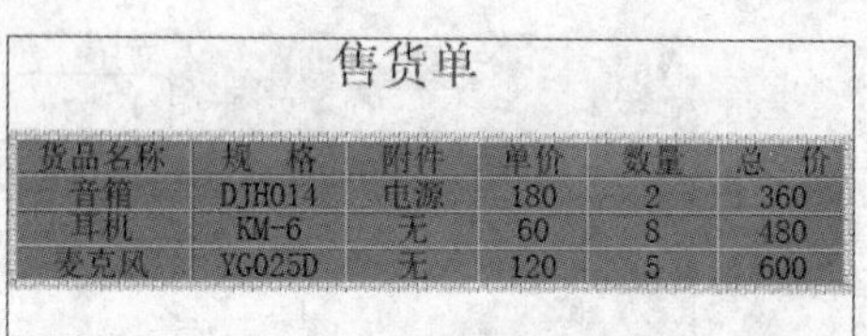

售货单

货品名称	规　格	附件	单价	数量	总　价
音箱	DJH014	电源	180	2	360
耳机	KM-6	无	60	8	480
麦克风	YG025D	无	120	5	600

图6-17　选中整个表格

（3）选择行：将鼠标指针移动到表格左边框外侧，当鼠标指针变为➜状态时，单击鼠标可选择对应的行。如图6-18所示为选择行的状态。

（4）选择列：将鼠标指针移动到表格上边框外侧，当鼠标指针变为↓状态时，单击鼠标可选择对应的列。如图6-19所示为选择列的状态。

售货单

货品名称	规　格	附件	单价	数量	总　价
音箱	DJH014	电源	180	2	360
耳机	KM-6	无	60	8	480
麦克风	YG025D	无	120	5	600

图6-18　选中行

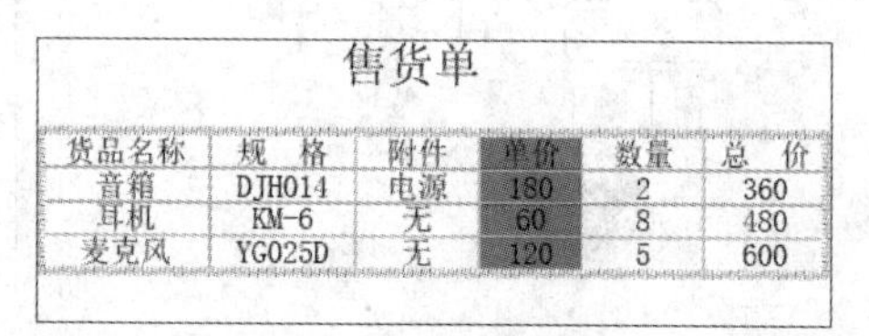

售货单

货品名称	规　格	附件	单价	数量	总　价
音箱	DJH014	电源	180	2	360
耳机	KM-6	无	60	8	480
麦克风	YG025D	无	120	5	600

图6-19　选中列

6.2.2 插入行和列

在已创建的表格中可通过插入行和列来改变表格的结构，其方法如下。

（1）插入行：将插入点定位到单元格中，单击鼠标右键，在弹出的快捷菜单中选择【插入】/【行】命令或选择【表】/【插入】/【行】菜单命令，打开“插入行”对话框，在其中设置插入的行数和方向后，单击 确定 按钮即可，如图6-20所示。

（2）插入列：将插入点定位到单元格中，单击鼠标右键，在弹出的快捷菜单中选择【插入】/【列】命令或选择【表】/【插入】/【列】菜单命令，打开“插入列”对话框，在其中设置插入的列数和方向后，单击 确定 按钮即可，如图6-21所示。

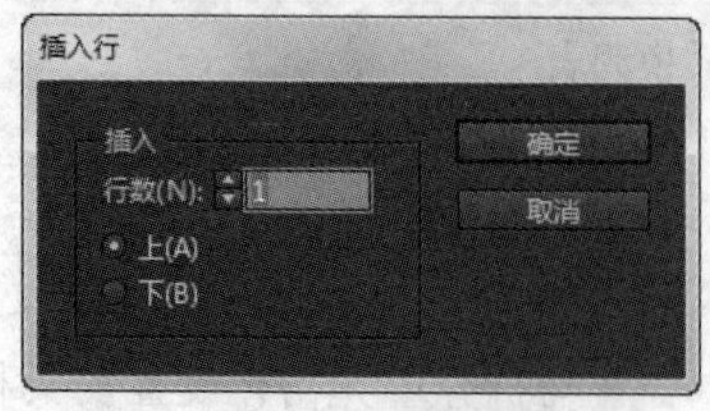

图6-20 “插入行”对话框

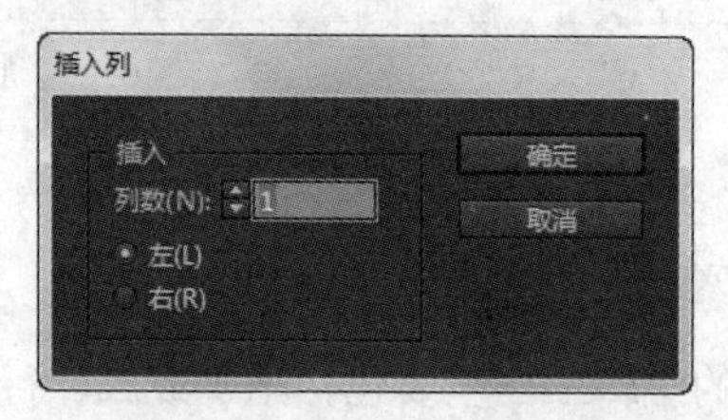

图6-21 “插入列”对话框

6.2.3　删除行和列

在调整表格的过程中，出现多余或错误的行或列时，可按以下方法删除。

（1）删除行：将插入点定位到需要删除行的任意单元格中，单击鼠标右键，在弹出的快捷菜单中选择【删除】/【行】命令或选择【表】/【删除】/【行】菜单命令即可。

（2）删除列：将插入点定位到需要删除列的任意单元格中，单击鼠标右键，在弹出的快捷菜单中选择【删除】/【列】命令或选择【表】/【删除】/【列】菜单命令即可。

下面以在素材提供的“销售额.indd”文档中添加“备注”列并删除多余行为例，进一步熟悉添加和删除行和列的方法。

【实例6-5】完善“销售额”表格

素材文件：素材\第6章\地产.doc	效果文件：素材\第6章\地产.indd
视频文件：视频\第6章\6-5.swf	操作重点：导入文本

1 打开素材提供的“销售额.indd”文档，单击工具箱中的“文字工具”按钮T，在“上下判定”文本所在的单元格中单击鼠标定位插入点，如图6-22所示。

2 在插入点所在单元格中单击鼠标右键，在弹出的快捷菜单中选择【插入】/【列】命令，如图6-23所示。

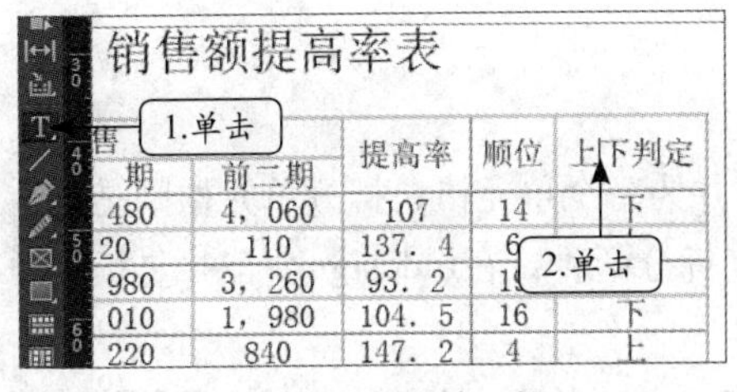

图6-22　定位单元格

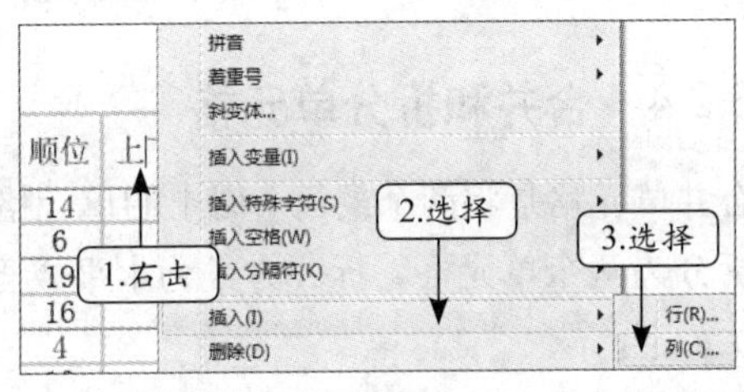

图6-23　插入列

3 打开“插入列”对话框，保持默认的列数，选中“右”单选项，单击确定按钮，如图6-24所示。

4 在插入列的最上方的单元格中单击鼠标定位插入点，然后在其中输入“备注”，如图6-25所示。

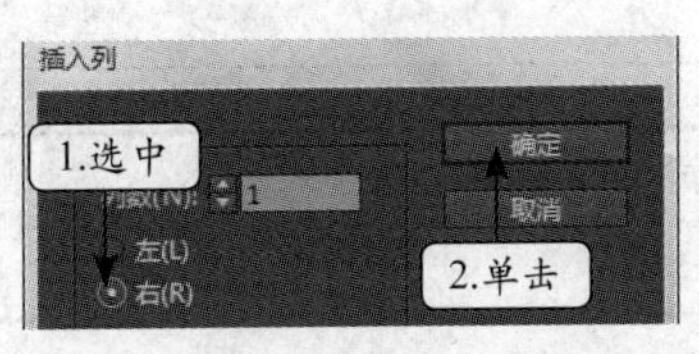

图6-24　设置插入列的位置

销售额提高率表

售额 期	前二期	提高率	顺位	上下判定	备注
480	4，060	107	14	下	
120	110	137．4	6	上	
980	3，260	93．2	19	下	
010	1，980	104．5	16	下	
220	840	147．2	4	上	

输入

图6-25　输入文本

5 将鼠标指针移动到表格中“合计”文本所在行的左上方外边缘处，当鼠标指针变为➜状态时，按住鼠标左键不放并向上拖动，选择两行，如图6-26所示。

6 选择【表】/【删除】/【行】菜单命令将所选行删除，最终效果如图6-27所示。

销售额提高率表

公司编号	销售额			提高率	顺位	上下判
	本期	前期	前二期			
20147	4，650	4，480	4，060	107	14	下
20856	3，960	120	110	137．4	6	上
19515	2，830	2，980	3，260	93．2	19	下
20126	160	2，010	1，980	104．5	16	下
21846	1，820	1，220	840	147．2	4	上
[illegible]	1，210	150	900	116	10	上
[illegible]	1，080	990	950	106	15	下
[illegible]	960	730	460	143	0	上
21469	840	980	160	85	20	下
20871	610	610	610	100．0	18	下
合计						

拖动

图6-26 选择行

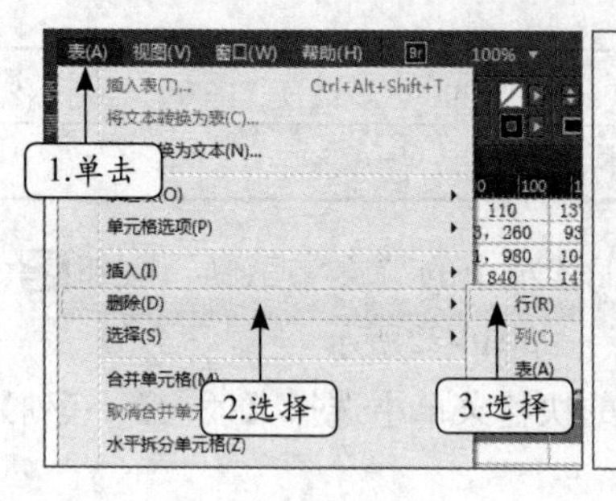

销售额提高率表

公司编号	销售额			提高率	顺位	上下判定	备注
	本期	前期	前二期				
20147	4，650	4，480	4，060	107	14	下	
20856	3，960	120	110	137．4	6	上	
19515	2，830	2，980	3，260	93．2	19	下	
20126	160	2，010	1，980	104．5	16	下	
21846	1，820	1，220	840	147．2	4	上	
18855	1，210	150	900	116	10	上	
17634	1，080	990	950	106	15	下	
20543	960	730	460	143	0	上	
21469	840	980	160	85	20	下	
20871	610	610	610	100．0	18	下	
合计							

图6-27 删除行

6.2.4 合并和拆分单元格

合并单元格是将两个或两个以上的单元格合并为一个单元格；拆分单元格则是将一个单元格拆分为两个单元格，拆分方式为水平或垂直拆分两种。在Indesign中合并与拆分单元格的方法如下。

（1）合并单元格：拖动鼠标选择需合并的多个单元格后，选择【表】/【合并单元格】菜单命令，或在属性面板中单击“合并单元格”按钮。

（2）拆分单元格：将插入点定位到单元格中，选择【表】/【垂直拆分单元格】菜单命令或选择【表】/【水平拆分单元格】菜单命令。

下面以在素材提供的“售货单.indd”文档中将最后一行合并为一个单元格后，再将其拆分为2个单元格为例，介绍合并和拆分单元格的方法。

【实例6-6】 将6个单元格更改为2个

素材文件：素材\第6章\地产.doc	效果文件：素材\第6章\地产.indd
视频文件：视频\第6章\6-6.swf	操作重点：导入文本

1 打开素材提供的“售货单.indd”文档，将插入点定位到“日期”单元格，选择【表】/【选择】/【行】菜单命令，如图6-28所示。

2 选择【表】/【合并单元格】菜单命令，如图6-29所示。

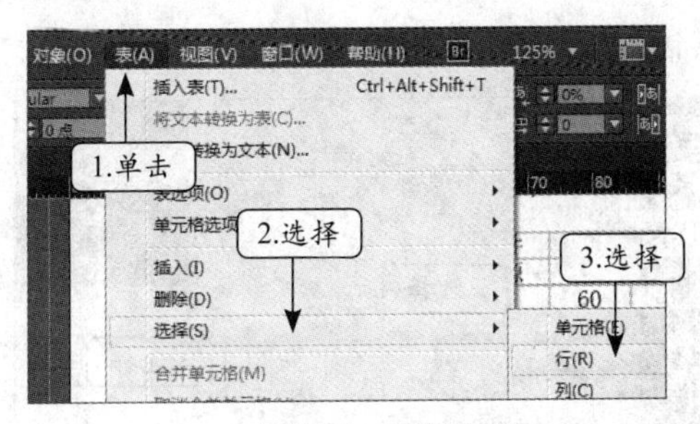

图6-28　选择行

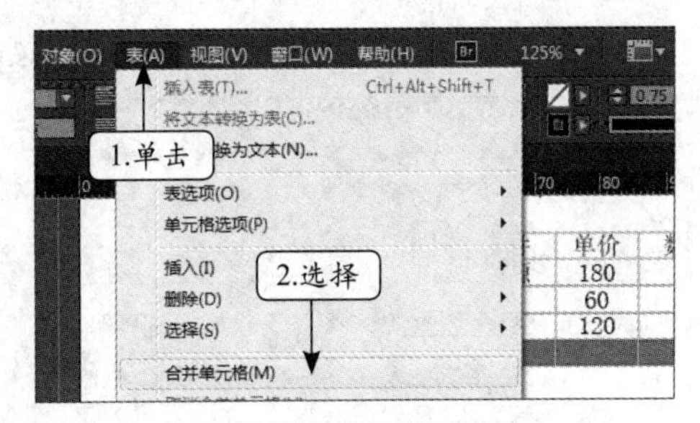

图6-29　合并单元格

3 选择【表】/【垂直拆分单元格】菜单命令，最终效果如图6-30所示。

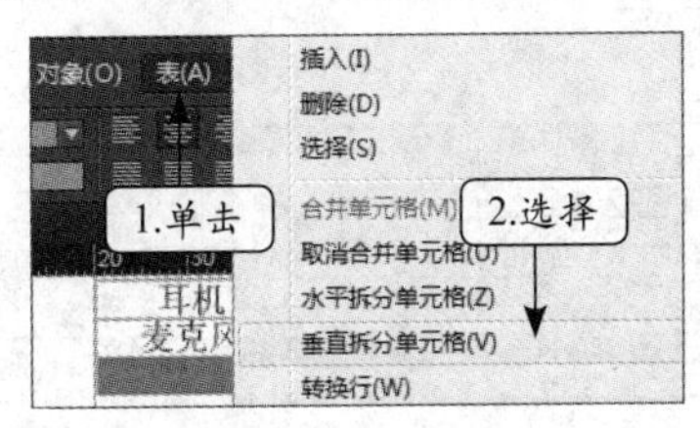

售货单

货品名称	规　格	附件	单价	数量	总　价
音箱	DJH014	电源	180	2	360
耳机	KM-6	无	60	8	480
麦克风	YG025D	无	120	5	600
日期					

图6-30　垂直拆分单元格

6.2.5　设置表头和表尾

在Indesign CC中可通过以下两种方式设置表头或表尾。

（1）通过创建表格时设置：选择【表】/【插入表】菜单命令，在打开的“插入表”对话框中可设置表头行和表尾行的行数。

（2）在已有表格中设置：选择需设置表头或表尾的行，然后选择【表】/【转换行】/【到表头】菜单命令或【表】/【转换行】/【到表尾】菜单命令。

下面以在素材提供的文档中分别设置表头行和表尾行为例，介绍掌握设置表头和表尾的方法。

【实例6-7】设置表格表头行和表尾行

素材文件：素材\第6章\地产.doc	效果文件：素材\第6章\地产.indd
视频文件：视频\第6章\6-7.swf	操作重点：导入文本

1 打开素材提供的“仓库出货.indd”文档，切换到文字工具，将鼠标指针移动到表格第一行的左侧，当其变为→状态时，拖动鼠标到第二行左侧处，选择连续的两行，如图6-31所示。

2 选择【表】/【转换行】/【到表头】菜单命令，如图6-32所示。

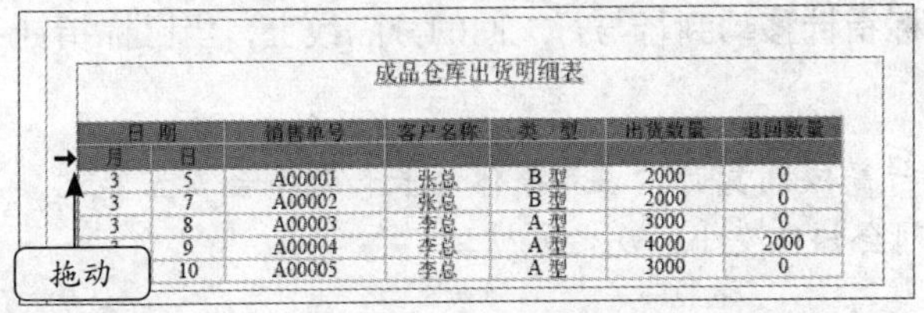

日期		销售单号	客户名称	类型	出货数量	退回数量
月	日					
3	5	A00001	张总	B型	2000	0
3	7	A00002	张总	B型	2000	0
3	8	A00003	李总	A型	3000	0
3	9	A00004	李总	A型	4000	2000
	10	A00005	李总	A型	3000	0

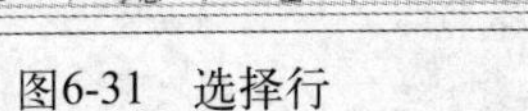

图6-31　选择行

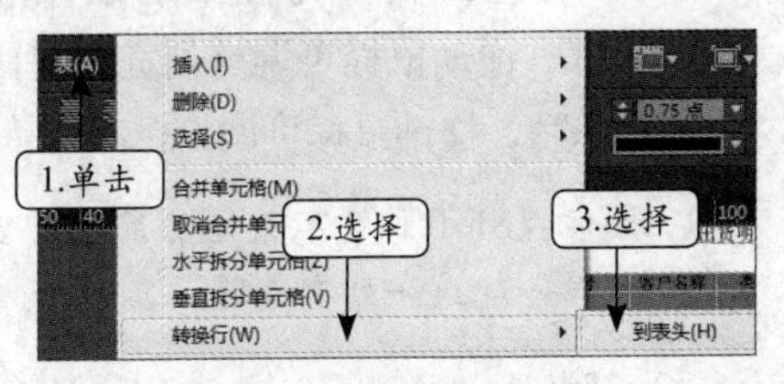

图6-32　设置表头行

3 单击“合计”行的任意位置，将插入点定位到最后一行，如图6-33所示。

4 选择【表】/【转换行】/【到表尾】菜单命令，如图6-34所示。

成品仓库出货明细表

日期		销售单号	客户名称	类　型	出货数量	退回数量
月	日					
3	5	A00001	张总	B型	2000	0
3	7	A00002	张总	B型	2000	0
3	8	A00003	李总	A型	3000	0
3	9	A00004	李总	A型	4000	2000
3	10	A00005	李总	A型	3000	0

日期		销售单号	客户名称	类　型	出货数量	退回数量
月	日					
3	11	[illegible]	[illegible]	B型	5000	0
3	13	[illegible]	[illegible]	B型	4000	1000
3	14	A00008	刘总	A型	2000	0
3	16	A00009	王总	A型	5000	1000
3	20	A00010	王总	A型	6000	0
合　计						

单击

图6-33　定位单元格

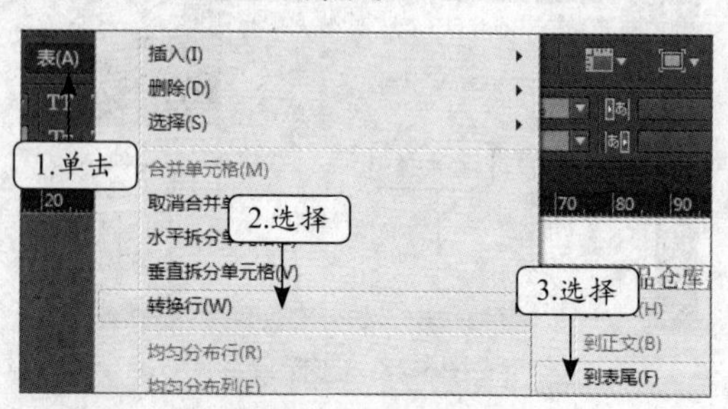

图6-34　设置表尾行

5 设置完成后最终效果如图6-35所示。

成品仓库出货明细表

日期		销售单号	客户名称	类　型	出货数量	退回数量
月	日					
3	5	A00001	张总	B型	2000	0
3	7	A00002	张总	B型	2000	0
3	8	A00003	李总	A型	3000	0
3	9	A00004	李总	A型	4000	2000
合　计						

日期		销售单号	客户名称	类　型	出货数量	退回数量
月	日					
3	10	A00005	李总	A型	3000	0
3	11	A00006	刘总	B型	5000	0
3	13	A00007	刘总	B型	4000	1000
3	14	A00008	刘总	A型	2000	0
3	16	A00009	王总	A型	5000	1000
3	20	A00010	王总	A型	6000	0
合　计						

图6-35　最终效果

6.3　表格的格式设置

通过对表格进行合理的格式设置后，能使其变得更加专业和美观。表格的格式设置包括调整行和列的大小、调整整个表格的大小、设置单元格的内边距、更改文本的对齐方式和旋转单元格中的文本等。

6.3.1　调整表格的大小

根据不同要求，可分别针对表格的行、列或表格本身的大小进行调整。

1. 调整行和列

在Indesign CC中调整行和列大小的方法有以下几种。

（1）通过对话框调整：选择【表】/【单元格选项】/【行和列】菜单命令，打开“单元格选项”对话框，在其中可精确设置行高和列宽。

（2）通过属性栏调整：当选择某一列时，在属性面板的“列宽”数值框16.21 毫米中可设置列的大小；当选择某一行时，在属性面板的“行高”数值框 最少 1.058中可设置行的大小。

（3）通过鼠标拖动调整：将鼠标指针移动到列与列之间的分隔线上，当鼠标指针变为状态时，拖动鼠标可调整列宽；将鼠标指针移动到行与行之间的分隔线上，当鼠标指针变为状态时，拖动鼠标可调整行高。

按住【Shift】键不放拖动鼠标改变行高或列宽时，表格整体的长和宽不会发生变化，即当一行或一列变大时，其他行或列会相应变小，反之亦然。

2. 调整表格大小

切换到文字工具，将鼠标指针移动到表格的右下角，当其变为状态时，拖动鼠标即可调整表格大小。

若按住【Shift】键不放拖动鼠标，则会在表格的高宽比例不变的前提下来改变整个表格的大小。

3. 均匀分布行和列

均匀分布行和列是指将所选的行或列在固定的行高或列宽当中平均分布每一个单元格的行高或列宽。选择【表】/【均匀分布行】菜单命令或选择【表】/【均匀分布列】菜单命令即可均匀分布行和列。

6.3.2　格式化单元格

格式化单元格主要针对单元格中的元素进行设置，包括设置单元格的内边距、更改文本的对齐方式和旋转单元格中的文本等。选择【表】/【单元格选项】/【文本】菜单命令，在打开的“单元格选项”对话框中可进行各种设置，如图6-36所示。部分参数的作用分别如下。

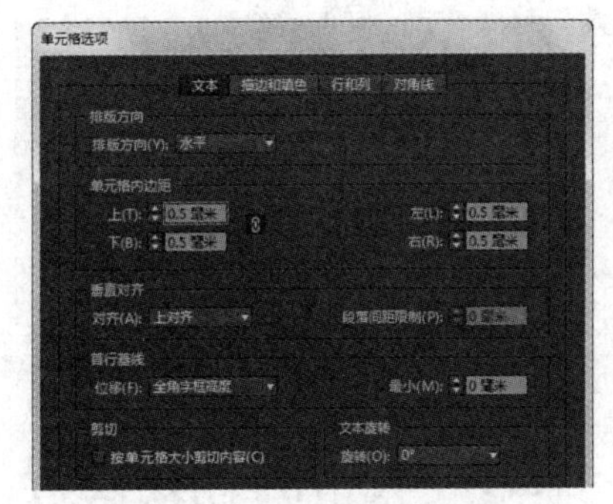

图6-36　“单元格选项”对话框

- 单元格内边距：通过设置单元格内边距的大小来确定文本与单元格边框的距离，分为上、下、左、右四个方向。
- 对齐：设置文本在单元格内的垂直方向上的对齐方式。
- 旋转：设置文本在单元格内旋转的角度。

下面以调整素材提供的“费用报销单.indd”文档中的表格为例，介绍格式化单元格的方法。

【实例6-8】格式化单元格

素材文件：素材\第6章\地产.doc	效果文件：素材\第6章\地产.indd
视频文件：视频\第6章\6-8.swf	操作重点：导入文本

1 打开素材提供的“费用报销单.indd”文档，将鼠标指针移动到“序号”单元格右侧内边缘处，当鼠标指针变为↔状态时，向右拖动鼠标，适当增加列宽，使其中的文本呈一行显示，如图6-37所示。

2 将插入点定位到“金额”单元格中，如图6-38所示。

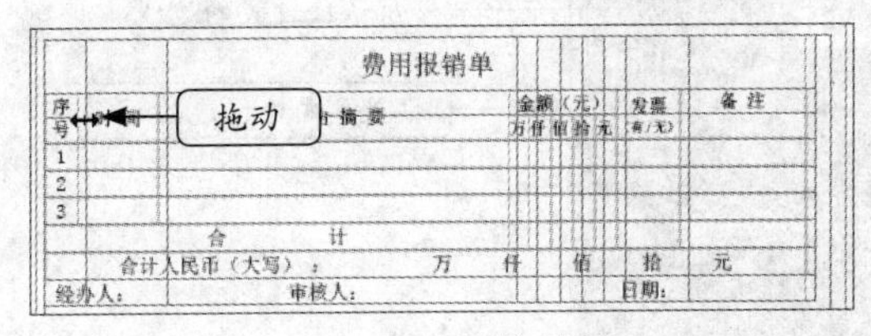

图6-37　调整列宽

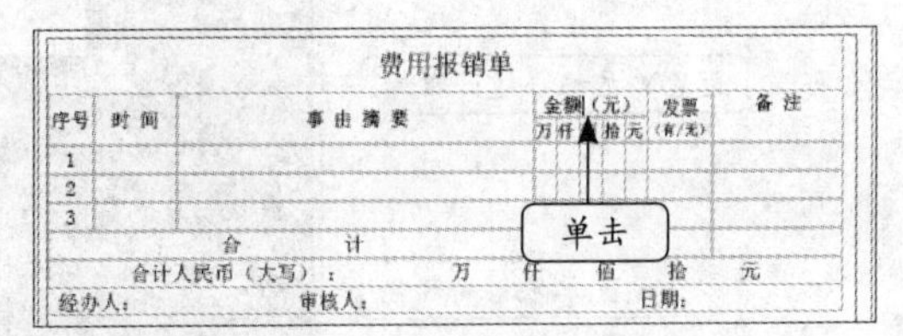

图6-38　定位单元格

3 选择【表】/【单元格选项】/【文本】菜单命令，如图6-39所示。

4 打开“单元格选项”对话框，在单元格“内边距”栏的“上”和“下”数值框中均输入“2”，确认设置，如图6-40所示。

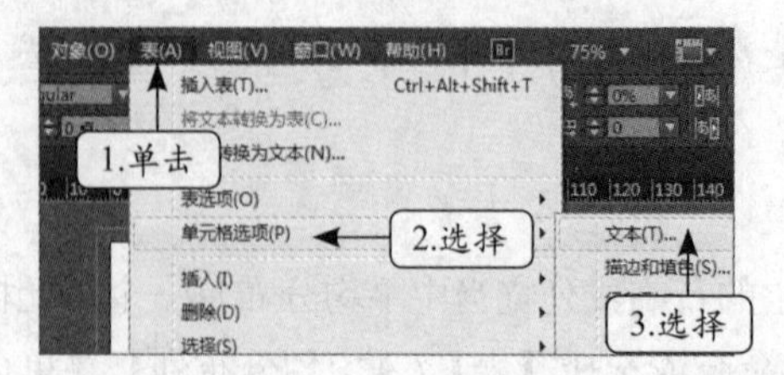

图6-39 选择菜单命令

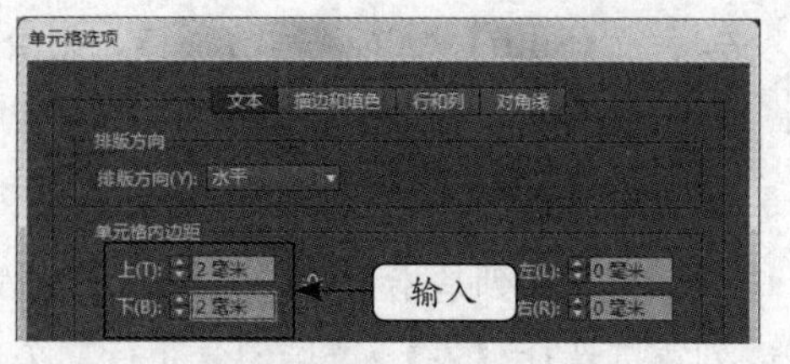

图6-40 设置单元格内边距

5 拖动鼠标选中“备注”单元格，在属性面板中单击“居中对齐”按钮▦，最终效果如图6-41所示。

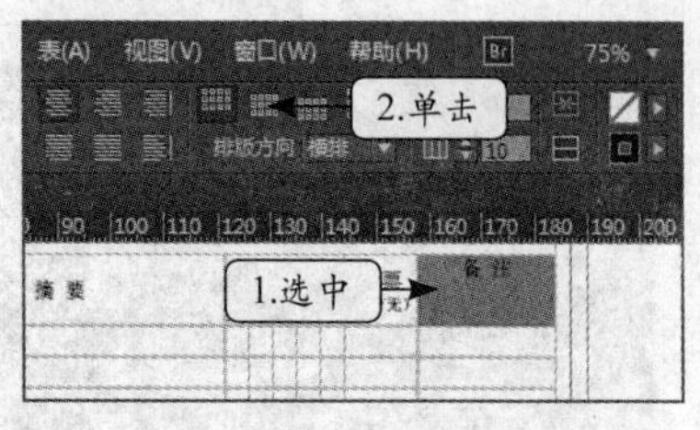

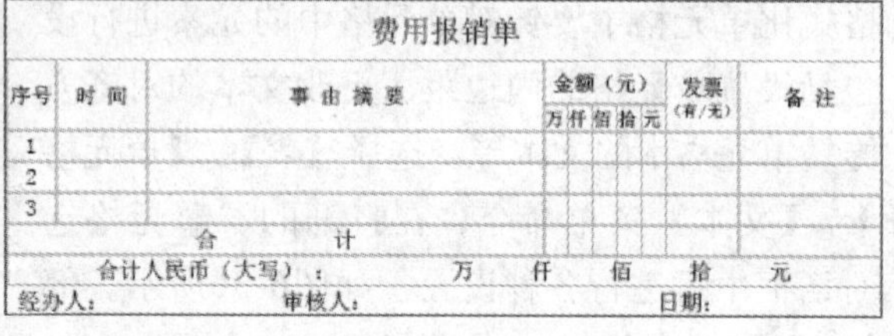

图6-41 设置单元格对齐方式

6.4 表格的外观设置

表格的外观设置是针对表格本身的格式进行设置，通过对表格的外观进行设置后，不仅能美化表格，还能突显内容。

6.4.1 设置单元格外观

设置单元格外观是指对表格中的单元格进行填充颜色或描边等设置，下面将重点介绍单元格的描边和填色以及对角线的添加。

1. 单元格的描边和填色

选择需设置的单元格或将插入点定位到单元格中，选择【表】/【单元格选项】/【描边和填色】菜单命令，打开“单元格选项”对话框，单击“描边和填色”选项卡，在其中即可设置单元格描边和填色的各种属性，如图6-42所示。

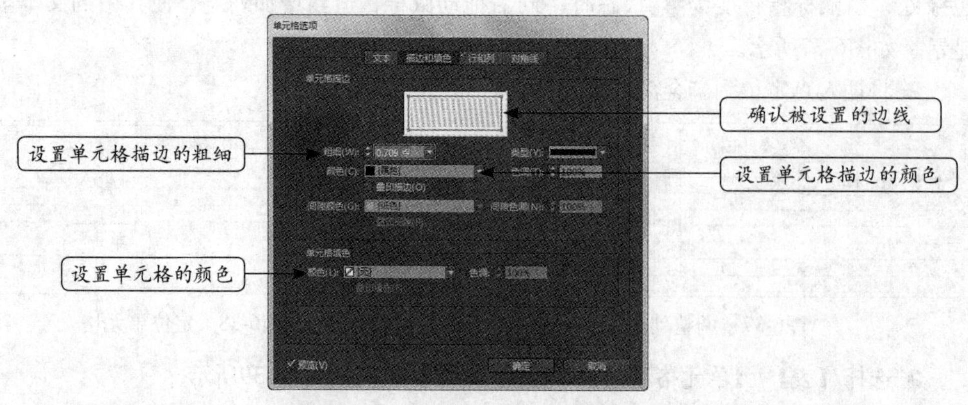

图6-42 “单元格选项”对话框

2. 对角线的设置

当表格需要斜线表头来表现内容时，就需要在表格左上角的第一个单元格中使用对角线。选择需设置对角线的单元格或将插入点定位到其中，然后选择【表】/【单元格选项】/【对角线】菜单命令，打开“单元格选项”对话框，单击“对角线”选项卡，在其中设置对角线相关参数即可，如图6-43所示。

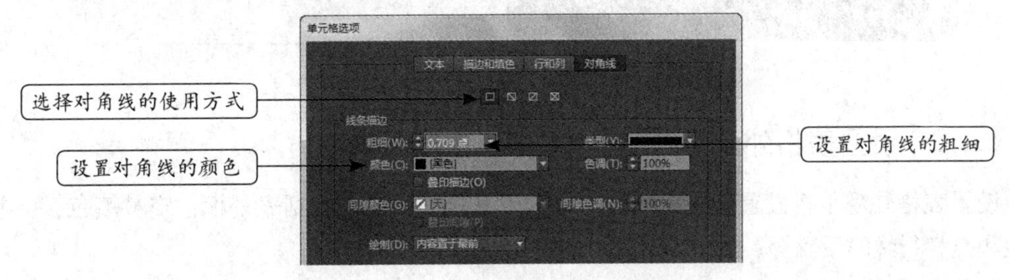

图6-43　“单元格选项”对话框

下面以设置单元格描边颜色为“无”并添加对角线为例，介绍单元格外观的设置方法。

【实例6-9】　为表格添加斜线表头

素材文件：素材\第6章\地产.doc	效果文件：素材\第6章\地产.indd
视频文件：视频\第6章\6-9.swf	操作重点：导入文本

1 打开素材提供的“成绩单.indd”文档，将插入点定位到“成绩单”单元格中，选择【表】/【单元格选项】/【描边和填色】菜单命令，如图6-44所示。

2 打开“单元格选项”对话框的“描边和填色”选项卡，在“单元格描边”栏中单击取消下边框，在“颜色”下拉列表框中选择“无”选项，确认设置，如图6-45所示。

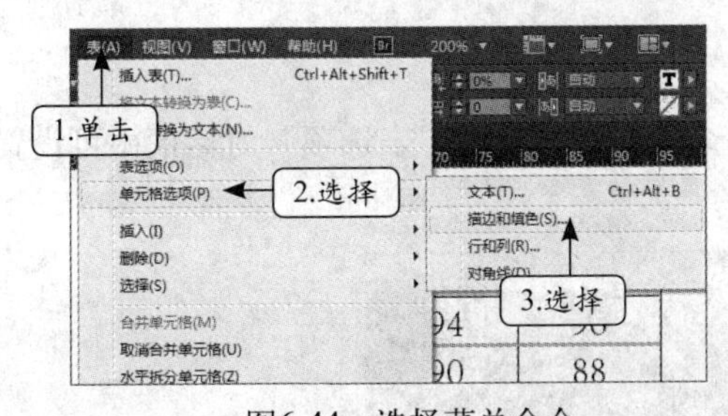

图6-44　选择菜单命令

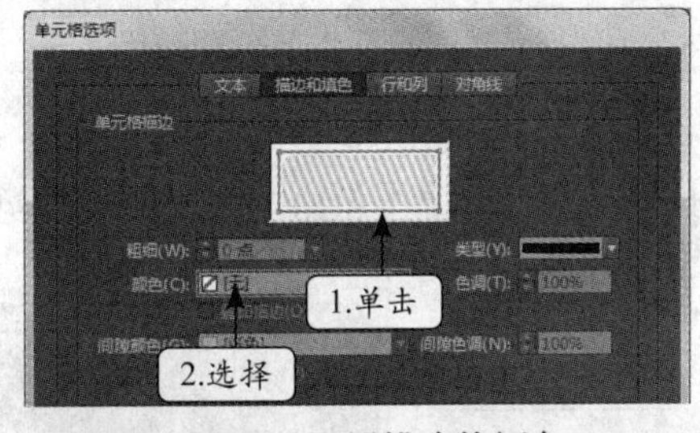

图6-45　设置描边的颜色

3 将插入点定位到“成绩姓名”单元格中，选择【表】/【单元格选项】/【对角线】菜单命令，如图6-46所示。

4 打开“单元格选项”对话框，单击“从左上角到右下角的对角线”按钮，在“线条描边”栏的“粗细”数值框中输入“0.3”，确认设置，最终效果如图6-47所示。

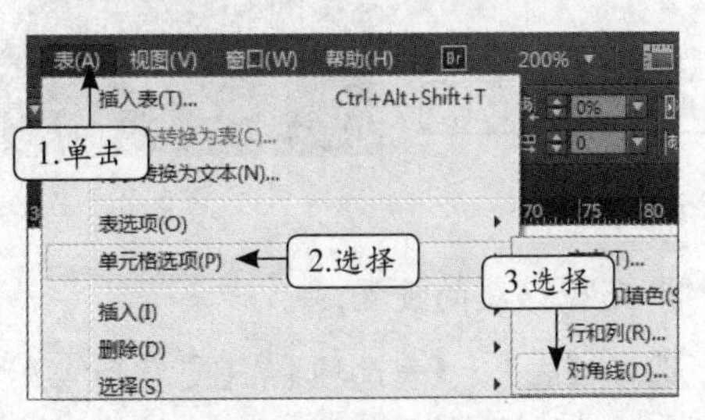

图6-46　选择菜单命令

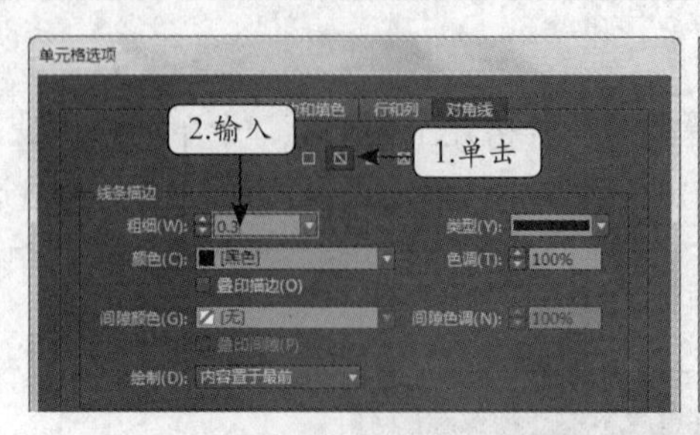

成 绩 单

成绩 姓名	语文	数学	英语
张A	90	92	86
王B	88	94	96
赵C	92	90	88

图6-47　添加对角线

6.4.2　设置表格外观

设置表格外观是指设置整个表格的边框效果和填充效果，包括表外框、交替填色、交替列线和交替行线的设置等。

1. 表外框的设置

选择【表】/【表选项】/【表设置】菜单命令，在打开的“表选项”对话框中可设置表外框线条的粗细、类型和颜色以及表间距等，如图6-48所示。

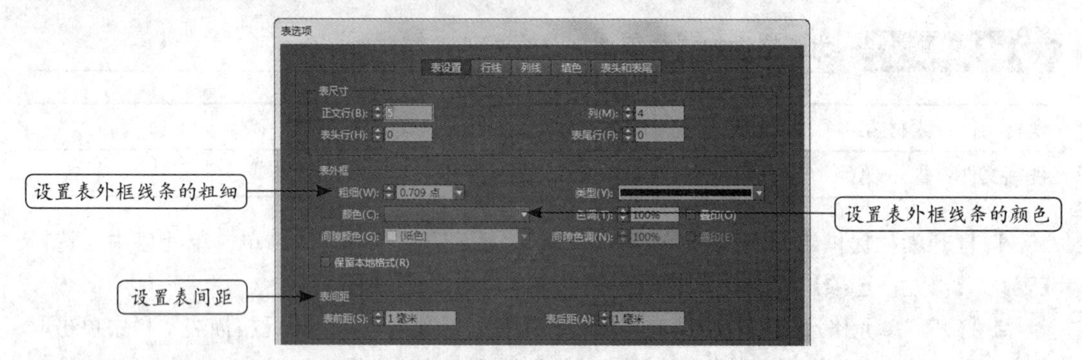

图6-48　设置表外框和表间距

2. 交替填色的设置

选择【表】/【表选项】/【交替填色】菜单命令，在打开的“表选项”对话框中可设置交替填色的模式、颜色和起点等，如图6-49所示。

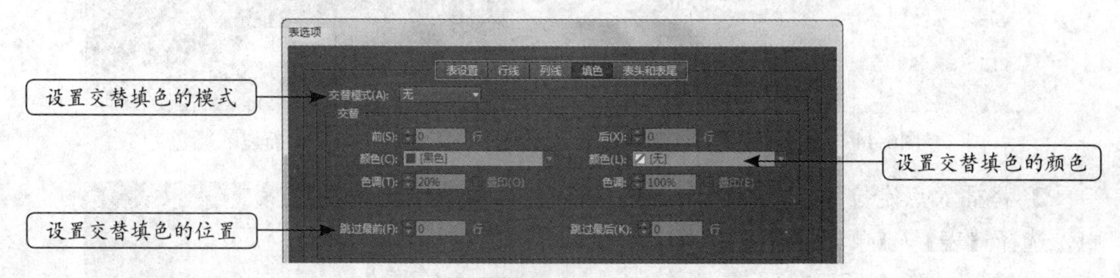

图6-49　设置表格交替填色属性

3. 交替行线的设置

选择【表】/【表选项】/【交替行线】菜单命令，在打开的“表选项”对话框中可设置交替行线的模式、粗细、类型、颜色以及起点等，如图6-50所示。

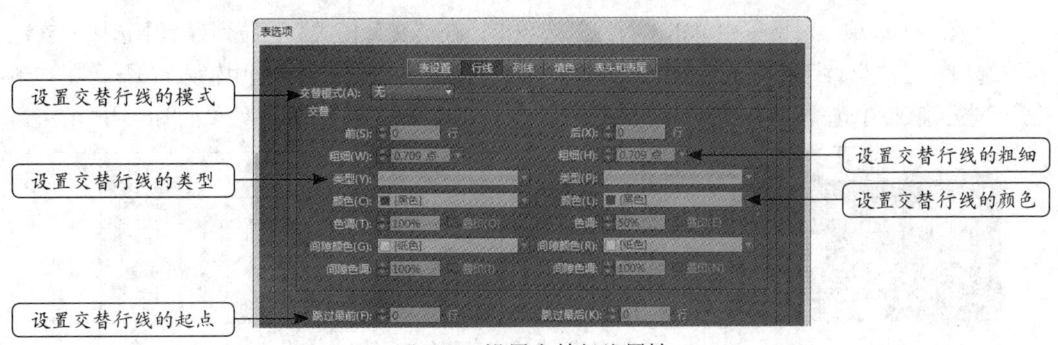

图6-50　设置交替行线属性

4. 交替列线的设置

选择【表】/【表选项】/【交替列线】菜单命令，在打开的“表选项”对话框中可设置交替列线的模式、粗细、类型、颜色以及起点等，如图6-51所示。

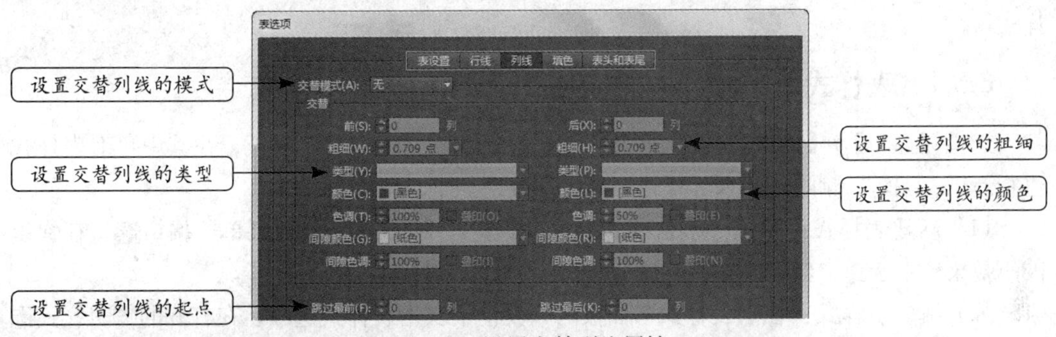

图6-51　设置交替列线属性

下面以为表格设置交替填色效果，并对序号为1和6的行进行描边为例，介绍单元格外观的设置方法。

【实例6-10】　美化网络表

素材文件：素材\第6章\地产.doc	效果文件：素材\第6章\地产.indd
视频文件：视频\第6章\6-10.swf	操作重点：导入文本

1 打开素材提供的“网络表.indd”文档，双击表格将插入点定位到其中，选择【表】/【表选项】/【交替填色】菜单命令，如图6-52所示。

2 打开“表选项”对话框，在“交替模式”下拉列表框中选择“每隔一列”选项，在“颜色”下拉列表框中选择“C=100 M=0 Y=0 K=0”选项，如图6-53所示。

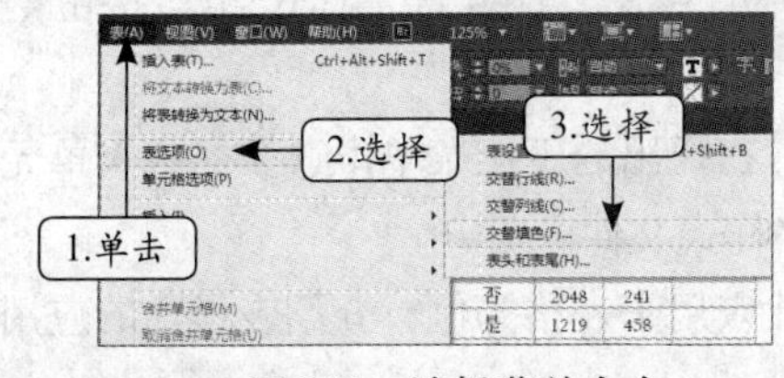

图6-52　选择菜单命令

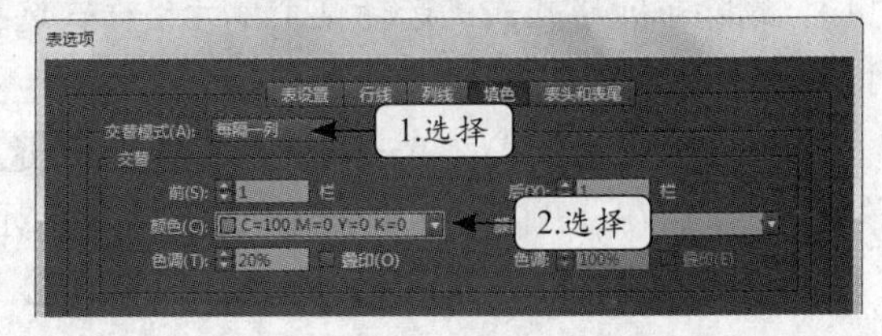

图6-53　设置交替模式和颜色

3 在“表选项”对话框中单击“行线”选项卡，在“交替模式”下拉列表框中选择“自定行”选项，在“交替”栏中的“前”数值框中输入“2”、“后”数值框中输入“3”，在“颜色”下拉列表框中选择“C=15 M=100 Y=100 K=0”选项，确认设置，最终效果如图6-54所示。

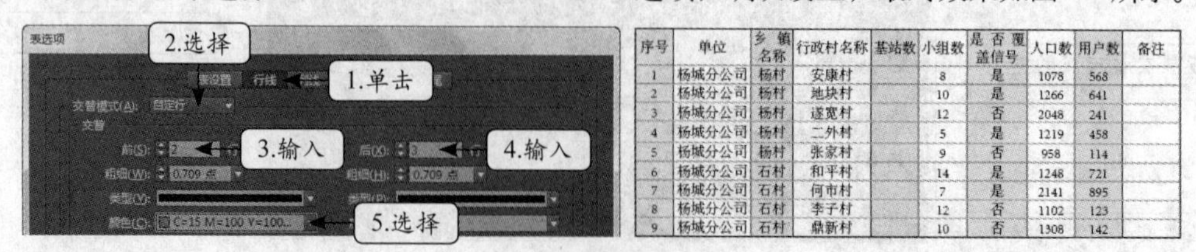

序号	单位	乡镇名称	行政村名称	基站数	小组数	是否覆盖信号	人口数	用户数	备注
1	杨城分公司	杨村	安康村		8	是	1078	568	
2	杨城分公司	杨村	地块村		10	是	1266	641	
3	杨城分公司	杨村	遂宽村		12	否	2048	241	
4	杨城分公司	杨村	二外村		5	是	1219	458	
5	杨城分公司	杨村	张家村		9	否	958	114	
6	杨城分公司	石村	和平村		14	是	1248	721	
7	杨城分公司	石村	何市村		7	是	2141	895	
8	杨城分公司	石村	李子村		12	否	1102	123	
9	杨城分公司	石村	鼎新村		10	否	1308	142	

图6-54　设置交替行线

6.5　表格样式的应用

在Indesign CC中可对表或单元格设置预设的样式，也可根据需要新建样式或编辑已有的样式等。

6.5.1　表样式

选择【窗口】/【样式】/【表样式】菜单命令打开“表样式”面板，在其中可对表样式进行新建、编辑、删除和载入等操作，其方法分别如下。

（1）新建表样式：单击“创建新样式”按钮，或单击“展开菜单”按钮，在弹出的下拉菜单中选择“新建表样式”命令。

（2）编辑表样式：在“表样式”面板的列表框中双击表样式选项，在打开的“表样式选项”对话框中可进行编辑。

（3）删除表样式：选择某个样式选项后，单击“删除选定样式/组”按钮。

（4）载入表样式：单击“展开菜单”按钮，在弹出的下拉菜单中选择“载入表样式”命令，在打开的对话框中选择需载入的表样式文件。

6.5.2　单元格样式

选择【窗口】/【样式】/【单元格样式】菜单命令打开“单元格样式”面板，在其中可对单元格样式进行新建、编辑、删除和载入等操作，其方法分别如下。

（1）新建单元格样式：在“单元格样式”面板中单击“创建新样式”按钮，或单击“展开菜单”按钮，在弹出的下拉菜单中选择“新建单元格样式”选项。

（2）编辑单元格样式：在“单元格样式”面板中的列表框中双击单元格样式选项，在打开的“单元格样式选项”对话框中可进行编辑。

（3）删除单元格样式：选择某个单元格样式选项后，单击“删除选定样式/组”按钮即可。

（4）载入单元格样式：单击“展开菜单”按钮，在弹出的下拉菜单中选择“载入单元格样式”命令，在打开的对话框中选择需载入的单元格样式文件。

下面以设置表格的外框粗细和颜色、间隔填色，并应用于表格为例，介绍表样式的应用方法。

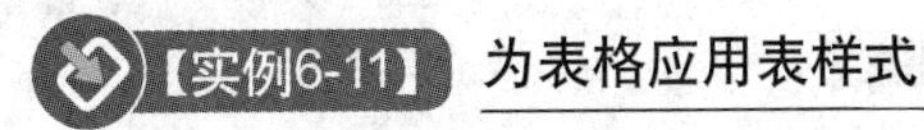

为表格应用表样式

素材文件：素材\第6章\地产.doc	效果文件：素材\第6章\地产.indd
视频文件：视频\第6章\6-11.swf	操作重点：导入文本

1 打开素材提供的“外汇表.indd”文档，选择【窗口】/【样式】/【表样式】菜单命令，如图6-55所示。

2 在“表样式”面板中单击右上方的“展开菜单”按钮，在弹出的下拉菜单中选择“新建表样式”命令，如图6-56所示。

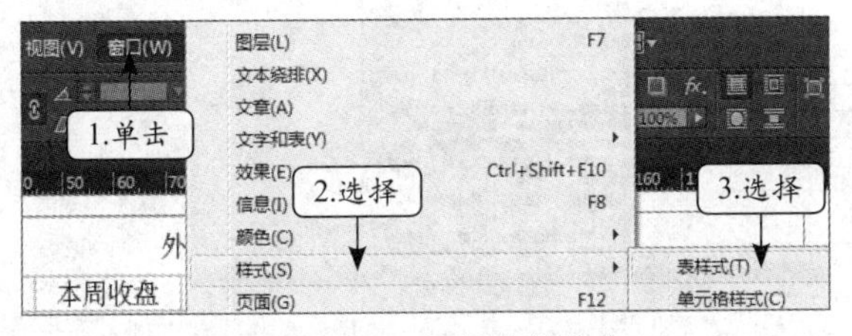

图6-55　选择菜单命令

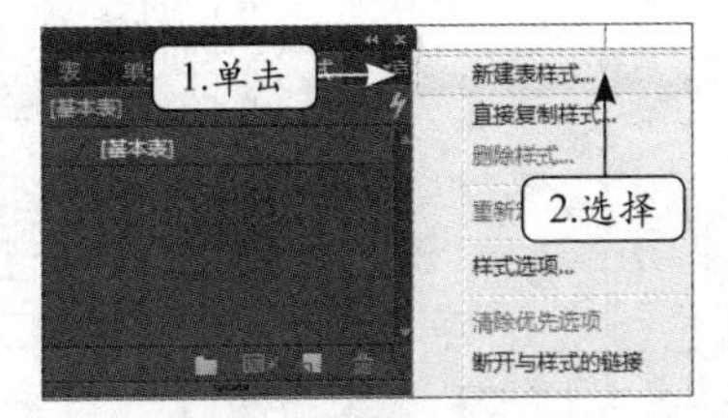

图6-56　新建表样式

3 打开“新建表样式”对话框，在左侧列表框中选择“表设置”选项，在“表外框”栏的“粗细”数值框中输入“3”，在“颜色”下拉列表框中选择“C=0 M=100 Y=0 K=0”选项，如图6-57所示。

4 在左侧列表框中选择“填色”选项，在“交替模式”下拉列表框中选择“每隔一行”选项，在“颜色”下拉列表框中选择“C=100 M=0 Y=0 K=0”选项，在“色调”数值框中输入“50”，在“跳过最前”数值框中输入“2”，确认设置，如图6-58所示。

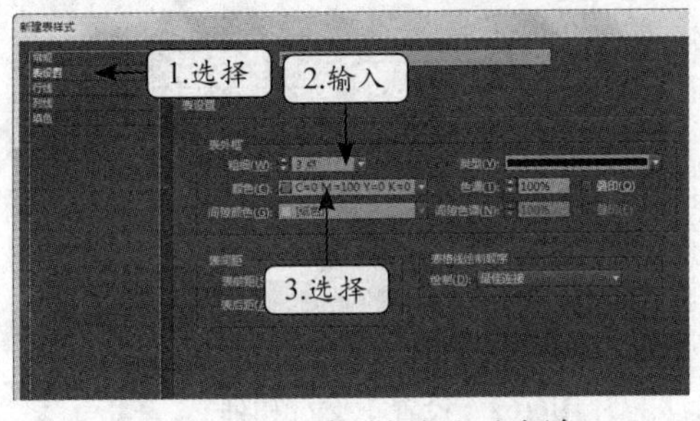

图6-57　设置表外框粗细和颜色

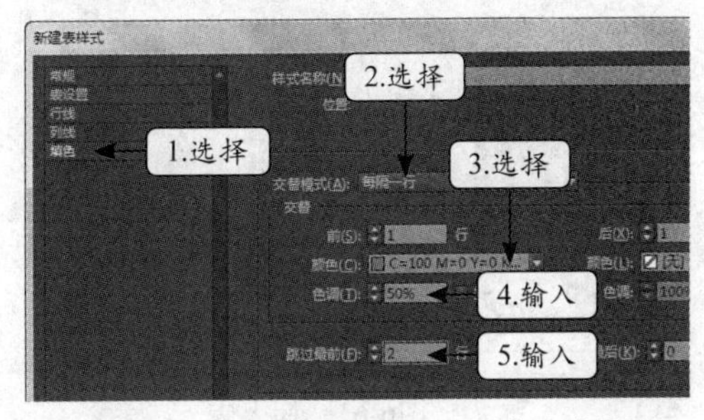

图6-58　设置填色的模式、颜色和色调

5 将插入点定位在表格任意位置，选择“表样式”面板中的“表样式1”选项，如图6-59所示。

外汇报价				
货币	本周收盘	上周收盘	涨跌	幅度
AUDJPY	79.03	79.93	-90	-1.14%
EURUSD	1.3946	1.3953	-7	-0.05%
USDJPY	80.37	81.36	-99	-1.23%
GBPUSD	1.6038	1.5683	355	2.21%

图6-59　应用表样式

6.6 上机实训——制作生产计划表

下面将通过制作生产计划表综合练习本章介绍的重点知识，本实训的最终效果如图6-60所示。

素材文件：素材\第6章\地产.doc	效果文件：素材\第6章\地产.indd
视频文件：视频\第6章\6-1.swf	操作重点：导入文本

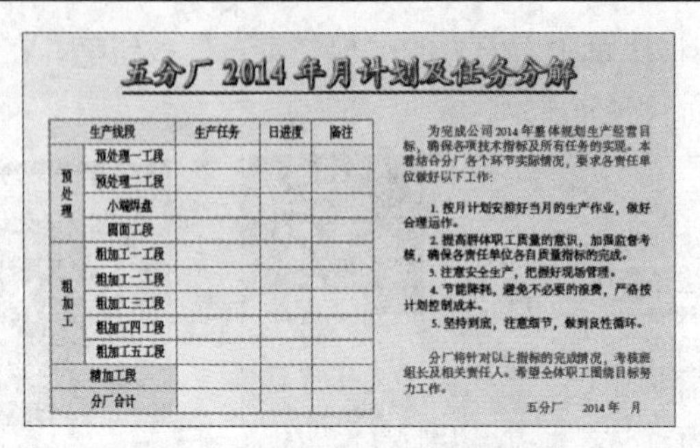

五分厂 2014 年月计划及任务分解

生产线段		生产任务	日进度	备注
预处理	预处理一工段			
	预处理二工段			
	小端焊盘			
	圆面工段			
粗加工	粗加工一工段			
	粗加工二工段			
	粗加工三工段			
	粗加工四工段			
	粗加工五工段			
精加工段				
分厂合计				

为完成公司2014年整体规划生产经营目标，确保各项技术指标及所有任务的实现。本着结合分厂各个环节实际情况，要求各责任单位做好以下工作：

1. 按月计划安排好当月的生产作业，做好合理运作。
2. 提高群体职工质量的意识，加强监督考核，确保各责任单位各自质量指标的完成。
3. 注意安全生产，把握好现场管理。
4. 节能降耗，避免不必要的浪费，严格按计划控制成本。
5. 坚持到底，注意细节，做到良性循环。

分厂将针对以上指标的完成情况，考核班组长及相关责任人。希望全体职工围绕目标努力工作。

五分厂　2014年　月

图6-60　生产计划表的最终效果

1. 创建主体表格

在版面空白处创建表格，并做适当的调整。

1 打开素材提供的“生产表.indd”文档，利用文字工具在版面空白处创建一个文本框，然后选择【表】/【插入表】菜单命令，如图6-61所示。

2 打开“插入表”对话框，在“正文行”和“列”文本框中分别输入“12”、“5”，单击 确定 按钮，如图6-62所示。

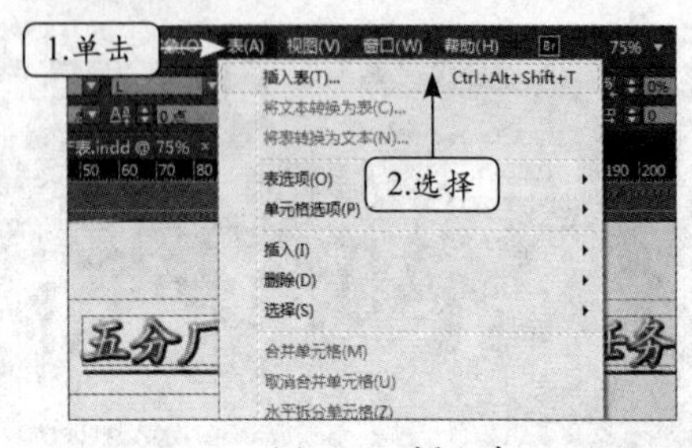

图6-61　插入表

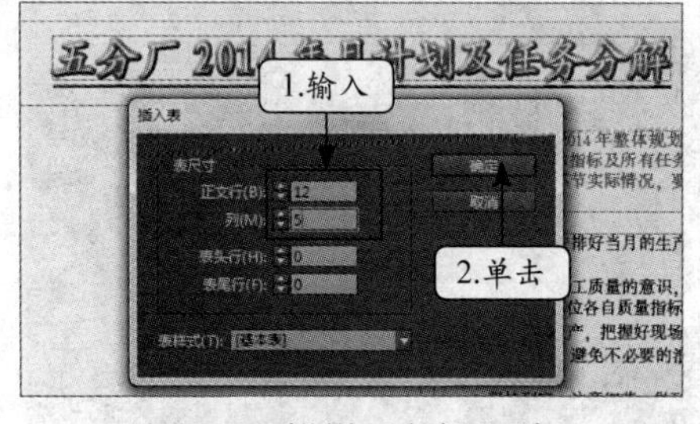

图6-62　设置正文行和列

3 将鼠标指针移动到表格左上角外侧，单击以选中整个表格，如图6-63所示。

4 在属性栏右侧的“行高”文本框中输入“8”，按【Enter】键，如图6-64所示。

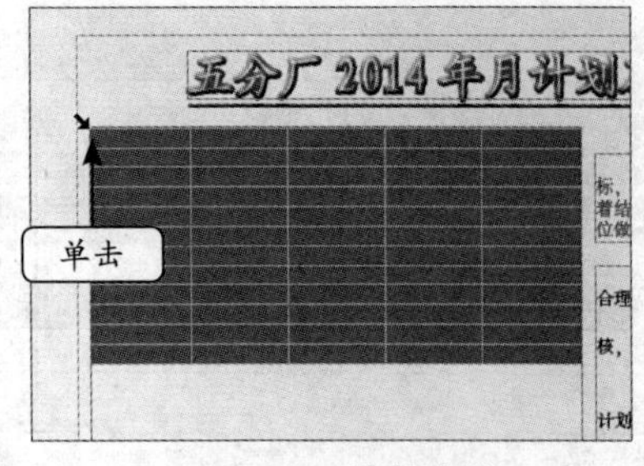

图6-63　选择表格

图6-64　设置行高

5 将鼠标移动到表格第一列右侧分割线上，向左拖动鼠标到如图6-65所示的位置。

6 按照相同方法继续调整其他的列宽，效果如图6-66所示。

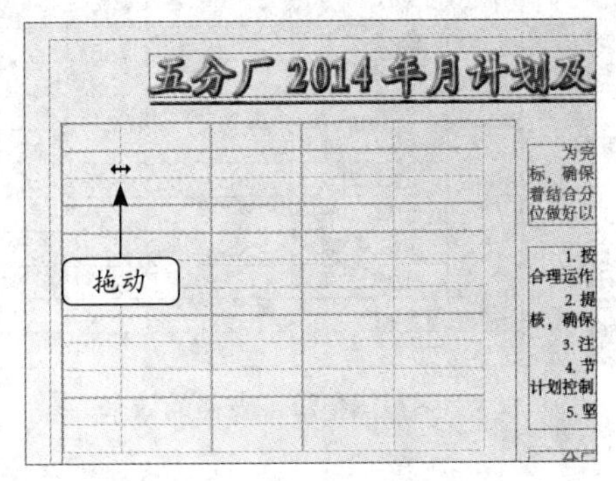

图6-65 调整列宽

图6-66 调整列宽

7 选中第一行的前面两个单元格，然后在其上单击鼠标右键，在弹出的快捷菜单中选择“合并单元格”命令，如图6-67所示。

8 选中第一列的第二个到第五个单元格，在所选单元格上单击鼠标右键，在弹出的快捷菜单中选择“合并单元格”命令，效果如图6-68所示。

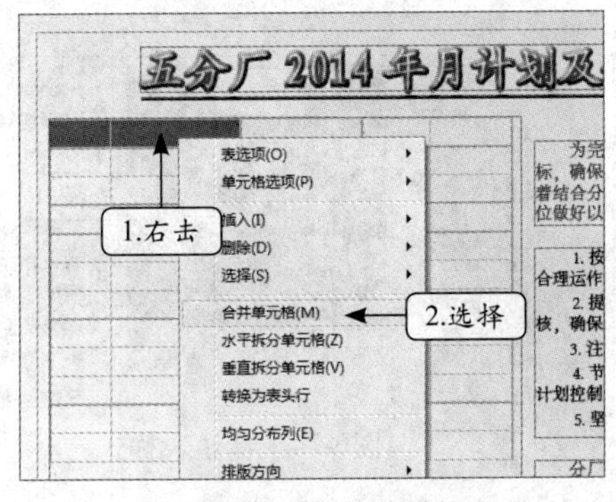

图6-67 合并单元格

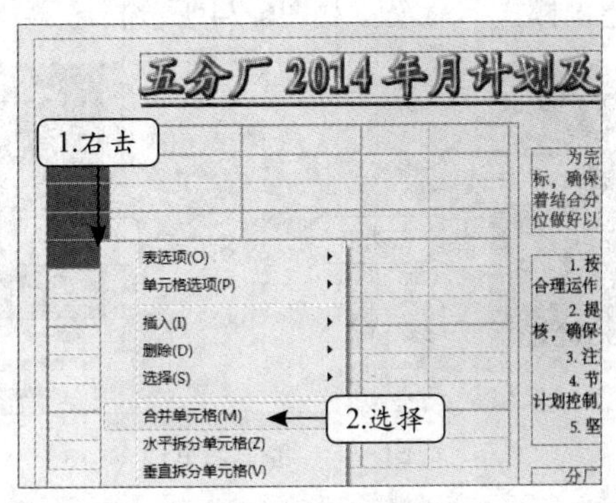

图6-68 合并单元格

9 按照相同方法合并其他单元格，效果如图6-69所示。

10 在单元格中输入如图6-70所示的文本内容。

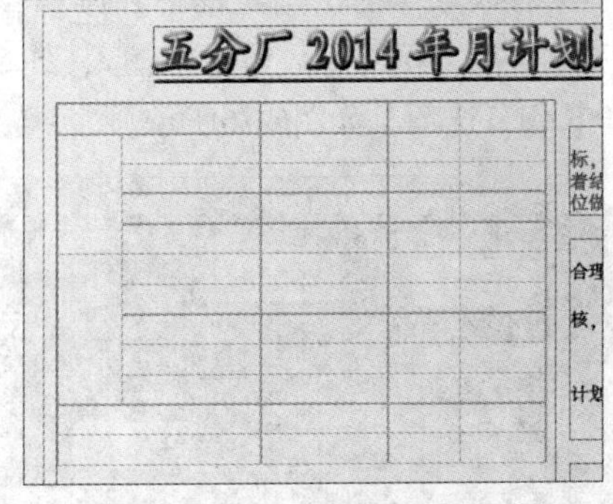

图6-69 合并单元格

图6-70 输入文本

11 选中整个表格，在属性栏的“字号”数值框中输入“14”，然后单击属性栏中水平方向“居中对齐”按钮和垂直方向的“居中对齐”按钮，效果如图6-71所示。

12 完成表格主体设置后的效果如图6-72所示。

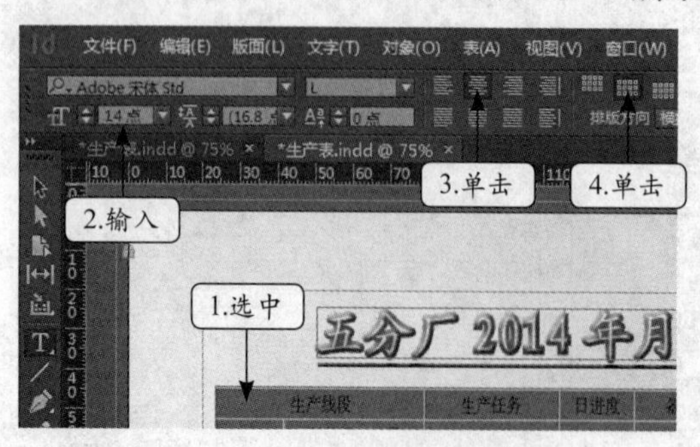

图6-71 设置文本字号和对齐方式

生产线段		生产任务	日进度	备注
预处理	预处理一工段			
	预处理二工段			
	小端焊盘			
	圆面工段			
粗加工	粗加工一工段			
	粗加工二工段			
	粗加工三工段			
	粗加工四工段			
	粗加工五工段			
精加工段				
分厂合计				

图6-72 表格的效果

2. 设置表格效果

下面将设置表格的列线、行线和外框的颜色，并对部分单元格进行填色，添加表格的效果。

1 选择【窗口】/【样式】/【表样式】菜单命令，如图6-73所示。

2 打开“表样式”面板，单击右上方的“展开菜单”按钮，在弹出的下拉菜单中选择“新建表样式”命令，如图6-74所示。

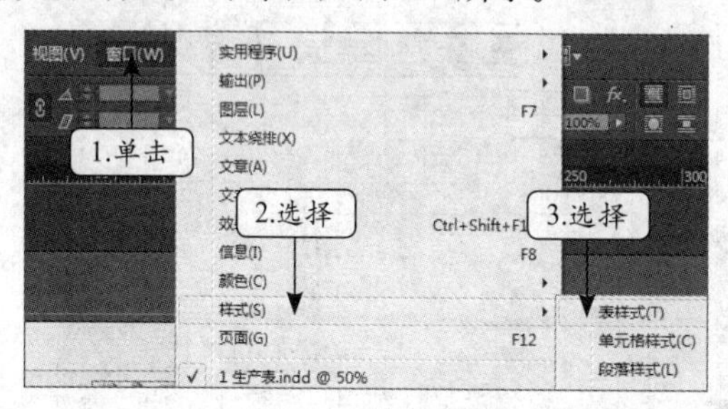

图6-73 选择菜单命令

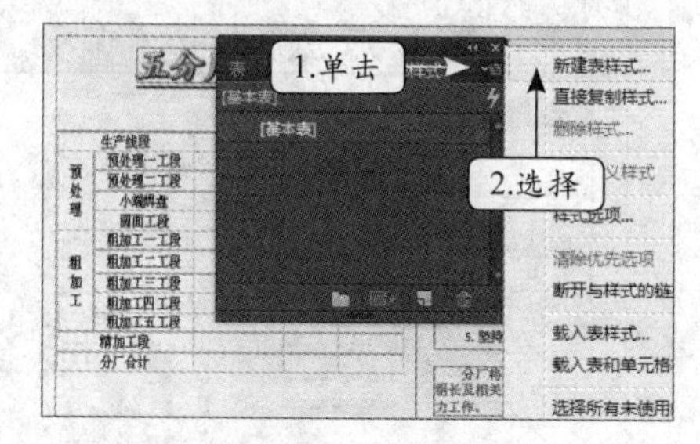

图6-74 新建表样式

3 打开“新建表样式”对话框，在左侧列表框中选择“表设置”选项，在“表外框”栏中的“粗细”数值框中输入“1.5”，在“颜色”下拉列表框中选择“C=15 M=100 Y=100 K=0”选项，如图6-75所示。

4 在左侧列表框中选择“行线”选项，在“交替模式”下拉列表框中选择“自定行”选项，在“交替”栏中的“后”数值框中输入“0”，在“粗细”数值框中输入“1.5”，在“颜色”下拉列表框中选择“C=15 M=100 Y=100 K=0”选项，如图6-76所示。

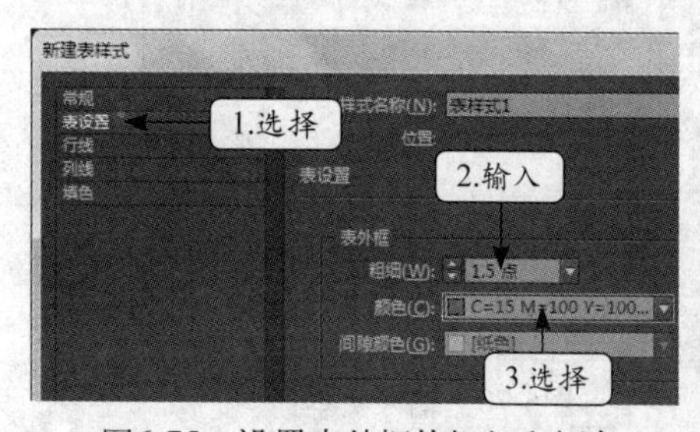

图6-75 设置表外框的粗细和颜色

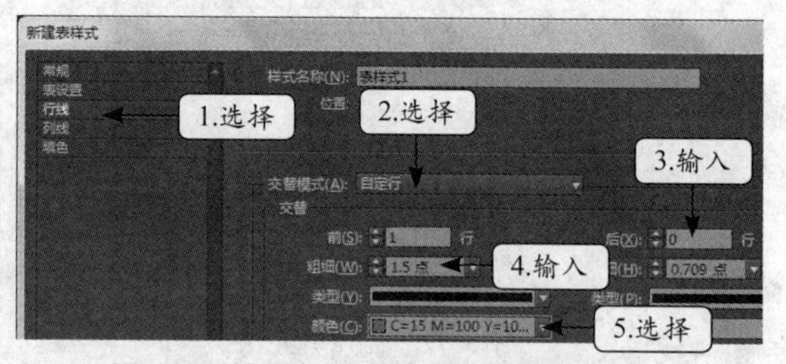

图6-76 设置行线交替模式、粗细和颜色

5 在左侧列表框中选择“列线”选项，在“交替模式”下拉列表框中选择“自定列”

选项，在“交替”栏中的“后”数值框中输入“0”，在“粗细”数值框中输入“1.5”，在“颜色”下拉列表框中选择“C=15 M=100 Y=100 K=0”选项，如图6-77所示。

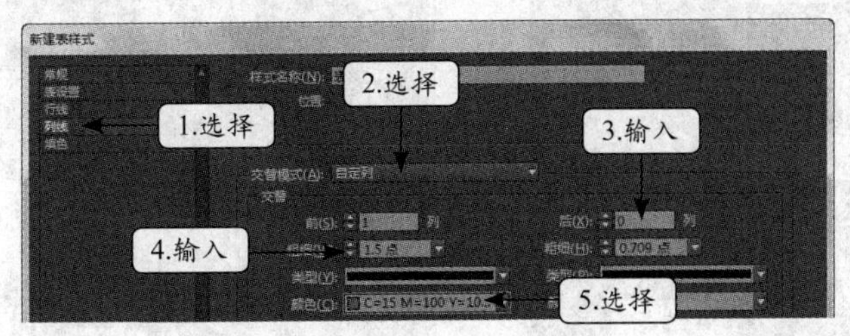

图6-77　设置列线交替模式、粗细和颜色

6 在左侧列表框中选择“填色”选项，在“交替模式”下拉列表框中选择“自定列”选项，在“交替”栏中的“后”数值框中输入“4”，在“颜色”下拉列表框中选择“C=0 M=0 Y=100 K=0”选项，在“色调”数值框中输入“50”，确认设置，如图6-78所示。

7 使用文字工具将插入点定位到表格的任意单元格中，在“表样式”面板中选择“表样式1”选项，如图6-79所示。

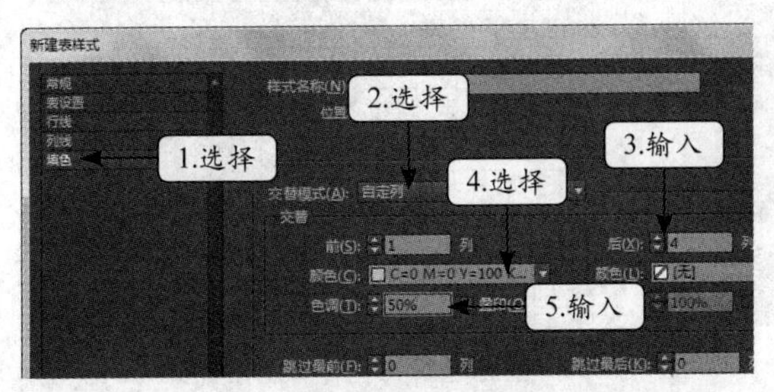

图6-78　设置填色交替模式和颜色

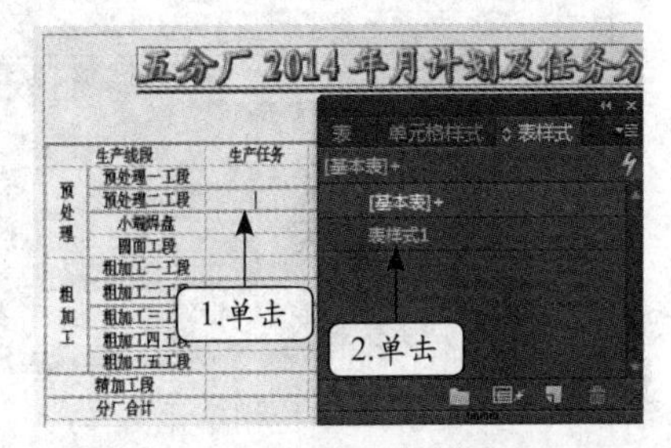

图6-79　应用表样式

8 选择【窗口】/【样式】/【单元格样式】菜单命令，如图6-80所示。

9 单击右上方的“展开菜单”按钮，在弹出的下拉菜单中选择“新建单元格样式”命令，如图6-81所示。

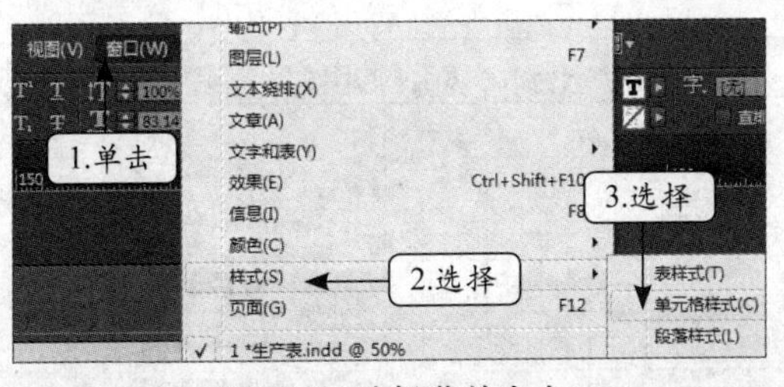

图6-80　选择菜单命令

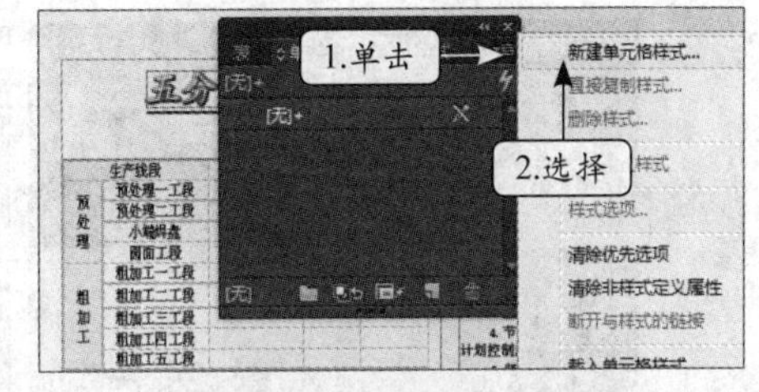

图6-81　新建单元格样式

10 打开“新建单元格样式”对话框，在左侧列表框中选择“文本”选项，单击“单元格内边距”栏中的“将所有设置设为相同”按钮，使其变为状态，再在“上”、“下”数值框中都输入“2”，在“垂直对齐”栏中的“对齐”下拉列表框中选择“居中对齐”选项，确认设置，如图6-82所示。

11 按照相同操作方法，重新打开“新建单元格样式”对话框，并在左侧列表框中选择“描边和填色”选项，在“单元格填色”栏中的“颜色”下拉列表框中选择“C=0 M=0 Y=100 K=0”选项，在“色调”数值框中输入“50”，确认设置，如图6-83所示。

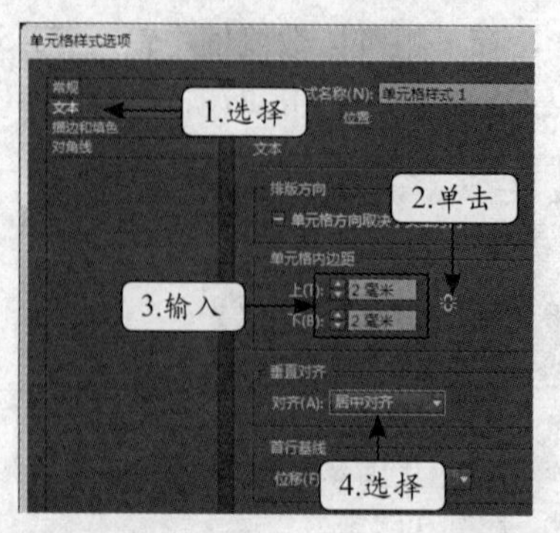

图6-82 设置单元格内边距和对齐方式

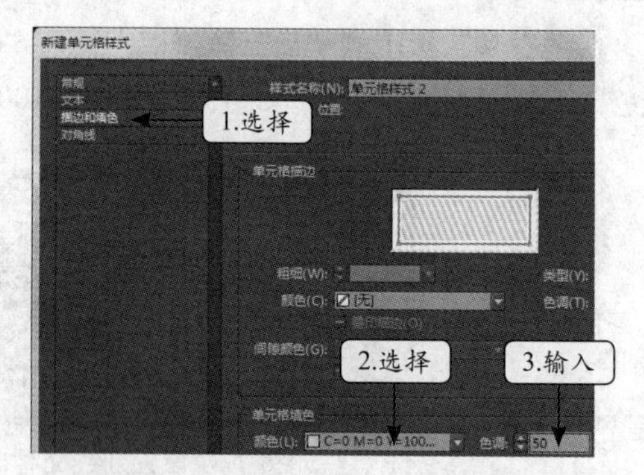

图6-83 设置单元格填色的颜色和色调

12 将鼠标指针移动到表格左上角处，当其变为↘状态时单击鼠标选择整个表格，在“单元格样式”面板中选择“单元格样式1”选项应用样式，如图6-84所示。

13 将插入点定位在“生产任务”文本所在单元格，然后在“单元格样式”面板中选择“单元格样式2”选项应用样式，如图6-85所示。

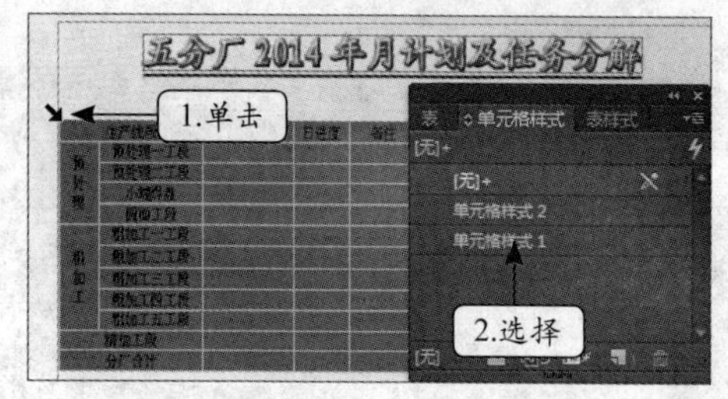

图6-84 应用单元格样式

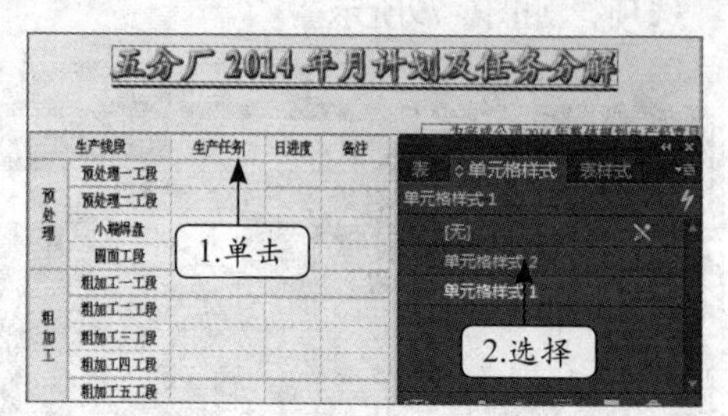

图6-85 应用单元格样式

14 按上述方法依次应用“单元格样式2”到“日进度”和“备注”所在的单元格，利用选择工具选择表格所在的文本框，在属性面板左侧的参考点标记中单击左上角标记点▪，然后设置“X”和“Y”分别为“23毫米”和“56毫米”，按【Enter】键，最终效果如图6-86所示。

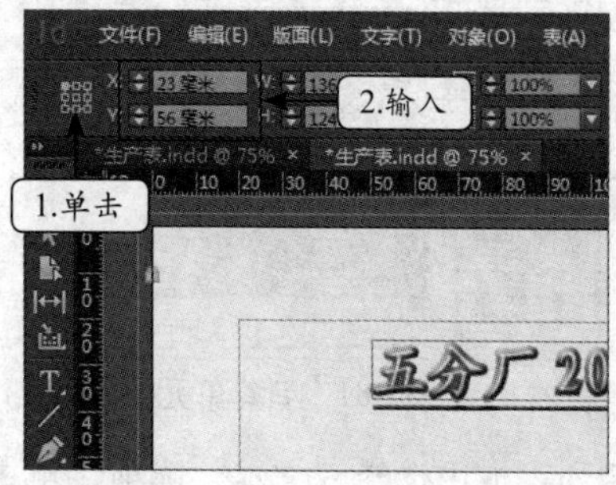

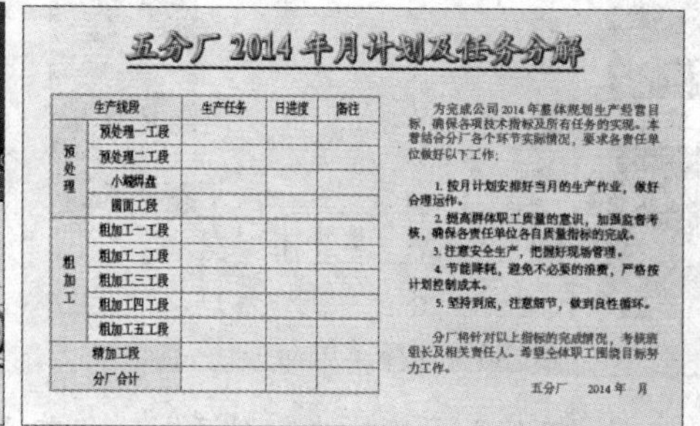

图6-86 设置表格位置

6.7 本章小结

本章主要讲解了表格的创建、编辑、格式设置、外观设置以及表格样式的应用，包括手动创建表格、置入Excel表格和Word、插入行和列、合并和拆分单元格、设置表头和表尾、调整行和列的大小以及设置表格的描边和填色等内容。

上述内容中，创建表格、调整表格结构和设置表格格式是需要熟练掌握并灵活运用的。此外，单元格的描边和填色、对角线的设置、交替填色的设置、表格样式的应用也是非常实用的功能，建议熟悉其用法。

6.8 疑难解答

1.问：合并的单元格怎么取消？

答：在属性面板中单击“取消合并单元格”按钮▣，或选择【表】/【取消合并单元格】菜单命令。

2.问：在行高标记▣右侧的下拉列表框中的“最少”选项和“精确”选项分别代表什么意思？

答：如果单元格中所显示内容的实际行高大于设置的行高值时，选择“最少”选项后，将会保持实际行高大小，使内容显示完整；若选择“精确”选项，则会保持设置的行高值，不会将内容显示完整。

3.问：如何取消表头行和表尾行的设置？

答：选择表头行或表尾行后，选择【表】/【转换行】/【到正文】菜单命令即可。

6.9 习题

1．创建如图6-87所示的表格效果。要求将素材（素材文件：素材\第6章\课后练习\01.jpg、02.jpg、03.jpg）提供的三幅图像置入其中，并将所有边框设置为无色，同时，为单元格填充颜色。（效果文件：效果\第6章\课后练习\水族馆.indd）。

2．打开素材“食谱表.indd”文件（素材文件：素材\第6章\课后练习\食谱表.indd），将其中的表格设置为如图6-88所示的食谱表表格效果（效果文件：效果\第6章\课后练习\食谱表.indd）。

（1）设置所有单元格的内边距。

（2）在左侧第一个单元格中添加对角线。

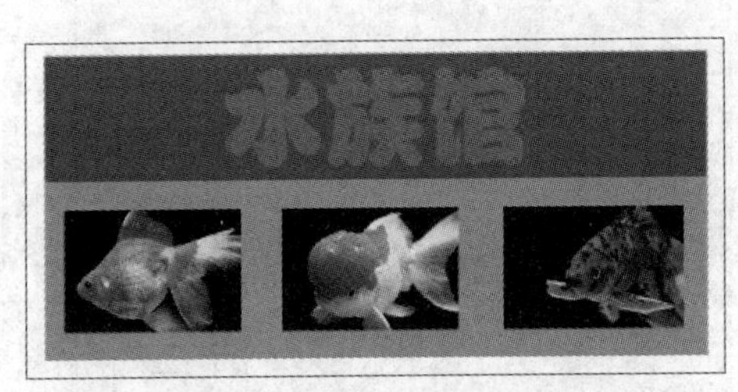

图6-87 创建的表格

职工餐厅 6 月份食谱

	早餐	午餐	晚餐
星期一	臊子面 一小菜	炒肉丝 豆腐 青菜	黑面 一荤一素
星期二	馒头 鸡蛋 二小菜	肉片 炒鸡蛋 土豆 甘蓝	豆面 一荤一素
星期三	馒头 粉汤	鸡 豆腐 萝卜	荞面 一荤一凉
星期四	包子 一小菜 稀饭	鱼 西红柿 白菜 豆芽	转白刀 一荤一素
星期五	花卷 鸡蛋 一小菜 粥	炖肉 炒鸡蛋 空心菜	拉条子 一荤一凉

图6-88 食谱表

第7章　Indesign高级排版应用

本章主要介绍对象库的创建与打开，项目的添加、删除和应用，图层的创建、删除、复制、合并、显示、隐藏与锁定及各种图文混排的设置。通过学习，可以更好地对版面进行控制和设计。

学习要点

- 掌握对象库的使用方法
- 掌握图文混排的方法

7.1　对象库的使用

对象库用于存储各种设置好的对象或项目，当需要使用这些内容时，可通过对象库快速调用，无须再重复制作相同的对象或项目。

7.1.1　创建与打开对象库

对象库是通过专用的文件保存的，其创建与打开的方法与文档类似，具体操作如下。

（1）创建对象库：选择【文件】/【新建】/【库】菜单命令，在“新建库”对话框中选择路径，设置文件名，单击保存(S)按钮即可，如图7-1所示。

（2）打开对象库：选择【文件】/【打开】菜单命令，在“打开文件”对话框中选择路径和文件后，单击打开(O)按钮即可，如图7-2所示。

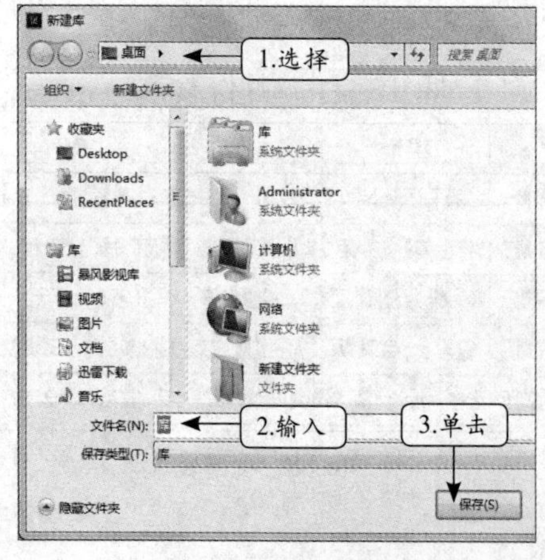

图7-1　新建库文件

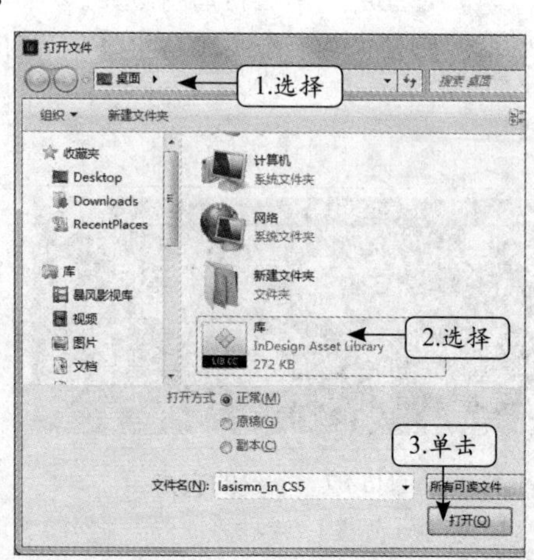

图7-2　打开库文件

7.1.2 添加与删除项目

对象库中可保存设置好的项目，也可对项目进行添加与删除，其方法分别如下。

（1）添加项目：选择需要添加的对象或项目，然后在“库”面板中单击“新建库项目”按钮，如图7-3所示。

（2）删除项目：在“库”面板中选择需要删除的项目，单击“删除库项目”按钮，如图7-4所示。

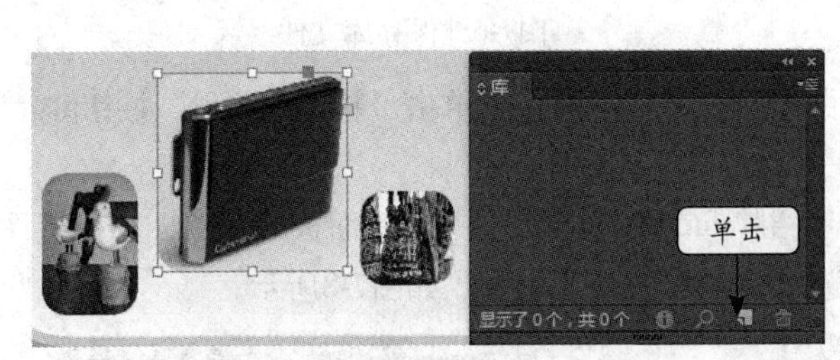

图7-3 添加项目

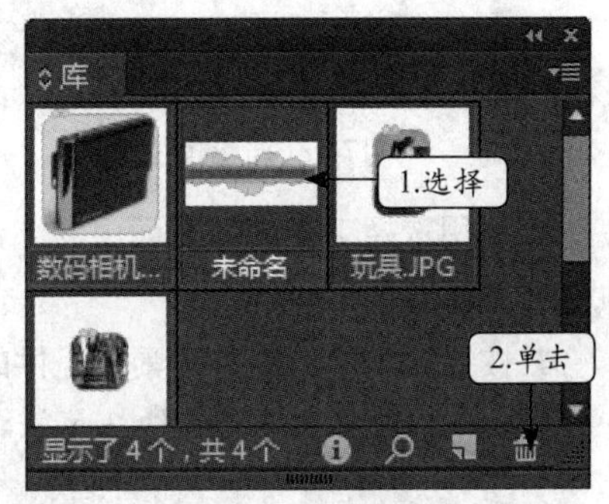

图7-4 删除项目

7.1.3 应用项目

当需要在其他Indesign文档或其他电脑上的Indesign文档中应用对象库中的项目时，可首先在Indesign中打开对象库，然后在“库”面板中选择需要应用的项目，并在其上单击鼠标右键，在弹出的快捷菜单中选择“置入项目”菜单命令即可。

7.1.4 改变对象库的显示方式

根据对象库中项目数量的多少，可以更改对象库的显示方式，包括列表视图、缩览图视图、大缩览图视图三种。

在“库”面板中单击“展开菜单”按钮，在弹出的下拉菜单中选择相应的命令即可改变对象库显示方式。

下面以将文档中的对象添加到库，并将其应用于另一个文档中为例，介绍对象库的使用方法。

【实例7-1】 对象库的使用

素材文件：素材\第7章\冰凉夏天.indd、招牌.indd	效果文件：效果\第7章\招牌.indd、库. Indl
视频文件：视频\第7章\7-1.swf	操作重点：新建对象库、添加项目、应用项目

1 打开素材提供的“冰凉夏天.indd”文档，选择【文件】/【新建】/【库】菜单命令，如图7-5所示。

2 打开“新建库”对话框，在“路径”下拉列表框中选择保存的路径，在“文件名”文本框中输入“库”，单击保存(S)按钮，如图7-6所示。

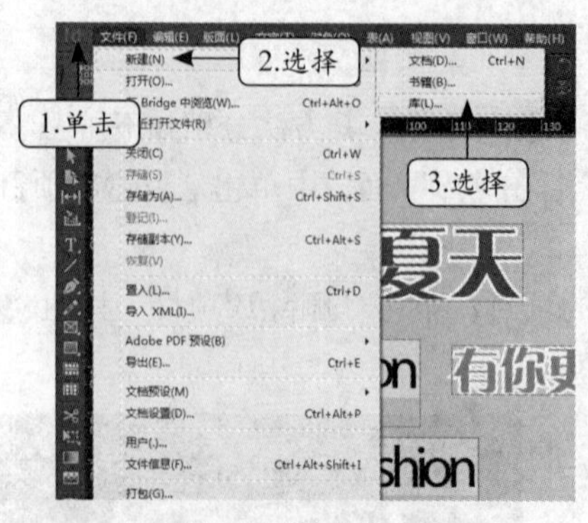

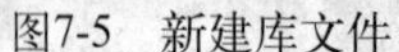
图7-5 新建库文件

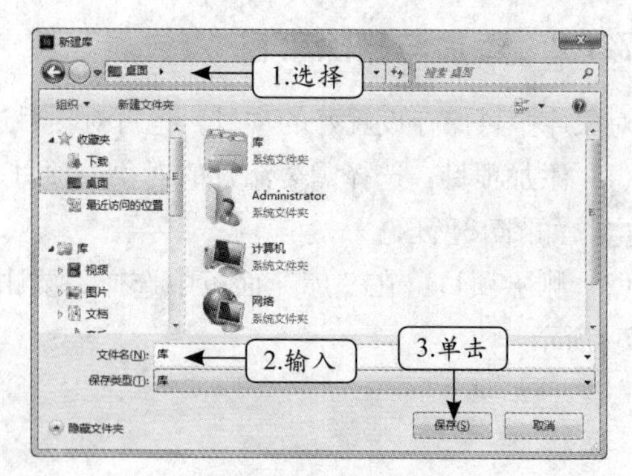

图7-6 保存库文件

3 使用选择工具选择页面中的红色图形，在“库”面板中单击“新建库项目”按钮，如图7-7所示。

4 按【Ctrl+O】键打开素材提供的“招牌.indd”文档，在“库”面板的红色图形缩览图上单击鼠标右键，在弹出的快捷菜单中选择“置入项目”命令，如图7-8所示。

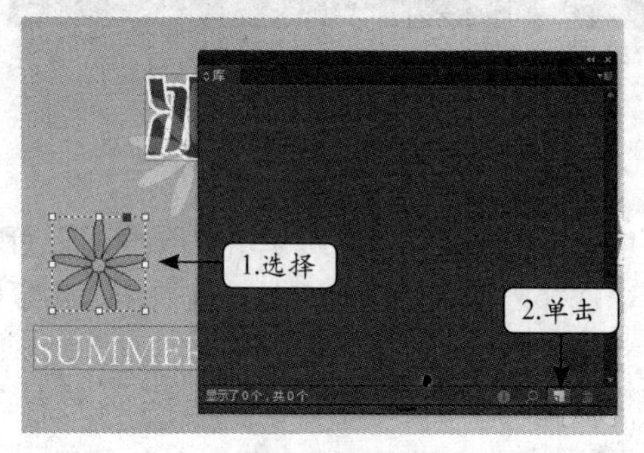

图7-7 添加项目

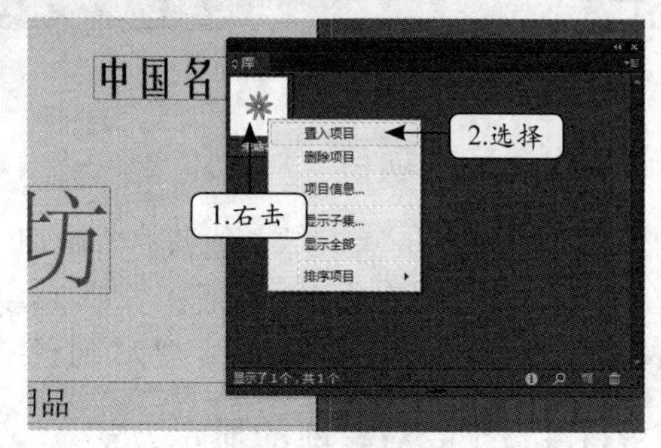

图7-8 应用项目

5 在页面中选择刚置入的图形，在属性面板中的“X”、“Y”、“W”、“H”数值框中分别输入“136”、“52”、“36”、“23”，按【Enter】键，最终效果如图7-9所示。

图7-9 设置位置和大小

7.2 图层的操作

当文档涉及大量的对象时，可使用Indesign提供的图层功能进行有效管理，每个图层指定放置需要的内容，编辑时不影响其他图层的内容。下面将重点介绍图层的操作，包括创建、复制、合并、显示以及隐藏图层等。

7.2.1　创建与删除图层

选择【窗口】/【图层】菜单命令，打开“图层”面板，在其中可创建和删除图层，其方法如下。

（1）创建图层：在“图层”面板中单击“展开菜单”按钮，在弹出的下拉菜单中选择“新建图层”命令，打开“新建图层”对话框，在其中可设置图层名称、图层颜色等，如图7-10所示。

TIPS 在“图层”面板的列表框中选择某个图层选项后，单击鼠标右键，在弹出的快捷菜单中选择“新建图层”命令也可打开“新建图层”对话框。

（2）删除图层：在“图层”面板中选择需要删除的图层选项后，单击“删除选定图层”按钮即可，如图7-11所示。

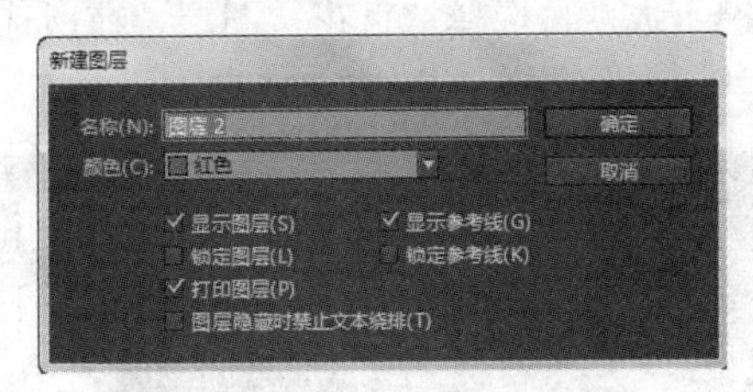

图7-10　“新建图层”对话框

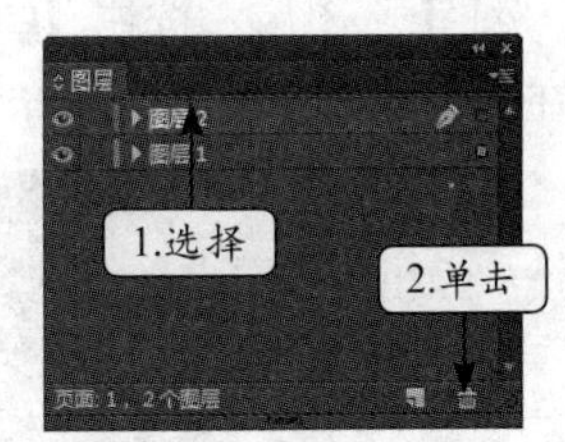

图7-11　删除图层

7.2.2　复制与合并图层

图层可以根据需要进行复制或合并操作，其实现的方法如下。

（1）复制图层：在“图层”面板中的图层选项上单击鼠标右键，在弹出的快捷菜单中选择“复制图层”命令，如图7-12所示。

（2）合并图层：在“图层”面板中利用【Ctrl】键选择需合并的多个图层选项，单击鼠标右键，在弹出的快捷菜单中选择“合并图层”命令，如图7-13所示。

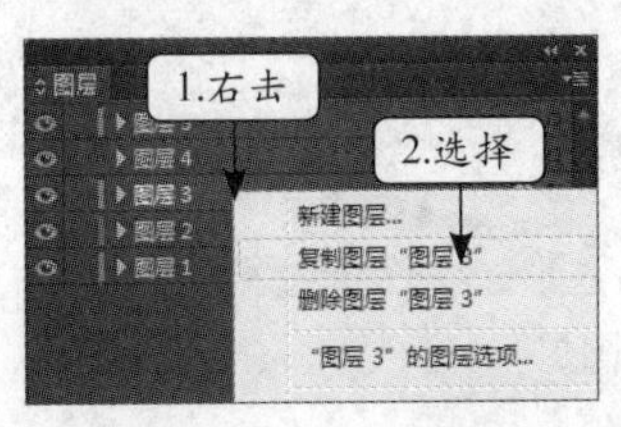

图7-12　复制图层

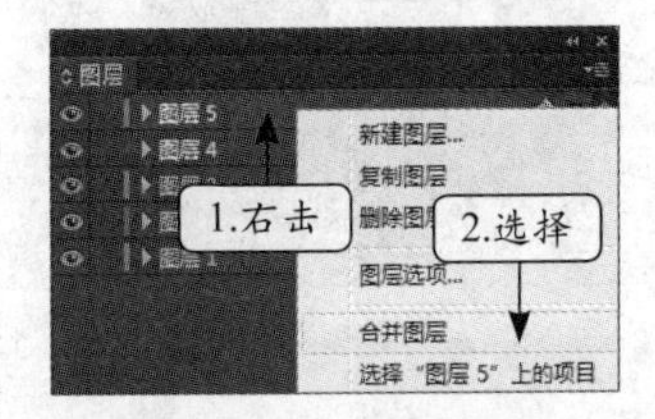

图7-13　合并图层

下面以复制“红花”图层并将其与“百花”图层合并，然后删除“红花复制”图层为例，进一步掌握图层的操作方法。

【实例7-2】 复制、合并和删除图层

素材文件：素材\第7章\冰凉.indd	效果文件：效果\第7章\冰凉.indd
视频文件：视频\第7章\7-2.swf	操作重点：复制图层、合并图层、删除图层

1 打开素材提供的“冰凉.indd”文档，选择【窗口】/【图层】菜单命令，如图7-14所示。

2 打开“图层”面板，在“红花”图层选项上单击鼠标右键，在弹出的快捷菜单中选择“复制图层”命令，如图7-15所示。

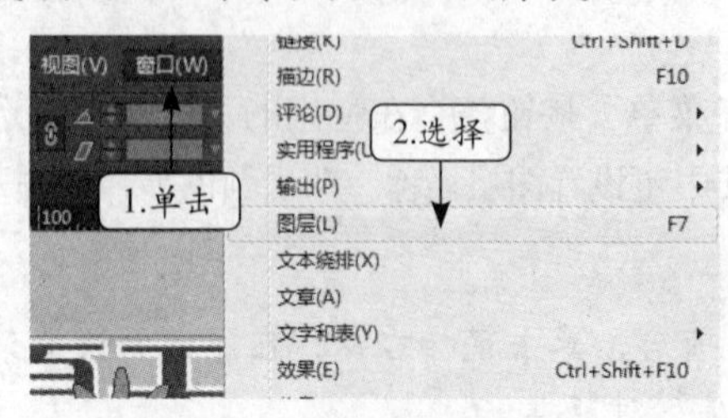

图7-14　选择菜单命令

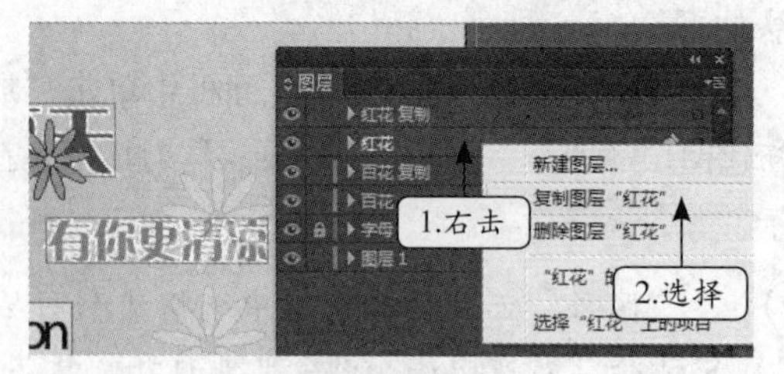

图7-15　复制图层

3 在版面中拖动左下方红色花朵图形到适当位置，如图7-16所示。

4 选择“红花”图层，按住【Ctrl】键不放，再选择“百花”图层，在所选图层上单击鼠标右键，在弹出的下拉菜单中选择“合并图层”命令，如图7-17所示。

图7-16　移动对象

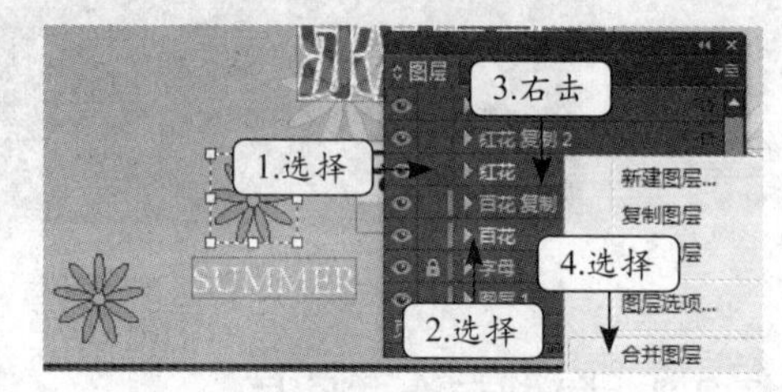

图7-17　合并图层

5 选择“红花复制”图层选项，单击下方“删除选定图层”按钮，在打开的提示对话框确认设置即可，效果如图7-18所示。

图7-18　删除图层

7.2.3　隐藏与显示图层

隐藏图层后，图层中的对象也会被隐藏，这对于复杂版面的设计来说是非常有用的功能。下面介绍隐藏与显示图层的方法。

(1) 隐藏图层：在“图层”面板中单击图层选项前面的“切换可视性”标记，使其变为状态，如图7-19所示。

(2) 显示图层：在“图层”面板中单击图层选项前面的“切换可视性”标记，使其重新变为状态，如图7-20所示。

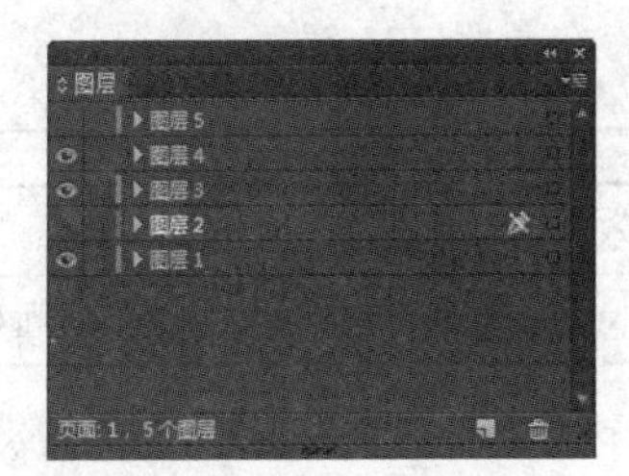

图7-19　隐藏图层5

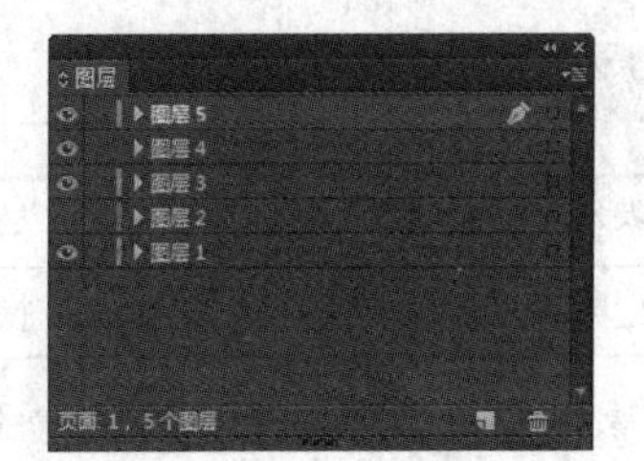

图7-20　显示图层5

7.2.4　锁定与解锁图层

锁定图层后，图层中的内容也将被锁定，这样能有效避免编辑其他图层内容时的误操作。锁定与解锁图层的方法分别如下。

（1）锁定图层：在“图层”面板中单击图层选项前面的“切换图层锁定”标记■，使其变为■状态，如图7-21所示。

（2）解锁图层：在“图层”面板中单击图层选项前面的“切换图层锁定”标记■，使其重新变为■状态，如图7-22所示。

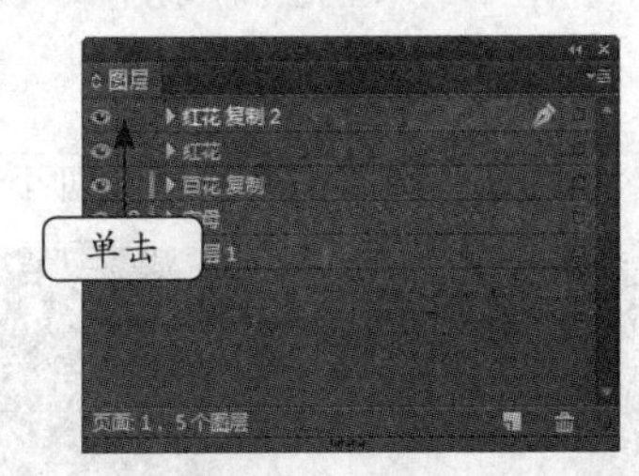

图7-21　锁定图层

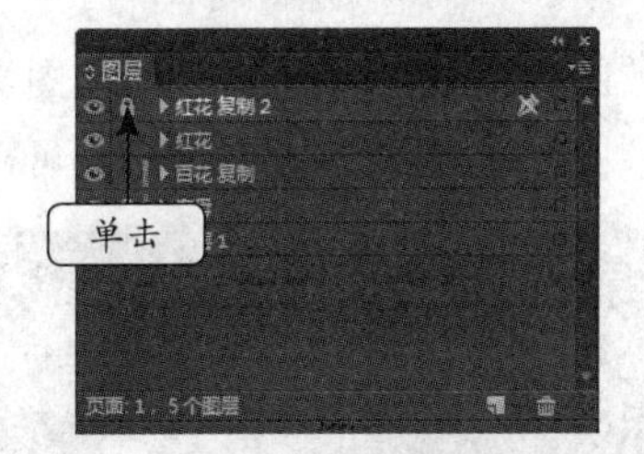

图7-22　解锁图层

7.2.5　在图层间移动对象

Indesign允许将对象在各个图层中移动使用，实现的方法有以下几种。

（1）通过快捷键移动：选择要移动的图层对象，按【Ctrl+X】键进行剪切，然后在“图层”面板中选择图层对象的放置位置后，再按【Ctrl+V】键。

（2）拖动鼠标移动：选择对象，拖动“图层”面板中对象所在图层选项后面的“指示选定的项目”标记■到目标图层，如图7-23所示。

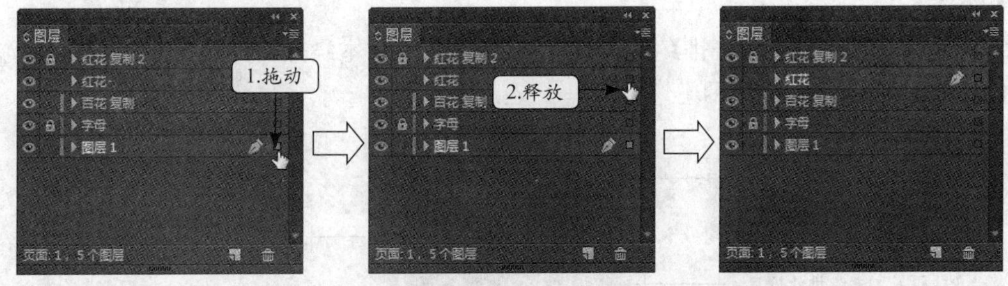

图7-23　拖动鼠标在图层间移动对象的过程

下面以把图层中的对象移动到另一个图层中并锁定和隐藏图层为例，进一步掌握图层的操作方法。

【实例7-3】 图层的应用

素材文件：素材\第7章\夏天.indd	效果文件：效果\第7章\夏天.indd
视频文件：视频\第7章\7-3.swf	操作重点：隐藏图层、锁定图层、在图层间移动对象

1 打开素材提供的“夏天.indd”文档，选择【窗口】/【图层】菜单命令，如图7-24所示。

2 在页面中选择“冰凉夏天”所在文本框，拖动“图层”面板中“图层1”选项后面的“指示选定的项目”标记■到“图层2”选项上，如图7-25所示。

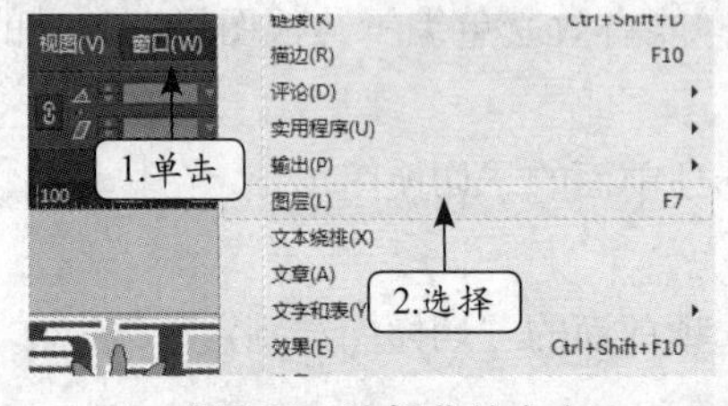

图7-24 选择菜单命令

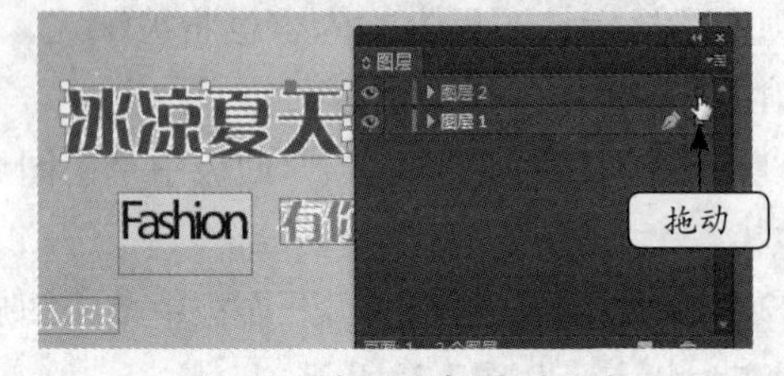

图7-25 在图层间移动对象

3 单击“图层2”选项前面的“切换图层锁定”标记■，如图7-26所示。

4 单击“图层1”选项前面的“切换可视性”标记◉，最终效果如图7-27所示。

图7-26 锁定图层

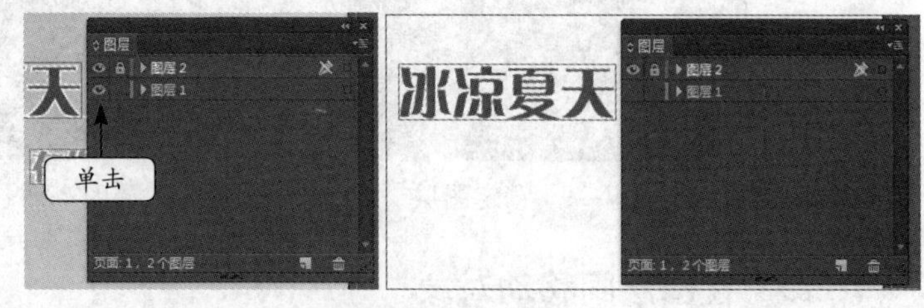

图7-27 隐藏图层

7.3 图文混排

图文混排是指文本与图形、图像等对象在版面中的排版方式，Indesign提供了非常丰富的图文混排功能，不仅可以直接调整嵌入对象的尺寸大小，还能调整文本围绕对象的排列位置和方式。

选择【窗口】/【文本绕排】菜单命令，在打开的“文本绕排”面板中便可进行图文混排的各种设置，如图7-28所示。

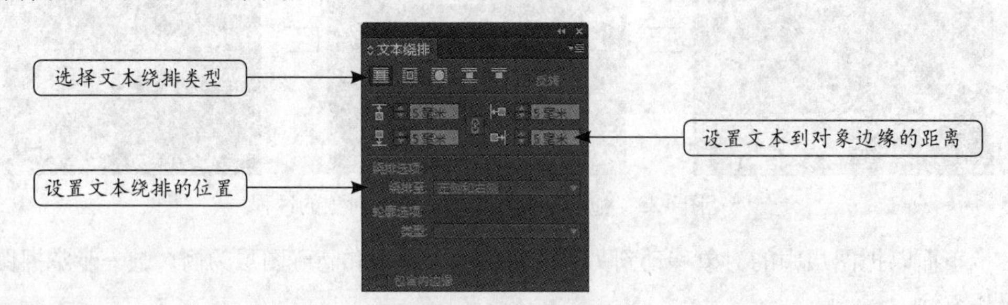

图7-28 “文本绕排”面板

7.3.1 沿定界框绕排

沿定界框绕排是指文本围绕对象所在的框架边缘绕排，单击“文本绕排”面板中的“沿定界框绕排”按钮，可对该绕排选项的“上”、“下”、“左”、“右”4个方向的位移和绕排位置进行设置。应用沿定界框绕排后的效果如图7-29所示。

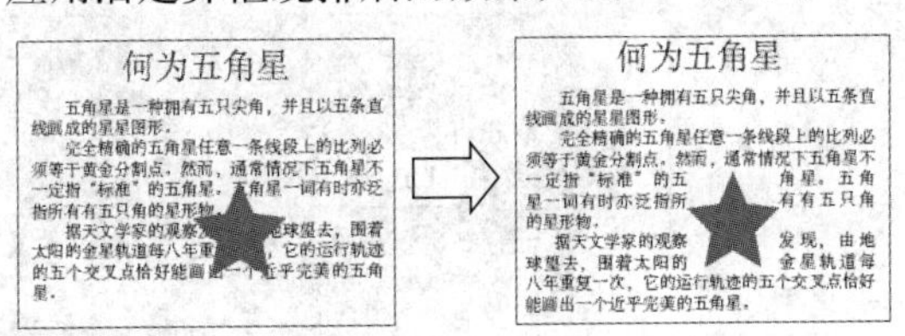

图7-29 沿定界框绕排

7.3.2 沿对象形状绕排

沿对象形状绕排是指文本围绕对象本身的形状边缘绕排，单击“文本绕排”面板中的“沿对象形状绕排”按钮，可对该绕排选项的上位移和绕排位置进行设置。应用沿对象形状绕排后的效果如图7-30所示。

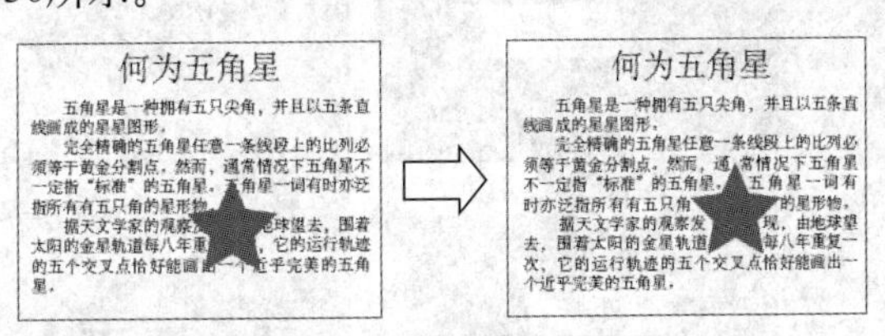

图7-30 沿对象形状绕排

7.3.3 上下型绕排

上下型绕排是指文本自然分开，分别位于对象的上方和下方的排版效果。单击“文本绕排”面板中的“上下型绕排”按钮，可对该绕排选项的“上”、“下”、“左”、“右”4个方向的位移进行设置。应用上下型绕排后的效果如图7-31所示。

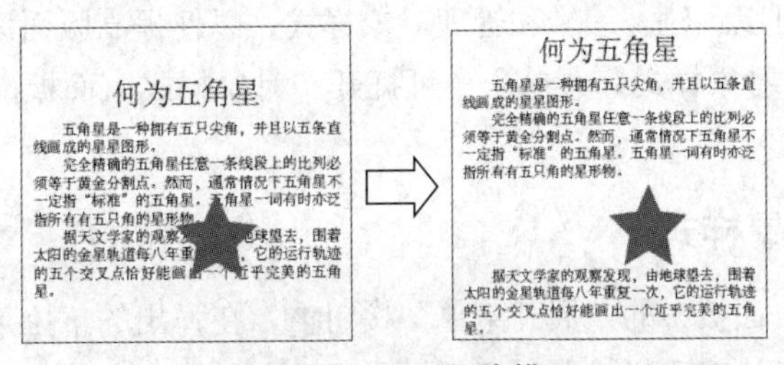

图7-31 上下型绕排

下面以在文本中将图像文件设置为图文混排为例，介绍图文混排的设置方法。

【实例7-4】 为图像对象设置图文混排

素材文件：素材\第7章\风景区.indd	效果文件：效果\第7章\风景区.indd
视频文件：视频\第7章\7-4.swf	操作重点：沿定界框绕排、沿对象形状绕排

1 打开素材提供的“风景区.indd”文档，选择【窗口】/【文本绕排】菜单命令，如图7-32所示。

2 选择“芦苇海”文本中的图像，在“文本绕排”面板中单击“沿对象形状绕排”按钮，在“上位移”数值框中输入“2”，按【Enter】键，如图7-33所示。

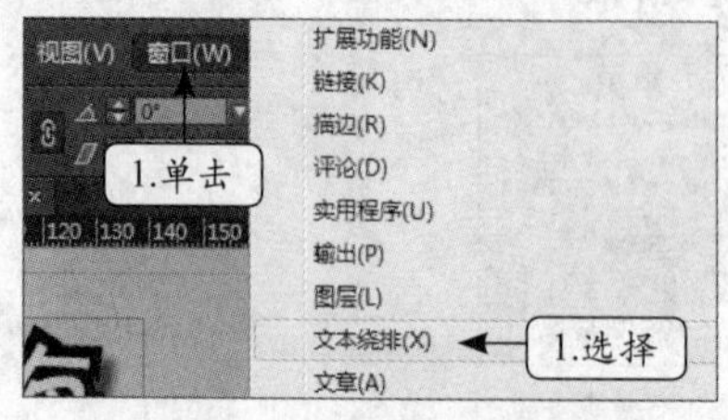

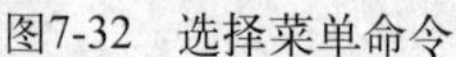
图7-32　选择菜单命令

图7-33　设置沿对象形状绕排和上位移

3 选择“犀牛海”文本中的图像，在“文本绕排”面板中单击“沿定界框绕排”按钮，在“绕排选项”栏的“绕排至”下拉列表框中选择“左侧”选项，在“左位移”数值框中输入“3”，按【Enter】键，最终效果如图7-34所示。

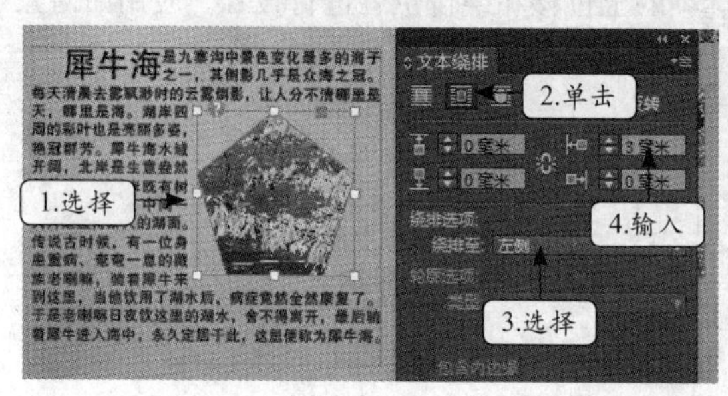

图7-34　设置沿定界框绕排、左位移和位置

7.4　对象样式

对象样式包括多种属性，如描边、填色、段落样式、文本框架常规选项、文本绕排以及效果等，根据需要可以创建、编辑和管理对象样式，以便提高版面设计的工作效率。选择【窗口】/【样式】/【对象样式】菜单命令可打开“对象样式”面板，利用该面板即可完成对象样式的各种操作。

7.4.1　新建对象样式

单击“对象样式”面板中的“展开菜单”按钮，在弹出的下拉菜单中选择“新建对象样式”命令，打开“新建对象样式”对话框，如图7-35所示。在其中通过设置各种样式属性的参数即可创建对象样式。部分参数的作用分别如下。

- 样式名称：在其中可输入对象样式的名称。
- 基本属性：该栏包括一些常规属性，如填色、描边、段落样式、文本框架常规选项以及定位对象选项等。选择该栏下方列表框中的所需选项后，可在右侧进行相对应的选项参数设置。取消选中选项左侧的复选框，将不会应用对应的属性设置。
- 效果：该栏包括对象、描边、填色以及文本4种效果。在下侧下拉列表框中选择所需的效果选项（如透明度、投影、内发光、外发光以及渐变羽化等）后，可在右侧进行相对应的效果选项属性设置。取消选中选项左侧的复选框，将不会应用对应的效果。

- 常规：在“基于”下拉列表框中可选择某一个已设置好的对象样式，并对其进行再次设置；在“快捷键”文本框中可输入快捷键，以便快速调用设置好的对象样式。
- 样式设置：在其中单击“展开”标记▶，将展开该选项的子菜单，以便查看当前所设置的对象样式。

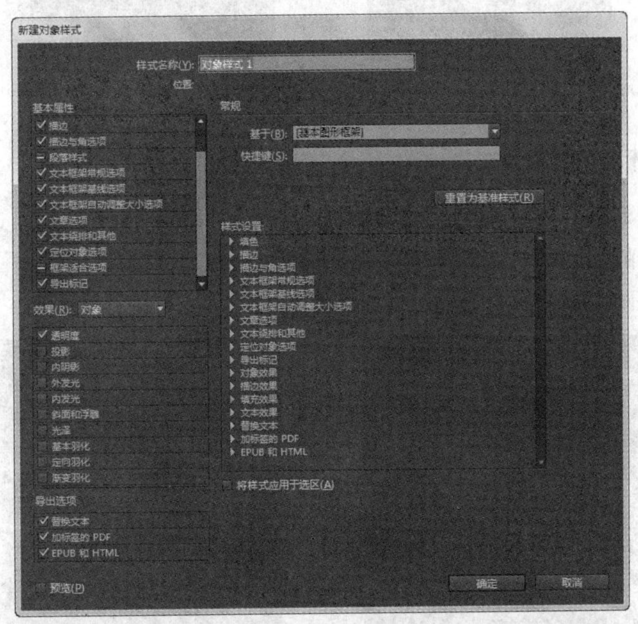

图7-35 “新建对象样式”对话框

7.4.2 编辑对象样式

在“对象样式”面板的列表框中的对象样式选项上单击鼠标右键，在弹出的快捷菜单中选择“编辑对象样式”命令，打开“对象样式选项”对话框，在其中即可修改对象样式，如图7-36所示。

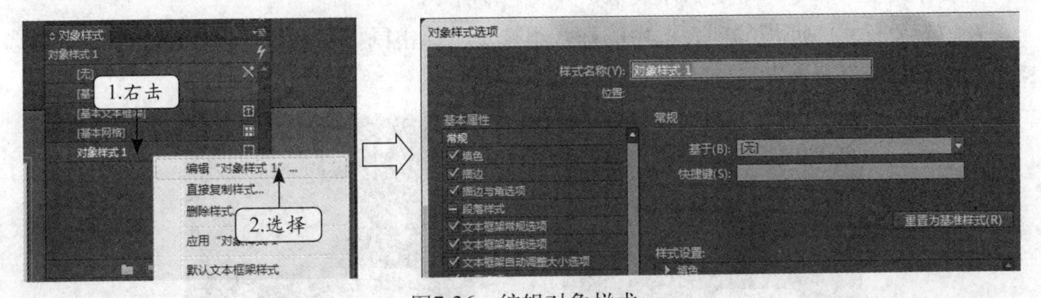

图7-36 编辑对象样式

7.4.3 复制对象样式

在“对象样式”面板的列表框中选择所需对象样式选项后，单击下方的“创建新样式”按钮▣即可复制对象样式，如图7-37所示。

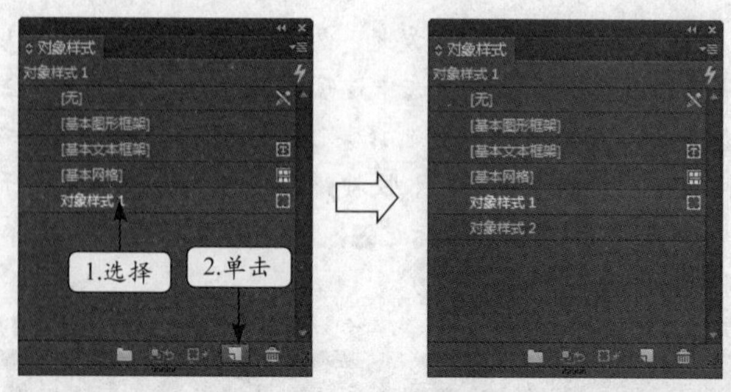

图7-37　复制对象样式

7.4.4 新建样式组

当对象文档中对象样式较多时，可新建样式组将不同类别的对象样式进行分组管理。在“对象样式”面板的列表框中选择对象样式选项后，单击下方的“创建新样式组”按钮即可新建样式组，如图7-38所示。

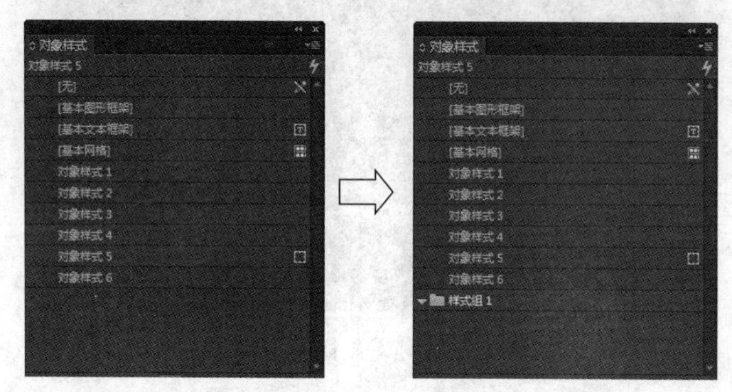

图7-38　新建样式组

7.4.5 复制与删除样式组

在“对象样式”面板的列表框中的样式组选项上单击鼠标右键，在弹出的快捷菜单中选择“复制样式组”命令即可复制样式组，如图7-39所示。

在“对象样式”面板的列表框中的样式组选项上单击鼠标右键，在弹出的快捷菜单中选择“删除样式组”命令即可删除样式组，如图7-40所示。

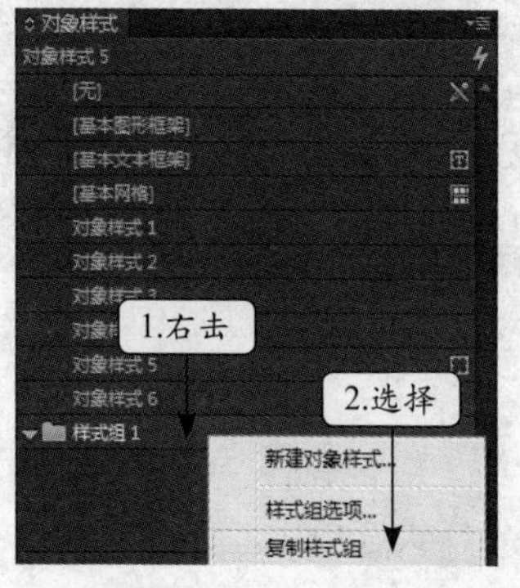

图7-39　复制样式组

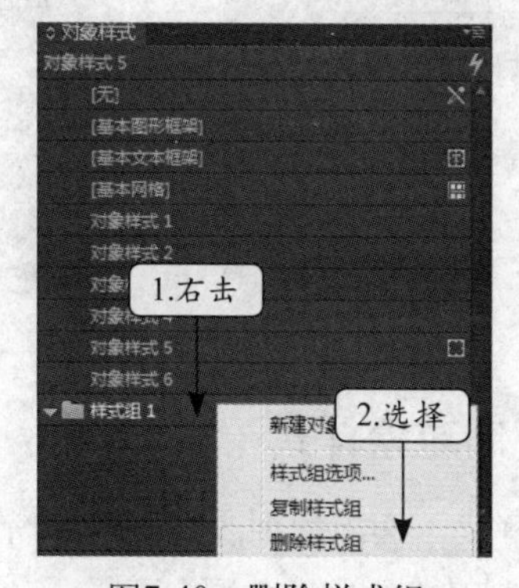

图7-40　删除样式组

7.4.6　将对象样式复制到样式组

在“对象样式”面板的列表框中的对象样式选项上单击鼠标右键，在弹出的快捷菜单中选择“复制到组”命令，在“复制到组”对话框中选择目标样式组后，单击 确定 按钮即可将对象样式复制到样式组，如图7-41所示。

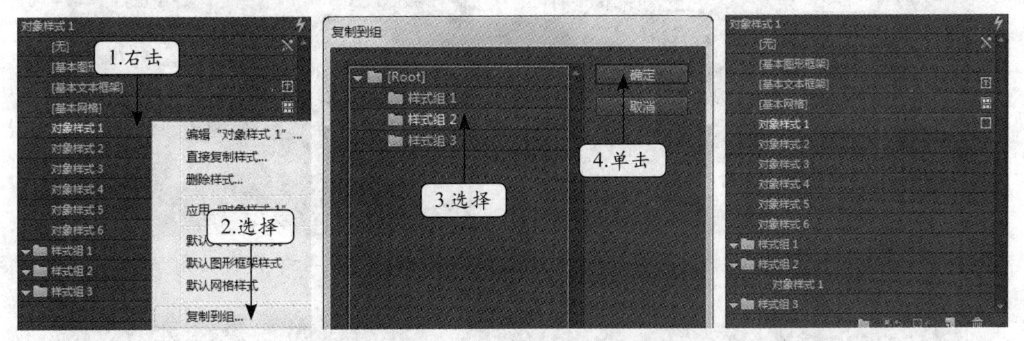

图7-41　将对象样式1复制到“样式组2”中

下面以对文本框添加描边样式为例，介绍新建对象样式并将其应用的方法。

【实例7-5】　新建并应用对象样式

素材文件：素材\第7章\茶餐厅.indd	效果文件：效果\第7章\茶餐厅.indd
视频文件：视频\第7章\7-5.swf	操作重点：新建对象样式

1 打开素材提供的“茶餐厅.indd”文档，选择【窗口】/【样式】/【对象样式】菜单命令，如图7-42所示。

2 在“对象样式”面板中单击“展开菜单”按钮，在弹出的下拉菜单中选择“新建对象样式”命令，如图7-43所示。

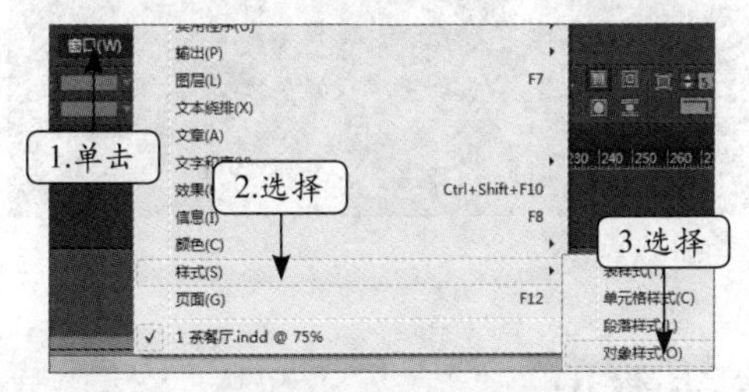

图7-42　选择菜单命令

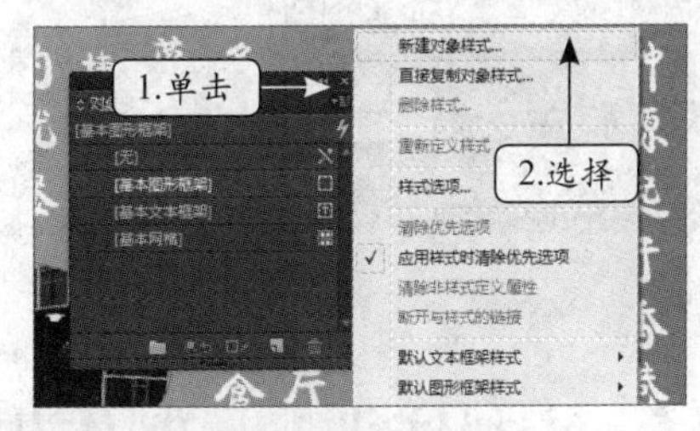

图7-43　新建对象样式

3 打开“新建对象样式”对话框，在“基本属性”栏的列表框中选择“描边”选项，在右侧列表框中选择“C=0 M=0 Y=100 K=0”选项，在“粗细”数值框中输入“5”，如图7-44所示。

4 在左侧“基本属性”栏的列表框中选择“描边与角选项”选项，在右侧“角选项”栏的“转角”下拉列表框中选择“内陷”选项，如图7-45所示。

5 在左侧列表框中选择“文章选项”选项，在“框架或文本网格选项”栏的“排版方向”下拉列表框中选择“垂直”选项，确认设置，如图7-46所示。

6 在页面中选择正文所在的文本框，然后在“对象样式”面板中选择“对象样式1”选项，如图7-47所示。

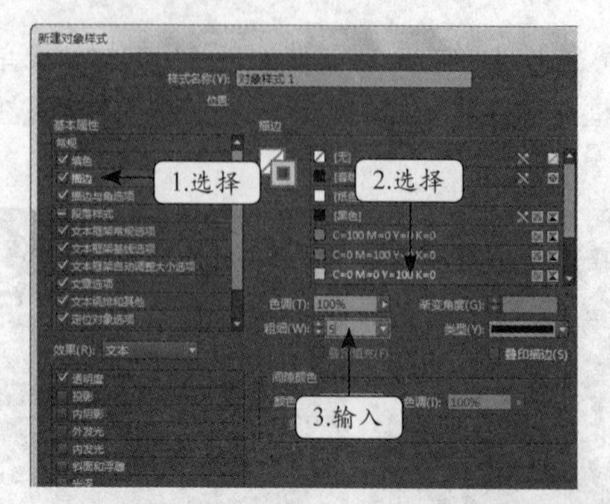

图7-44　设置描边颜色和粗细

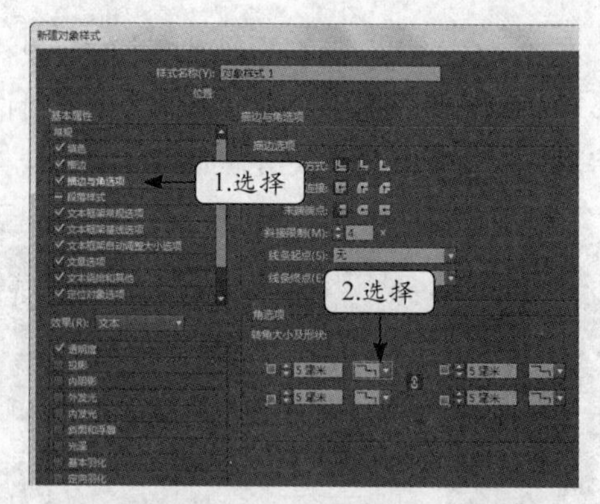

图7-45　设置转角

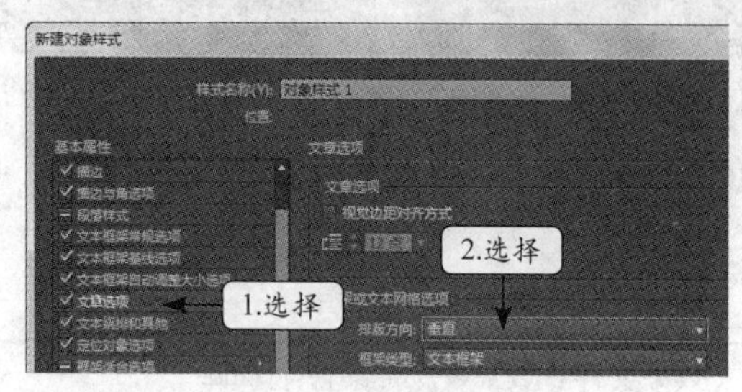

图7-46　设置文章排版方向

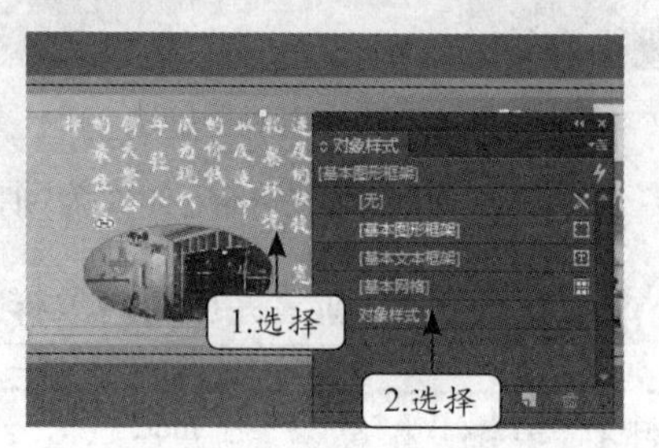

图7-47　应用对象样式

7 单击“茶餐厅”文本所在的文本框，选择“对象样式”面板中的“对象样式1”选项，最终效果如图7-48所示。

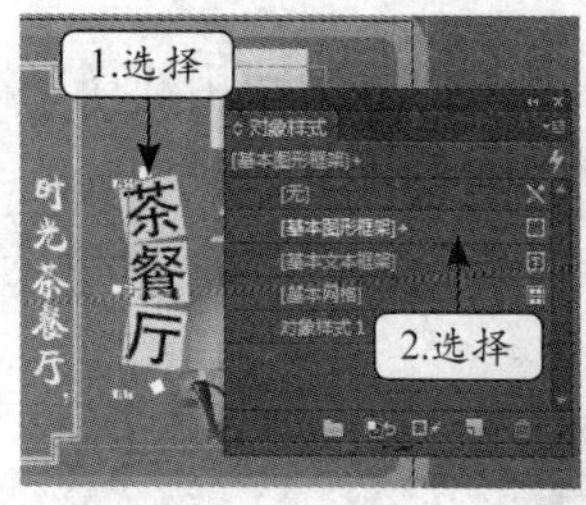

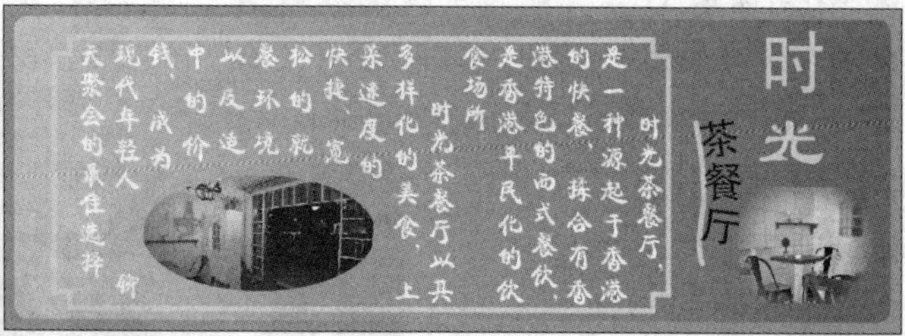

图7-48　应用对象样式

7.5　上机实训——制作儿童节海报

下面通过制作儿童节海报综合练习本章介绍的重点知识，最终效果如图7-49所示。

图7-49　儿童节海报的效果

素材文件：素材\第7章\儿童节.indd、图形.indd	效果文件：效果\第7章\儿童节.indd
视频文件：视频\第7章\7-6.swf	操作重点：对象库、创建与删除图层、图文混排等

1. 管理图层

下面将删除多余的图层。

1 打开素材提供的“儿童节.indd”文档，选择【窗口】/【图层】菜单命令，如图7-50所示。

2 打开“图层”面板，在“椭圆”图层选项上单击鼠标右键，在弹出的快捷菜单中选择“删除图层”命令，如图7-51所示。

图7-50　选择菜单命令

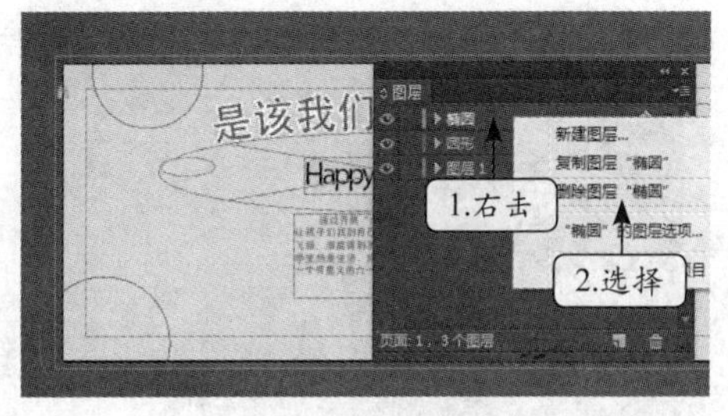

图7-51　删除图层

3 打开“Adobe InDesign”提示对话框，单击确定按钮，如图7-52所示。

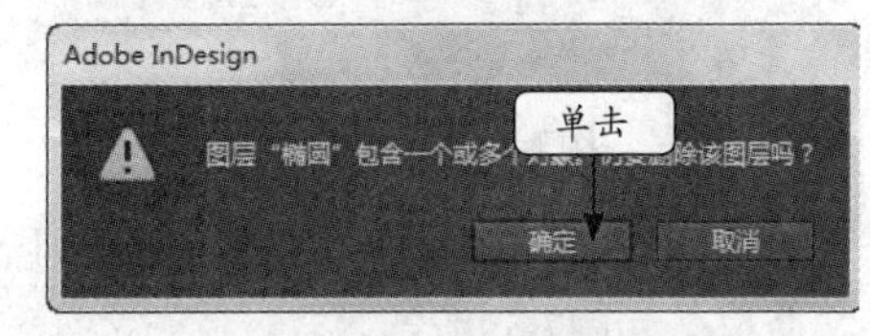

图7-52　确认设置

2. 设置对象位置

下面将应用库中的对象，并设置各对象的位置和图文混排方式。

1 按【Ctrl+O】键，打开“打开文件”对话框，在路径下拉列表框中选择素材所在的路径，在下方列表框中选择“图形.indd”文件，单击打开(O)按钮，如图7-53所示。

2 打开“图形”面板，在三角形缩略图上单击鼠标右键，在弹出的快捷菜单中选择“置入项目”命令，如图7-54所示。

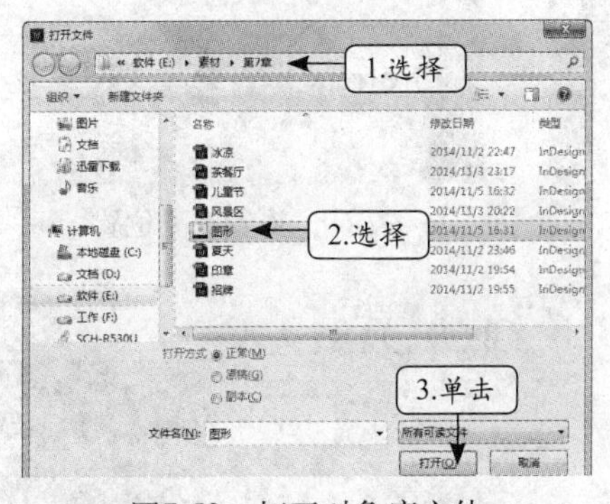

图7-53　打开对象库文件

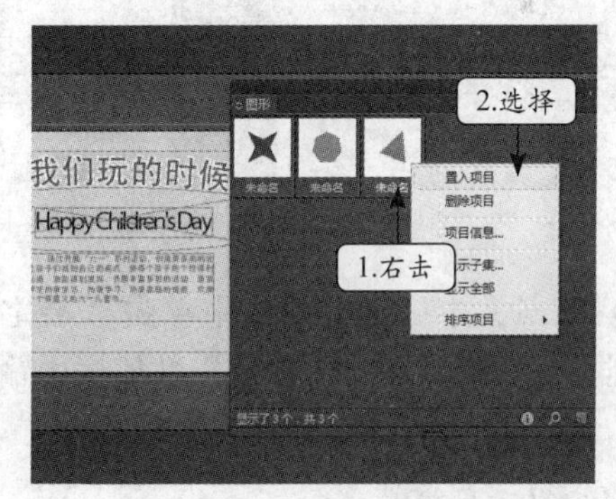

图7-54　置入对象库中的项目

3 在属性面板的“旋转角度”数值框中输入“－90”，按【Enter】键，如图7-55所示。

4 继续在属性面板的“X”和“Y”数值框中分别输入“95”和“66.5”，按【Enter】键，如图7-56所示。

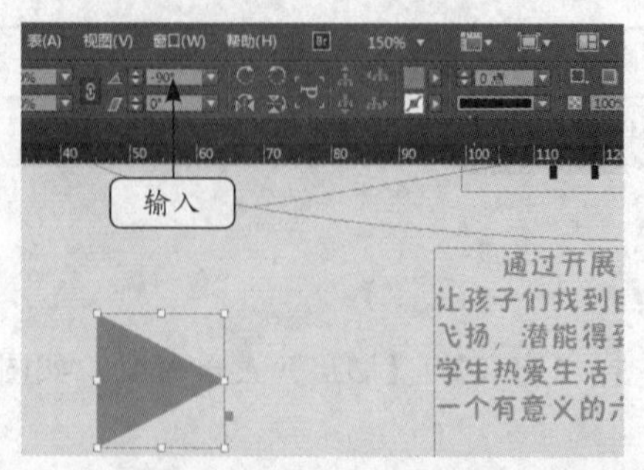

图7-55 旋转对象

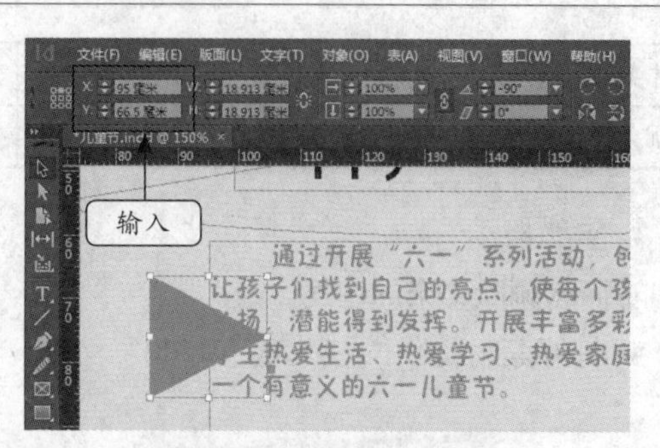

图7-56 设置对象位置

5 选择【窗口】/【文本绕排】菜单命令，如图7-57所示。

6 打开“文本绕排”面板，单击“沿对象形状绕排”按钮，如图7-58所示。

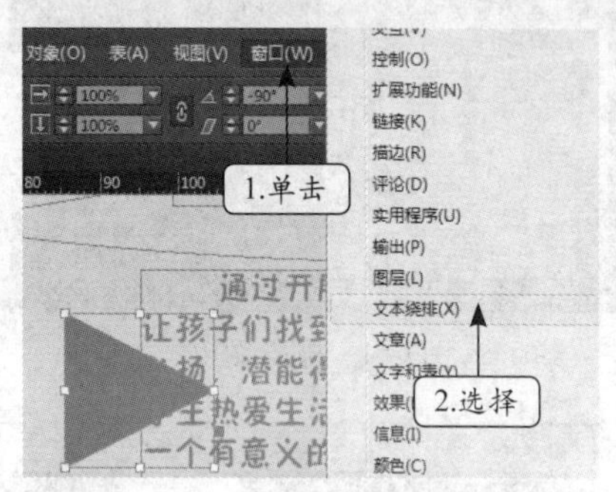

图7-57 选择菜单命令

图7-58 设置沿对象形状绕排

7 在“图形”面板中的七边形项目上单击鼠标右键，在弹出的快捷菜单中选择“置入项目”命令，如图7-59所示。

8 在属性面板中的“X”和“Y”数值框中分别输入“170”和“65”，按【Enter】键，如图7-60所示。

图7-59 置入对象项目

图7-60 设置对象位置

9 在“文本绕排”面板中单击“沿定界框绕排”按钮，在“上位移”数值框中输入“1”，按【Enter】键，如图7-61所示。

图7-61 设置沿定界框绕排和上位移

3. 应用对象样式

下面将创建对象样式，并将该样式应用于图形对象。

1 选择【窗口】/【样式】/【对象样式】菜

单命令，打开“对象样式”面板，单击“展开菜单”按钮，在弹出的下拉菜单中选择“新建对象样式”命令，如图7-62所示。

2 打开“新建对象样式”对话框，在左侧“基本属性”列表框中选择“描边”选项，在右侧“描边”栏中选择“C=15 M=100 Y=100 K=0”选项，在“粗细”数值框中输入“10”，如图7-63所示。

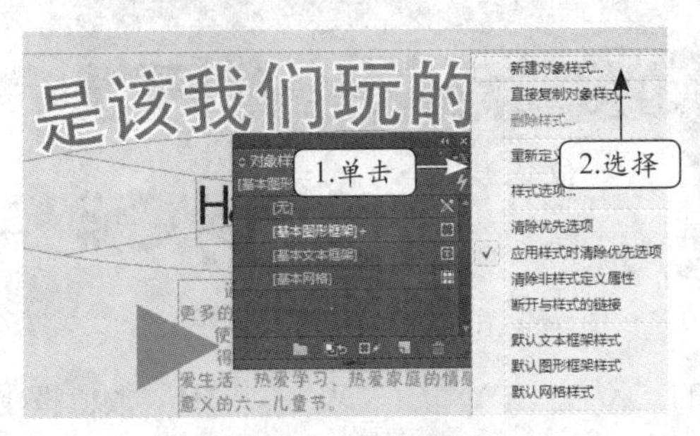

图7-62 新建对象样式

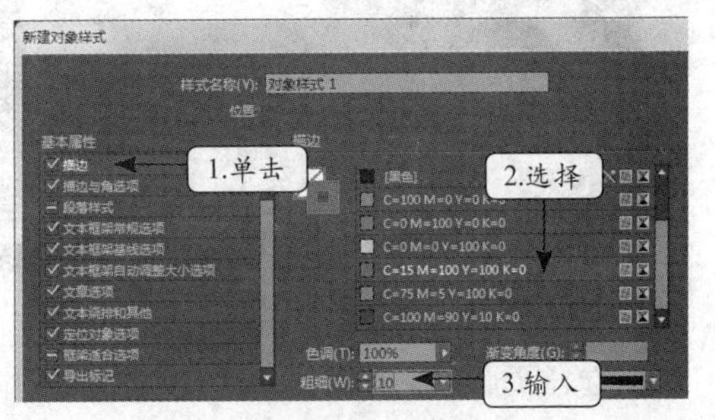

图7-63 设置描边颜色和粗细

3 在“描边”栏中单击“填色”按钮，在右侧列表框中选择“C=15 M=100 Y=100 K=0”选项，在“色调”数值框中输入“70”，如图7-64所示。

4 在左侧“效果”列表框中选择“透明度”选项，在右侧“基本混合”栏中的“不透明度”数值框中输入“30”，如图7-65所示。

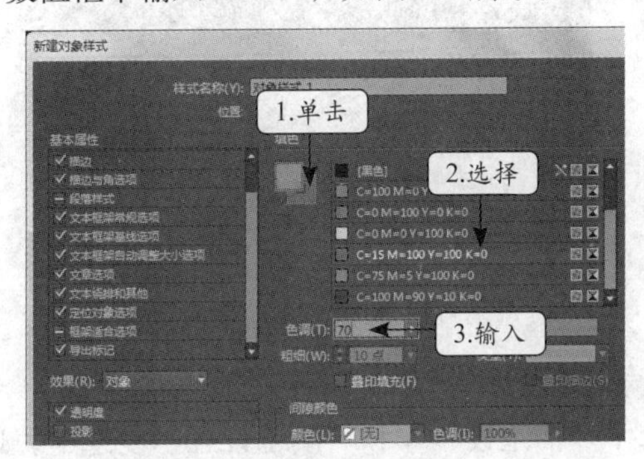

图7-64 设置填色的颜色和色调

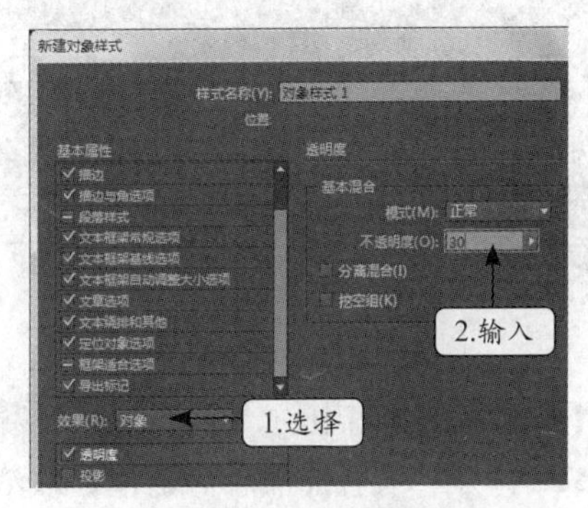

图7-65 设置不透明度

5 在左侧“效果”列表框中选中“光泽”复选框，确认设置，如图7-66所示。

6 为页面中的3个圆形应用“对象样式1”对象样式，效果如图7-67所示。

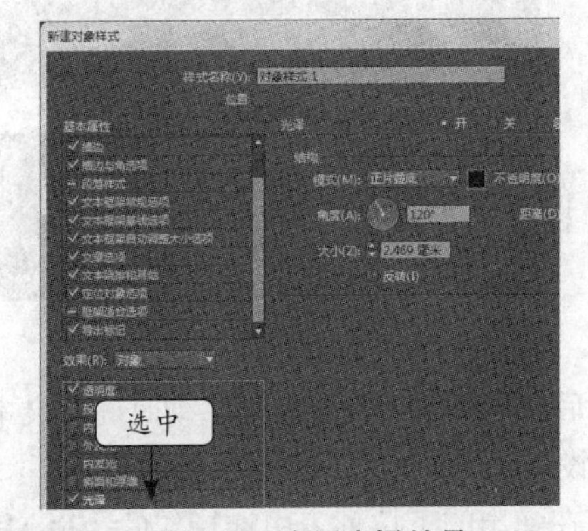

图7-66 应用光泽效果

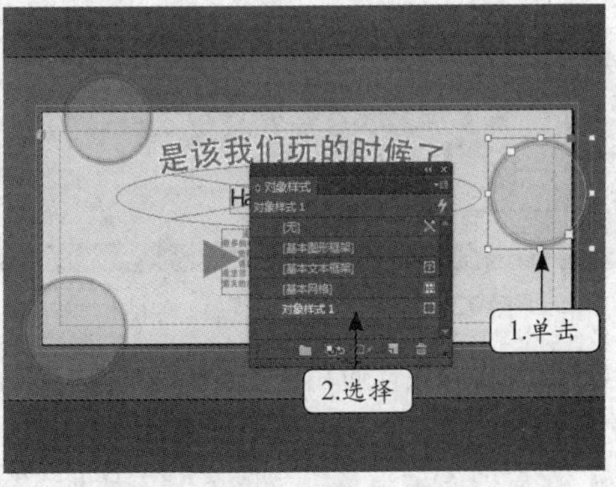

图7-67 应用对象样式

7 在“图层”面板中的“圆形”选项上单击鼠标右键，在弹出的快捷菜单中选择“复制图层”命令，如图7-68所示。

8 选择页面左上方的圆形，在属性面板中的“X”、“Y”、“W”、“H”数值框中分别输入“62”、“54”、“25”、“25”，按【Enter】键，如图7-69所示。

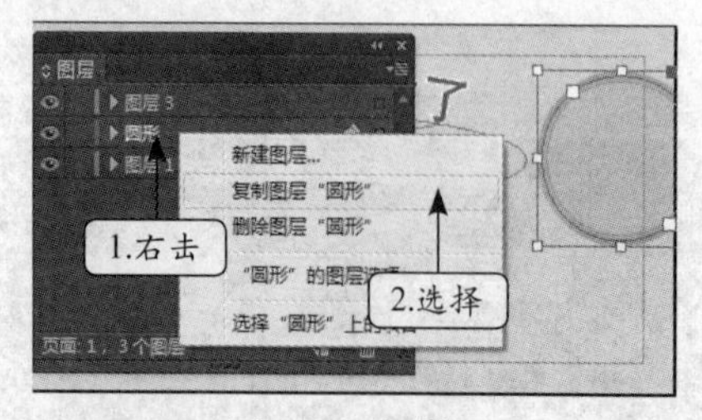

图7-68 复制图层

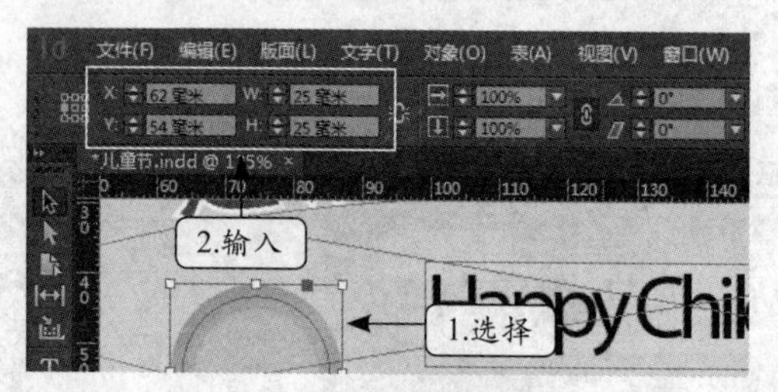

图7-69 设置对象位置和大小

9 选择页面左下方的圆形，在属性面板中的“X”、“Y”、“W”、“H”数值框中分别输入“25”、“87”、“40”、“40”，按【Enter】键，如图7-70所示。

10 选择页面右侧的圆形，在属性面板中的“X”、“Y”、“W”、“H”数值框中分别输入“210”、“93”、“38”、“38”，按【Enter】键，如图7-71所示。

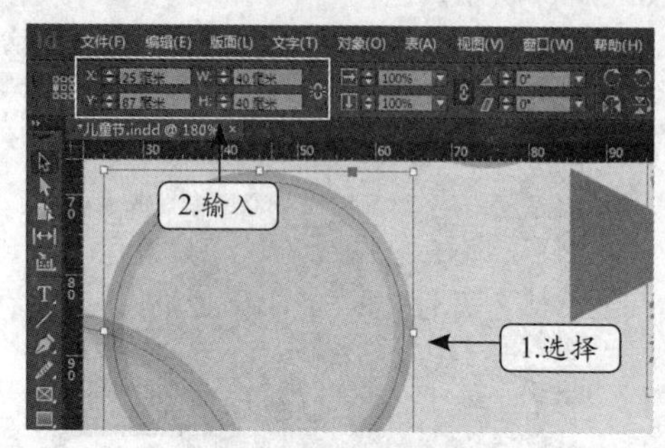

图7-70 设置对象位置和大小

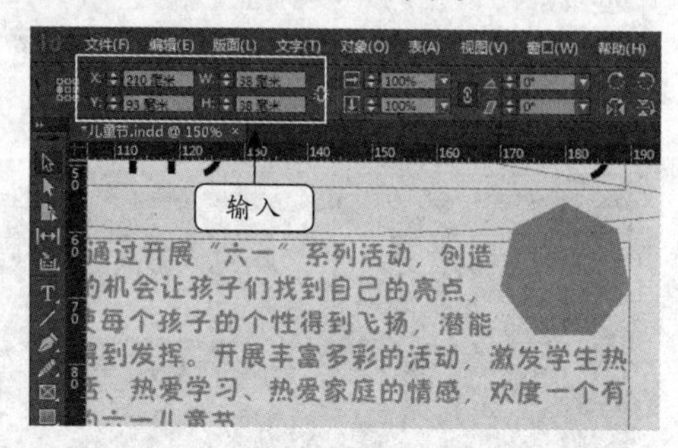

图7-71 设置对象位置和大小

11 双击工具箱中的“吸管工具”按钮，如图7-72所示。

12 打开“吸管选项”对话框，取消选中“描边设置”和“填色设置”复选框，单击“对象设置”选项左侧的“展开”标记▶标记，取消选中“对象透明度”复选框，单击 确定 按钮，如图7-73所示。

图7-72 打开“吸管选项”对话框

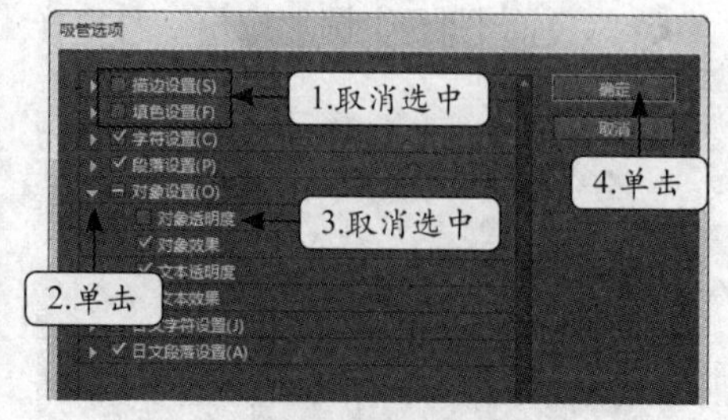

图7-73 设置吸管属性

13 吸取圆形属性应用于三角形和七边形，然后利用文字工具创建“活动时间”文本，全选文本，将字体设置为“方正综艺简体”，字号设置为“14”，如图7-74所示。

14 在属性面板中单击“填色”下拉按钮▶，在弹出的下拉列表中选择“C=100 M=90

Y=10 K=0”选项，在“色调”数值框中输入“85”，按【Enter】键，如图7-75所示。

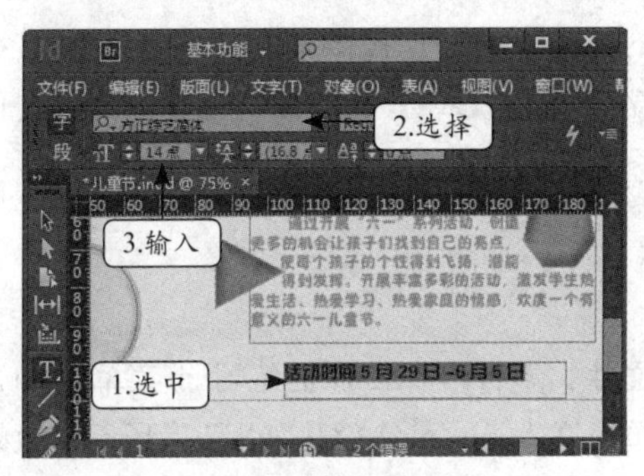

图7-74 设置字体和字号

图7-75 设置文本颜色的色调

15 按【Esc】键，在属性面板中的“X”和“Y”数值框中分别输入“109”和“104”，按【Enter】键，最终效果如图7-76所示。

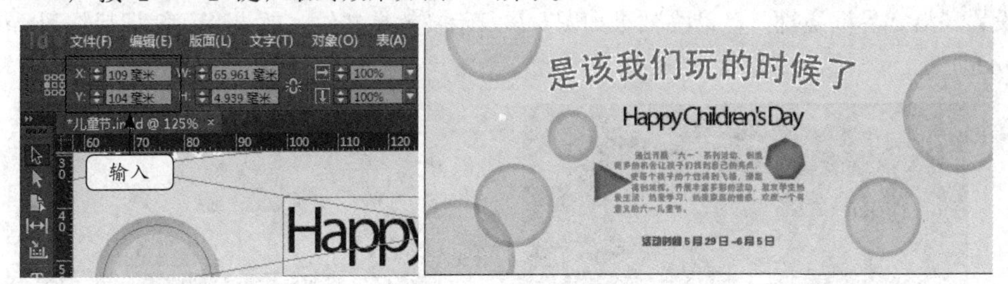

图7-76 设置文本位置

7.6 本章小结

本章主要讲解了在Indesign中使用对象库、图层、图文混排和对象样式的知识。主要包括对象库的创建与打开、添加对象到对象库、应用对象库项目，图层的各种管理操作、图文混排的各种方式，以及对象样式的创建、编辑等管理。

上述内容中，图层的使用和图文混排的各种方式是需要重点掌握的操作，对象库和对象样式的应用应适当熟悉其相关知识，以便可以提高工作效率。

7.7 疑难解答

1. 问：对象库中的某个项目的内容重新修改后，以后使用该项目时，会直接应用修改后的内容吗？

答：遇到这种情况需要更新项目，才能保证以后使用的项目是修改后的内容，其方法为：在“库”面板中选择相应的项目缩略图，单击鼠标右键，在弹出的快捷菜单中选择“更新库项目”命令即可。

2. 问：文本绕排时，可以自定义绕排形状吗？

答：可以。改变文本绕排的形状可利用直接选择工具来实现，即通过移动、添加、删除和改变锚点的位置来操作。

3. 问：如何在两个对象库之间交换或复制项目？

答：首先在Indesign CC中打开两个对象库的面板，在其中一个项目上按住鼠标将其拖动到另一个面板中，便可实现项目的复制操作；若在按住【Alt】键的同时拖动鼠标，则可实现项目的移动操作。

7.8 习题

1．打开素材“点菜单.indd”文件（素材文件：素材\第7章\课后练习\点菜单.indd），应用“斜面和浮雕”效果的对象样式于“点菜单”文本上，最终效果如图7-77所示（效果文件：效果\第7章\课后练习\点菜单.indd）。

2．打开素材“留言板.indd”文件和“图形.indl”库文件（素材文件：素材\第7章\课后练习\留言板.indd、图形.indl），选择页面中的图形，设置文本绕排，然后置入库中的图形并设置“沿定界框绕排”，最终效果如图7-78所示（效果文件：效果\第7章\课后练习\留言板.indd）。

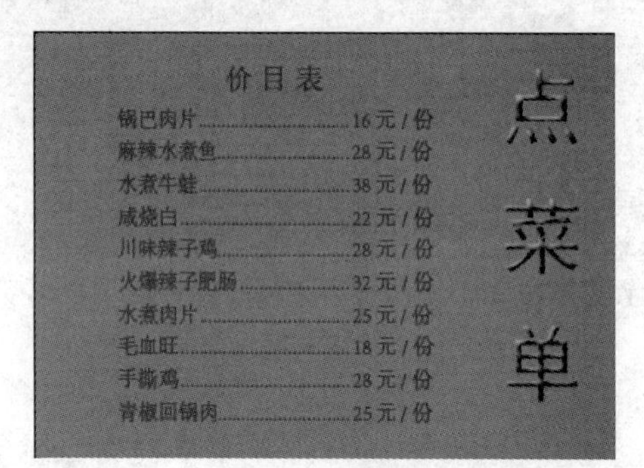

图7-77 点菜单效果

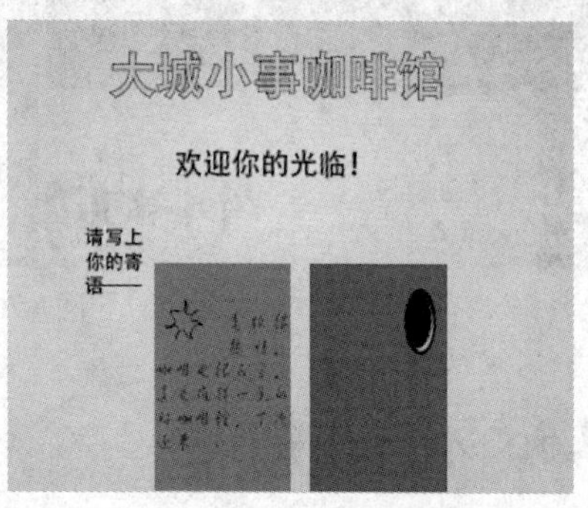

图7-78 留言板效果

3．打开素材“新店开幕.indd”文档（素材文件：素材\第7章\课后练习\新店开幕.indd），选中黄色图形并对其应用“光泽”效果对象样式，然后选中“新店开幕”文本并对其应用“内发光”效果对象样式，最后选中五角星后设置“沿对象形状绕排”方式，最终效果如图7-79所示（效果文件：效果\第7章\课后练习\新店开幕.indd）。

图7-79 新店开幕的效果

第8章　长文档编排

对报刊、杂志、书籍等篇幅较长的出版物而言，往往会占据较多的页面，编辑时便会涉及页面的管理、主页的设置、目录、索引以及超链接的使用等操作。Indesign具备较强的长文档编排功能，可以针对此类文档进行简单、快捷的操作，使编辑工作变得高效而专业。本章就将对长文档编排的相关知识进行详细介绍。

学习要点

- 掌握页面的创建、选择、插入、删除、移动、复制等操作
- 掌握目录的创建、更新等操作
- 掌握索引的创建、生成、创建交叉索引、定位和删除索引等操作

8.1　页面的编辑

利用Indesign提供的“页面”面板便可实现对文档页面的各种编辑操作，包括添加与删除页面、复制与移动页面、移除页面、应用多种页面大小以及建立多个跨页等。选择【窗口】/【页面】菜单命令，即可打开“页面”面板，如图8-1所示。

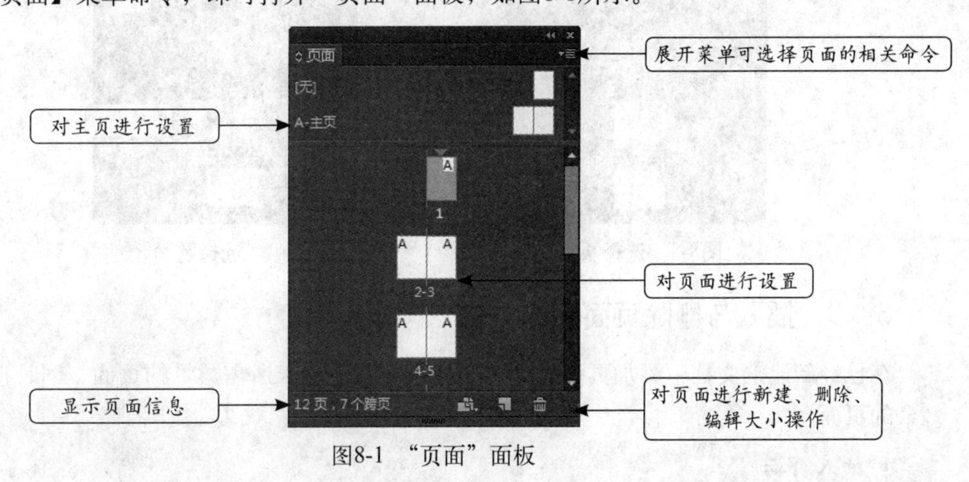

图8-1　“页面”面板

8.1.1　新建多个页面

创建文档时便可根据需要新建指定页数的页面。选择【文件】/【新建】/【文档】菜单命令，在打开的“新建文档”对话框的“页数”文本框中输入所需页数即可新建对应数量的页面，如图8-2所示。

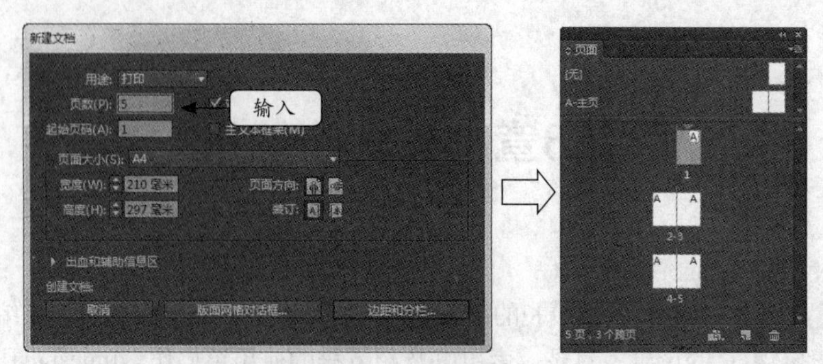

图8-2 设置页数

8.1.2 选择页面与跨页

在“页面”面板中进行页面或跨页的选择操作是编辑页面的基础。选择页面或跨页的方法分别如下。

（1）选择页面：在“页面”面板中直接单击需要选择页面的缩略图即可，若双击页面缩略图不仅可选择该页面，还会在工作区中直接跳转到该页面，如图8-3所示为选择第1页页面缩略图后的效果。

若想同时选择多个页面，只需按住【Ctrl】键不放，依次单击对应的页面缩略图即可。

（2）选择跨页：在“页面”面板中单击跨页缩略图下方的数字即可，如图8-4所示为选择第2页和第3页跨页的效果。

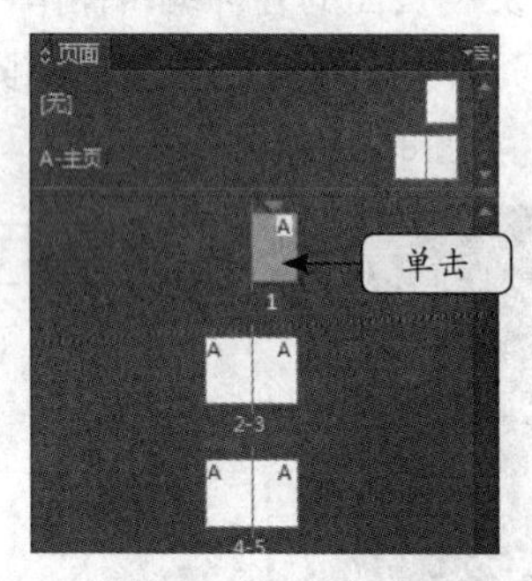

图8-3 选择页面

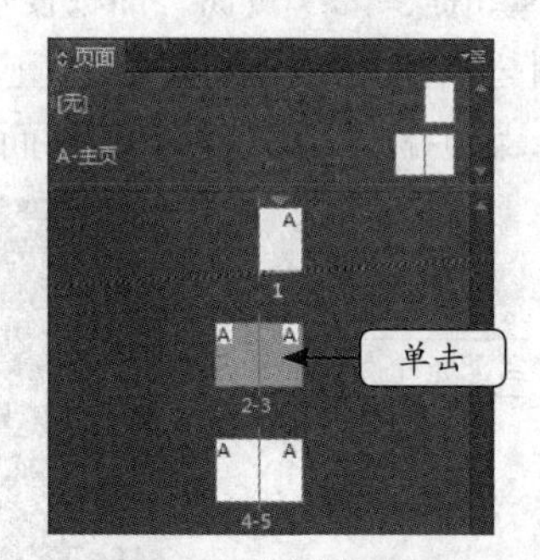

图8-4 选择跨页

8.1.3 插入与删除页面

在已经新建的文档中添加页面时，可利用插入功能插入所需数量的页面，同时也可删除多余的页面。

1. 插入页面

插入页面的常用方法有以下几种。

（1）通过“新建页面”按钮插入：选择要插入页面的目标位置后，在“页面”面板中单击“新建页面”按钮即可快速插入一页页面，如图8-5所示。

（2）通过菜单命令插入：选择要插入页面的目标位置后，在“页面”面板中单击展开菜单按钮，在弹出的下拉菜单中选择“插入页面”命令，在打开的“插入页面”对话框中可设置插入的页面数量、位置和是否应用主页等，如图8-6所示。

（3）通过快捷菜单插入：选择要插入页面的目标位置后，在“页面”面板的列表框中单击鼠标右键，在弹出的快捷菜单中选择“插入页面”命令，也可打开“插入页面”对话框，通过设置相应参数实现页面的插入，如图8-7所示。

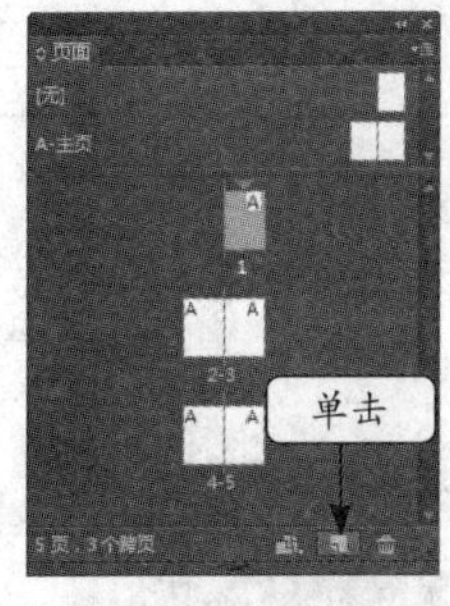

图8-5　单击按钮

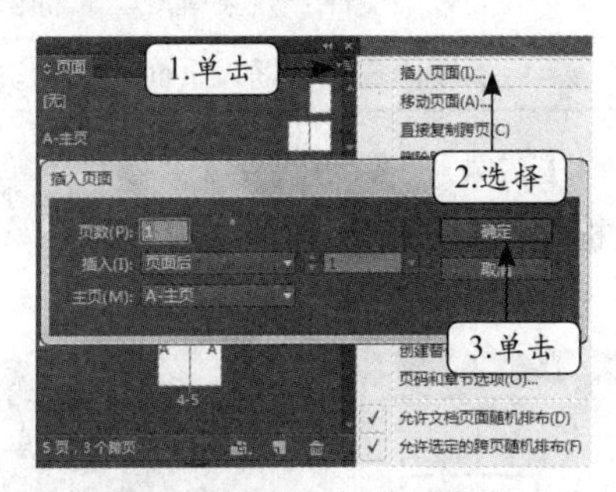

图8-6　选择下拉菜单命令

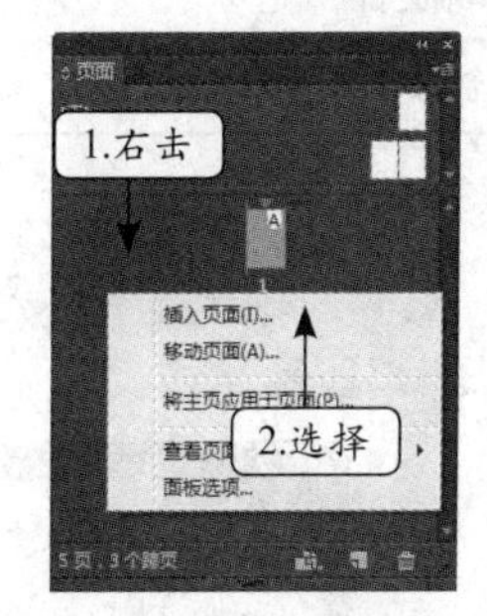

图8-7　选择快捷菜单命令

2. 删除页面

删除页面的常用方法有以下几种。

（1）通过按钮删除：在“页面”面板中选择页面缩略图，单击“删除选中页面”按钮，如图8-8所示。

（2）拖动页面缩略图删除：在“页面”面板中拖动页面缩略图到“删除选中页面”按钮上，释放鼠标即可删除拖动的页面，如图8-9所示。

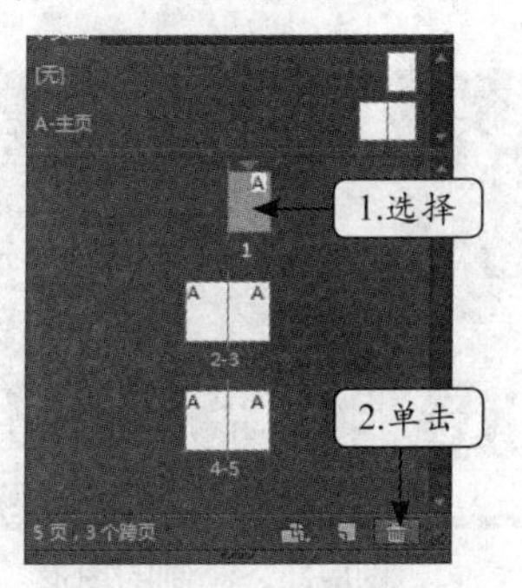

图8-8　单击按钮删除

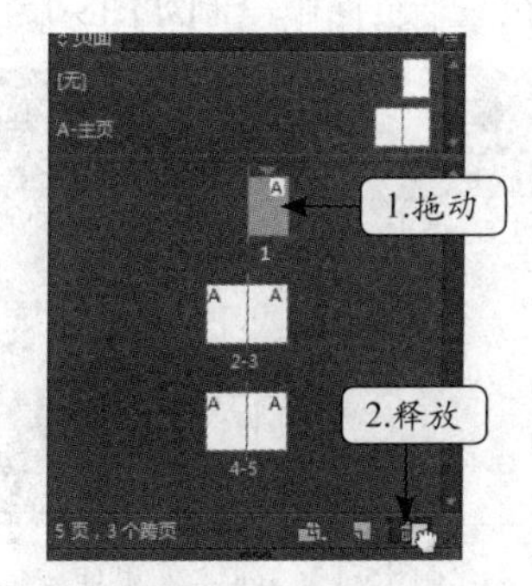

图8-9　拖动页面缩略图删除

（3）通过菜单命令删除：选择要删除的页面后，在“页面”面板中单击展开菜单按钮，在弹出的下拉菜单中选择“删除跨页”命令，如图8-10所示。

（4）通过快捷菜单删除：在“页面”面板中需要删除的页面缩略图上单击鼠标右键，在弹出的快捷菜单中选择“删除跨页”命令，如图8-11所示。

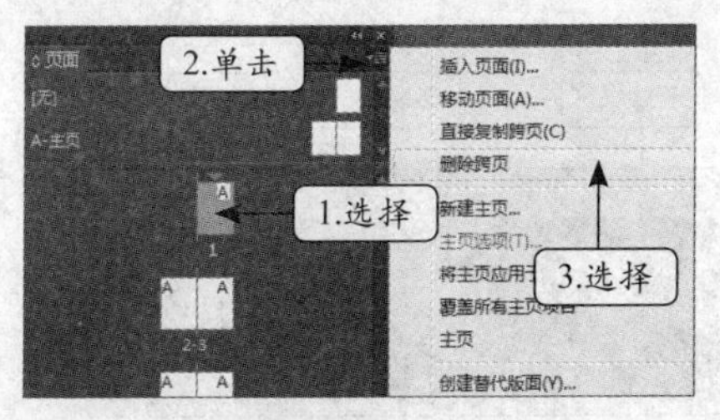

图8-10　选择下拉菜单命令

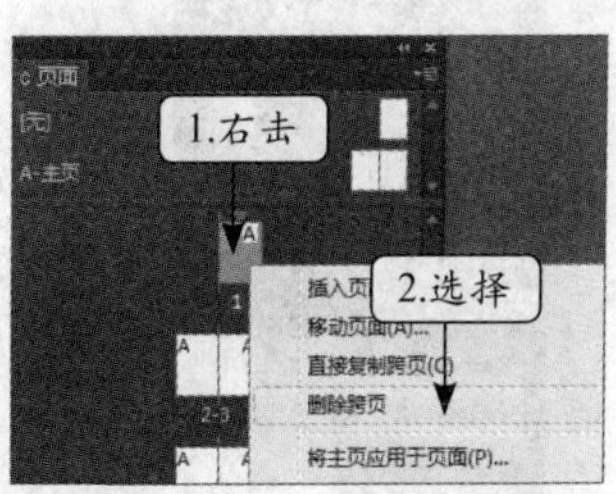

图8-11　选择快捷菜单命令

下面以在文档中插入两个页面并删除另一个页面为例，介绍插入与删除页面的方法。

【实例8-1】 调整文档页面数量

素材文件：无	效果文件：效果\第8章\页面.indd
视频文件：视频\第8章\8-1.swf	操作重点：插入页面、删除页面

1 启动Indesign CC，选择【文件】/【新建】/【文档】菜单命令，如图8-12所示。

2 在“新建文档”对话框的“页数”文本框中输入“3”，单击 边距和分栏... 按钮，如图8-13所示。

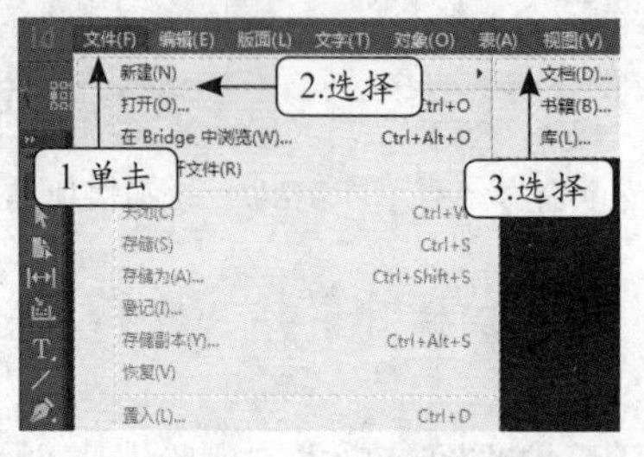

图8-12 选择菜单命令

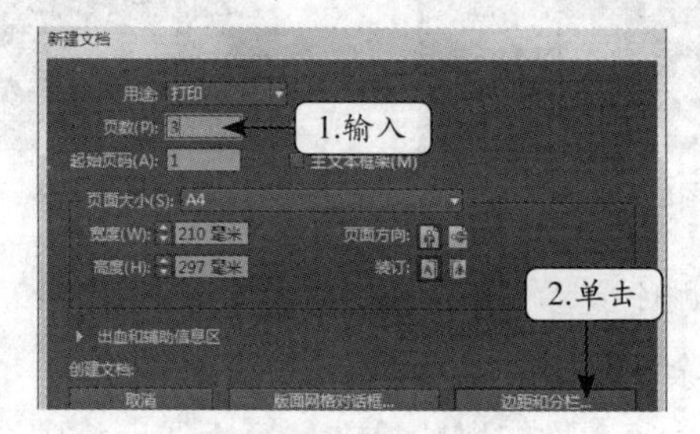

图8-13 设置页数

3 打开“新建边距和分栏”对话框，确认设置，然后选择【窗口】/【页面】菜单命令，如图8-14所示。

4 依次在三个页面中绘制如图8-15所示的图形。

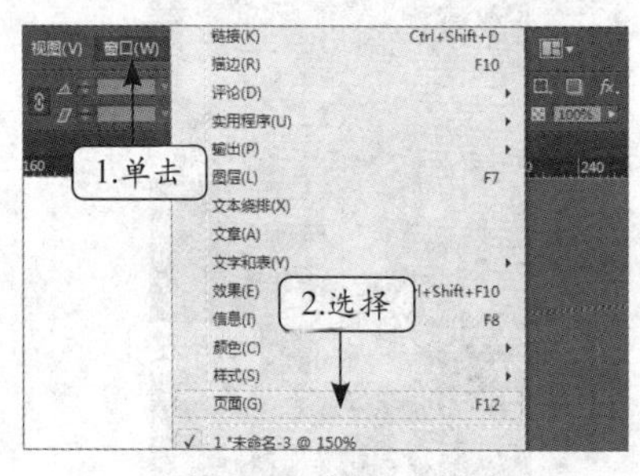

图8-14 选择菜单命令

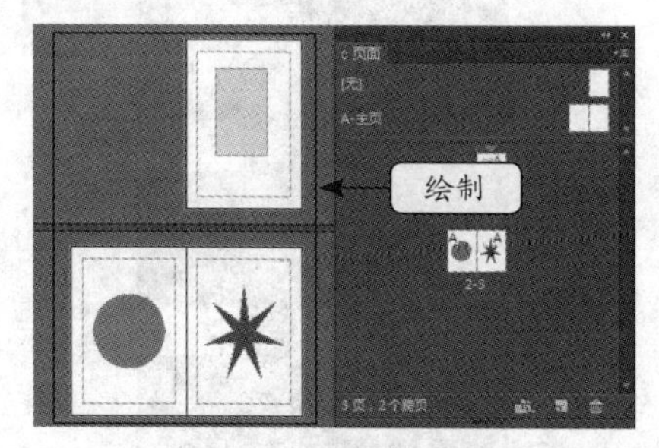

图8-15 绘制的图形

5 在“页面”面板的列表框中单击鼠标右键，在弹出的快捷菜单中选择“插入页面”命令，如图8-16所示。

6 打开“插入页面”对话框，在“页数”文本框中输入“2”，在“插入”文本框中输入“2”，单击 确定 按钮，如图8-17所示。

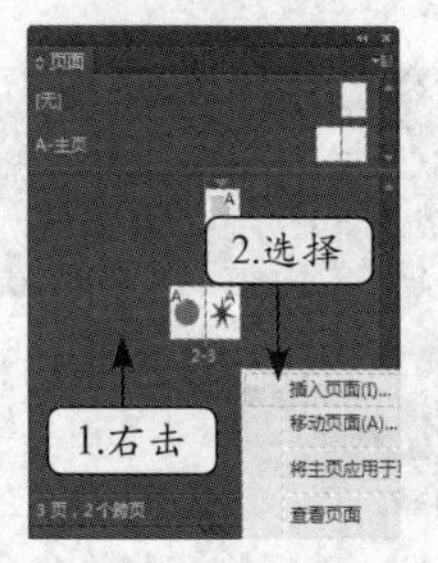

图8-16 插入页面

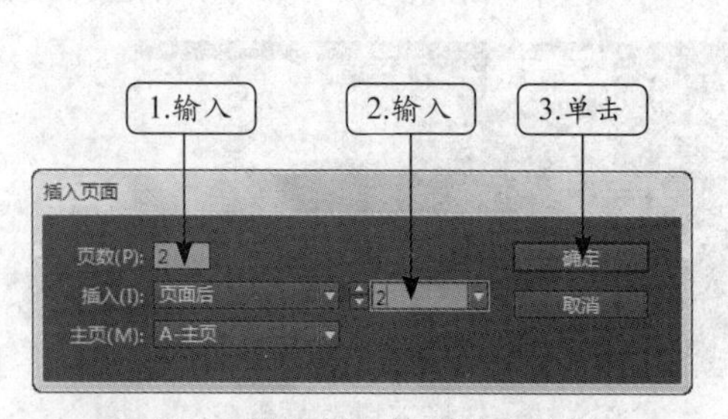

图8-17 设置插入的页数和位置

7 在“页面”面板中选择第一页页面的缩略图，然后单击“删除选中页面”按钮，在打开的“警告”对话框中确认设置，最终效果如图8-18所示。

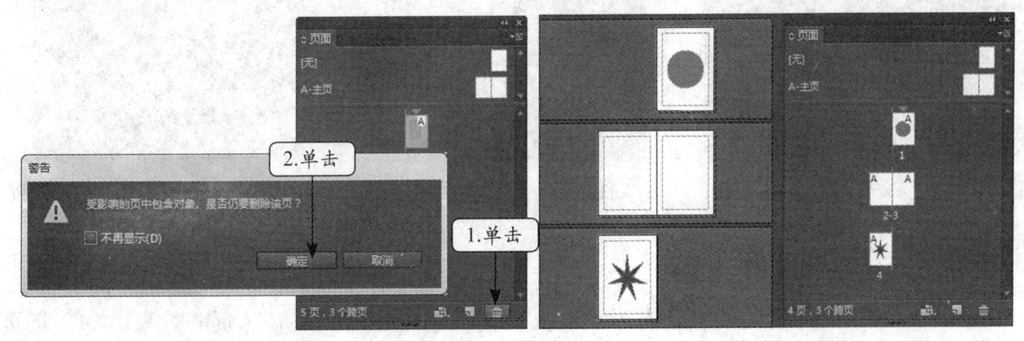

图8-18　删除页面

8.1.4　移动与复制页面

移动与复制页面，可以实现调整页面排列顺序和提高编辑效率的目的，其操作方法分别如下。

（1）移动页面：拖动“页面”面板中的页面缩略图到目标位置后，释放鼠标即可，如图8-19所示。

（2）复制页面：在“页面”面板中的页面缩略图上单击鼠标右键，在弹出的快捷菜单中选择“直接复制跨页”命令，如图8-20所示。

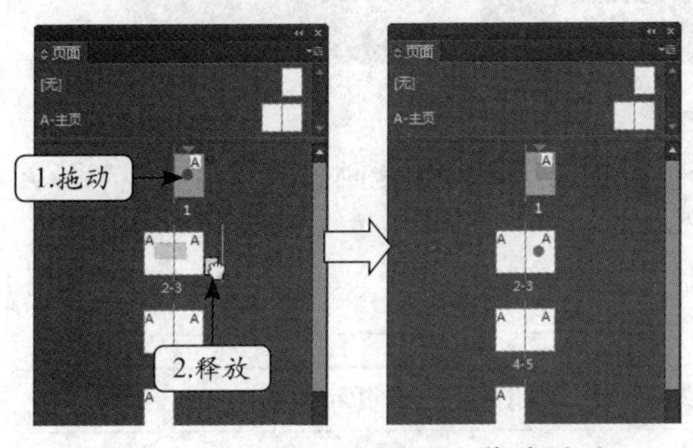

图8-19　移动页面

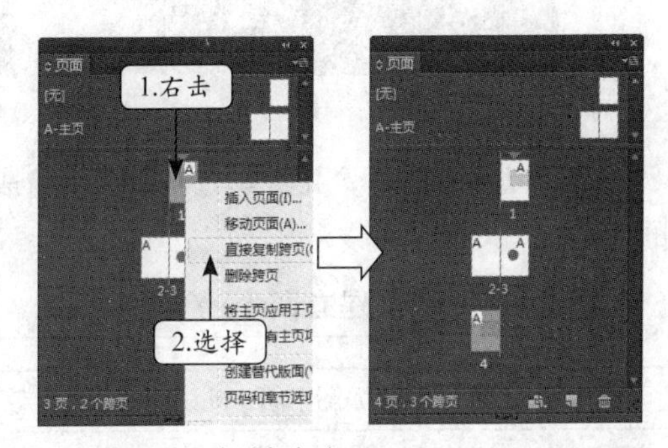

图8-20　复制页面

8.1.5　更改页面大小

已经创建好的文档页面大小可根据需要进行更改，Indesign不仅可以同时改变文档中所有页面的大小，而且还能单独改变某一页面的大小，其方法分别如下。

（1）改变所有页面大小：选择【文件】/【文档设置】菜单命令，打开“文档设置”对话框，在“页面大小”栏中即可同时改变所有页面的大小，如图8-21所示。

（2）单独改变页面大小：在“页面”面板中选择需要改变页面大小的页面缩略图，单击“编辑页面大小”按钮，在弹出的下拉菜单中选择预设的页面大小命令可快速改变页面大小，如图8-22所示。若选择“自定”命令，则可在打开的“自定页面大小”对话框中自行设置页面的大小，如图8-23所示。

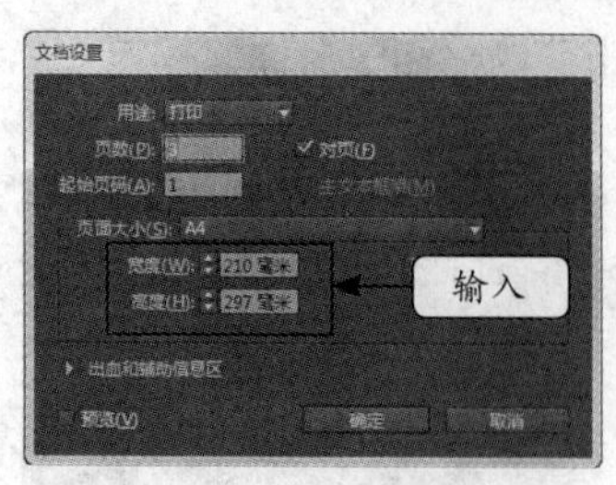

图8-21 “文档设置”对话框

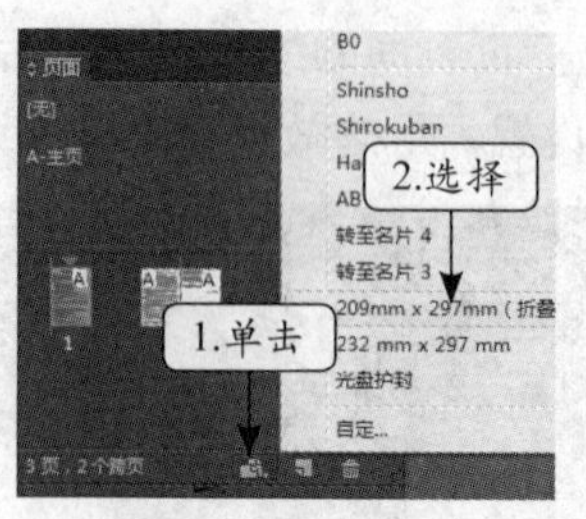

图8-22 选择页面大小

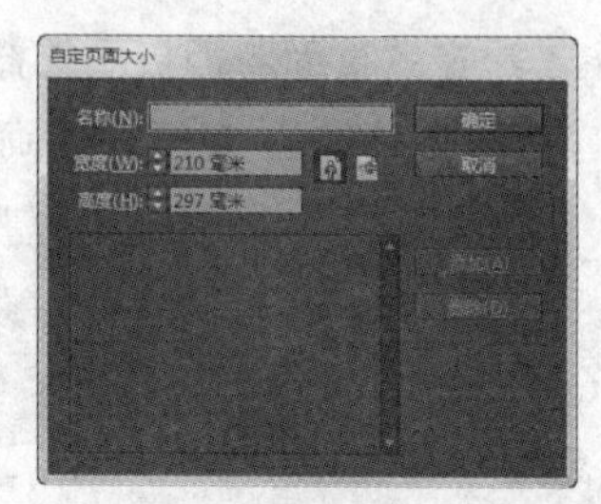

图8-23 “自定页面大小”对话框

8.1.6 建立多个跨页

Indesign默认的跨页为两页，有时一些文件需要呈现三跨页或多跨页的效果，如三折页的DM单、宣传手册、说明书等，此时就需要手动建立所需页数的跨页。

选择需要增加页面的跨页，单击“页面”面板中的“展开菜单”按钮，在弹出的下拉菜单中取消选中“允许文档页面随机排布”命令，拖动创建跨页的页面缩略图至目标跨页的右侧，当鼠标指针变为状态时释放鼠标即可建立多个跨页，如图8-24所示。

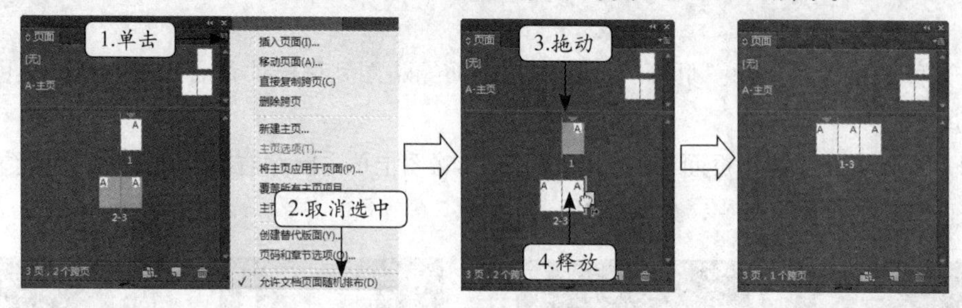

图8-24 建立三个跨页

下面以复制跨页，并将其与其他跨页组成一个跨页为例，介绍复制页面和建立多个跨页的方法。

【实例8-2】 建立四个跨页

素材文件：素材\第8章\图形页.indd	效果文件：效果\第8章\图形页.indd
视频文件：视频\第8章\8-2.swf	操作重点：复制跨页、建立多个跨页

1 打开素材提供的“图形页.indd”文档，选择【窗口】/【页面】菜单命令，如图8-25所示。

2 在“页面”面板中选择第4页和第5页跨页下方的数字“4-5”，如图8-26所示。

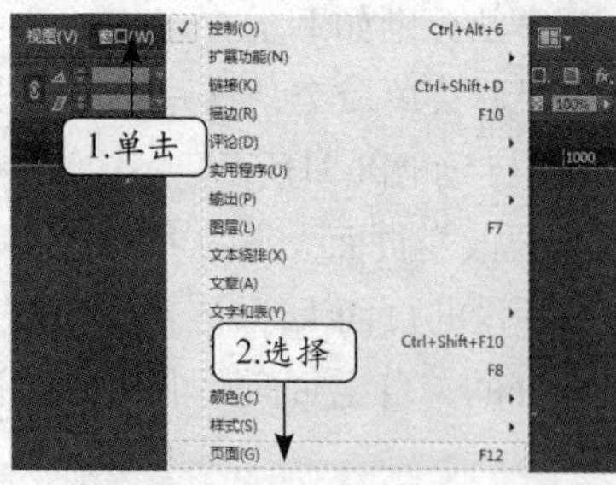

图8-25 选择菜单命令

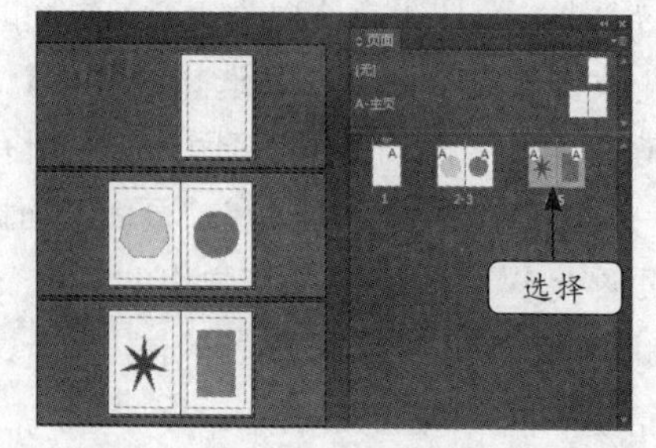

图8-26 选择跨页

3 单击鼠标右键，在弹出的快捷菜单中选择“直接复制跨页”命令，如图8-27所示。

4 单击“展开菜单”按钮，在弹出的下拉菜单中取消选中“允许文档页面随机排布”命令，如图8-28所示。

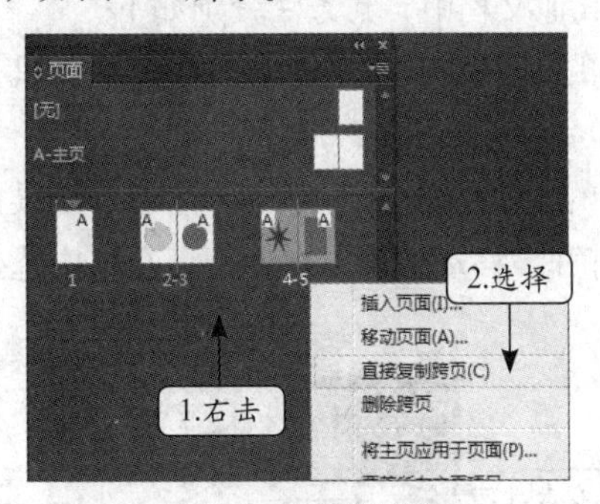

图8-27　复制跨页

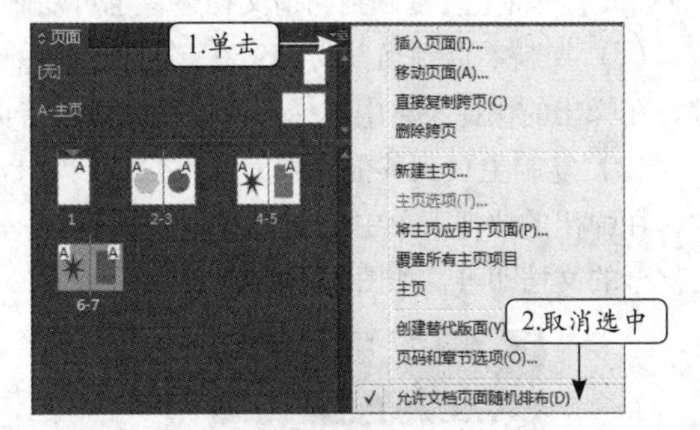

图8-28　取消选中命令

5 拖动第2页和第3页跨页下方数字到第7页右侧，当鼠标指针变为状态时释放鼠标，最终效果如图8-29所示。

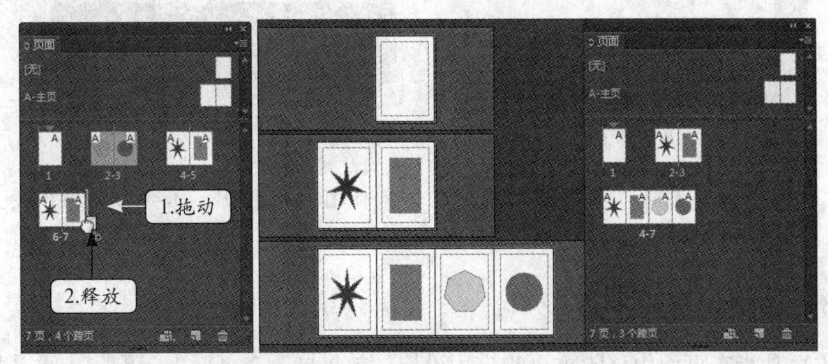

图8-29　建立四个跨页

8.2　主页的使用

主页在排版中占有非常重要的位置，主页的设置将影响所有应用该主页的页面，在主页中经常会添加公司标志、页码、联系方式等信息，它是制作页眉页脚的有效工具等。下面将详细介绍在Indesign中使用主页的各种方法。

8.2.1　创建主页

新建的文档都默认包含一个空白的主页，若想在页面中应用多个主页，那么需要另外创建。在“页面”面板中单击“展开菜单”按钮，在弹出的下拉菜单中选择“新建主页”命令，打开“新建主页”对话框，在其中可对主页的前缀、名称、页数和页面大小等进行设置，如图8-30所示。

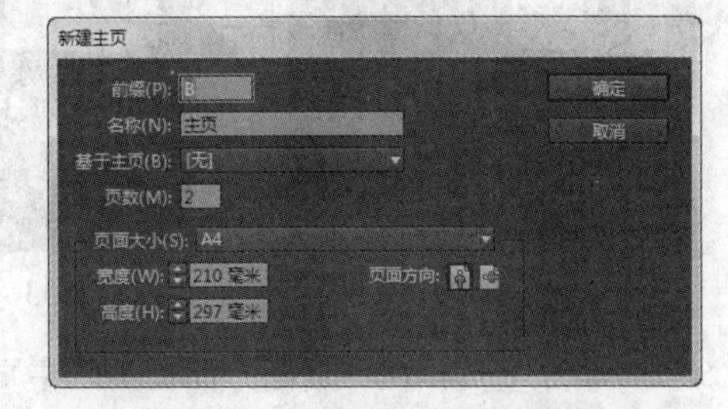

图8-30　“新建主页”对话框

8.2.2 复制主页

当需要利用已有的主页编辑新的主页时，可通过复制主页的方法提高操作效率，Indesign允许将主页复制到当前文档中，也可复制到其他文档中，其方法分别如下。

（1）复制主页到当前文档：在“页面”面板中的主页缩略图左侧的名称上单击鼠标右键，在弹出的快捷菜单中选择“直接复制主页跨页”命令，如图8-31所示。

（2）复制主页到其他文档：在“页面”面板中的主页缩略图左侧的名称上单击鼠标右键，在弹出的快捷菜单中选择“移动主页”命令，打开“移动主页”对话框，在其中选择需要移至的文档即可，如图8-32所示。

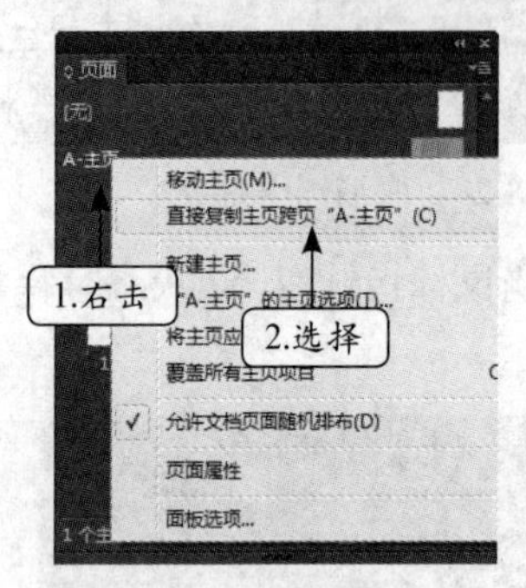

图8-31　直接复制主页

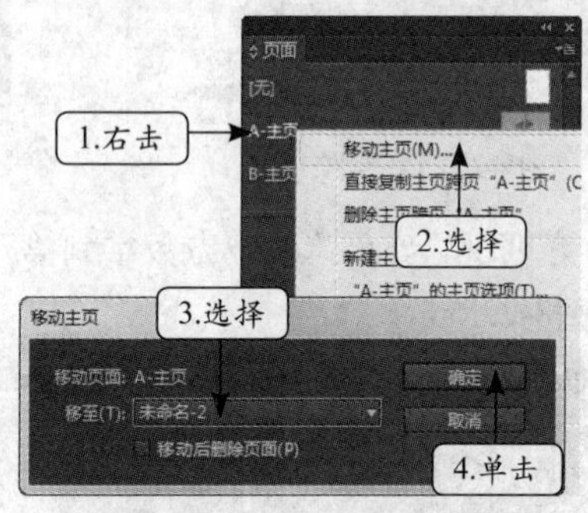

图8-32　移动主页

在文档间复制页面时，如果新文档中包含名称相同的主页，那么新文档中的主页将会应用到复制的页面上。

8.2.3 移除和删除主页

移除主页是指在页面中移除主页的应用设置，效果显示在页面上；删除主页是指删除文档中的主页，效果显示在主页本身。删除主页后，所有应用该主页的文档将会移除该主页的应用设置。

（1）移除主页：在“页面”面板中拖动“无”主页缩略图到页面缩略图上，当该缩略图出现黑色边框时释放鼠标即可，如图8-33所示。

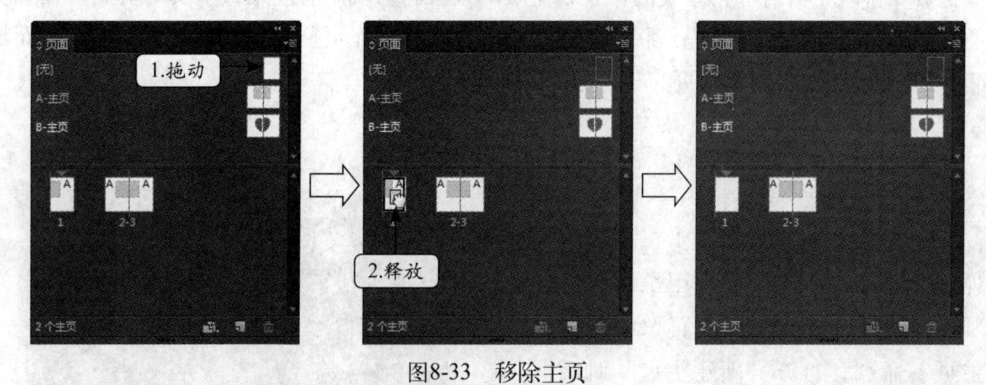

图8-33　移除主页

（2）删除主页：在“页面”面板中的主页左侧的名称上单击鼠标右键，在弹出的快捷菜单中选择“删除主页跨页”命令，如图8-34所示。

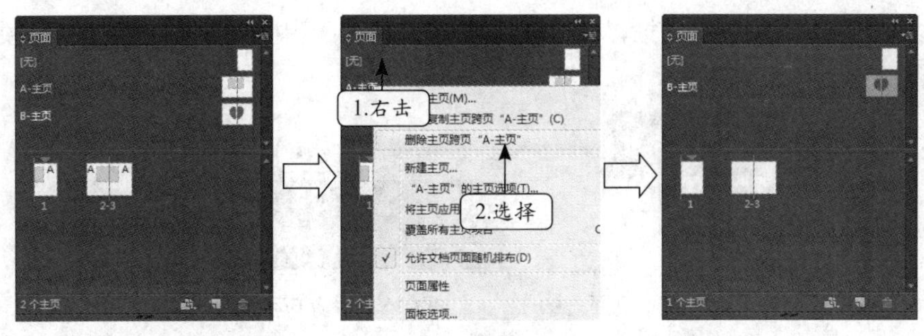

图8-34　删除主页

8.2.4　应用主页

主页可应用到单个页面或所有页面中，其实现的方法分别如下。

（1）应用主页到单个页面：在“页面”面板中拖动主页缩略图到页面缩略图上，当该缩略图出现黑色边框时释放鼠标，如图8-35所示。

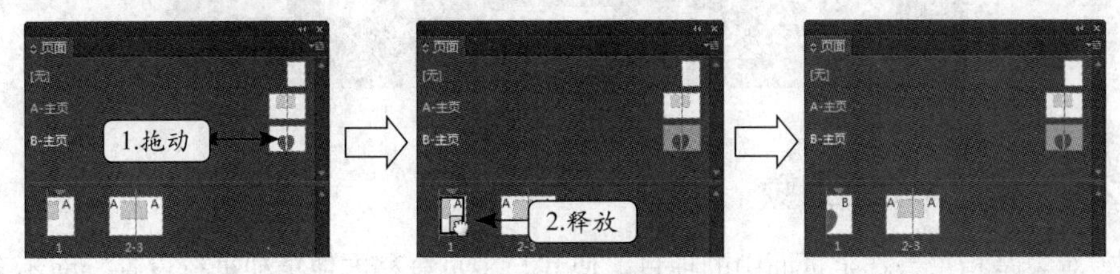

图8-35　应用主页到单个页面

（2）应用主页到所有页面：在“页面”面板中的主页名称上单击鼠标右键，在弹出的快捷菜单中选择“将主页应用于页面”命令，打开“应用主页”对话框，在“于页面”下拉列表框中选择“所有页面”选项，单击 确定 按钮，如图8-36所示。

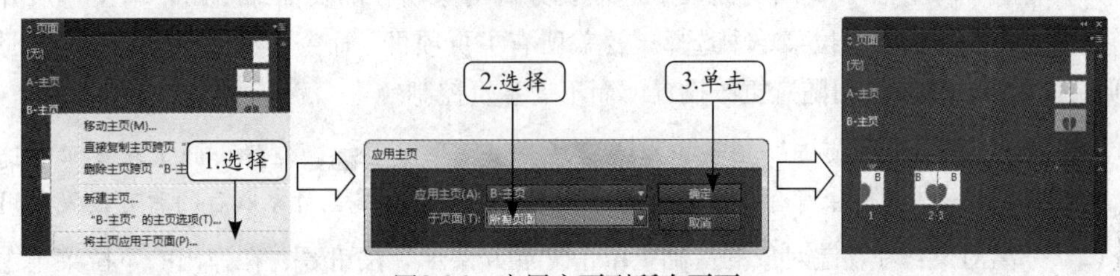

图8-36　应用主页到所有页面

下面以将主页应用到所有页面并移除第1页的主页为例，介绍应用主页和移除主页的方法。

【实例8-3】　应用主页与移除主页

素材文件：素材\第8章\主页.indd	效果文件：效果\第8章\主页.indd
视频文件：视频\第8章\8-3.swf	操作重点：应用主页到所有页面、移除主页

1 打开素材提供的“主页.indd”文档，按【F12】键，在“页面”面板的“A-主页”名称上单击鼠标右键，在弹出的快捷菜单中选择“将主页应用于页面”命令，如图8-37所示。

2 打开“应用主页”对话框，在“于页面”下拉列表框中选择“所有页面”选项，单击 确定 按钮，如图8-38所示。

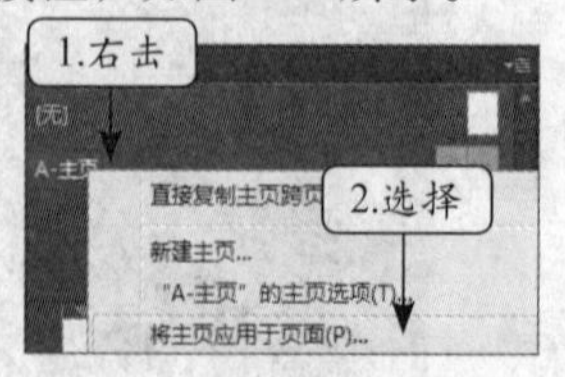

图8-37 将主页应用于页面

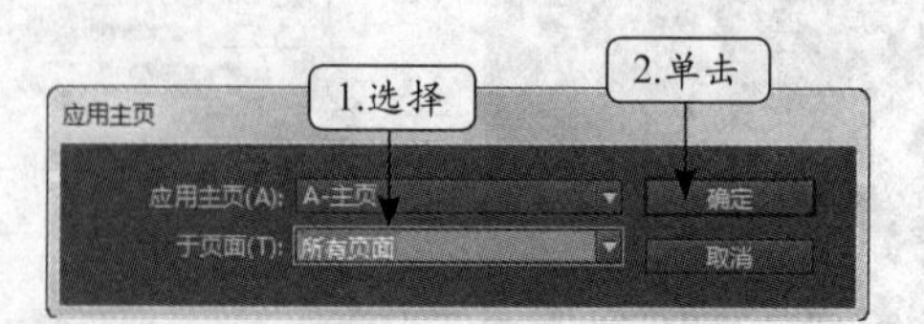

图8-38 设置应用的页面范围

3 返回“页面”面板，拖动“无”主页到第1页缩略图上释放鼠标，最终效果如图8-39所示。

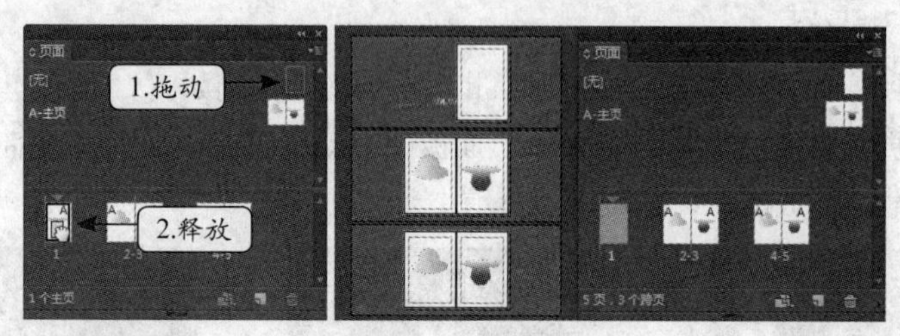

图8-39 移除主页

8.2.5 覆盖与分离对象

覆盖对象是指覆盖选定页面中的项目，使其与主页分移方便单独进行设置，而不会受主页的影响，若取消覆盖对象，则会自动恢复为主页的设置效果；分离对象是指从主页中将目标对象彻底分离出来，在主页做任何变动时，都不会影响目标对象的设置。

覆盖对象与分离对象的方法分别如下。

（1）覆盖对象：在“页面”面板中选择要分离对象所在的页面缩略图，单击“展开菜单”按钮，在弹出的下拉菜单中选择“覆盖所有主页项目”命令，如图8-40所示。此时，第2页页面中的云图形便可随意更改设置，而不受主页控制。

TIPS 覆盖对象后，在“页面”面板中单击“展开菜单”按钮，在弹出的下拉菜单中选择【主页】/【选择删除所有页面优先选项】命令，可清除覆盖对象以后的所有设置应用。

（2）分离对象：在覆盖对象的基础上单击“展开菜单”按钮，在弹出的下拉菜单中选择【主页】/【分离所有来自主页的对象】命令，如图8-41所示。此时，可随意更改来自主页的对象，若此时再选择【主页】/【选择删除所有页面优先选项】命令，在清除覆盖对象的同时，并不会影响已经从主页分离的对象。

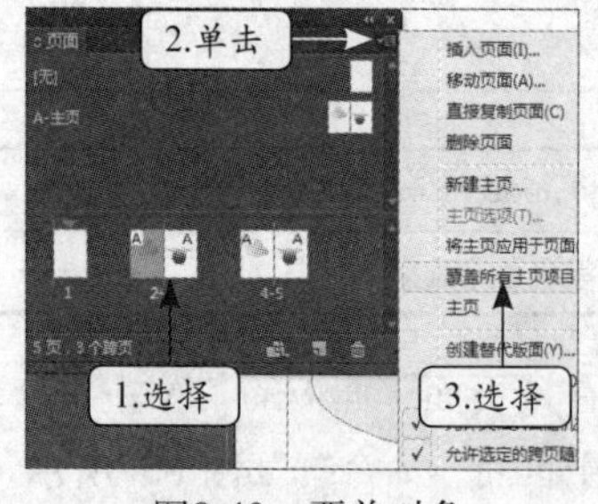

图8-40 覆盖对象

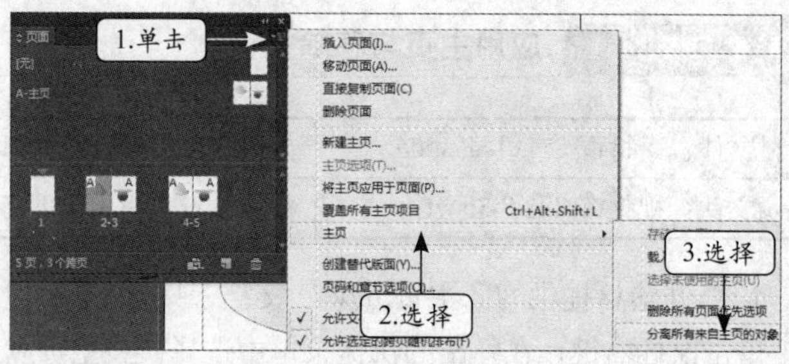

图8-41 分离对象

下面以覆盖一个对象和分离另一个对象并在主页中改变对象的颜色为例，介绍覆盖与分离对象的方法。

【实例8-4】 覆盖与分离对象

素材文件：素材\第8章\云.indd	效果文件：效果\第8章\云.indd
视频文件：视频\第8章\8-4.swf	操作重点：覆盖对象、分离对象

1 打开素材提供的“云.indd”文档，按【F12】键，在“页面”面板中选择第2页缩略图，单击“展开菜单”按钮，在弹出的下拉菜单中选择“覆盖所有主页项目”命令，如图8-42所示。

2 在“页面”面板中双击第2页缩略图，在其中选择图形，如图8-43所示。

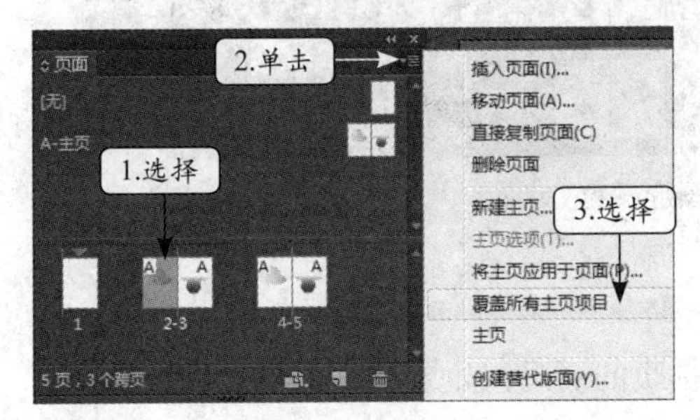

图8-42　覆盖对象

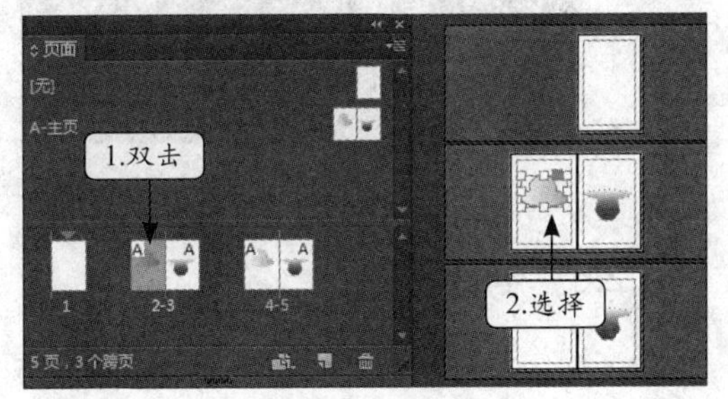

图8-43　选中对象

3 在属性面板中的“X”和“Y”数值框中分别输入“32”和“206”，按【Enter】键，如图8-44所示。

4 在“页面”面板中选择第4页缩略图，单击“展开菜单”按钮，在弹出的下拉菜单中选择“覆盖所有主页项目”命令，如图8-45所示。

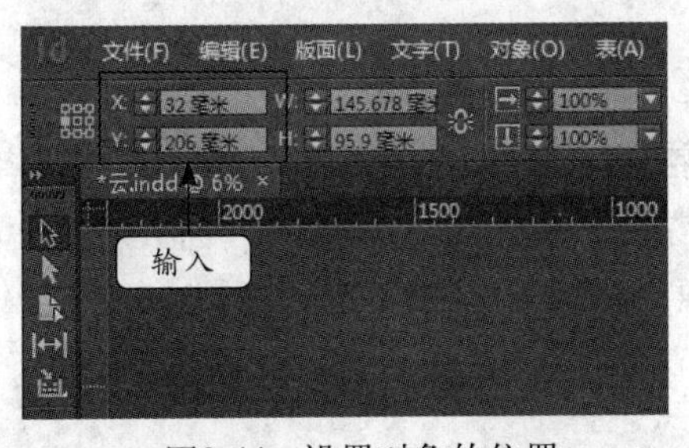

图8-44　设置对象的位置

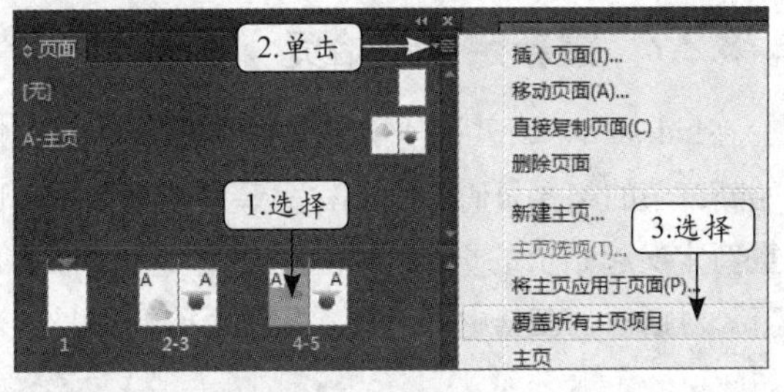

图8-45　覆盖对象

5 在第4页页面中选择图形，然后在“页面”面板中单击“展开菜单”按钮，在弹出的下拉菜单中选择【主页】/【分离来自主页的选区】命令，如图8-46所示。

6 单击属性面板中的“填色”按钮，在弹出的下拉列表中选择“C=15 M=100 Y=100 K=0”选项，如图8-47所示。

7 在“页面”面板中双击“A-主页”，选择主页左侧的图形，单击属性面板中的“填色”按钮，在弹出的下拉列表中选择“C=0 M=0 Y=100 K=0”选项，最终效果如图8-48所示。

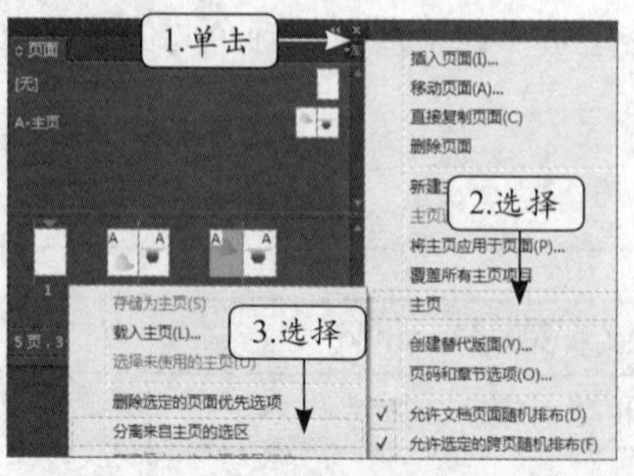

图8-46 分离对象

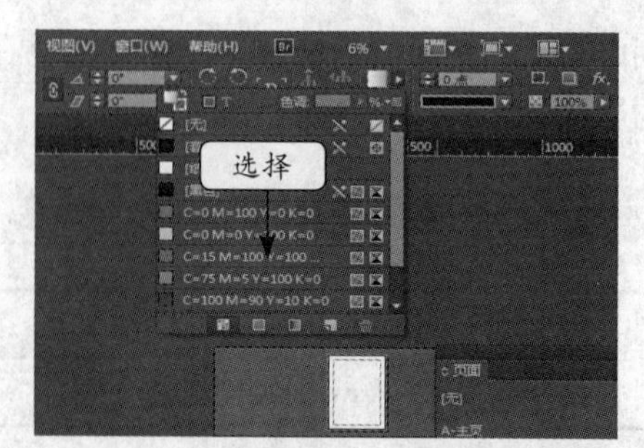

图8-47 设置图形颜色

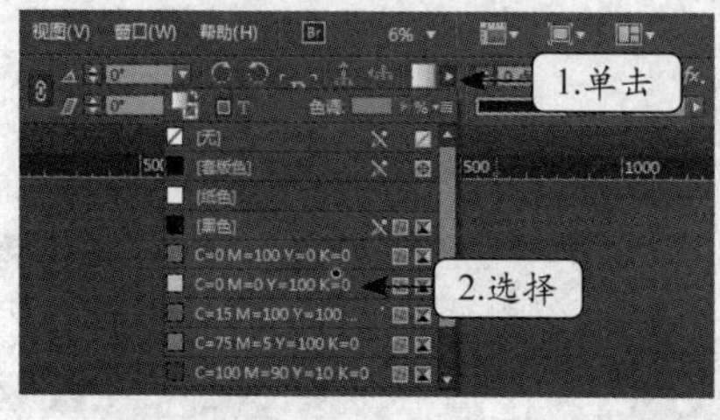

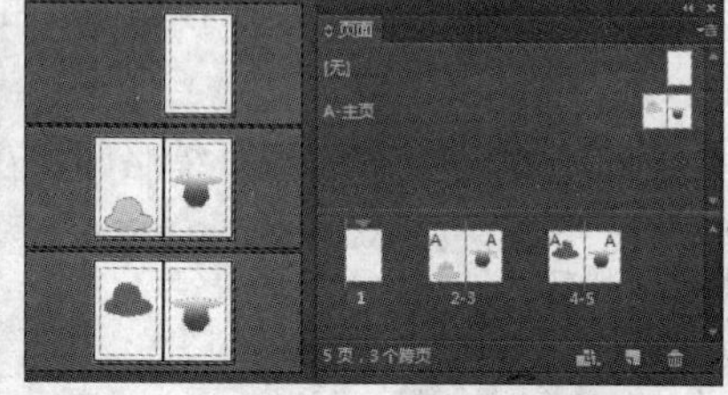

图8-48 设置图形颜色

8.2.6 创建页码

长文档往往都会要求在每一页页面中显示当前页的页码，如果手动依次输入会很麻烦，而且还不能保证位置的一致性和内容的精确性。Indesign提供了快速便捷的页码设置方法，可以有效地解决创建页码的问题，其方法为：在主页中创建用于放置页码的文本框，将文本插入点定位到其中，然后选择【文字】/【插入特殊字符】/【标志符】/【当前页码】菜单命令。

插入页码后，可按照设置普通文本的方法对页码对象的格式进行设置，其他页面的页码也将同时应用设置后的效果。

8.2.7 重新定义起始页

在Indesign中，默认情况下文档是按照阿拉伯数字连续排列的，但在某些文档中，需要对开始新章节的起始页码、页码样式等属性进行重新设置，其方法为：在“页面”面板中选择需要重新定义起始页的页面缩略图，选择【版面】/【页码和章节选项】菜单命令，打开“新建章节”对话框，在其中即可设置起始页码的编号、章节前缀、样式等内容，如图8-49所示。

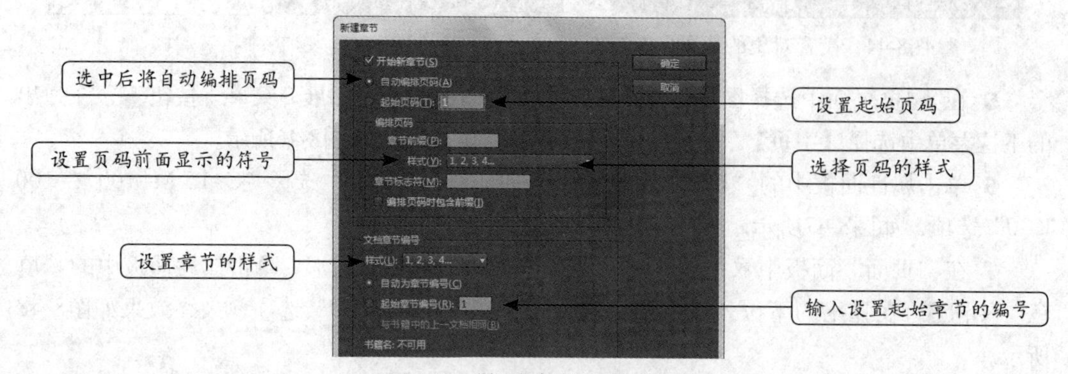

图8-49 “新建章节”对话框

下面以在文档中创建页码，然后将第3页作为新的第1页为例，介绍创建页码和重新定义起始页的方法。

【实例8-5】 设置文档的页码

素材文件：素材\第8章\形状.indd	效果文件：效果\第8章\形状.indd
视频文件：视频\第8章\8-5.swf	操作重点：创建页码、重新定义起始页

1 打开素材提供的“形状.indd”文档，按【F12】键，在“页面”面板中双击“A-主页”右侧的缩略图，使用文字工具在页面左下方创建一个文本框，如图8-50所示。

2 选择【文字】/【插入特殊字符】/【标志符】/【当前页码】菜单命令，如图8-51所示。

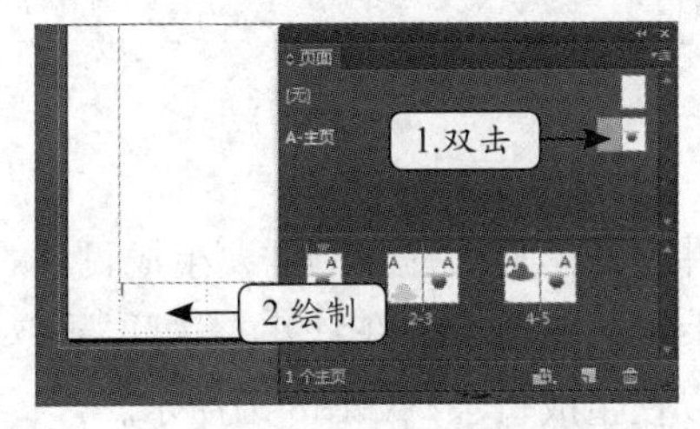

图8-50　创建文本框

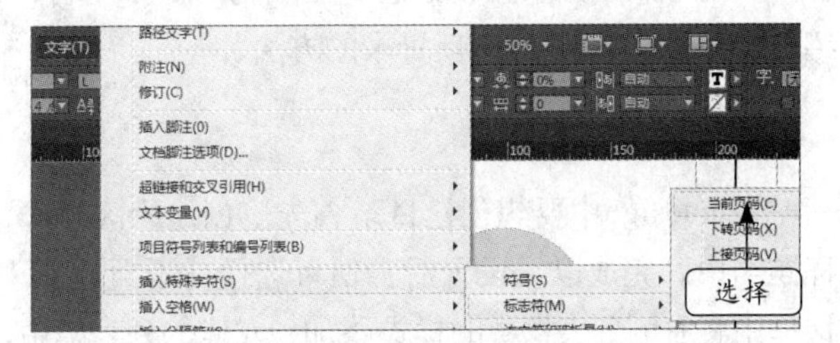

图8-51　选择菜单命令

3 按【Esc】键退出编辑并选择文本框，按住【Alt】键不放，拖动文本框到右侧页面的右下方后释放鼠标，如图8-52所示。

4 在“页面”面板中选择第3页缩略图，如图8-53所示。

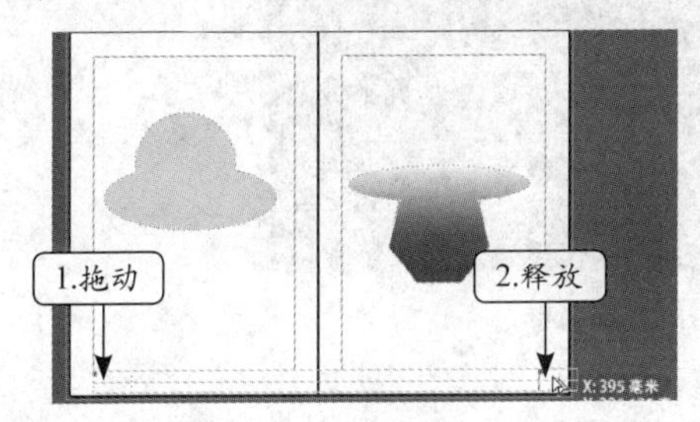

图8-52　复制并移动文本框

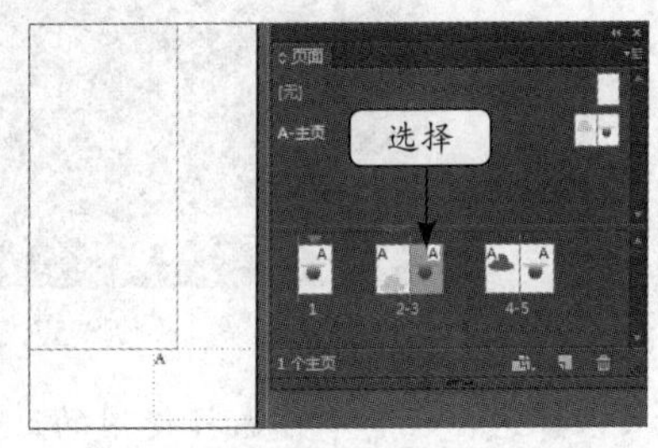

图8-53　选择页面

5 选择【版面】/【页码和章节选项】菜单命令，如图8-54所示。

6 打开“新建章节”对话框，选中“起始页码”单选项，单击 确定 按钮，如图8-55所示。

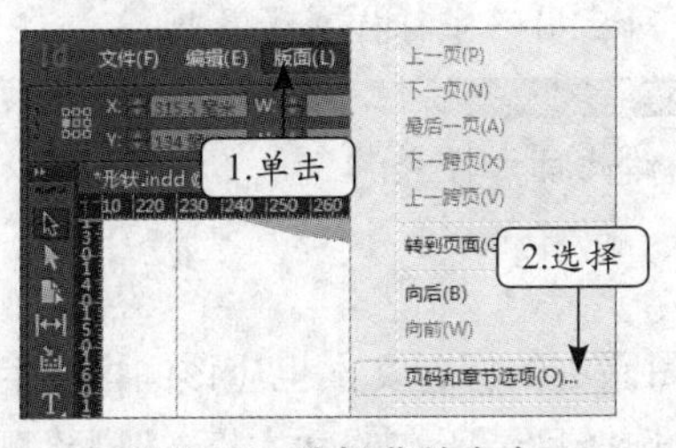

图8-54　选择菜单命令

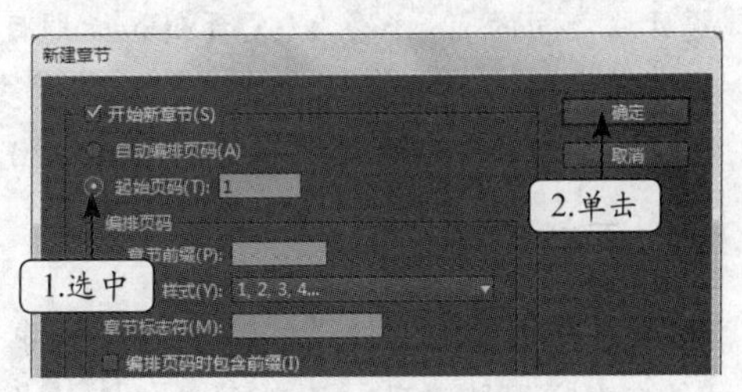

图8-55　设置起始页码

7 打开“警告”对话框，单击 确定 按钮，最终效果如图8-56所示。

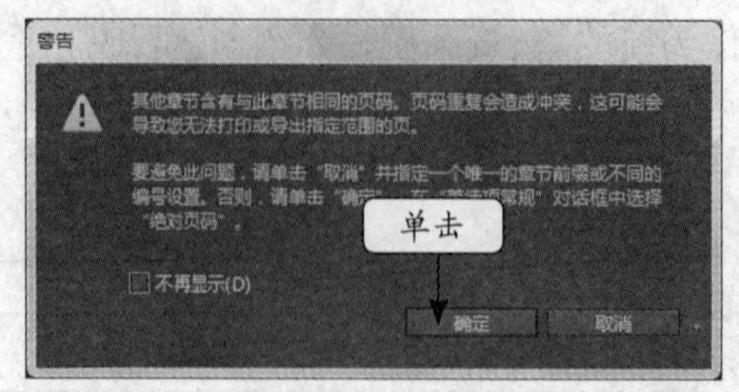

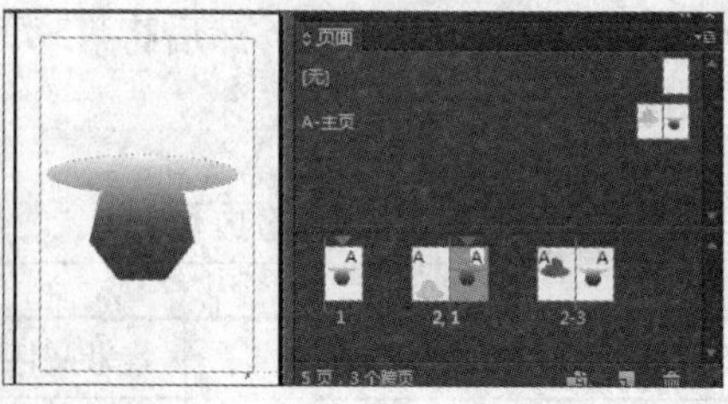

图8-56　确认设置

8.3　目录的创建

目录可以列出书籍、杂志等出版物的提干内容，有助于读者快速查找相应内容，下面介绍在Indesign中创建与更新目录的方法。

8.3.1　创建目录

在Indesign中要想创建目录首先应创建段落样式，并将段落样式应用到需要生成目录的标题当中。完成以上设置后，便可选择【版面】/【目录】菜单命令，在打开的“目录”对话框中将右侧列表框中的样式添加到左侧的列表框中，以便生成目录，如图8-57所示。

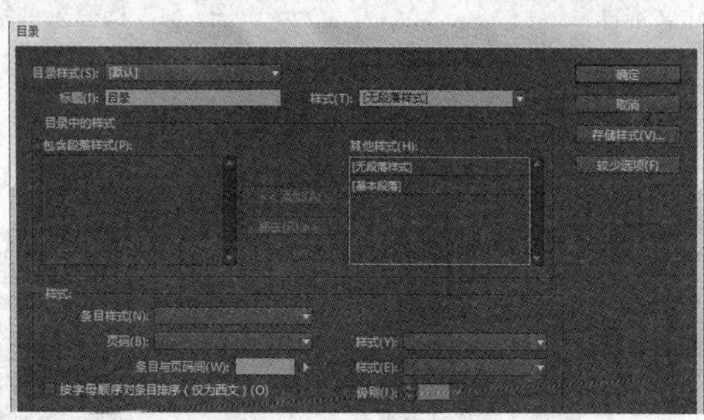

图8-57　“目录”对话框

- 目录样式：在其中可选择使用的目录样式。
- 目录中的样式：当创建好段落样式后，可在该栏的“其他样式”列表框中将段落样式添加到“包含段落样式”列表框中，添加时将按照一级标题、二级标题、三级标题等顺序依次添加。
- 样式：在其中可设置目录的显示样式，包括页码显示在标题目录的位置、页码与标题目录之间的前导符，以及页码和标题目录所应用的字符样式等属性。
- 存储样式：当目录样式创建好以后，单击 存储样式(V)... 按钮可打开“存储样式”对话框，在其中设置样式的名称和路径后，可存储此目录样式。

8.3.2　更新目录

更新目录是指页面中的目录标题发生变化时，目录中的标题文本也应该同样发生改变，从而使目录与内容保持一致。更新目录的方法为：选择目录所在的文本框，选择【版面】/【更新目录】菜单命令。

8.3.3　目录样式

选择【版面】/【目录样式】菜单命令可打开“目录样式”对话框，在其中能新建、编辑、删除和载入目录，如图8-58所示。

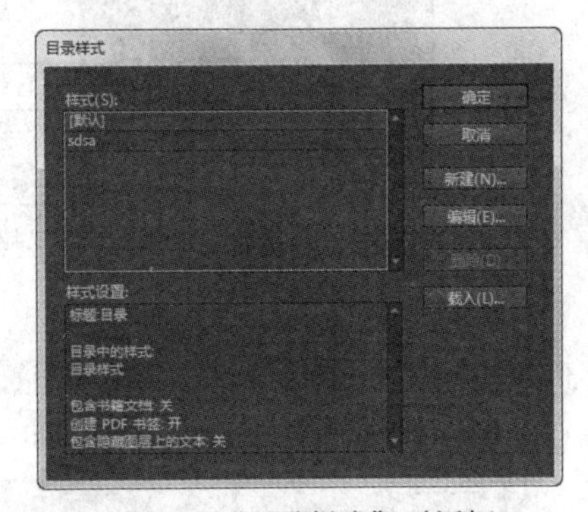

图8-58　“目录样式”对话框

- 新建目录：单击 新建(N)... 按钮，在打开的“新建目录样式”对话框中可创建新的目录。
- 编辑目录：在“样式”列表框中选择需要编辑的目录选项，单击 编辑(E)... 按钮，可在打开的“编辑目录样式”对话框中对现有的目录样式进行编辑。
- 删除目录：在“样式”列表框中选择需要删除的目录选项，单击 删除(D) 按钮可将其删除。
- 载入目录：单击 载入(L)... 按钮可打开“打开文件”对话框，在其中可选择存储的目录文件，并通过 打开(O) 按钮将其载入。

在“样式设置”栏中可查看目录的相关信息，包括目录样式、包含的书籍、书签等。

下面以在文档中创建目录并更新目录为例，介绍目录的使用方法。

【实例8-6】为文档创建目录并更新

素材文件：素材\第8章\地勘.indd	效果文件：效果\第8章\地勘.indd
视频文件：视频\第8章\8-6.swf	操作重点：创建目录、更新目录

1 打开素材提供的“地勘.indd”文档，按【F11】键打开“段落样式”面板，单击右上方“展开菜单”按钮，在弹出的下拉菜单中选择“新建段落样式”命令，如图8-59所示。

2 打开“段落样式选项”对话框，在“样式名称”文本框中输入“目录样式”，在左侧列表框中选择“缩进和间距”选项，在“对齐方式”下拉列表框中选择“居中”选项，设置“段前距”和“段后距”分别为“10”和“5”，确认设置，如图8-60所示。

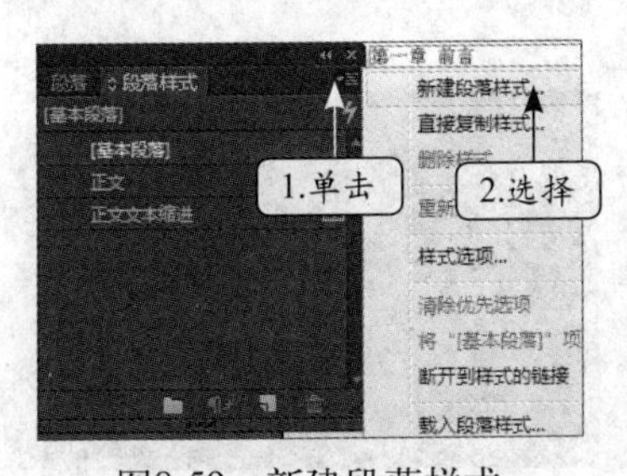

图8-59　新建段落样式

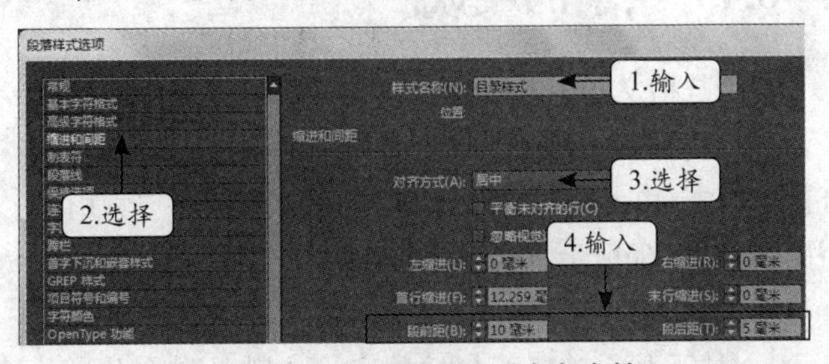

图8-60　设置名称、对齐方式等

3 将文本插入点定位在“第一章”段落中，单击“段落样式”面板中的“目录样式”选项，如图8-61所示。

4 按相同操作方法，依次为后面5章的标题段落应用“目录样式”段落格式。然后选择【版面】/【目录】菜单命令，如图8-62所示。

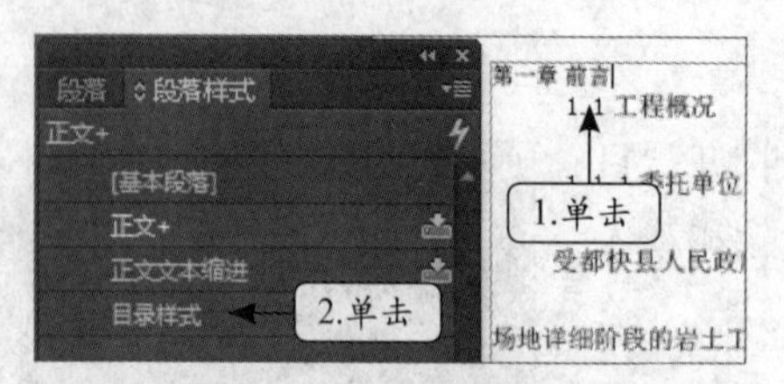

图8-61 应用段落样式

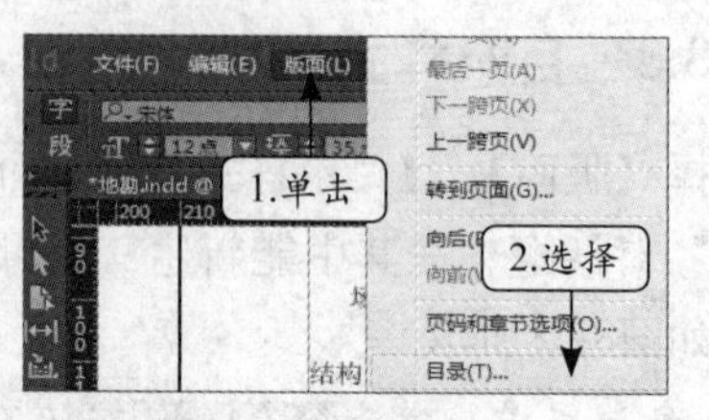

图8-62 选择菜单命令

5 打开“目录”对话框，在“其他样式”列表框中选择“目录样式”选项，单击该列表框左侧的 << 添加(A) 按钮，然后单击 确定 按钮，如图8-63所示。

6 在第1页左上方单击鼠标，如图8-64所示。

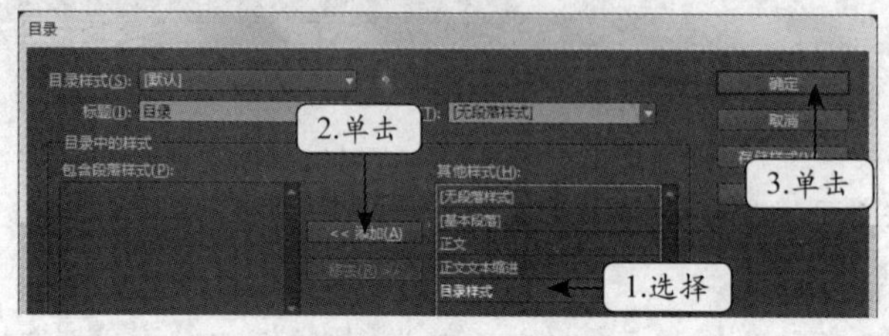

图8-63 选择目录样式

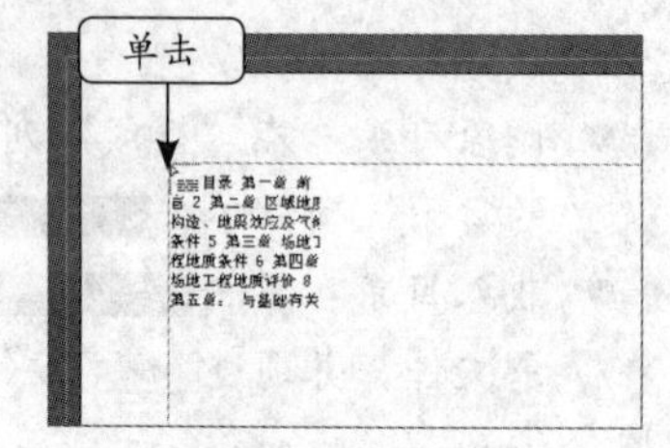

图8-64 插入目录

7 在第8页中按【←】键删除“第五章”文本后面的冒号，然后选择目录文本框，选择【版面】/【更新目录】菜单命令，在打开的对话框中确认设置，如图8-65所示。

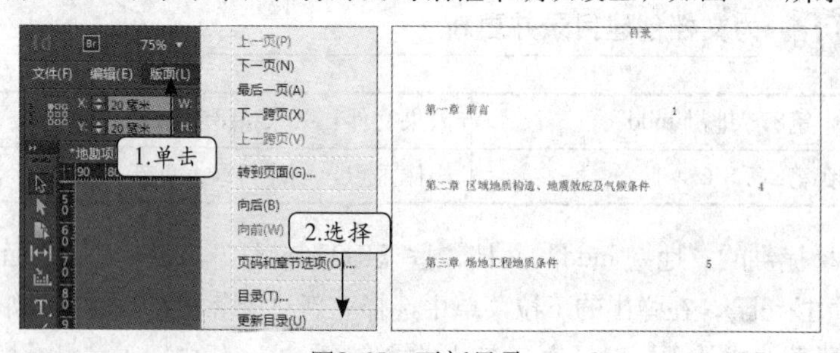

图8-65 更新目录

8.4 索引的生成

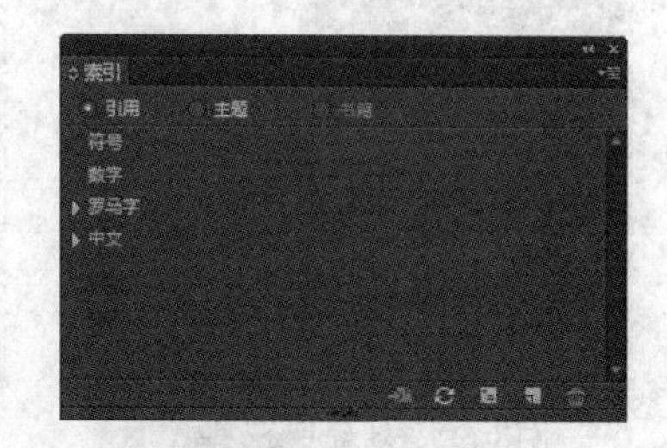

图8-66 “索引”面板

索引是指文档中的关键字、词、句等摘录生成的条目，且注明了其出处和所在页码位置的对象。选择【窗口】/【文字和表】/【索引】菜单命令，打开“索引”面板，如图8-66所示。其中部分参数的作用如下。

- 展开菜单：单击“展开菜单”按钮，在弹出的下拉菜单中可执行新建、复制、删除引用等操作。
- 引用：在“引用”模式下，预览区将显示当前文档的完整索引条目。
- 主题：在“主题”模式下，预览区只显示主题，而不显示页码。
- 工具栏：单击其中的“创建新索引条目”按钮、“转到选定标志符”按钮、“生成索引”按钮等可执行相应的操作。

8.4.1 创建索引

使用文字工具选择需要建立索引的文本，在“索引”面板中单击“创建新索引条目”按钮，在打开的“新建页面引用”对话框中即可创建索引，如图8-67所示。

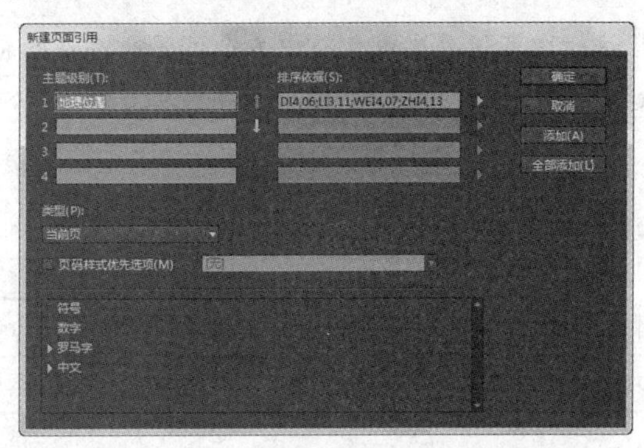

图8-67 “新建页面引用”对话框

- 主题级别：选择文本后，打开“新建页面引用”对话框，该文本会自动出现在“主题级别”文本框中。此外，可以通过输入文本的方式设置主题级别的名称。
- 排序依据：设置条目的排序方式，包括符号、数字、罗马字和中文等。如果输入的文本为英文，则使用的是罗马字的排序方式。
- 类型：表示条目在索引面板中显示内容的类型。包括“以当前页码显示”、“请参见”、“箭头标记”等。
- 页码样式优先选项：选中该复选框后可在右侧的下拉列表框中选择预设的字符样式，生成的索引将以选择的字符样式显示在文档中。

8.4.2 生成索引

当创建好索引的引用项后便可生成索引。单击“索引”面板中的“生成索引”按钮，在打开的“生成索引”对话框中设置索引标题、样式、条目分隔符等参数，如图8-68所示，完成设置后在版面中拖动鼠标即可生成索引。

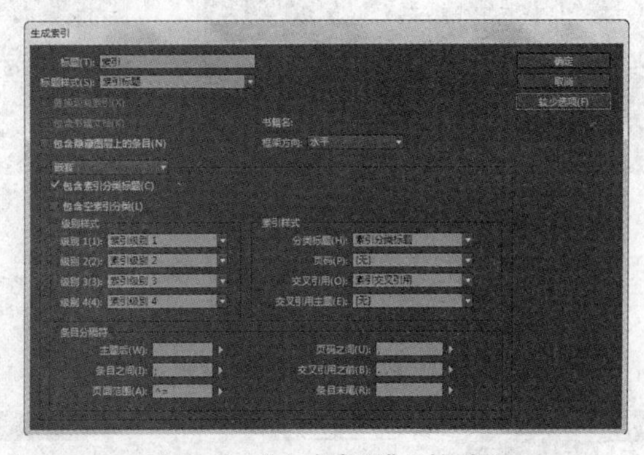

图8-68 “生成索引”对话框

- 标题：为生成的索引设置标题。
- 标题样式：在其中可为标题设置已存在的段落样式。
- 替换现有索引：若文档中已存在索引，便可选中该复选框，此后生成的索引将自动替换为文档中已存在的索引。

- 框架方向：选择生成索引的文本排列方向。
- 包含索引分类标题：若取消选中该复选框，则生成的索引条目前将不会显示所在的分类。
- 条目分隔符：在该栏中可设置生成索引中各个位置所存在的符号。

下面以创建并生成文档中“1.1.1委托单位”文本的索引为例，介绍创建和生成索引的方法。

【实例8-7】 创建与生成索引

素材文件：素材\第8章\评价.indd	效果文件：效果\第8章\评价.indd
视频文件：视频\第8章\8-7.swf	操作重点：创建索引、生成索引

1 打开素材提供的“评价.indd”文档，选择第2页中的“1.1.1委托单位”文本，选择【窗口】/【文字和表】/【索引】菜单命令，如图8-69所示。

2 在“索引”面板中单击“创建新索引条目”按钮，如图8-70所示。

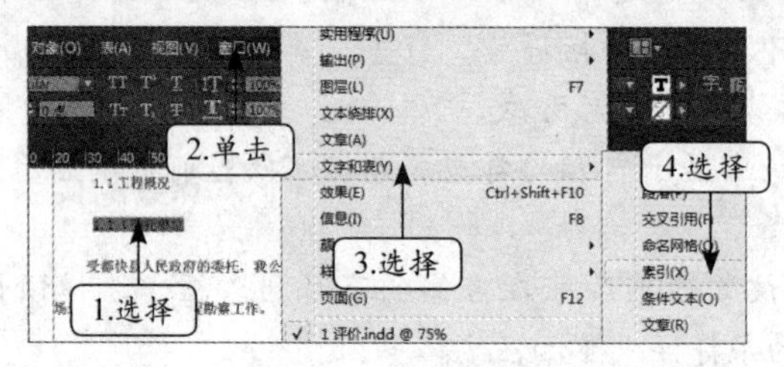

图8-69 选择菜单命令

图8-70 单击按钮

3 打开“新建页面引用”对话框，单击 确定 按钮，如图8-71所示。

4 返回“索引”面板，单击下方的“生成索引”按钮，如图8-72所示。

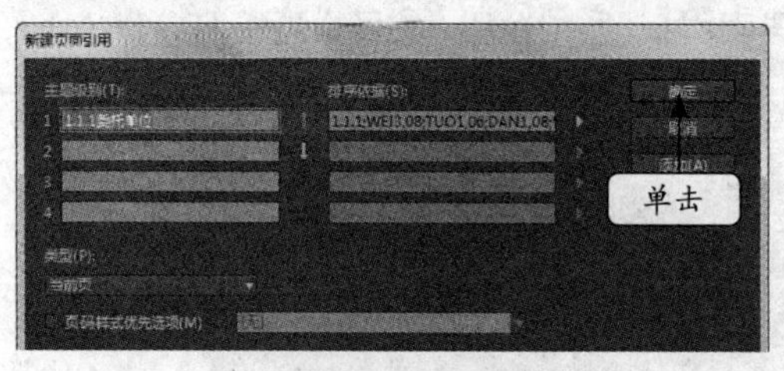

图8-71 确认设置

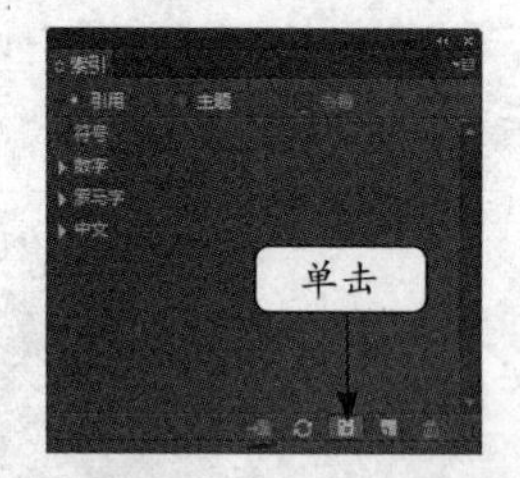

图8-72 单击按钮

5 打开“生成索引”对话框，在“标题”文本框中输入“索引”，确认设置，如图8-73所示。

6 在最后一页左上方单击鼠标生成索引，如图8-74所示。

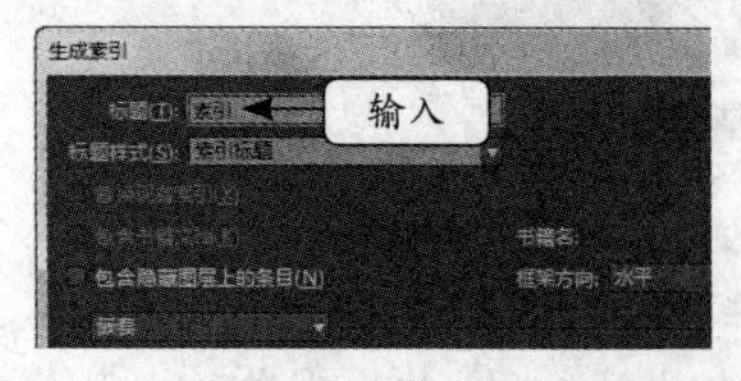

图8-73 输入标题

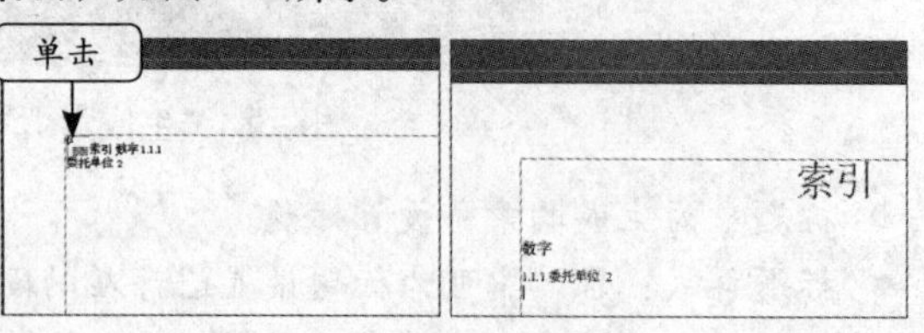

图8-74 生成索引

8.4.3 创建交叉索引

交叉索引是指将一个索引条目引用到另一个索引条目中，在被引用的索引条目中，可以通过“索引”面板快速找到引用的索引条目，方便存在众多索引条目时，快速寻找到目标索引条目。

在版面以外空白处单击鼠标，然后在“索引”面板中单击“创建新索引”按钮，并在打开的“新建交叉引用”对话框中设置即可创建交叉索引。

下面以创建数字与中文的交叉索引为例，介绍创建交叉索引的方法。

【实例8-8】 创建交叉索引

素材文件：素材\第8章\交叉.indd	效果文件：效果\第8章\交叉.indd
视频文件：视频\第8章\8-8.swf	操作重点：创建交叉索引

1 打开素材提供的“交叉.indd”文档，选择【窗口】/【文字和表】/【索引】菜单命令，如图8-75所示。

2 在版面以外的空白处单击鼠标，在“索引”面板中单击“创建新索引”按钮，如图8-76所示。

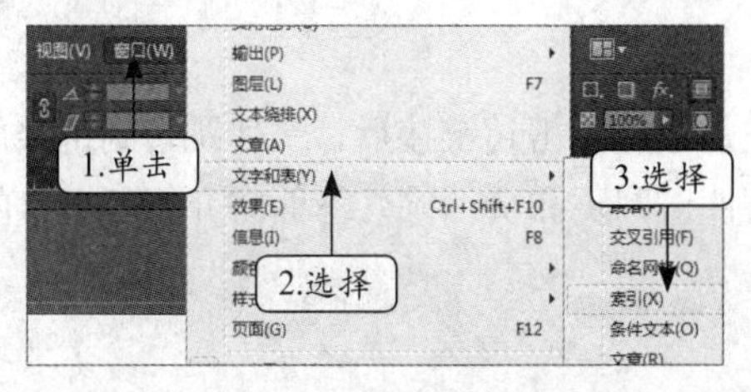

图8-75 选择菜单命令

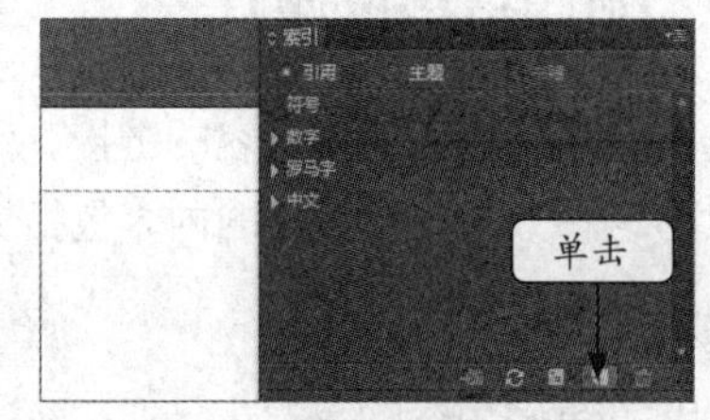

图8-76 创建索引

3 打开“新建交叉引用”对话框，在下方列表框的数字选项前单击“展开”标记，使其变为状态，拖动“1.1.1委托单位”选项到“引用”文本框中释放鼠标，如图8-77所示。

4 在“主题级别”中的“1”文本框中输入“目录”，在“排序依据”从上至下的第一个文本框中单击鼠标，确认设置，如图8-78所示。

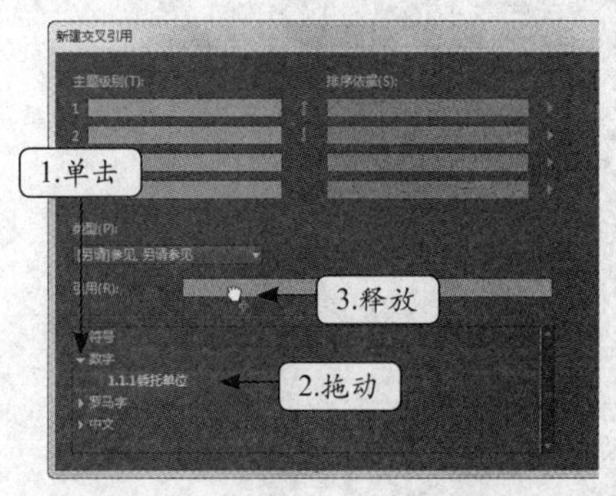

图8-77 设置引用

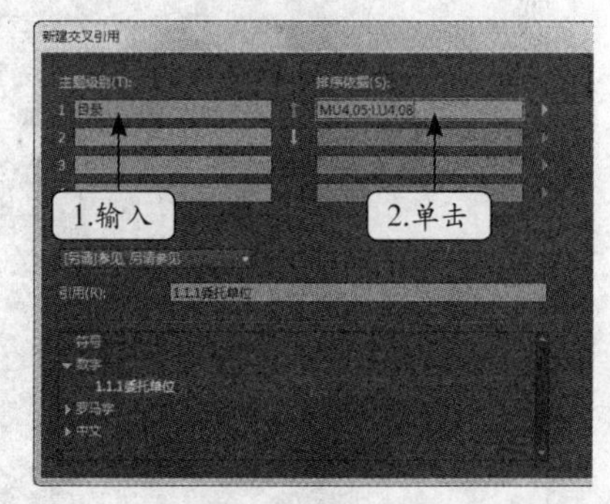

图8-78 输入文本

5 在“索引”面板中单击“生成索引”按钮，如图8-79所示。

6 打开“生成索引”对话框，确认设置，在最后一页左上方单击鼠标置入索引，最终效果如图8-80所示。

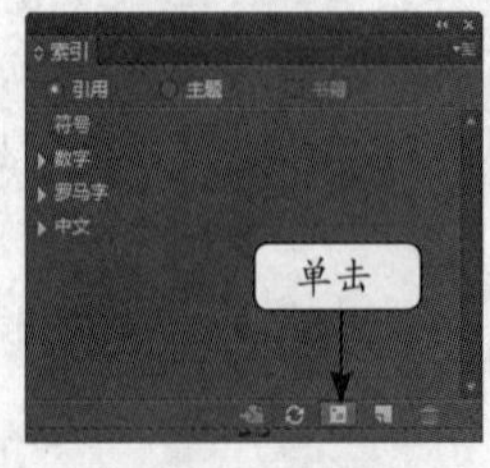

图8-79 单击按钮

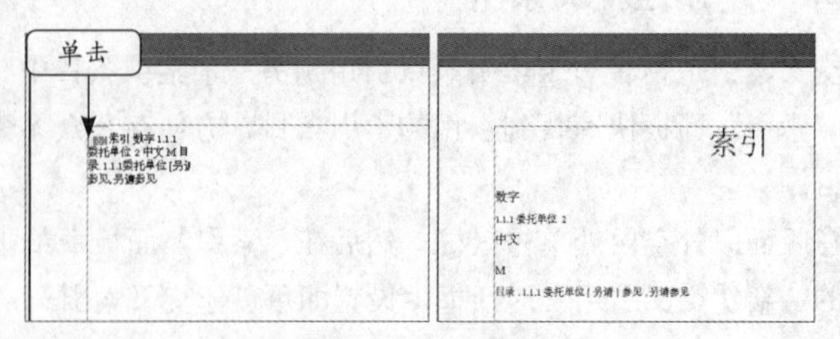

图8-80 生成交叉索引

8.4.4 定位与删除索引

定位索引是指页面直接跳转至引用的主题所在的位置；删除索引是指删除不需要的索引条目，其操作方法分别如下。

- 定位索引：在“索引”面板的列表框中单击选项前面的“展开”标记显示其子菜单，在子菜单中选择索引条目，然后，单击面板下方的“转到引用主题”按钮。
- 删除索引：在“索引”面板中选中不需要的索引条目，单击面板下方的“删除选定条目”按钮。

8.5 超链接的操作

超链接，简单地说就是内容的链接，它是通过单击超链接后，快速跳转到链接所指向的目标位置的一种方式，其链接的内容包括文件、网页和页面等。下面将介绍超链接的新建、编辑、删除和查看等操作。

8.5.1 新建超链接

选择【窗口】/【交互】/【超链接】菜单命令，打开“超链接”面板，选择需要创建超链接的文本，再在面板中单击“创建新的超链接”按钮，在“新建超链接”对话框中设置样式属性即可新建超链接，如图8-81所示。

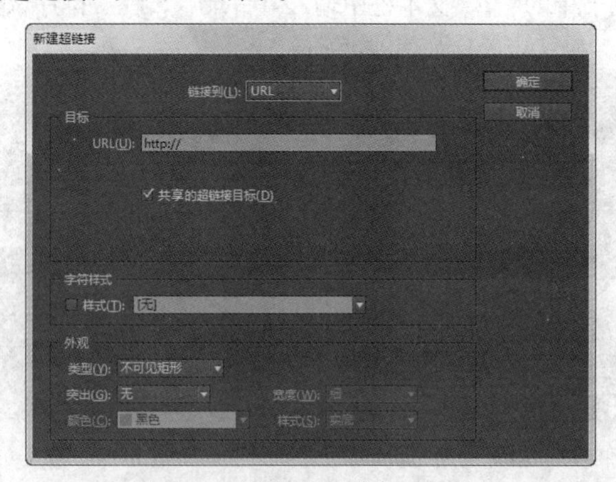

图8-81 “新建超链接”对话框

- 链接到：选择创建的超链接类型，包括URL、文件和页面等，分别表示链接到网页上的资源、其他的文档和同一文档的其他位置。

- 目标：设置超链接的具体链接位置。
- 外观：设置创建超链接后文本等对象的类型、颜色、宽度和样式等属性。

8.5.2　编辑与删除超链接

编辑与删除超链接的方法分别如下。

（1）编辑超链接：在“超链接”面板中双击超链接选项，打开“编辑超链接”对话框，在其中可重新设置超链接的链接目标，如图8-82所示。

（2）删除超链接：在“超链接”面板中选择不需要的超链接选项，单击“删除选定的超链接或交叉引用”按钮，如图8-83所示。

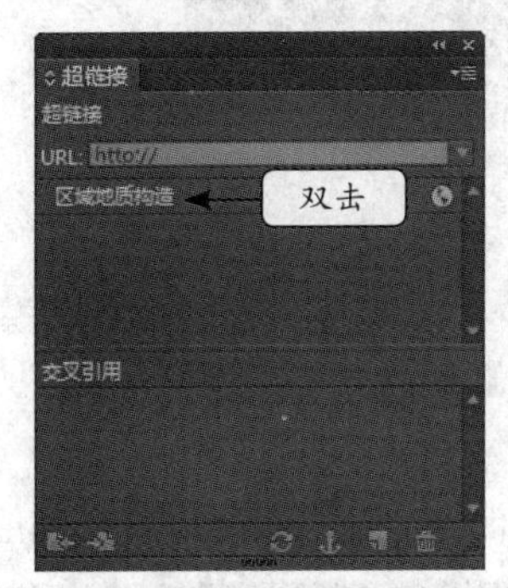

图8-82　打开“编辑超链接”对话框

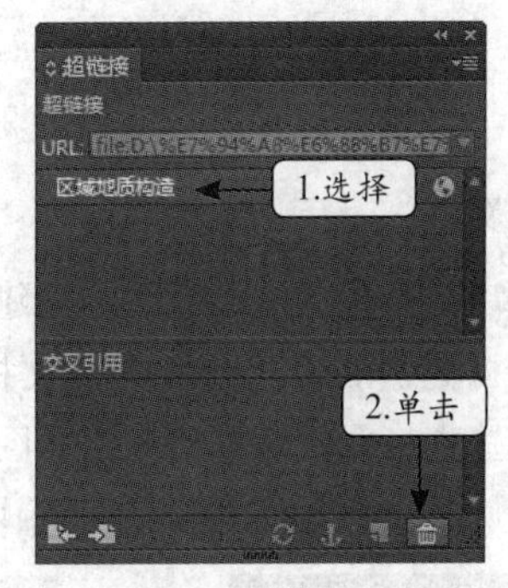

图8-83　删除超链接

8.5.3　查看超链接

查看超链接是指查看超链接本身所在的位置或查看其链接到的目标位置，其操作方法分别如下。

（1）查看超链接位置：在“超链接”面板中选择超链接选项后，单击“转到所选超链接或交叉引用的源”按钮，如图8-84所示。

（2）查看超链接目标位置：在“超链接”面板中选择超链接选项后，单击“转到所选超链接或交叉引用的目标”按钮，如图8-85所示。

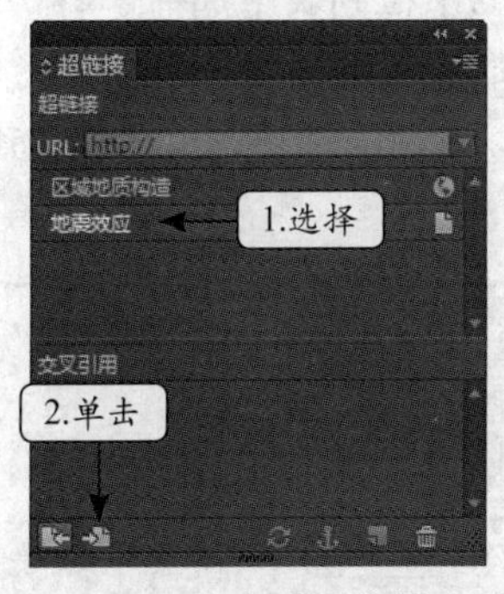

图8-84　查看源位置

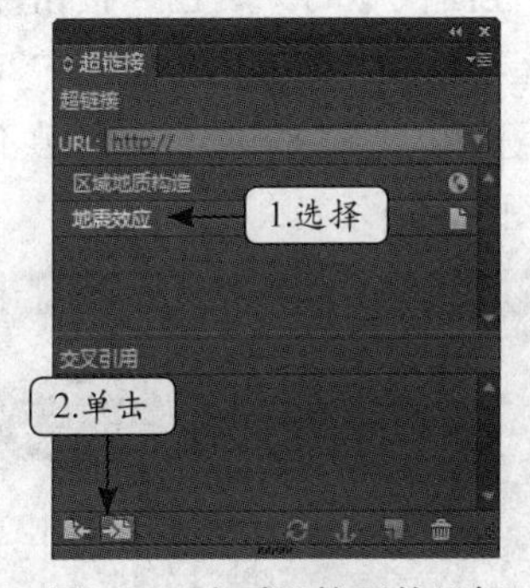

图8-85　查看链接到的目标

下面以完善“实验总结”文档为例，重点巩固将主页应用于页面、为文档设置页码和创建目录等操作。本实训的最终效果如图8-86所示。

素材文件：素材\第8章\总结.indd	效果文件：效果\第8章\总结.indd
视频文件：视频\第8章\8-9.swf	操作重点：创建主页、创建页码、创建目录

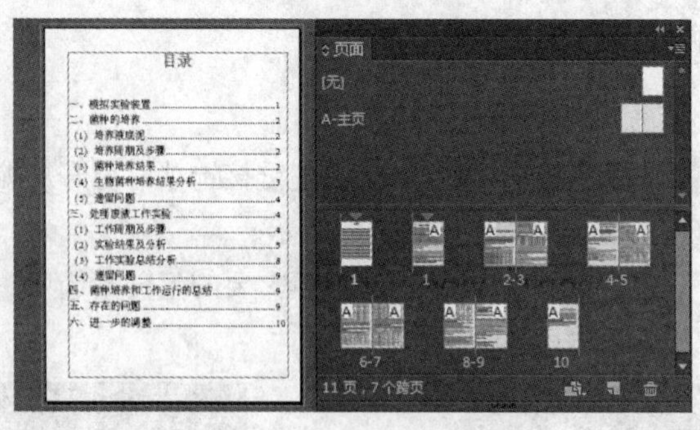

图8-86　实验总结的效果

1. 编辑主页

下面首先编辑主页，为整个文档创建背景色。

1 打开素材提供的“总结.indd”文档，按【F12】键打开“页面”面板，双击A-主页右侧的页面缩略图进入主页编辑状态，如图8-87所示。

2 利用矩形工具在版面左侧的页面中绘制一个和版面相同大小的矩形，如图8-88所示。

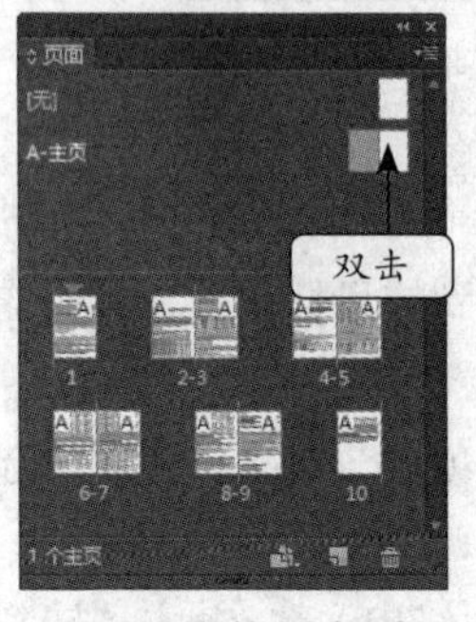

图8-87　设置主页

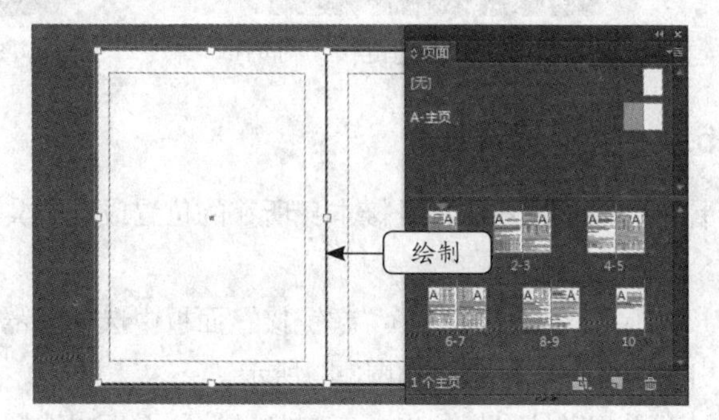

图8-88　绘制矩形

3 单击属性面板中的“填色”按钮，在弹出的下拉列表中选择“C=75 M=5 Y=100 K=0”选项，在“色调”数值框中输入“20”，按【Enter】键，如图8-89所示。

4 切换到选择工具，按住【Alt】键不放，拖动左侧页面矩形到右侧页面中，覆盖右侧所有页面，如图8-90所示。

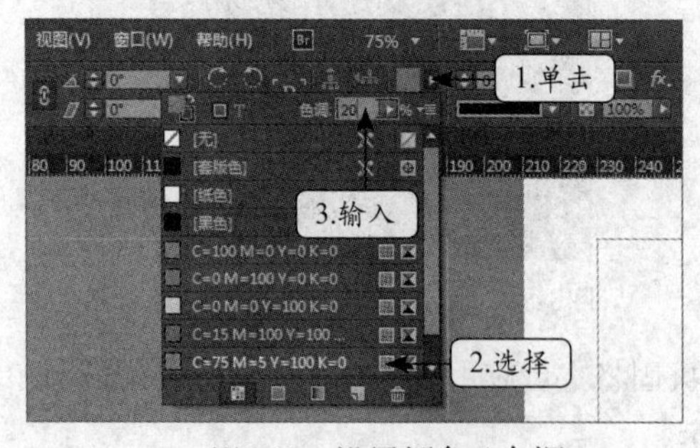

图8-89　设置颜色及色调

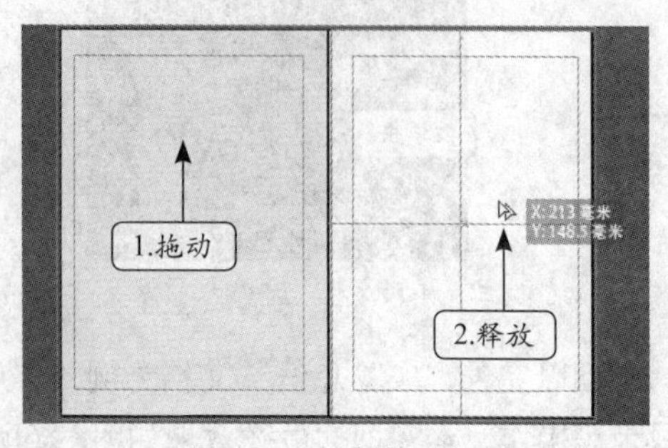

图8-90　复制移动矩形

2. 设置页码

1 利用文字工具在版面左侧的页面左下方绘制一个矩形，如图8-91所示。

2 选择【文字】/【插入特殊字符】/【标志符】/【当前页码】菜单命令，如图8-92所示。

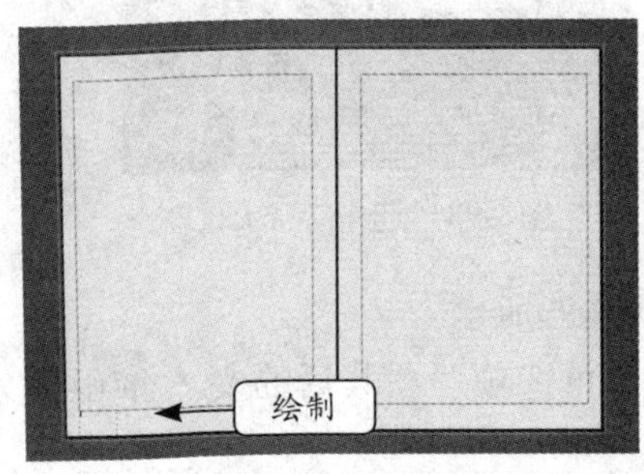

图8-91 创建文本框

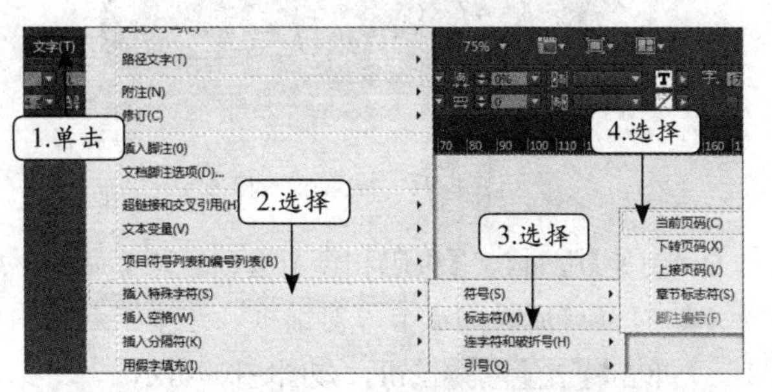

图8-92 选择菜单命令

3 选中“A”文本，在属性面板中的“字体系列”下拉列表框中选择“方正少儿简体”选项，在“字体大小”数值框中输入“30”，按【Enter】键，如图8-93所示。

4 按【Esc】键，然后按住【Alt】键不放，拖动该文本框至右侧页面的右下方，如图8-94所示。

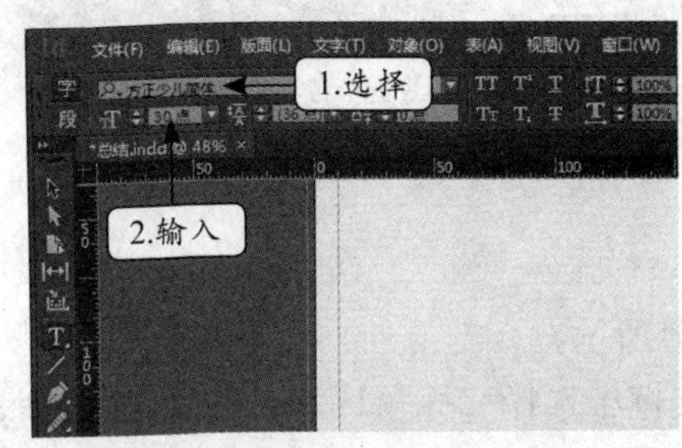

图8-93 设置字体和字号

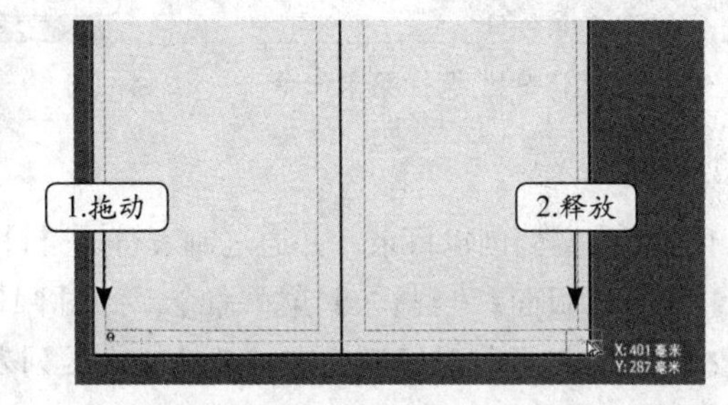

图8-94 复制移动文本框

5 确认选中刚粘贴出来的文本框，在属性栏中设置X和Y分别为“400毫米”和“276.5毫米”，如图8-95所示。

6 在“页面”面板中单击右上方的“展开菜单”按钮，在弹出的下拉菜单中选择“插入页面”命令，如图8-96所示。

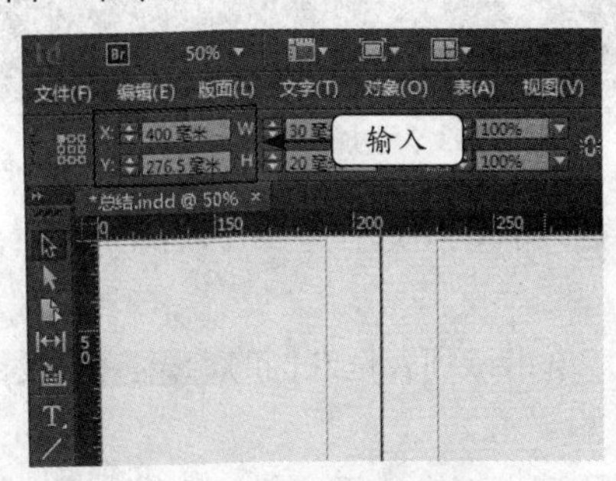

图8-95 设置位置

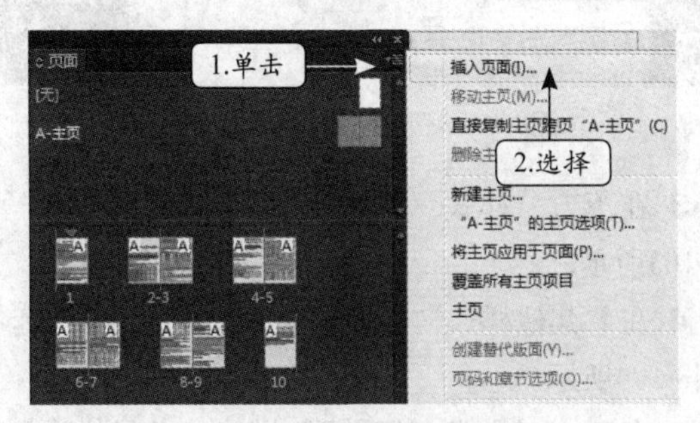

图8-96 选择插入页面

7 打开“插入页面”对话框，在“插入”下拉列表框中选择“页面前”选项，在右侧数值框中输入“1”，单击确定按钮，如图8-97所示。

8 返回“页面”面板中，选择第2页缩略图，如图8-98所示。

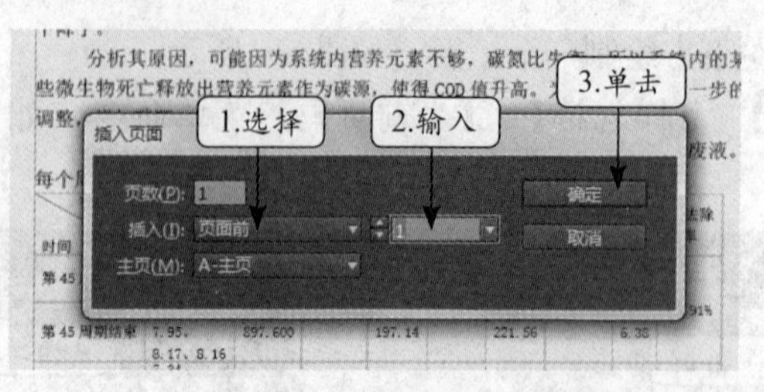

图8-97 设置插入位置

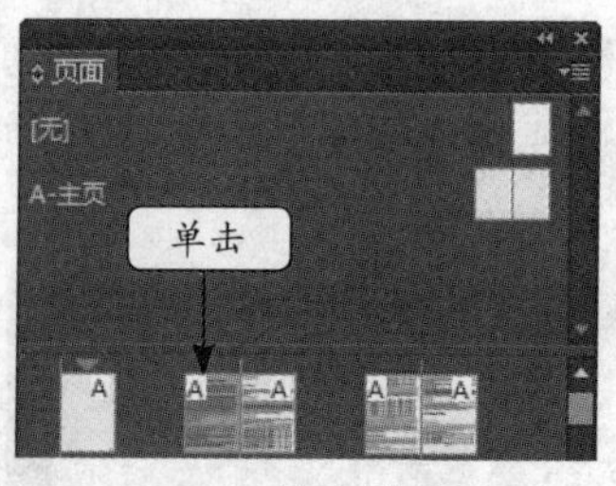

图8-98 选中缩略图

9 选择【版面】/【页码和章节选项】菜单命令，如图8-99所示。

10 打开“页码和章节”对话框，选中“起始页码”单选项，在其后的文本框中输入“1”，单击 确定 按钮，如图8-100所示。

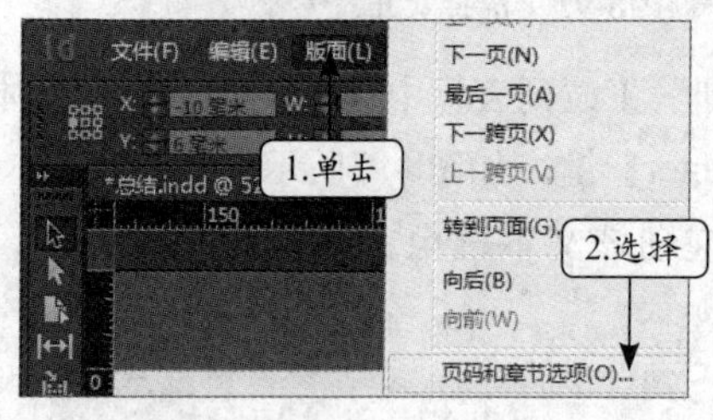

图8-99 选择菜单命令

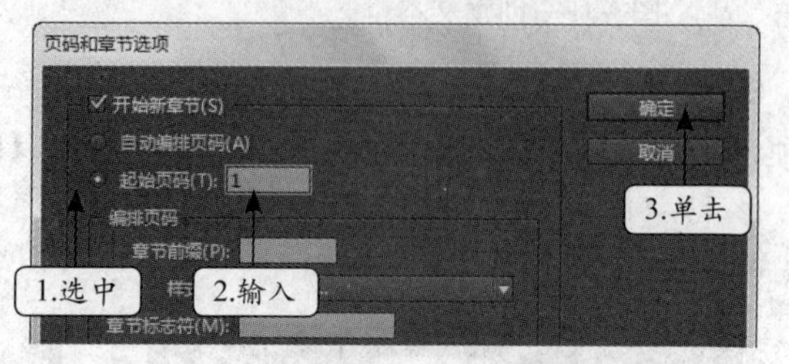

图8-100 设置起始页码

3. 创建目录

下面将为文档创建目录，并通过制表符调整目录样式。

1 选择【版面】/【目录】菜单命令，如图8-101所示。

2 打开“目录”对话框，在“其他样式”列表框中选择“标题1”选项，单击该列表框左侧的 << 添加(A) 按钮，如图8-102所示。

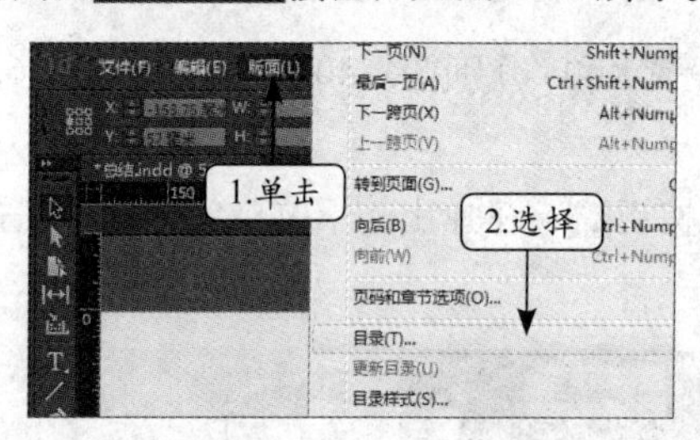

图8-101 选择目录

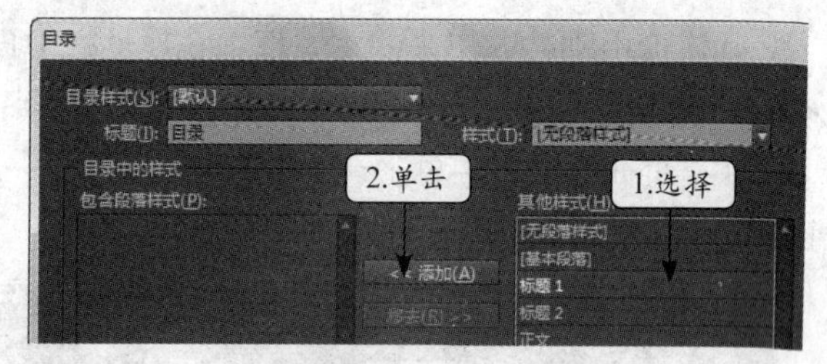

图8-102 添加样式

3 在下方“样式：标题1”栏的“条目样式”下拉列表框中选择“基本段落”选项，如图8-103所示。

4 在“其他样式”列表框中选择“标题2”选项，单击该列表框左侧的 << 添加(A) 按钮，如图8-104所示。

5 在下方“样式：标题2”栏的“条目样式”下拉列表框中选择“基本段落”选项，确认设置，如图8-105所示。

6 在“页面”面板中双击刚新建的第1页缩略图，如图8-106所示。

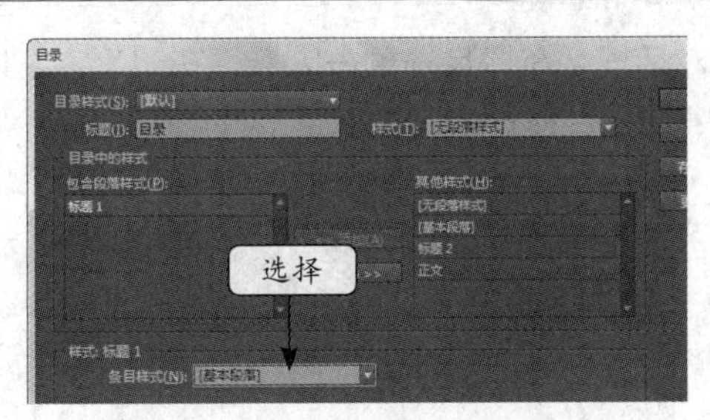

图8-103　设置条目样式

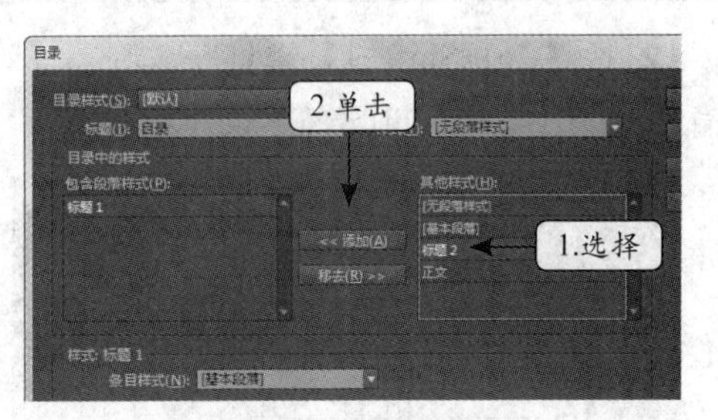

图8-104　添加样式

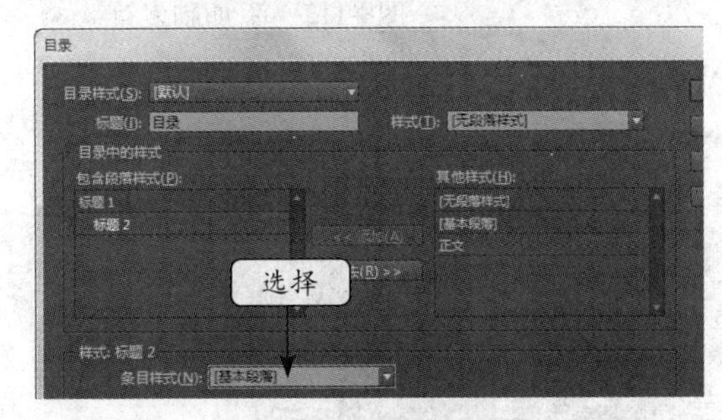

图8-105　设置条目样式

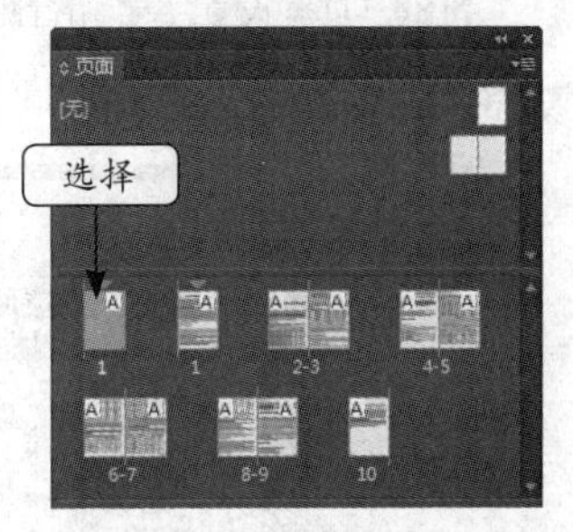

图8-106　跳转到第1页

7 在第1页页边距内左上角处单击鼠标插入目录，如图8-107所示。

8 在“页面”面板中按住【Alt】键单击“无”主页缩略图，如图8-108所示。

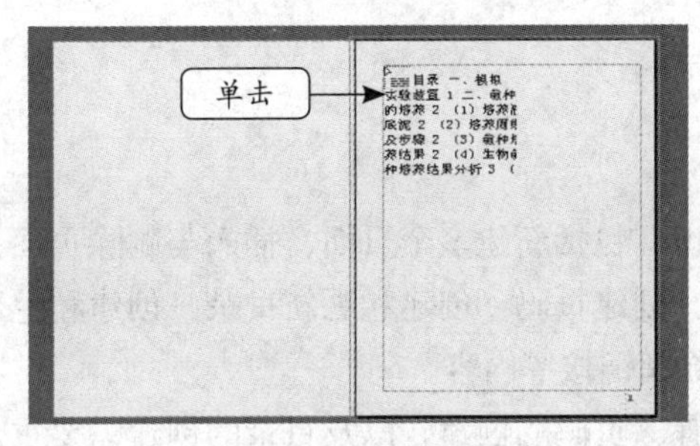

图8-107　置入目录

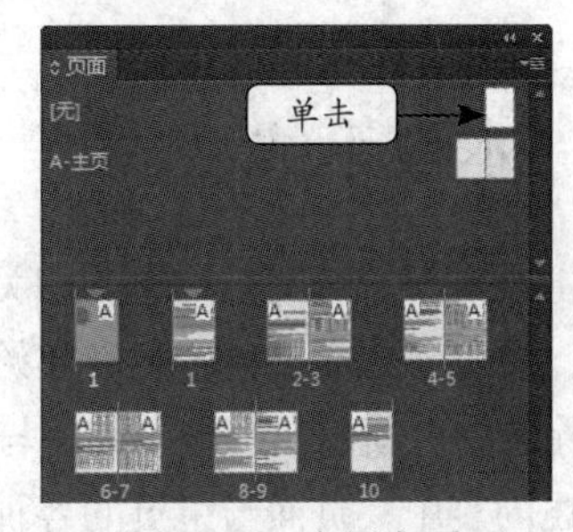

图8-108　应用主页

9 在第1页中选中“目录”文本，在属性面板中的“字体大小”数值框中输入“36”，按【Enter】键，如图8-109所示。

10 再在属性面板中单击“居中对齐”按钮，如图8-110所示。

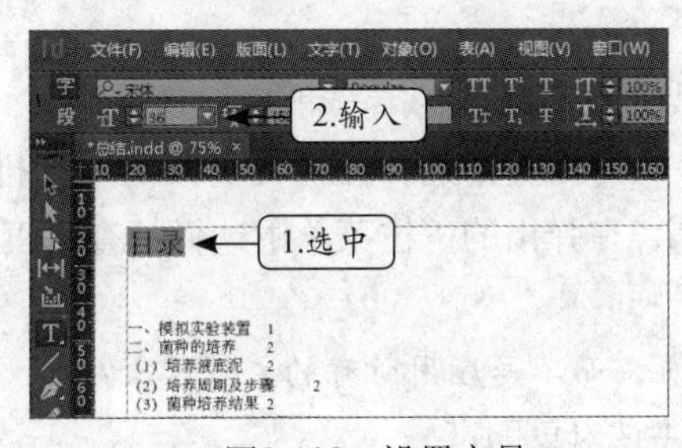

图8-109　设置字号

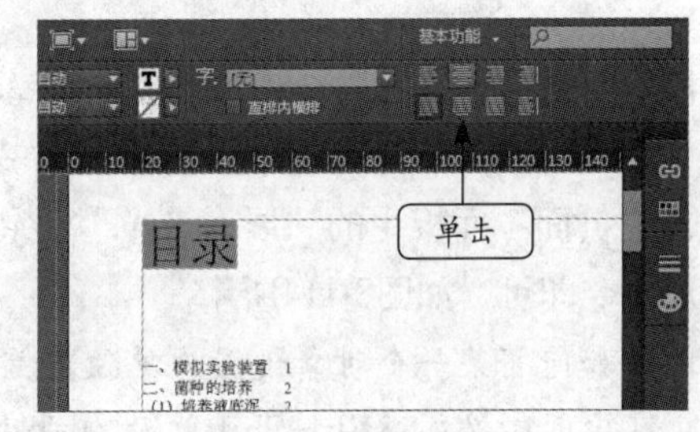

图8-110　设置对齐方式

11 选中“目录”文本以外的所有文本，在属性面板中的“字体大小”数值框中输入“24”，在“行距”数值框中输入“35”，按【Enter】键，如图8-111所示。

12 按【Ctrl+Shift+T】键打开“制表符”对话框，在标尺处单击鼠标，在“X”文本框中输入“170”，在“前导符”文本框中输入“.”，按【Enter】键，如图8-112所示。

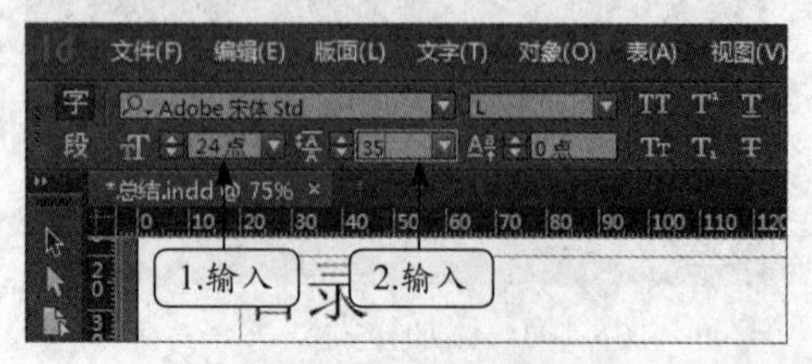

图8-111 设置字号和行距

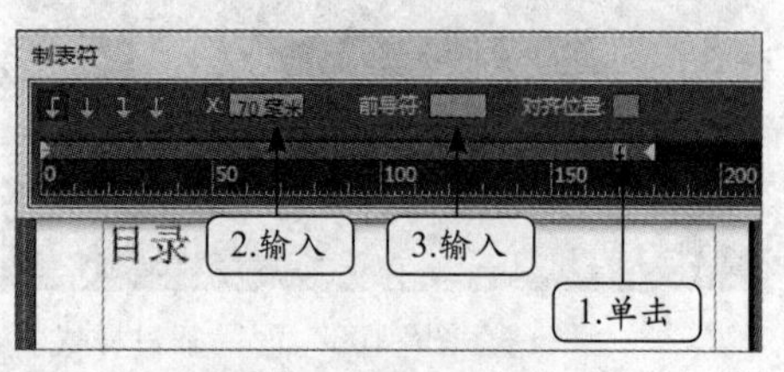

图8-112 添加制表符

13 设置完成后最终效果如图8-113所示。

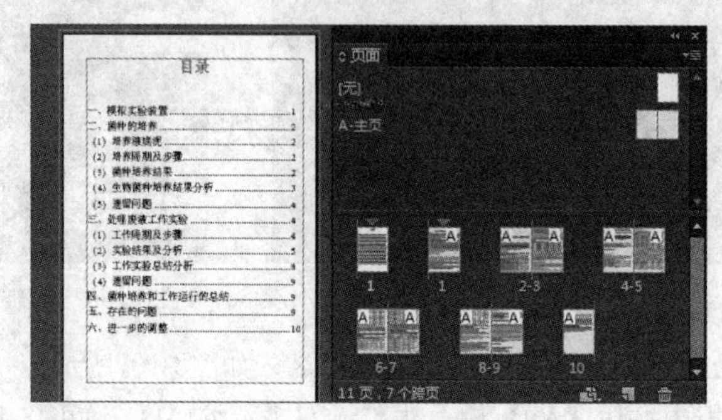

图8-113 最终效果

8.6 本章小结

本章主要讲解了长文档编辑的相关知识，包括新建多个页面、插入与删除页面、创建和应用主页、覆盖与分离对象、定义起始页、创建页码、创建和更新目录、创建和生成索引、定位与删除索引、新建超链接、编辑与删除超链接等内容。

在上述内容中，页面与主页的各种设置、页码的创建，以及目录的创建需要重点掌握，这些操作都是长文档编辑过程中使用频率较高的。关于索引的创建、编辑、定位与删除，以及超链接的创建、编辑等操作，可适当了解和熟悉。

8.7 疑难解答

1. 问：如何将“页面”面板中的页面缩略图排列方式更改为水平排列？

答：在Indesign中页面缩略图的排列方式默认为垂直排列，若需要更改为水平排列，只需单击“页面”面板中的“展开菜单”按钮，在弹出的下拉菜单中选择【查看页面】/【水平】命令即可，如图8-114所示。

2. 问：如何将某一个对象设置为单独覆盖主页，而不是应用所有的主页对象？

答：在页面中按住【Ctrl+Shift】键的同时单击该对象即可。

3. 问：“新建主页”对话框中的“基于主页”下拉列表框有什么作用？

答：如选择“基于A主页”选项，是指新建的主页包含有A主页的所有内容。创建完成后，即使新建主页中的内容发生变化，A主页的内容也不会改变。

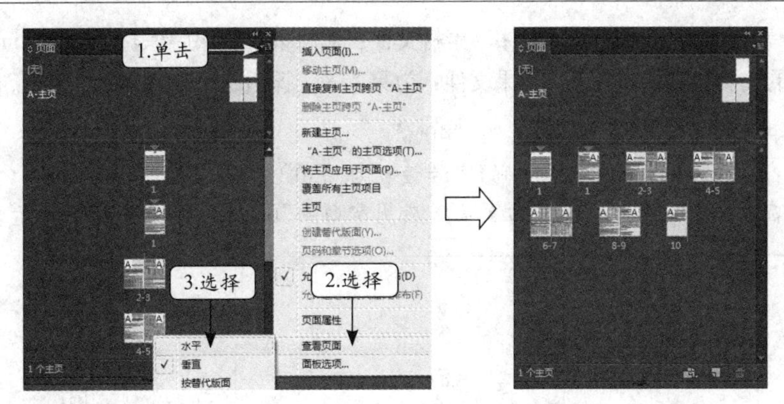

图8-114　水平排列页面

4.问：如何将普通页面转换成主页？

答：如果需要将单个页面转换成主页，可在“页面”面板中选中该页面的缩略图，然后，单击右上方“展开菜单”按钮，在弹出的下拉菜单中选择【主页】/【存储为主页】命令；如需要将跨页，即双页面转换成主页，则可在“页面”面板中单击该跨页缩略图下方数字，以选中该跨页缩略图，然后单击右上方“展开菜单”按钮，在弹出的下拉菜单中选择【主页】/【存储为主页】命令，如图8-115所示。

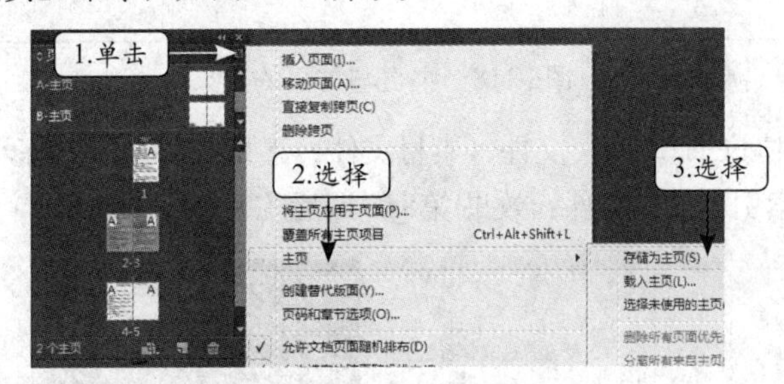

图8-115　将普通页面转换成主页

8.9　习题

1．打开素材“协议书.indd”文件（素材文件：素材\第8章\课后练习\协议书.indd）设置如图8-116所示的超链接效果。要求将标题添加网络资源超链接，并设置外框（效果文件：效果\第8章\课后练习\协议书.indd）。

2．打开素材“工程概况.indd”文件（素材文件：素材\第8章\课后练习\工程概况.indd），在主页中添加如图8-117所示的页码效果（效果文件：效果\第8章\课后练习\工程概况.indd）。

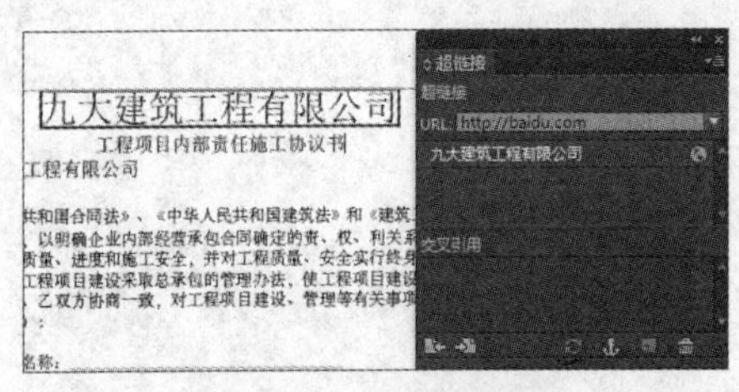

图8-116　超链接效果

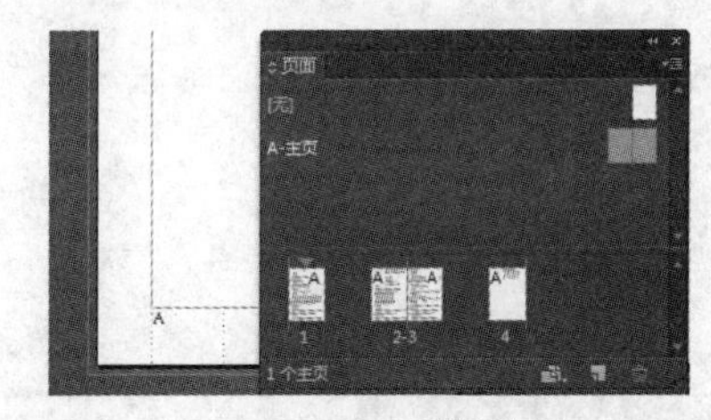
图8-117　页码效果

3．打开素材“第一章2.indd”文件（素材文件：素材\第8章\课后练习\第一章2.indd）创建如图8-118所示的主页和首页的效果（效果文件：效果\第8章\课后练习\第二章2.indd）。

（1）将主页中文本的色调设置为“40%”。

（2）在主页左侧页面中将页码的字号设置为“30”。

（3）在第一页前插入一个空白页面，应用空白主页效果，再输入如下所示文本。

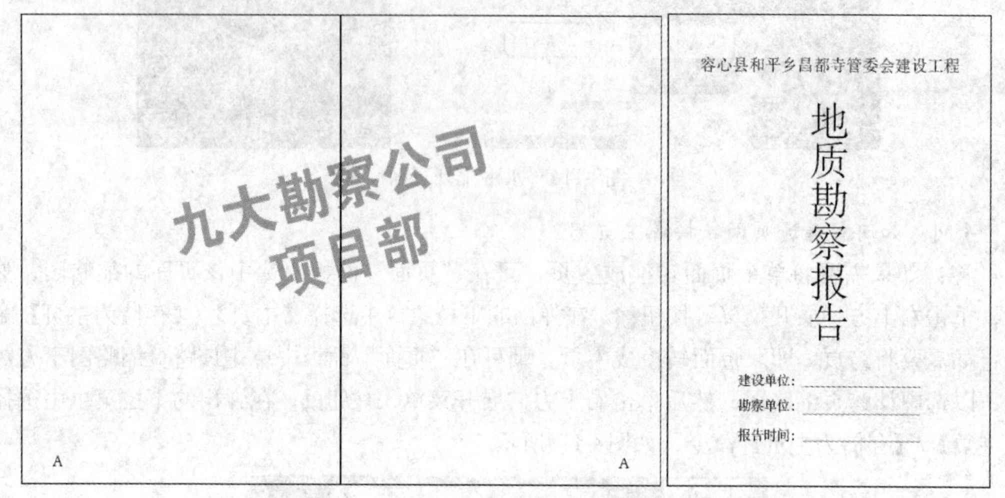

图8-118　主页与首页的效果

4．打开素材“协议书2.indd”文件（素材文件：素材\第8章\课后练习\协议书2.indd），创建如图8-119所示的索引（效果文件：效果\第8章\课后练习\协议书2.indd）。

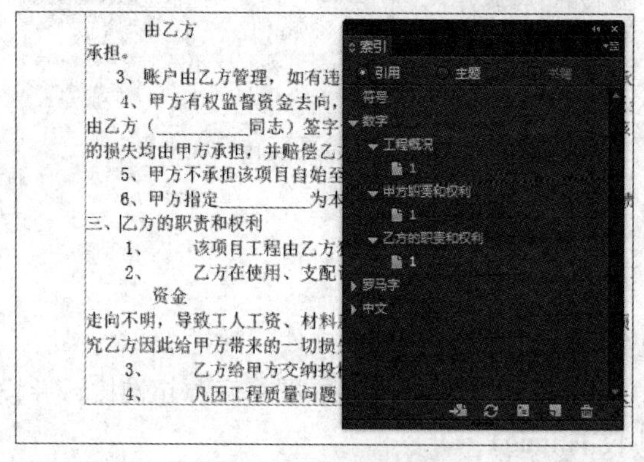

图8-119　索引的效果

第9章　打印与输出

打印输出是出版作品非常重要的部分，若想打印出来的作品和设计制作时的效果一致，就应该根据不同的作品需求设置不同的打印方式，然后将其打印输出。本章将重点介绍在Indesign中打印文档前的各种设置，然后逐步设置文档的预设、打印和输出等内容。

学习要点

- 熟悉文档打印前准备的内容和相关操作
- 掌握文档的印前检查、打包和打印方法
- 了解在文档中置入音、视频文件的知识
- 了解多媒体按钮在文档中输出的作用和使用方法
- 熟悉导出文档的常用操作

9.1　印前准备与打印

Indesign是非常专业的文档排版、编辑和打印输出的软件，其中与打印相关的功能也非常丰富，下面将首先介绍打印前的一些常见设置和文档的打印操作。

9.1.1　透明度拼合

当打印或导出其他不支持透明格式的文档时，就需要在Indesign中进行拼合设置，并在打印预设中选择预设好的透明度拼合选项。拼合是将透明作品分割为基于矢量图像和栅格图像两种，二者的区别如下。

（1）矢量图像：根据几何特性进行图形的绘制，矢量可以是一个点或一条线，其特点是放大后图像不会失真，和分辨率无关。

（2）栅格图像：指在空间和亮度上都已经离散化了的图像，以像素或点的方式进行描述，其特点是所有有关绘图的数据，都已包含在该电子文件中，如bmp格式、jpeg格式的图像。栅格图像放大后内容会模糊。

选择【编辑】/【透明度拼合预设】菜单命令，在打开的“透明度拼合预设”对话框中可进行透明度拼合预设的新建、编辑、删除、载入以及存储等设置，如图9-1所示。其中各预设的作用如下。

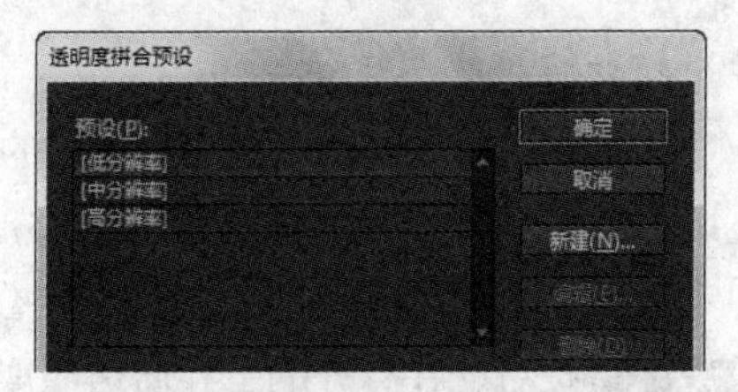

图9-1　“透明度拼合预设”对话框

- 低分辨率：用于在黑白打印机上打印的快速校样或要在网页上发布的文档，当对文档精度要求不高时可用此选项。

- 中分辨率：用于在彩色打印机上打印的快速校样。
- 高分辨率：用于最终印刷输出或高品质校样。

1. 新建拼合预设

单击“透明度拼合预设”对话框中的 新建(N)... 按钮，打开“透明度拼合预设选项”对话框，在其中即可设置并新建预设拼合，如图9-2所示。部分参数的作用如下。

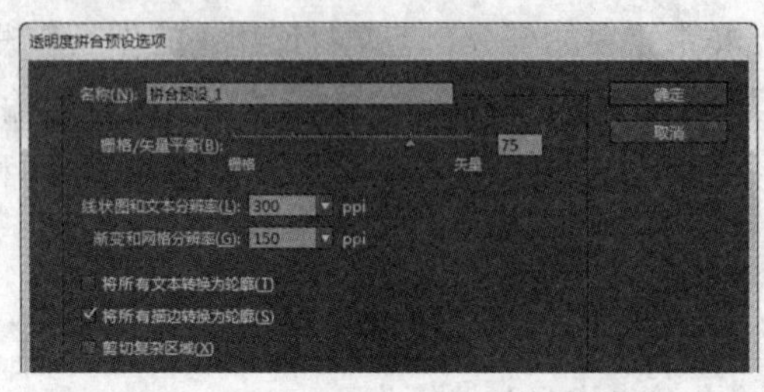

图9-2 “透明度拼合预设选项”对话框

- 名称：可设置透明度拼合预设的名称，但不能编辑默认的三种预设名称。
- 栅格/矢量平衡：该参数的值越高，对图像执行的栅格化就越少，图像中保留为矢量的部分就相对较多。反之，值越低图像栅格化的力度就越大。
- 线状图和文本分辨率：指被栅格化的矢量对象指定的分辨率，拼合时该分辨率会影响两个不同颜色交叉处的精度。
- 渐变和网格分辨率：指被栅格化的渐变指定的分辨率，拼合时该分辨率也会影响两个不同颜色交叉处的精度。

2. 编辑和删除拼合

创建的透明度拼合可根据实际需要重新进行编辑或删除，其方法分别如下。

（1）编辑拼合：在“透明度拼合预设”对话框的“预设”栏中双击需要编辑的预设选项，如图9-3所示，在打开的“透明度拼合预设选项”对话框中编辑拼合。

（2）删除拼合：在“透明度拼合预设”对话框的“预设”栏中选择需要删除的预设选项，单击 删除(D) 即可，如图9-4所示。

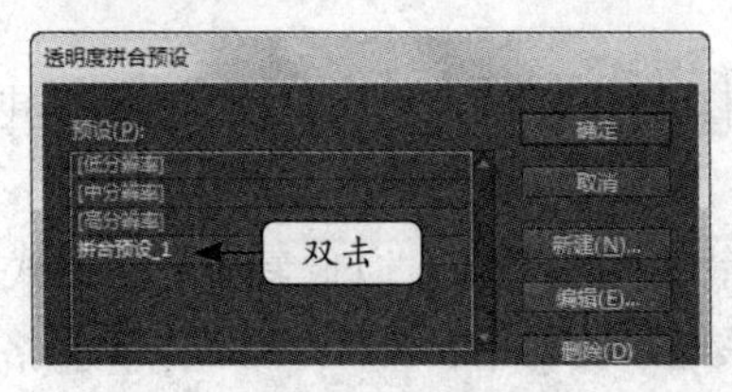

图9-3 双击预设选项

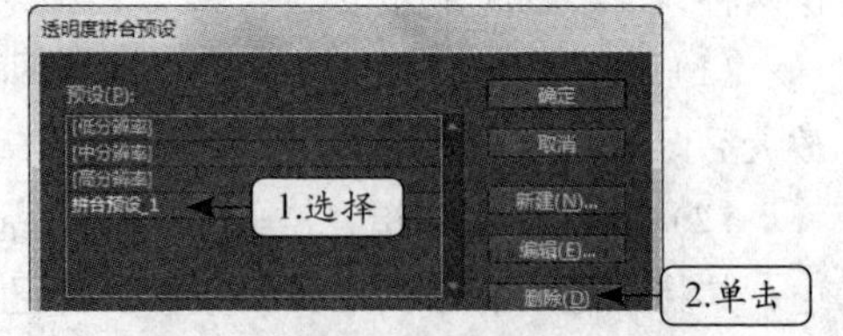

图9-4 删除预设选项

3. 存储和载入拼合

为方便在其他电脑中使用创建好的透明度拼合，可对其进行存储，需要时通过载入的方式调用即可。存储和载入拼合的方法分别如下。

（1）存储拼合：在“透明度拼合预设”对话框中选择需要存储的预设选项，单击 存储(A)... 按钮，在打开的“存储透明度拼合预设”对话框中选择存储的路径位置，输入保存名称后，单击 保存(S) 按钮即可，如图9-5所示。

（2）载入拼合：在“透明度拼合预设”对话框中单击［载入(L)...］按钮，在打开的“载入透明度拼合预设”对话框中选择需载入的拼合预设文件，单击［打开(O)］按钮即可，如图9-6所示。

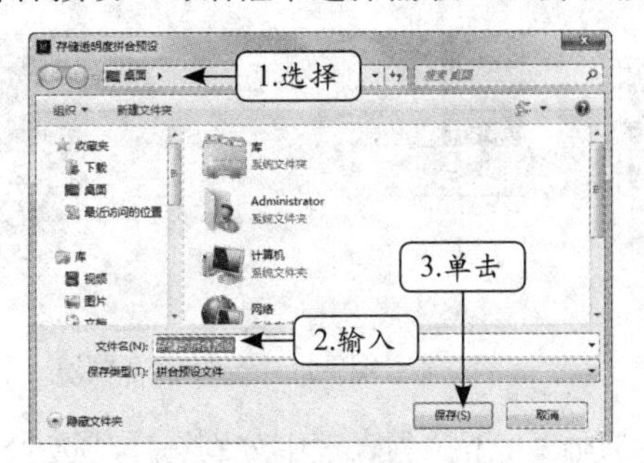

图9-5　存储透明度拼合预设

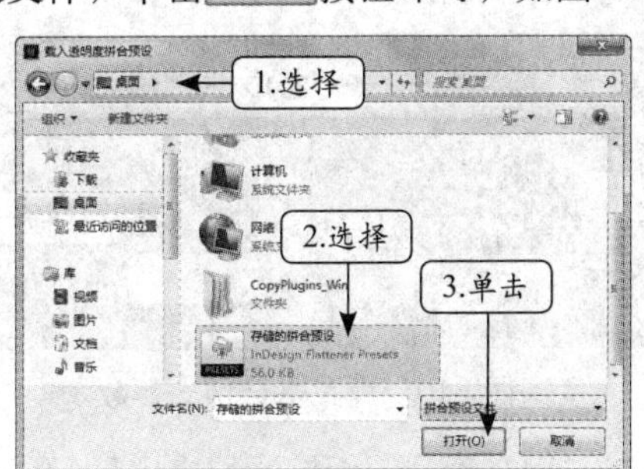

图9-6　载入透明度拼合预设

4. 预览拼合

在Indesign中可将预设好的透明度拼合应用于文档，以预览打印效果。选择【窗口】/【输出】/【拼合预览】菜单命令，打开如图9-7所示的“拼合预览”面板，在“突出显示”下拉列表框中选择突出显示的对象，然后在“预设”下拉列表框中选择拼合预设选项后，单击［刷新］按钮，即可在工作界面中预览设置的拼合效果。

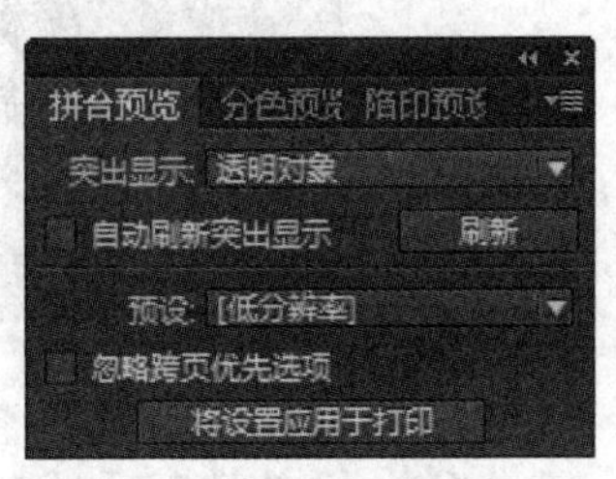

图9-7　预览拼合

下面通过新建透明度拼合，并在Indesign中预览设置效果为例，介绍新建与预览透明度拼合的方法。

【实例9-1】预览透明度拼合

素材文件：素材\第9章\五圆.indd	效果文件：效果\第9章\五圆.indd
视频文件：视频\第9章\9-1.swf	操作重点：新建拼合、预览拼合

1 打开素材提供的“五圆.indd”文档，选择【编辑】/【透明度拼合预设】菜单命令，如图9-8所示。

2 在打开的“透明度拼合预设”对话框中单击［新建(N)...］按钮，如图9-9所示。

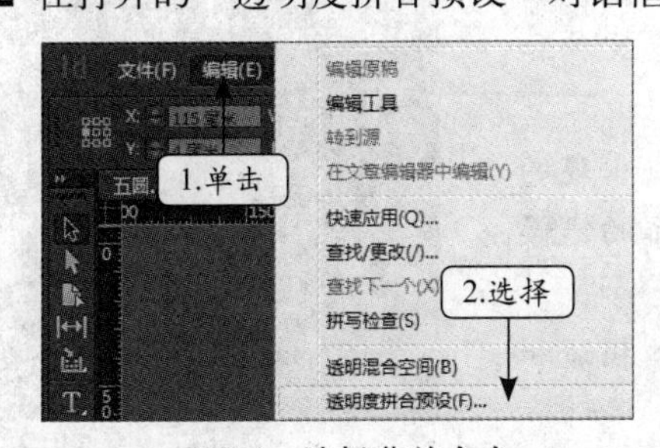

图9-8　选择菜单命令

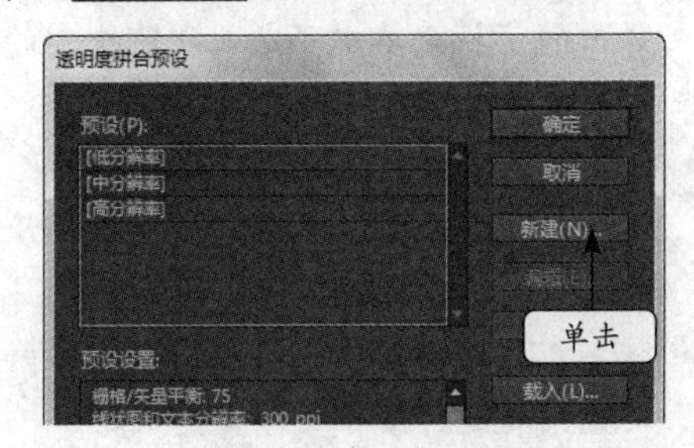

图9-9　新建拼合预设

3 打开“透明度拼合预设选项”对话框，在“名称”文本框中输入“拼合预设”，在“栅格/矢量平衡”文本框中输入“100”，选中“将所有文本转换为轮廓”复选框，单击［确定］按钮，如图9-10所示。

4 返回"透明度拼合预设"对话框，确认设置后，选择【窗口】/【输出】/【拼合预览】菜单命令，如图9-11所示。

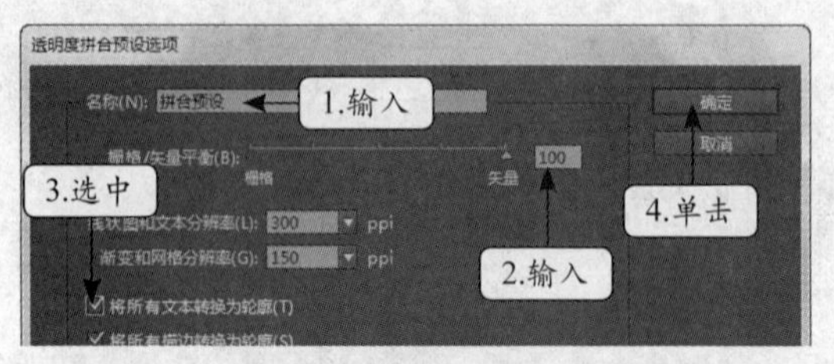

图9-10 设置拼合预设参数

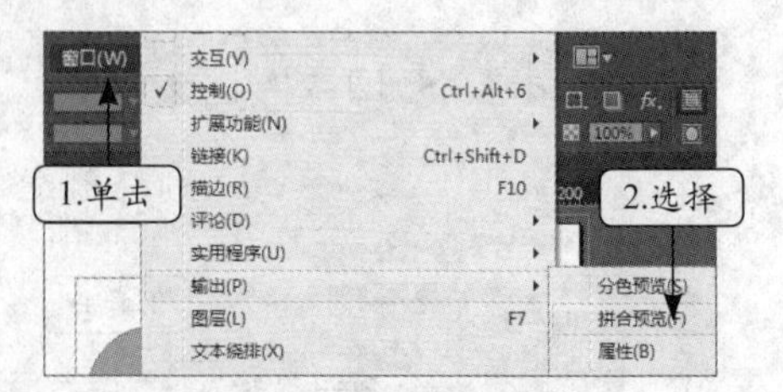

图9-11 选择拼合预览

5 在"拼合预览"面板的"突出显示"和"预设"下拉列表框中分别选择"透明对象"选项和"拼合预设"选项，单击 刷新 按钮，最终效果如图9-12所示。

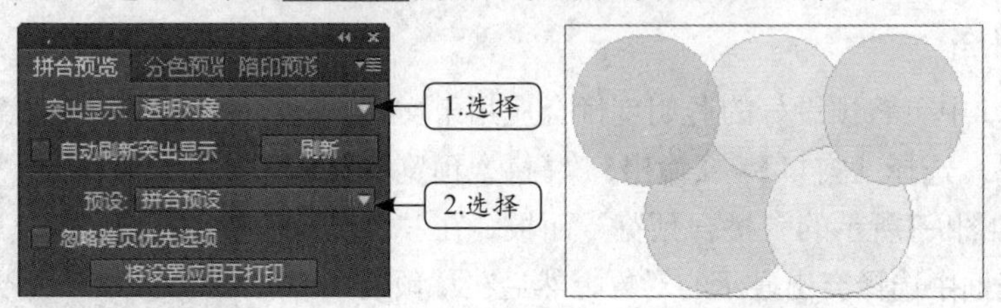

图9-12 设置突出显示和预设

9.1.2 印前检查和打包

印前检查是指打印文档前对文档所进行的检查，如缺失文件、链接或字体等，避免打印出不完整或不符合要求的文档；打包则是指将当前文件中用到的所有字体与外置图像等文件统一收集到指定的文件夹中，可有效避免在其他电脑上打开文档时，出现缺失字体或图像的情况。

1. 印前检查

选择【窗口】/【输出】/【印前检查】菜单命令，在打开的"印前检查"面板中可检查文档中出现的错误，如图9-13所示。其中部分参数的作用如下。

- 展开菜单：单击右上角的"展开菜单"按钮，在弹出的下拉菜单中可定义印前检查的配置文件和印前检查的属性选项。
- 错误：在其中将显示检查到的错误，单击出现的错误描述选项前面的▶标记，可展开具体的错误信息。
- 信息：在其中可查看出现错误问题的具体描述和对该问题进行更正的修复建议。
- 状态：在其中可查看该文档检查到的错误数量和所在位置。

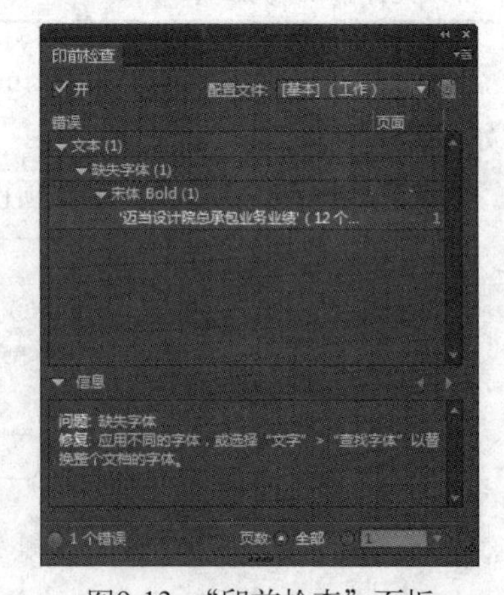

图9-13 "印前检查"面板

2. 打包

选择【文件】/【打包】菜单命令，打开"打包"对话框，在其中会对文档自动执行印前检查功能，若有缺失的字体、链接、图像等元素，在该对话框中会出现⚠标记，如图9-14所示。该对话框中的部分参数作用分别如下。

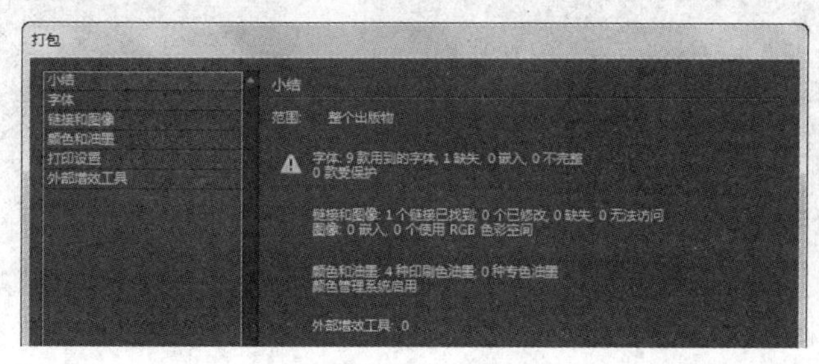

图9-14　“打包”对话框

- 小结：在其中可了解需要打印文档的字体、图像、打印设置、颜色以及油墨等各个方面的信息。
- 字体：在其中可查看字体方面的信息并能将缺失的字体进行更换。
- 链接和图像：在其中可查看链接和图像方面的信息并能将错误的链接更新为正确链接。

下面通过替换素材文档中所缺失的字体，并将文档打包为例，介绍打包文档的方法。

【实例9-2】 打包“海报”文档

素材文件：素材\第9章\海报.indd	效果文件：效果\第9章\“海报”文件夹\海报.indd
视频文件：视频\第9章\9-2.swf	操作重点：打包文档

1 打开素材提供的“海报.indd”文档，选择【文件】/【打包】菜单命令，如图9-15所示。

2 在打开的“打包”对话框左侧的列表框中选择“字体”选项，如图9-16所示。

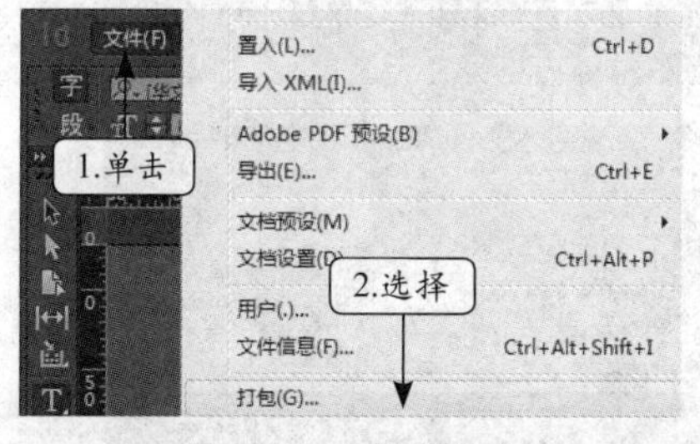

图9-15　选择菜单命令

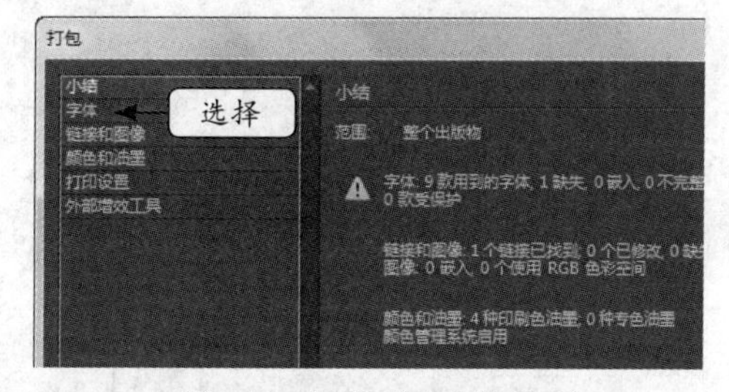

图9-16　选择“字体”选项

3 在右侧界面中单击 查找字体(F)... 按钮，如图9-17所示。

4 打开“查找字体”对话框，在“文档中的字体”列表框中选择“华文琥珀”选项，在“替换为”栏的“字体系列”下拉列表框中选择“方正剪纸简体”选项，依次单击 全部更改(A) 按钮和 完成(D) 按钮，如图9-18所示。

5 返回“打包”对话框，单击 打包(P)... 按钮，如图9-19所示。

6 打开“打印说明”对话框，在其中可设置文档打印后的相关说明信息，完成后单击 继续(T) 按钮，如图9-20所示。

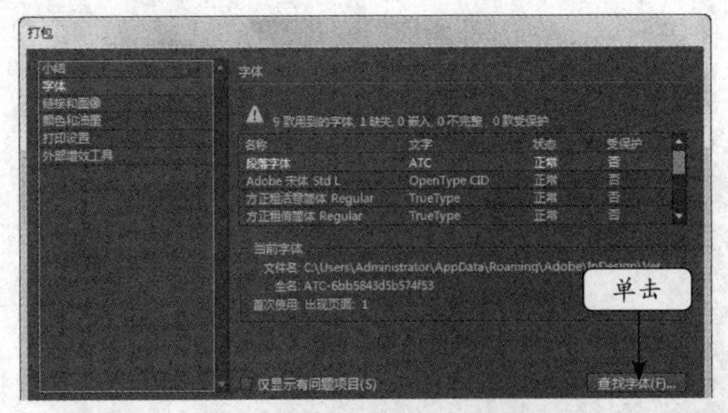

图9-17 查找字体

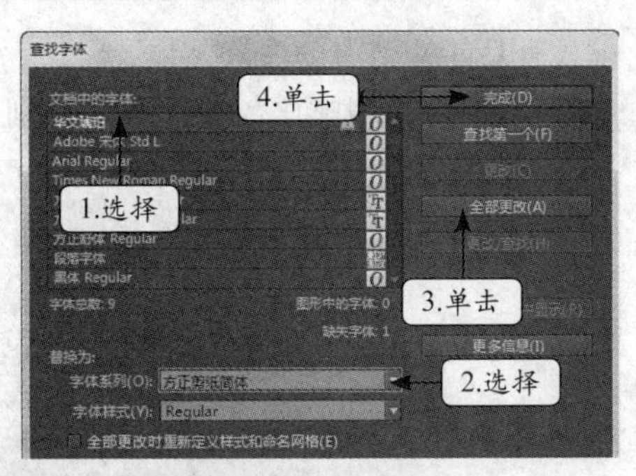

图9-18 替换字体

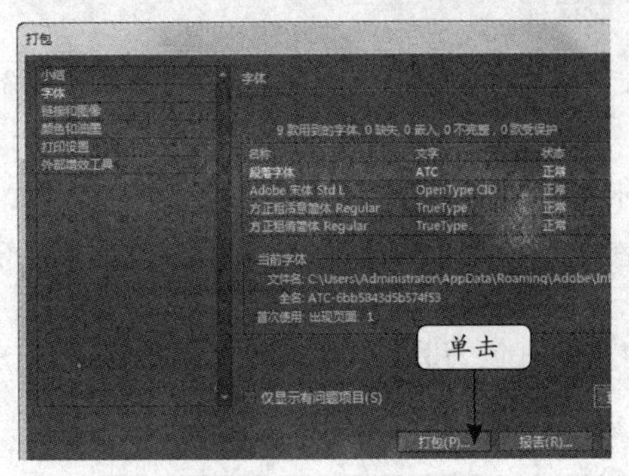

图9-19 打包文档

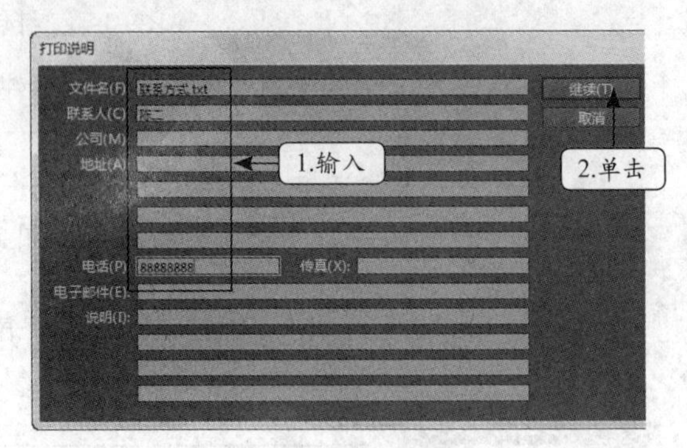

图9-20 输入文本

7 打开“打包出版物”对话框，在“路径”下拉列表框中选择打包的路径，选中“复制字体”、“复制链接图形”和“更新包中的图形链接”复选框，在“文件夹名称”下拉列表框中输入打包后的文件夹名称，单击 打包 按钮，在打开的“警告”对话框中确认设置，如图9-21所示。

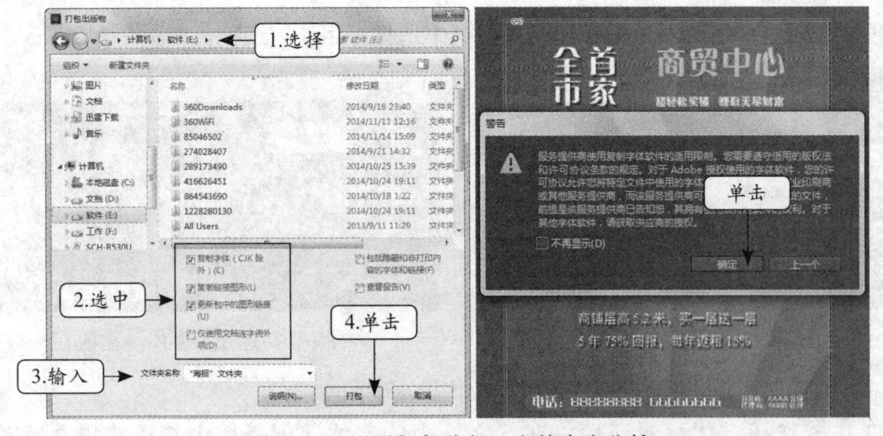

图9-21 设置打包路径、文件夹名称等

9.1.3 陷印预设

Indesign文档在印刷时容易在两种相邻颜色之间漏出白色边缘，为了防止这种情况的发生就需要对文档进行陷印设置。陷印的原理是将浅色的边缘适当扩展延伸到深色，以填补可能出现的白色间隙，同时不会产生浅色与深色之间共同部分重叠的效果，避免色差的出现。

1. 新建陷印预设

选择【窗口】/【输出】/【陷印预设】菜单命令，在打开的“陷印预设”面板中单击右上方“展开菜单”按钮，在弹出的下拉菜单中选择“新建预设”命令，便可在打开的“新建陷印预设”对话框中设置并创建陷印预设的参数，如图9-22所示。其中部分参数的作用分别如下。

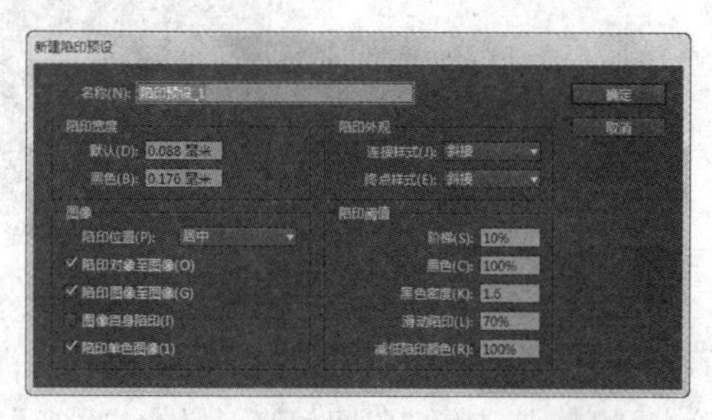

图9-22 “新建陷印预设”对话框

- 陷印宽度：对陷印的宽度进行设置，“默认”文本框中的数字是指除了黑色以外的所有颜色的陷印宽度。
- 陷印外观：“链接样式”下拉列表框可选择3种颜色陷印之间交叉点链接处的陷印外观，包括斜接、圆形和斜角三个选项；“终点样式”下拉列表框可选择转角处陷印的外观，包括斜接和重叠两个选项。
- 阶梯：设置需要执行陷印命令的临界值，百分比越低，将会对更加细微的色彩变化会执行陷印命令。一般情况下，只有大部分色彩变化需要陷印时才将百分比值设置得高些，常用的范围为8%～20%。

2. 应用陷印预设

在“陷印预设”面板中单击右上方“展开菜单”按钮，在弹出的下拉菜单中选择“指定陷印预设”命令，在打开的“指定陷印预设”对话框中可设置使用哪种陷印样式和陷印预设的应用范围，如图9-23所示。

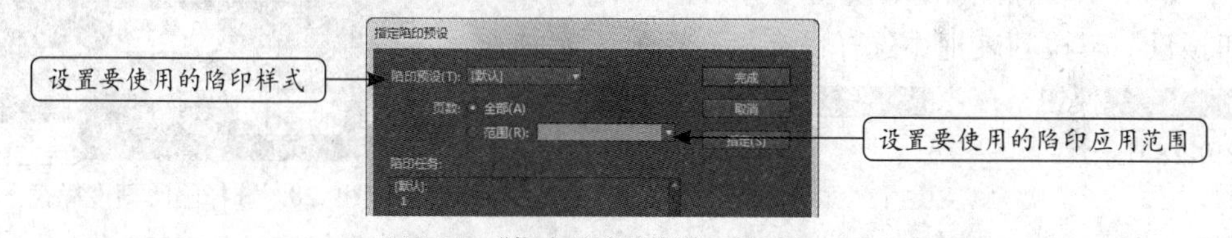

图9-23 “指定陷印预设”对话框

下面通过新建“海报”陷印样式，并指定到全部文档范围中为例，介绍新建与应用陷印的方法。

【实例9-3】 新建“海报”陷印样式

素材文件：无	效果文件：效果\第9章\海报陷印预设.indd
视频文件：视频\第9章\9-3.swf	操作重点：新建陷印、应用陷印

1 启动Indesign，新建一个空白文档，选择【窗口】/【输出】/【陷印预设】菜单命令，

如图9-24所示。

2 打开“陷印预设”面板，单击右上方“展开菜单”按钮，在弹出的下拉菜单中选择“新建预设”命令，如图9-25所示。

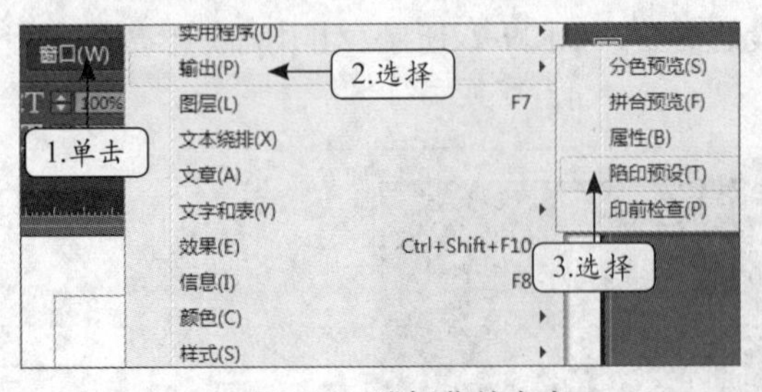

图9-24 选择菜单命令

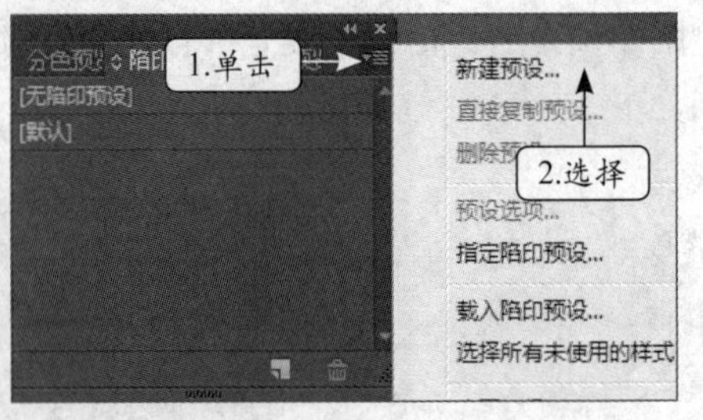

图9-25 新建陷印预设

3 打开“新建陷印预设”对话框，在“名称”文本框中输入“海报”，在“陷印宽度”栏的“黑色”文本框中输入“0.15”，在“陷印阈值”栏的“黑色”数值框中输入“80”，单击确定按钮，如图9-26所示。

4 返回“陷印预设”面板，在列表框中选择“海报预设”选项，单击右上方“展开菜单”按钮，在弹出的下拉菜单中选择“指定陷印预设”命令，如图9-27所示。

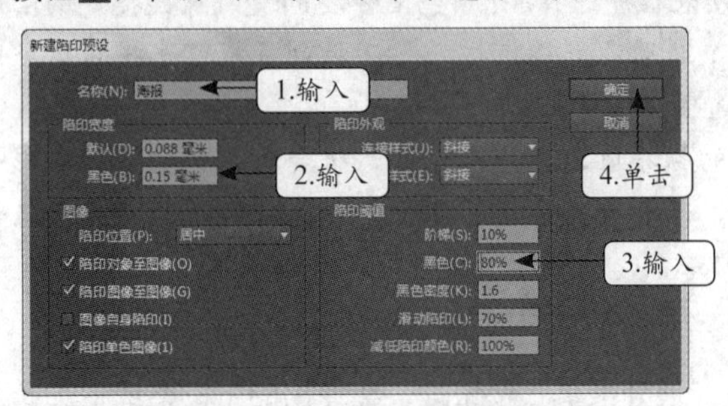

图9-26 设置名称、陷印宽度等

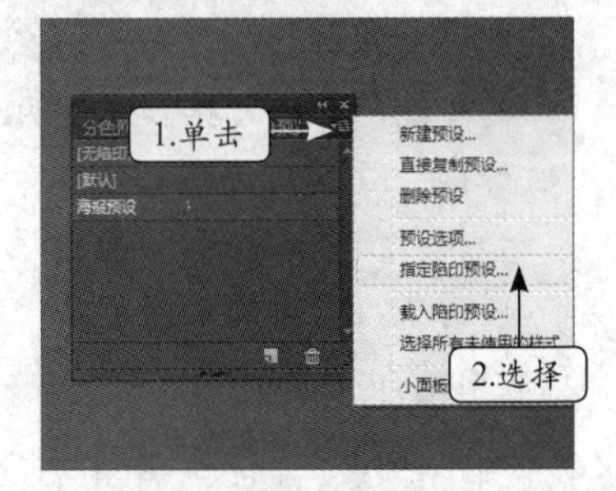

图9-27 选择指定陷印预设

5 打开“指定陷印预设”对话框，在“陷印预设”下拉列表框中选择“海报”选项，单击指定(S)按钮，单击完成按钮完成设置，如图9-28所示。

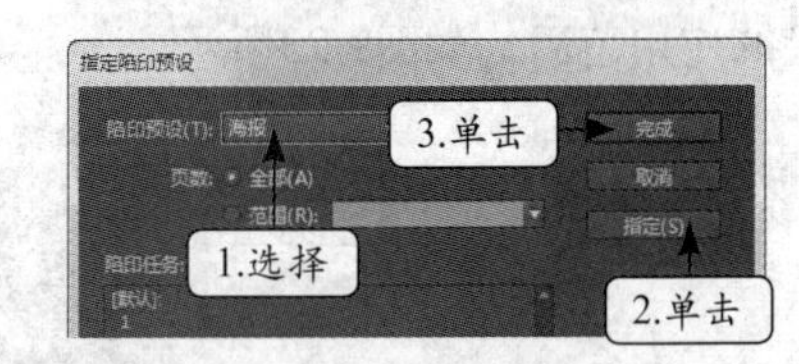

图9-28 选择陷印预设样式

9.1.4 打印文档

完成文档制作和印前各种必要的准备工作后，选择【文件】/【打印】菜单命令即可直接打印文档。除此之外，Indesign还提供了更多与文档打印相关的功能，包括打印预设、打印小册子、打印导出网格等。

1. 打印预设

选择【文件】/【打印预设】/【定义】菜单命令，打开“打印预设”对话框，单击新建(N)...按钮，在打开的“新建打印预设”对话框中可对打印预设的各参数进行设置，包括选择打印机、设置打印份数、设置打印范围等，如图9-29所示。

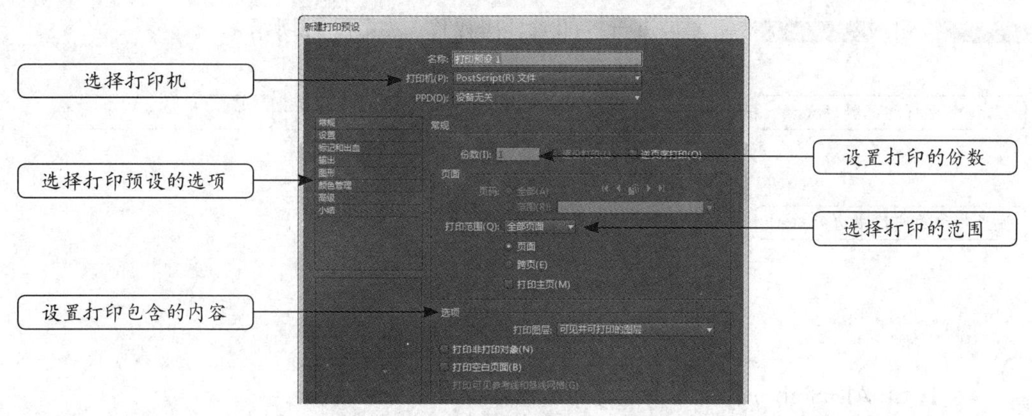

图9-29　“新建打印预设”对话框

2. 打印小册子

“打印小册子”方式是指从文档正中间的对折页平铺来打印，如总共四页的文档其打印预览的界面如图9-30所示。

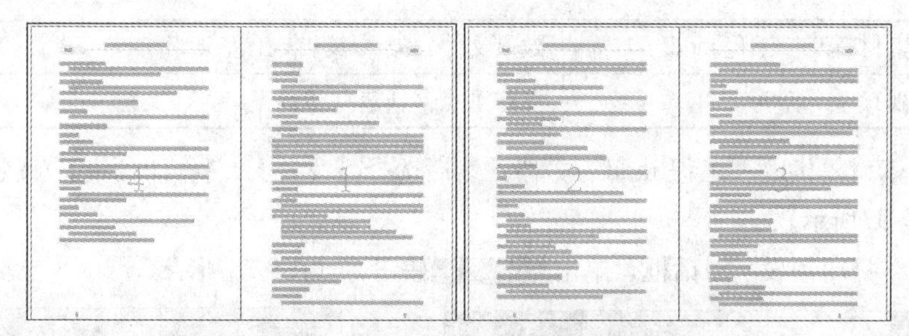

图9-30　打印小册子预览界面

选择【文件】/【打印小册子】菜单命令，在打开的“打印小册子”对话框中进行设置，然后单击 打印 按钮即可使用小册子打印，如图9-31所示。

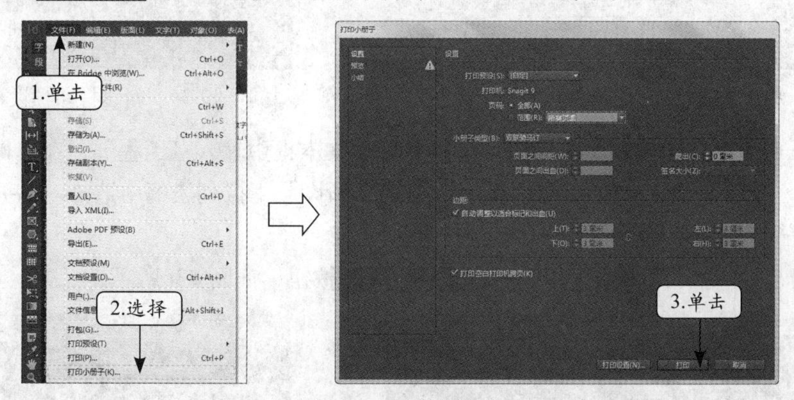

图9-31　打印小册子

3. 打印导出网格

Indesign中的辅助元素包括版面网格、框架网格标尺、参考线等，在常规打印或输出时是不会显示的，想要打印或输出这些内容，只需选择【文件】/【打印/导出网格】菜单命令，在打开的“网络打印”对话框中选择需要打印的辅助元素并设置相关参数后，单击打印(P)... 按钮或 导出(E)... 按钮便可进行打印或导出操作，如图9-32所示。

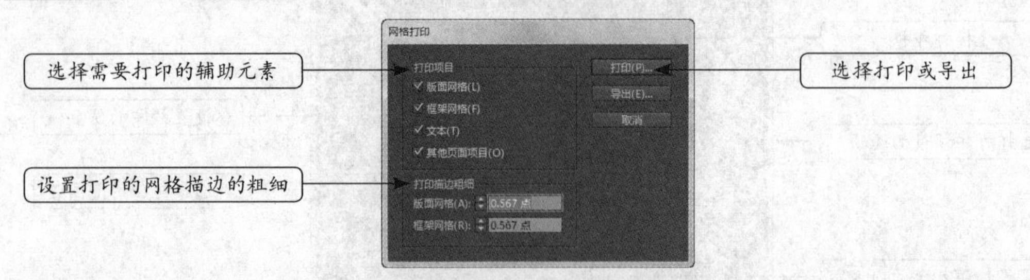

图9-32 “网格打印”对话框

按【Ctrl+Alt+Shift+P】键可快速打开“网格打印”对话框。

下面通过新建“工程”打印预设，并应用该打印预设打印素材提供的文档为例，介绍新建打印预设和打印文档的方法。

【实例9-4】 新建“工程”打印预设

素材文件：素材\第9章\工程.indd	效果文件：效果\第9章\工程.indd
视频文件：视频\第9章\9-4.swf	操作重点：新建打印预设、打印文档

1 打开素材提供的“工程.indd”文档，然后选择【文件】/【打印预设】/【定义】菜单命令，如图9-33所示。

2 打开“打印预设”对话框，单击 新建(N)... 按钮，如图9-34所示。

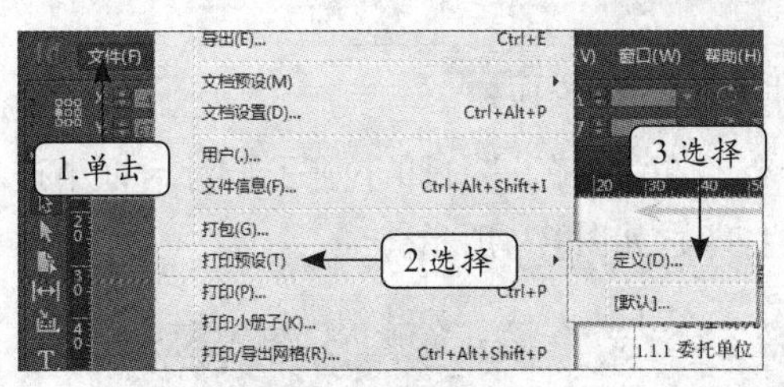

图9-33 定义打印预设

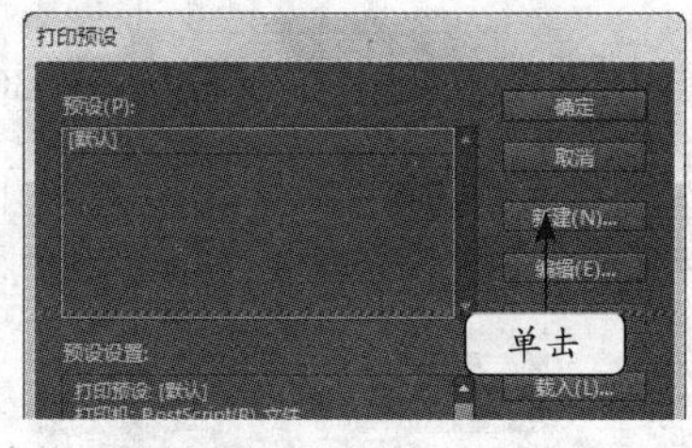

图9-34 新建打印预设

3 打开“新建打印预设”对话框，在“名称”文本框中输入“工程”，在左侧列表框中选择“高级”选项，在右侧“透明度拼合”栏的“预设”下拉列表框中选择“高分辨率”选项，确认设置，如图9-35所示。

4 返回“打印预设”对话框中，单击 确定 按钮，如图9-36所示。

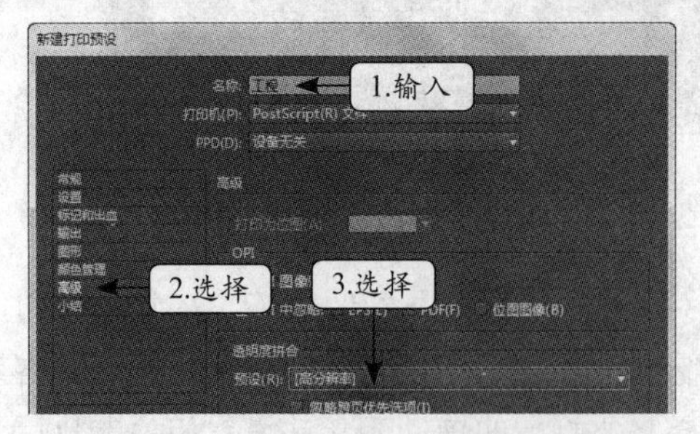

图9-35 设置名称和透明度拼合预设

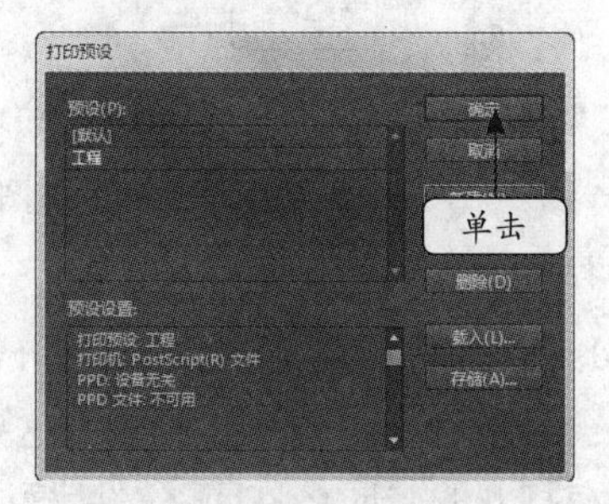

图9-36 确认设置

5 选择【文件】/【打印】菜单命令，如图9-37所示。

6 打开“打印”对话框，在“打印预设”下拉列表框中选择“工程”选项，确认打印即可，如图9-38所示。

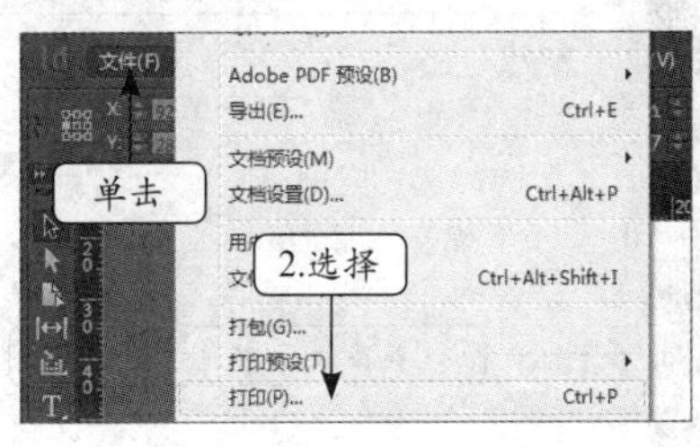

图9-37　选择打印

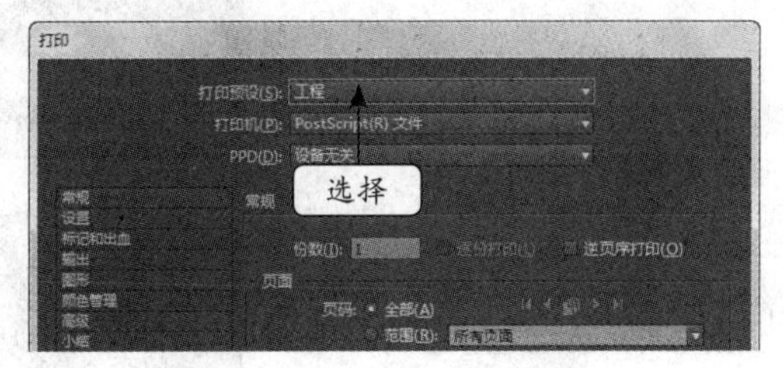

图9-38　选择打印预设

9.2　电子与网络出版

Indesign拥有强大的导出文件功能，除了能导出Indesign的常规文件以外，还能导出多种格式的电子或网络出版文件，包括PDF阅读文件、Flash文件、图像文件和网页文件等。

Flash文件是一个交互式矢量图和Web网页动画的视频文件。

9.2.1　视频和音频文件

在Indesign中可置入视频和音频等多媒体文件，并可在“媒体”面板或导出的Flash文件中播放多媒体文件。需要注意的是，Indesign只支持置入FLV格式或F4V格式的Flash视频文件。

1. 置入视频和音频文件

选择【窗口】/【交互】/【媒体】菜单命令，在打开的“媒体”面板中单击“置入视频或音频文件”按钮，打开“置入媒体”对话框，在其中选择需要置入的视频或音频文件即可，如图9-39所示。

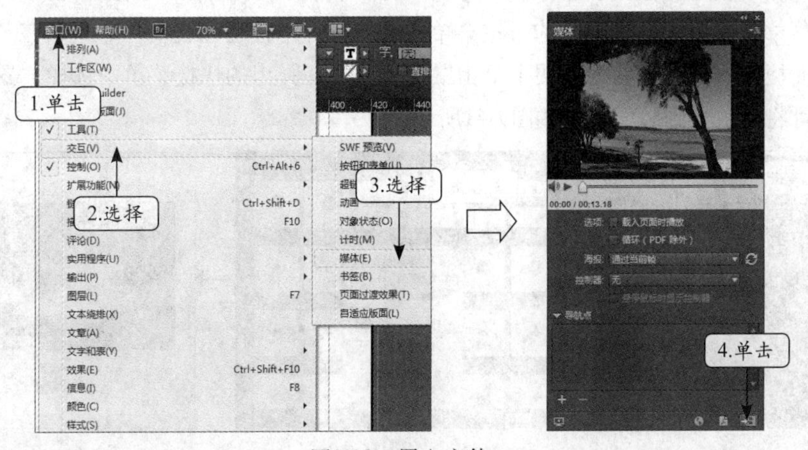

图9-39　置入文件

2. 编辑视频和音频文件

当在Indesign文档中置入视频或音频文件后，可在“媒体”面板中对其进行适当编辑，如图9-40所示。

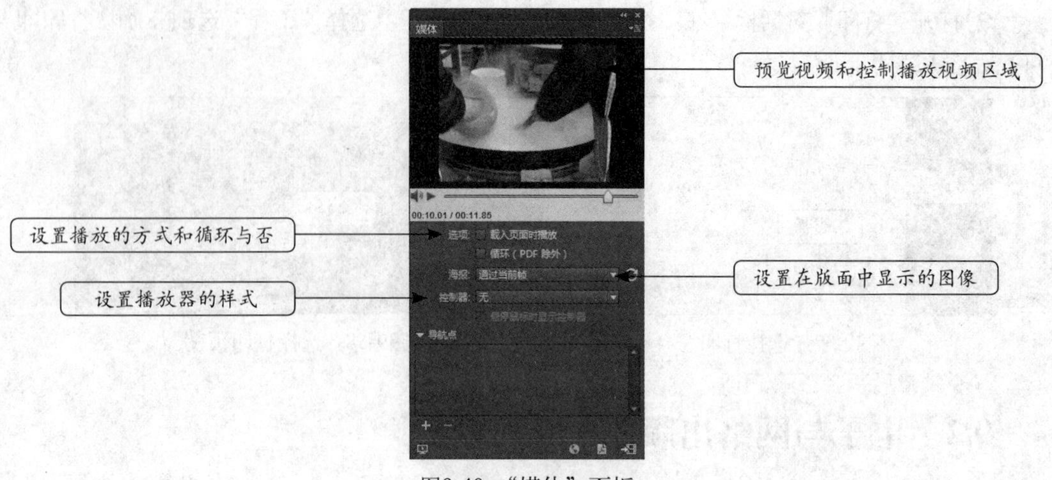

图9-40 “媒体”面板

3. 调整视频显示比例的大小

视频文件在Indesign中是以单一、静止的画面在版面中显示的。想要改变视频在版面中的显示比例，只需选择该视频文件，按住【Ctrl】键不放的同时拖动视频文件框架上任意一个控制点即可。

9.2.2 多媒体按钮

多媒体按钮（简称按钮）是一种控制插件，为文档置入按钮后，单击按钮、指针移开或悬停按钮时，可自动执行跳转页面、播放或停止播放视频和音频、连接到URL网址、打开文件或视图缩放等操作。

1. 创建按钮

选择【窗口】/【交互】/【按钮和表单】菜单命令，在打开的“按钮和表单”面板中单击“展开菜单”按钮，在弹出的下拉菜单中选择“样本按钮和表单”命令，在“样本按钮和表单”面板中的某个按钮缩略图上单击鼠标右键，在弹出的快捷菜单中选择“置入项目”命令，便可将其置入到版面中，如图9-41所示。

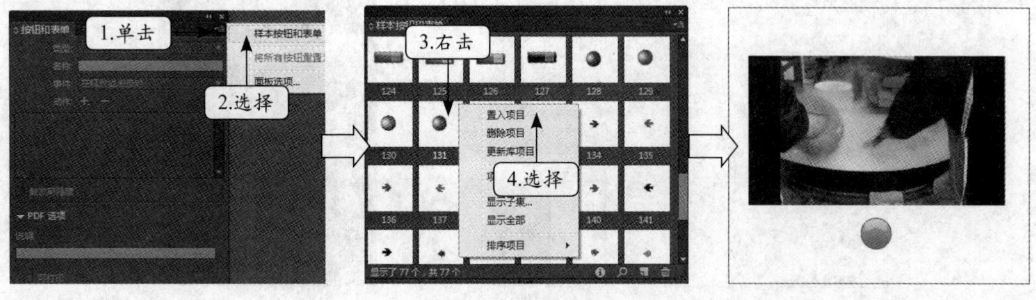

图9-41 创建按钮

2. 设置按钮属性

创建好按钮后，选择该按钮，即可在“按钮和表单”面板中对其属性进行设置，包括类型、名称、事件以及动作等属性，如图9-42所示。

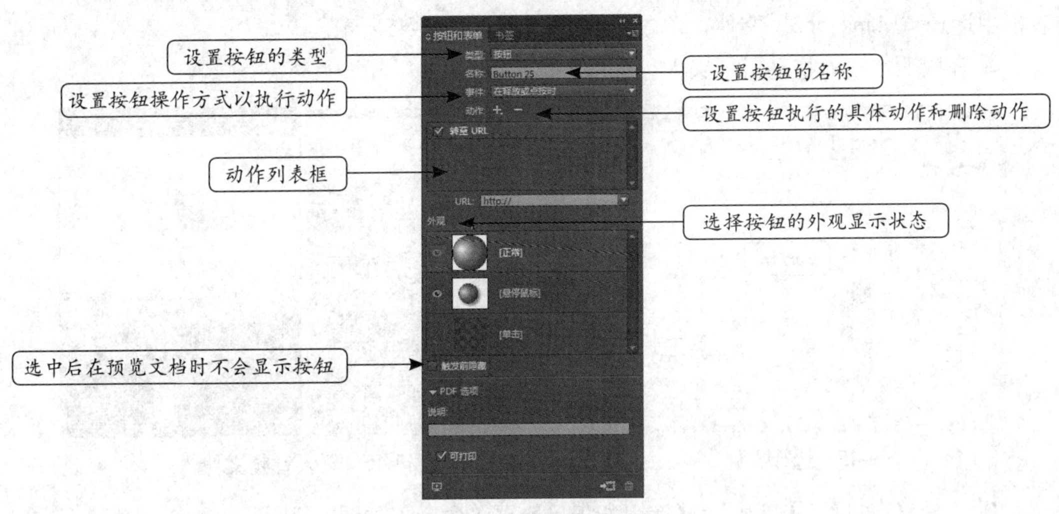

图9-42　设置按钮属性

3. 对象与按钮的相互转换

在Indesign中不仅可插入按钮到版面中，还能将Indesign中的对象转换为按钮，其方法为：选择对象后在其上单击鼠标右键，在弹出的快捷菜单中选择【交互】/【转换为按钮】命令即可将其转换为按钮；若在按钮上单击鼠标右键，在弹出的快捷菜单中选择【交互】/【转换为对象】命令，则可将按钮转换为普通对象。

下面通过为文档置入音频文件并设置播放和停止按钮为例，介绍置入多媒体文件和创建按钮的方法。

【实例9-5】 为"学校"文档置入声音

素材文件：素材\第9章\学校.indd、Maps.mp3	效果文件：效果\第9章\学校.indd
视频文件：视频\第9章\9-5.swf	操作重点：置入音频文件、创建按钮、编辑按钮

1 打开素材提供的"学校.indd"文档，选择【窗口】/【交互】/【媒体】菜单命令，如图9-43所示。

2 在"媒体"面板中单击"置入视频或音频文件"按钮，如图9-44所示。

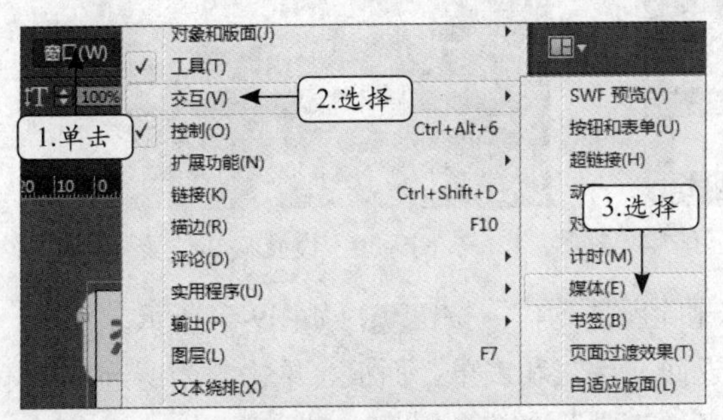

图9-43　选择菜单命令

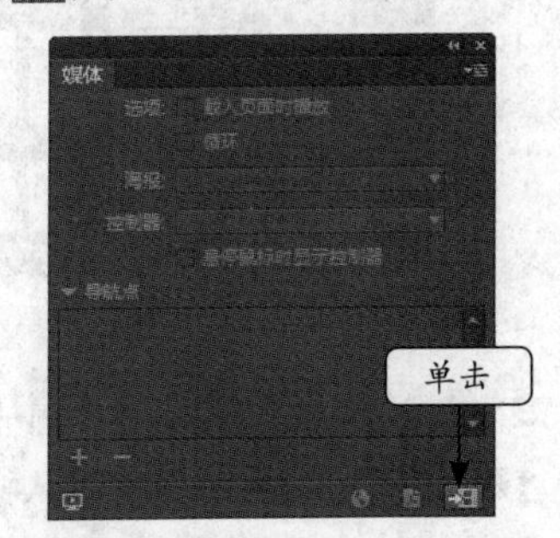

图9-44　置入音频文件

3 打开“置入媒体”对话框，在“路径”下拉列表框中选择文件所在的路径，在下方列表框中选择“Maps.mp3”文件，单击打开(O)按钮，如图9-45所示。

4 在版面空白处拖动鼠标置入，如图9-46所示。

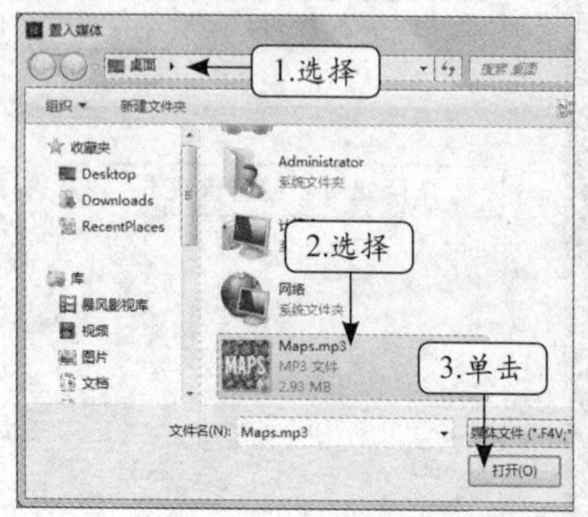

图9-45 选择文件

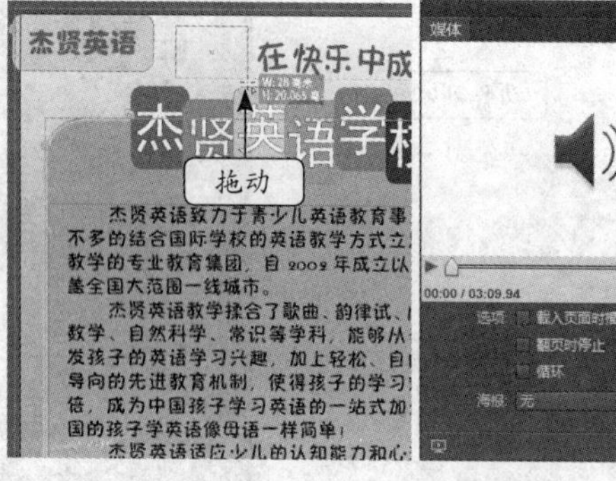

图9-46 置入音频文件

5 选择【窗口】/【交互】/【按钮和表单】菜单命令，如图9-47所示。

6 在“按钮和表单”面板中单击“展开菜单”按钮，在弹出的下拉菜单中选择“样本按钮和表单”命令，如图9-48所示。

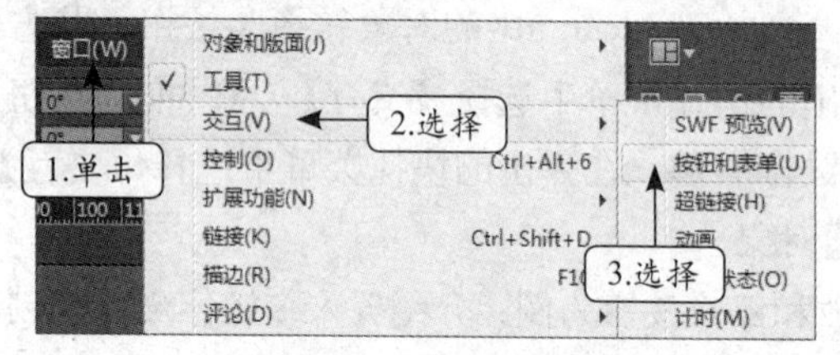

图9-47 选择菜单命令

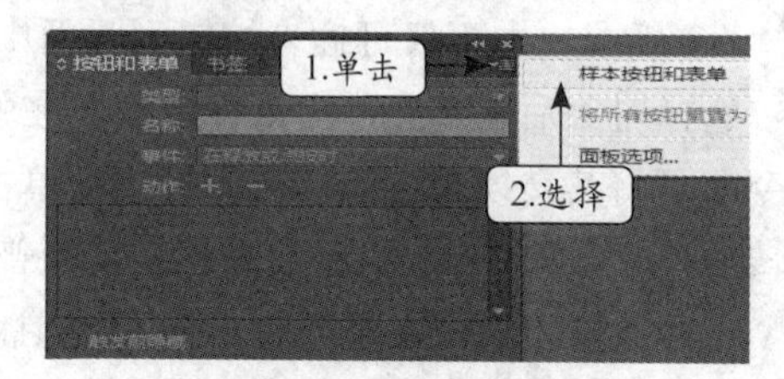

图9-48 选择样本按钮和表单

7 在“样本按钮和表单”面板的“130”缩略图上单击鼠标右键，在弹出的快捷菜单中选择“置入项目”命令，如图9-49所示。

8 使用选择工具选择置入的按钮，在属性面板的“X”和“Y”数值框中分别输入“2”和“31”，按【Enter】键，如图9-50所示。

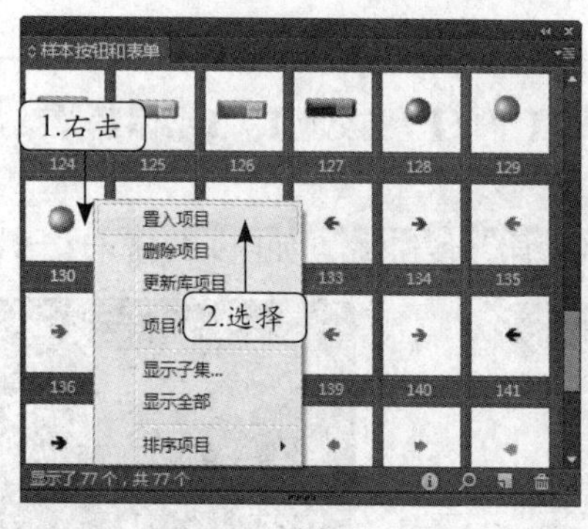

图9-49 选择置入项目

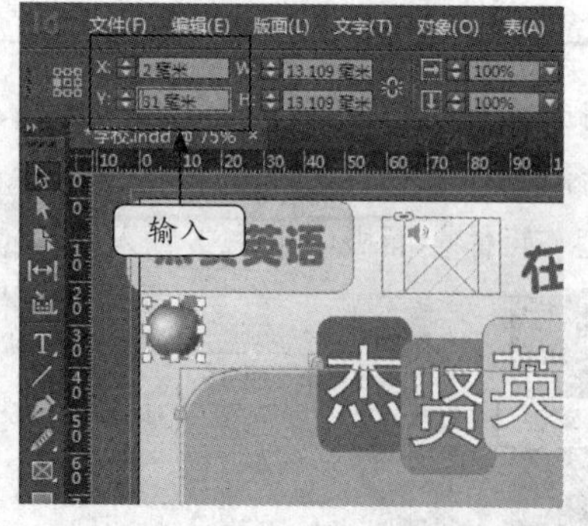

图9-50 设置按钮位置

9 在“按钮和表单”面板中单击“删除所选动作”按钮，如图9-51所示。

10 在打开的对话框中确认设置，返回“按钮和表单”面板，单击“为所选事件添加新动作”按钮，在弹出的下拉菜单中选择“声音”命令，如图9-52所示。

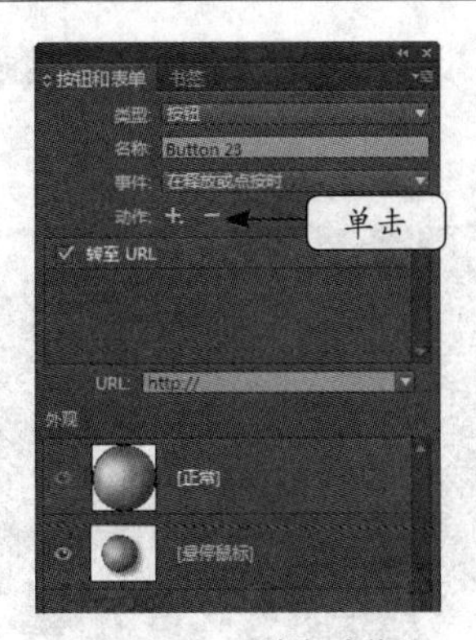

图9-51　删除动作

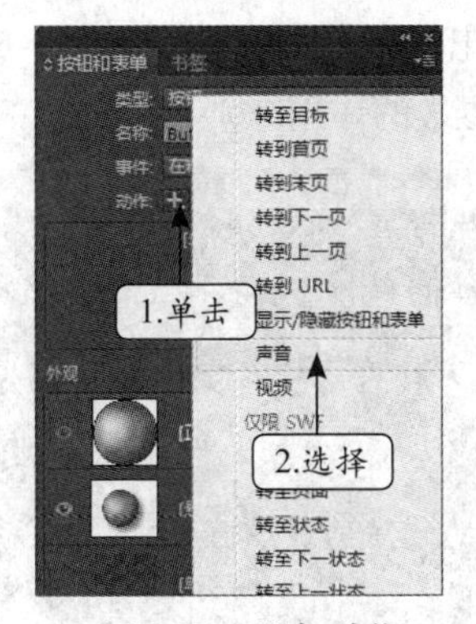

图9-52　添加动作

11 在“样本按钮和表单”面板中的“131”缩略图上单击鼠标右键，在弹出的快捷菜单中选择“置入项目”命令，如图9-53所示。

12 使用选择工具选择置入的按钮，在属性面板的“X”和“Y”数值框中分别输入“18”和“31”，按【Enter】键，如图9-54所示。

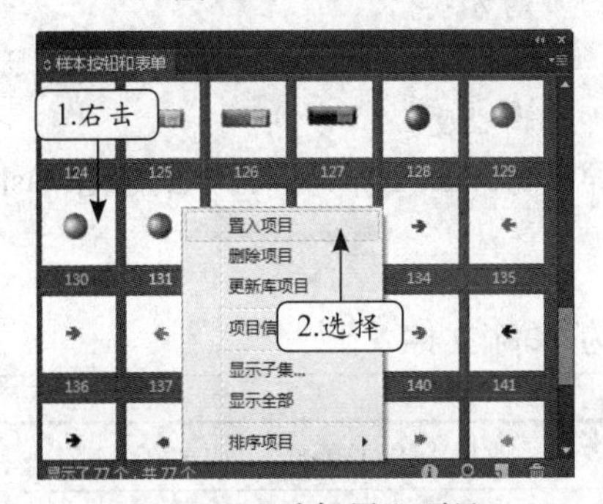

图9-53　选择置入项目

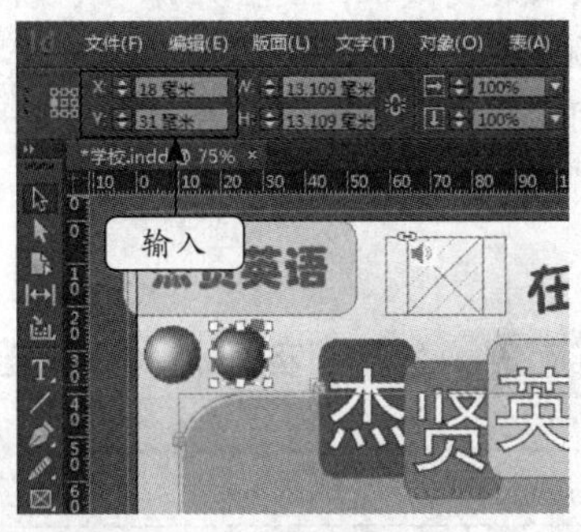

图9-54　设置按钮位置

13 按相同方法在“样本按钮和表单”面板中选择动作为“声音”，在“选项”下拉列表框中选择“停止”选项，最终效果如图9-55所示。

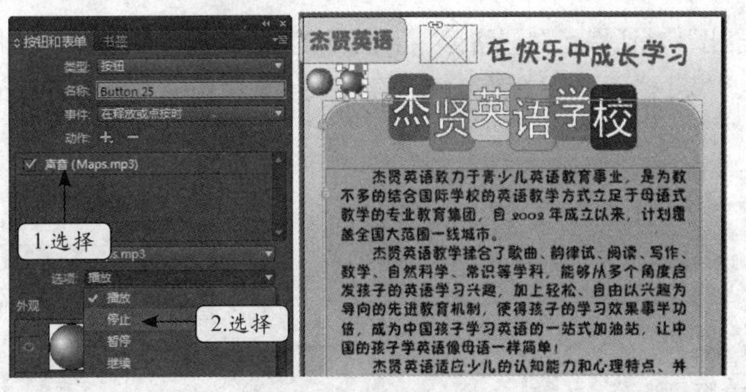

图9-55　设置按钮动作

9.2.3　导出为Flash文件

选择【文件】/【导出】菜单命令或按【Ctrl+E】键，打开“导出”对话框，选择保存路径后，输入文件名，在“保存类型”下拉列表框中选择“Flash Player”选项，单击 保存(S) 按钮。打开“导出SWF”对话框，如图9-56所示，在其中设置各参数后单击 确定 按钮即可。其中部分参数的作用分别如下。

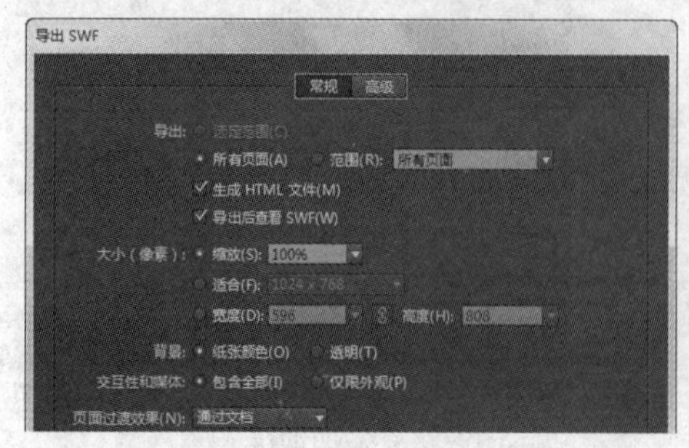

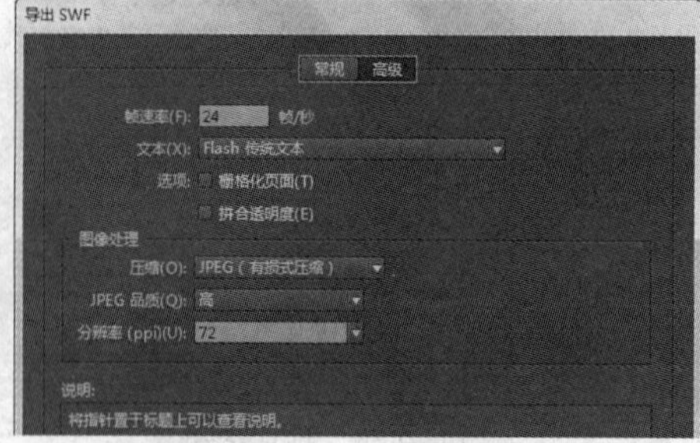

图9-56 “导出SWF”对话框

- 导出：设置导出的范围和导出后生成的附件文件。
- 大小：设置导出文件的页面大小。
- 交互性和媒体：选择导出的文件中是否包含视频、音频或按钮等媒体。
- 页面过滤效果：设置从前一页过渡到后一页的方式。
- 帧速率：设置Flash播放的速度。
- 图像处理：设置导出图像的像素大小，即清晰程度。

下面通过将素材提供的“英语.indd”文档导出为Flash文件为例，介绍导出Flash文件的方法。

【实例9-6】 将“英语.indd”文档导出为Flash文件

素材文件：素材\第9章\英语.indd、	效果文件：效果\第9章\英语\英语.swf
视频文件：视频\第9章\9-6.swf	操作重点：导出为Flash文件

1 打开素材提供的“英语.indd”文档，选择【文件】/【导出】菜单命令，如图9-57所示。

2 打开“导出”对话框，在“路径”下拉列表框中选择导出的路径，在“文件名”下拉列表框中输入“英语”，在“保存类型”下拉列表框中选择“Flash Player”选项，单击 保存(S) 按钮，如图9-58所示。

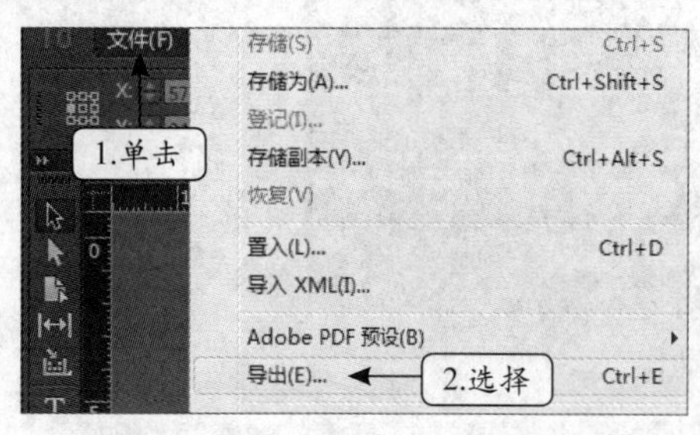

图9-57 选择菜单命令

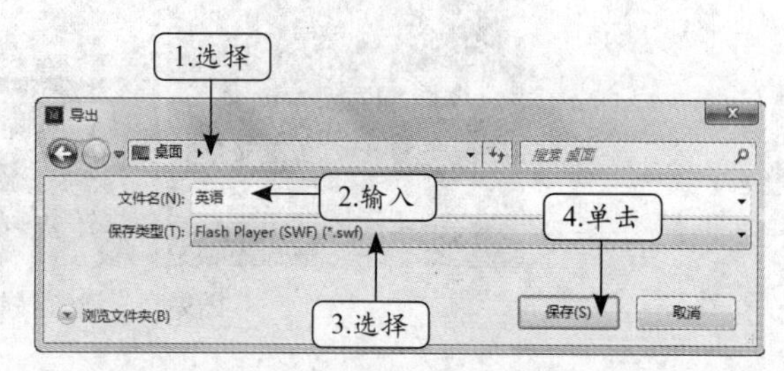

图9-58 设置路径、文件名和保存类型

3 打开“导出SWF”对话框，取消选中“生成HTML文件”复选框，确认设置，在打开的对话框中再次确认设置即可，如图9-59所示。

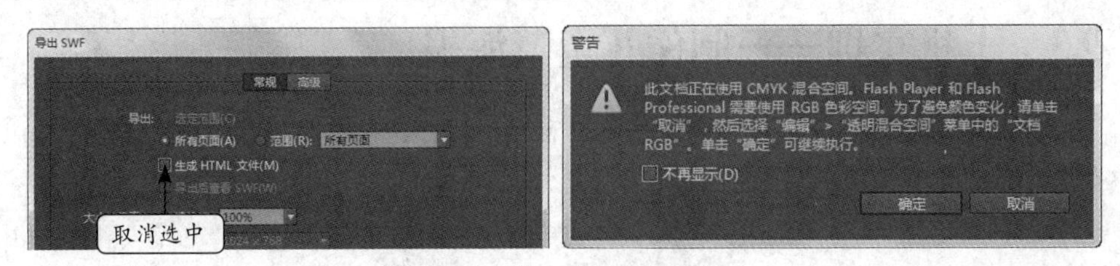

图9-59 确认导出Flash文件

9.2.4 导出为PDF文件

Indesign可以导出交互式的PDF文件和打印的PDF文件两种不同类型的PDF文件。交互式的PDF文件是指文件中带有媒体的文件，主要用于网络出版；打印的PDF文件是指设置打印的各种参数后能直接打印的文件。

1. 导出为交互式的PDF文件

选择【文件】/【导出】菜单命令，打开“导出”对话框，选择保存路径后，输入文件名，再在“保存类型”下拉列表框中选择“Adobe PDF（交互）”选项，单击保存(S)按钮。打开“导出至交互式PDF”对话框，在其中设置各参数后单击确定按钮，如图9-60所示。

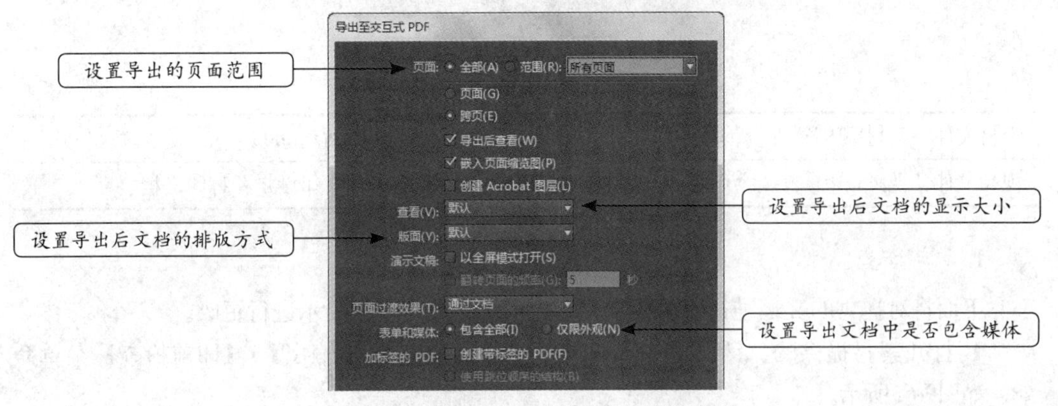

图9-60 “导出至交互式PDF”对话框

2. 导出为打印的PDF文件

选择【文件】/【导出】菜单命令，打开“导出”对话框，选择保存路径后，输入文件名，在“保存类型”下拉列表框中选择“Adobe PDF（打印）”选项，单击保存(S)按钮。打开“导出Adobe PDF”对话框，在其中设置各参数后单击确定按钮，如图9-61所示。

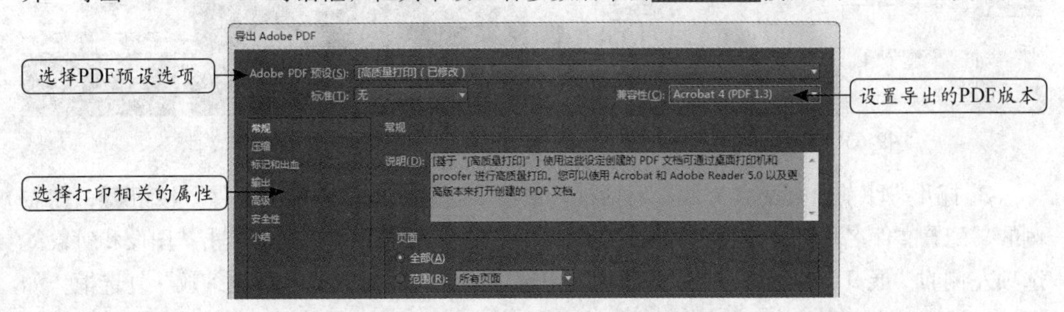

图9-61 “导出Adobe PDF”对话框

9.3 上机实训——制作儿童节海报

下面通过对“活动”文档进行打印前的各种预设操作，综合练习本章介绍的部分知识，最终效果如图9-62所示。

图9-62 活动海报的效果

素材文件：素材\第9章\活动.indd	效果文件：效果\第9章\活动.indd
视频文件：视频\第9章\9-7.swf	操作重点：印前检查、陷印设定、打印文档

1. 印前检查

下面将对提供的文档进行印前检查，发生错误的地方根据提示进行更改。

1 打开素材提供的“活动.indd”文档，选择【窗口】/【输出】/【印前检查】菜单命令，如图9-63所示。

2 打开“印前检查”面板，单击右上方“展开菜单”按钮，在弹出的下拉菜单中选择“定义配置文件”命令，如图9-64所示。

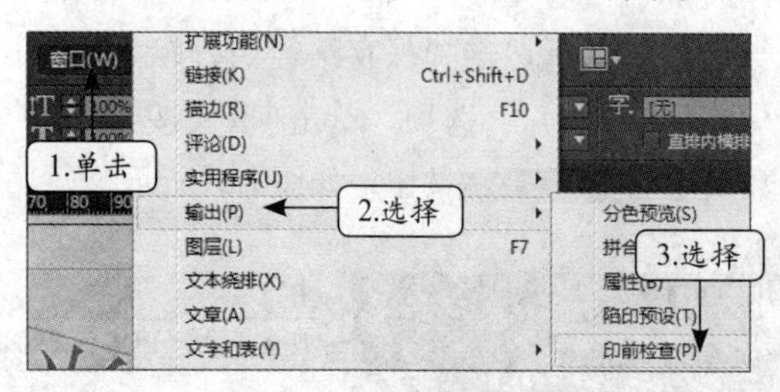

图9-63 选择印前检查

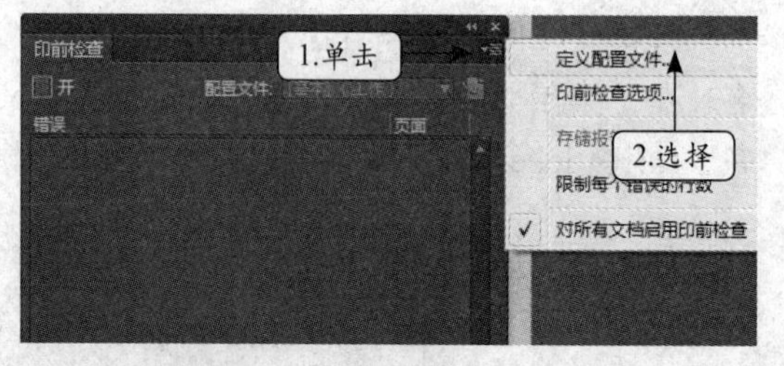

图9-64 定义配置文件

3 打开“印前检查配置文件”对话框，单击“新建印前检查配置文件”按钮，在右侧的“配置文件名称”文本框中输入“抽奖活动”，在下方的列表框中单击“图像和对象”选项左侧的“展开”标记，在展开的列表中选中“置入的对象的非等比缩放”复选框，如图9-65所示。

TIPS 打开“印前检查配置文件”对话框后，默认的是“基本”印前检查配置文件，此时右侧的“配置文件名称”文本框并未激活，不能输入名称，当单击“新建印前检查配置文件”按钮后，即新建了一个印前检查配置文件，才可以在右侧的“配置文件名称”文本框中输入新建的配置文件的名称。

4 单击“文本”选项前面的“展开”标记，在展开的列表中选中“动态拼写检查检测到错误”复选框，单击 确定 按钮，如图9-66所示。

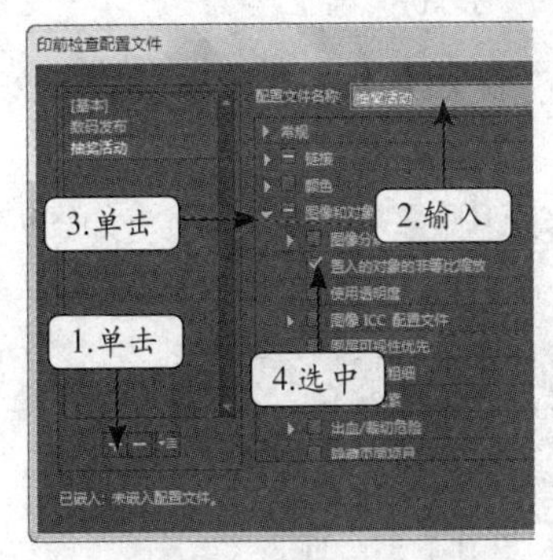

图9-65　新建配置文件

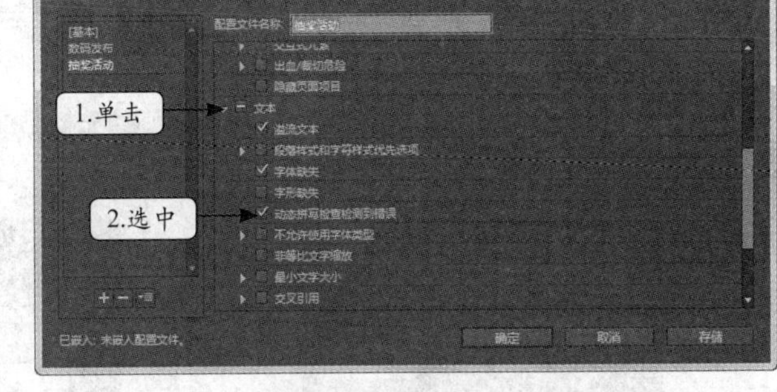

图9-66　配置文件

5 返回“印前检查”面板，选中“开”复选框，在“配置文件”列表框中选择“抽奖活动”选项，如图9-67所示。

6 在下方列表框中双击“图像和对象”选项，依次展开其下包含的列表，双击“背景.jpg”选项，如图9-68所示。

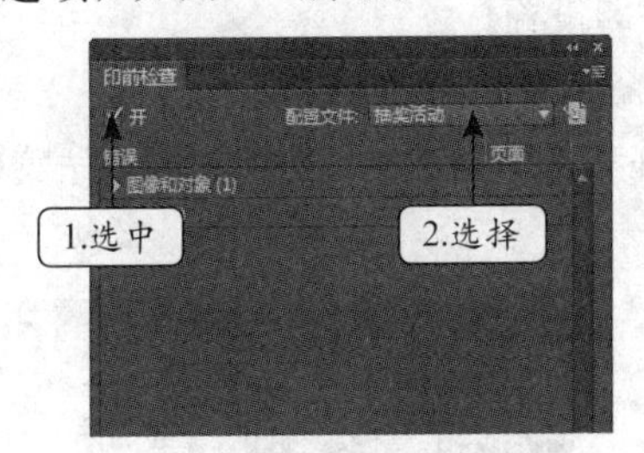

图9-67　打开印前检查

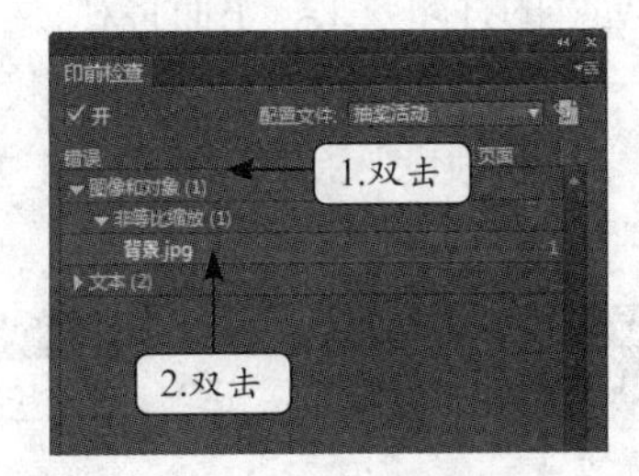

图9-68　查找对象

7 在自动定位到的背景图像上双击鼠标选择背景图，如图9-69所示。

8 在属性面板中设置“X缩放百分比”和“Y缩放百分比”都为“106%”，如图9-70所示。

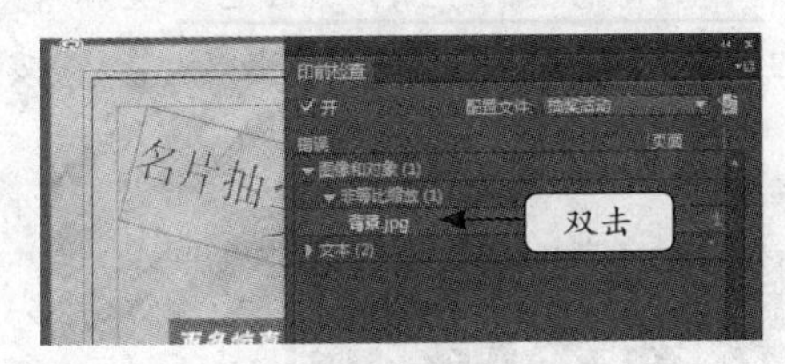

图9-69　选择对象

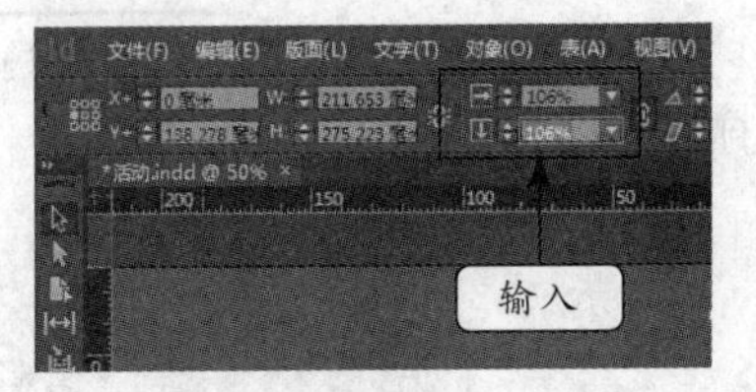

图9-70　设置缩放比例

9 在“印前检查”面板中双击“文本”选项，在展开列表中双击“动态拼写检查问题”选项，如图9-71所示。

10 选择【编辑】/【拼写检查】/【动态拼写检查】菜单命令，如图9-72所示。

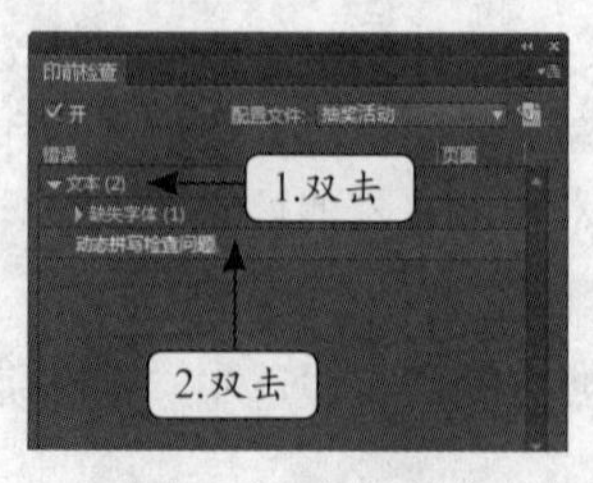

图9-71　查找对象

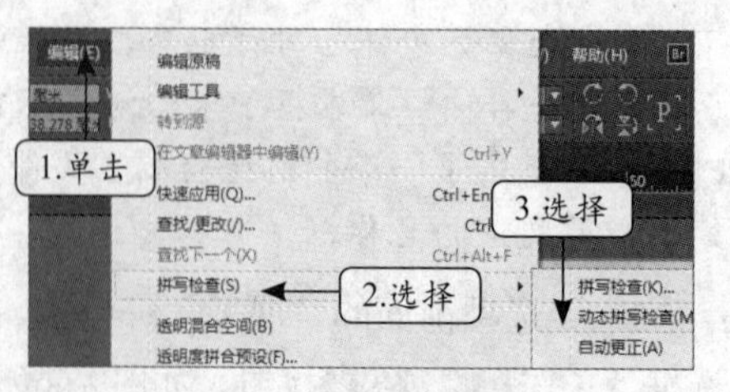

图9-72　打开动态拼写检查

11 在“印前检查”面板中依次双击“文本”选项、“缺失字体(1)”选项、“华文行楷”选项和其下展开的选项，如图9-73所示。

12 在属性面板的“字体系列”下拉列表框中选择“方正中等线简体”选项，如图9-74所示。

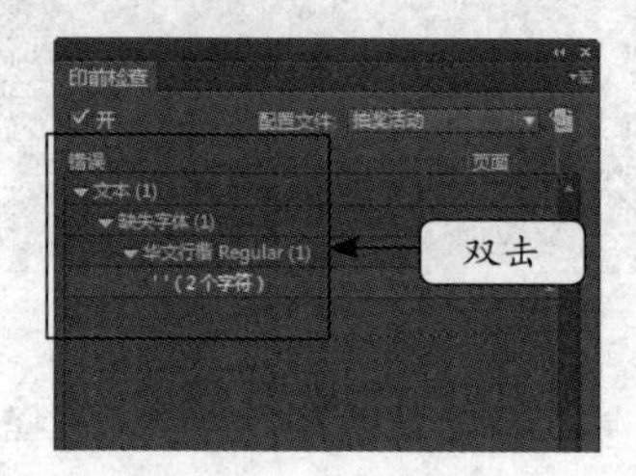

图9-73　查找对象

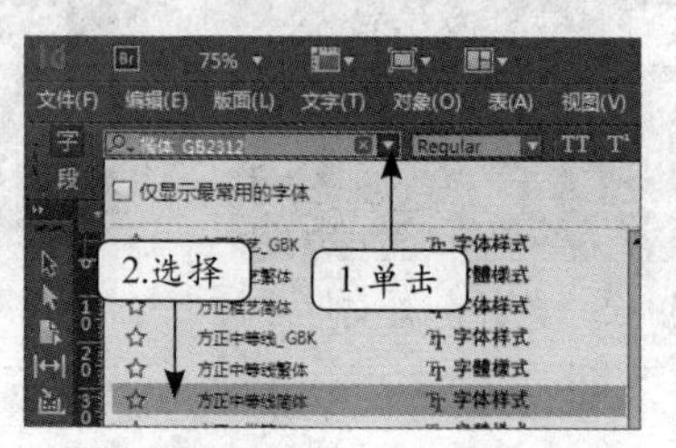

图9-74　设置字体

2. 设置陷印

为达到更好的打印效果，下面将对文档进行陷印设置。

1 选择【窗口】/【输出】/【陷印预设】菜单命令，如图9-75所示。

2 打开“陷印预设”面板，单击右上方“展开菜单”按钮，在弹出的下拉菜单中选择“新建预设”命令，如图9-76所示。

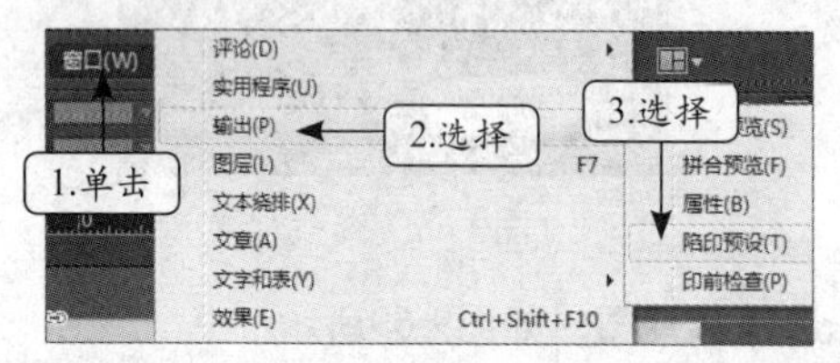

图9-75　选择陷印预设

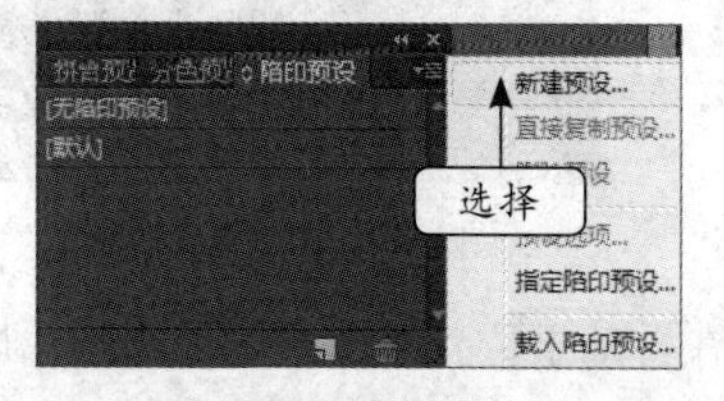

图9-76　新建预设

3 打开“新建陷印预设”对话框，在“陷印宽度”栏的“黑色”文本框中输入“0.141”，在“陷印阈值”栏的“黑色”数值框中输入“70”，单击 确定 按钮，如图9-77所示。

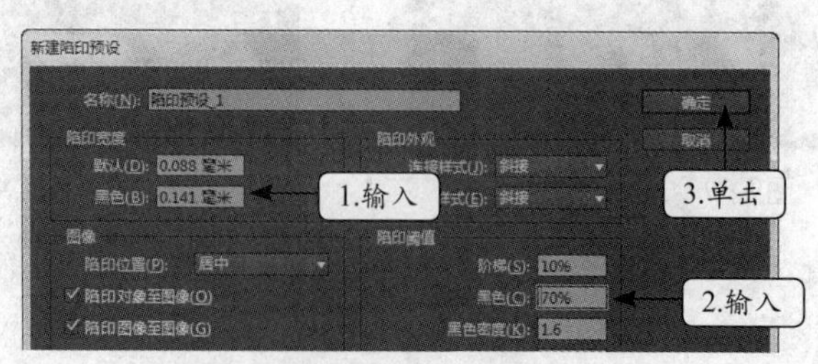

图9-77　设置陷印宽度和陷印阈值

4 返回“陷印预设”面板，选择“陷印预设_1”选项，单击右上方“展开菜单”按钮，在弹出的下拉菜单中选择“指定陷印预设”命令，如图9-78所示。

5 打开“指定陷印预设”对话框，在“陷印预设”下拉列表框中选择“陷印预设_1”选项，单击 完成 按钮，如图9-79所示。

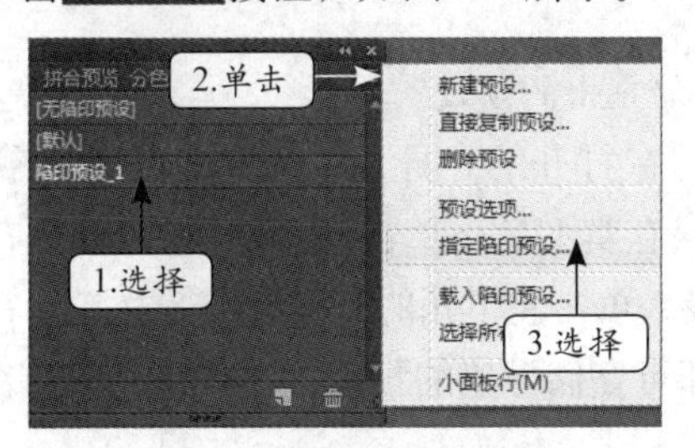

图9-78　选择指定陷印预设

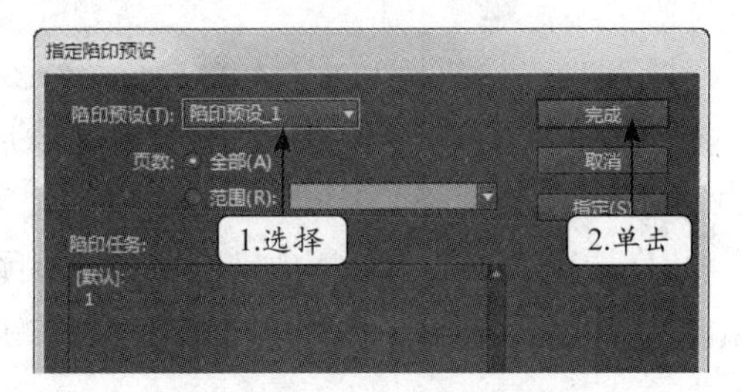

图9-79　指定陷印预设

3. 打印文档

下面将自定义打印预设，并使用新建的打印预设来打印该文档。

1 选择【文件】/【打印预设】/【定义】菜单命令，如图9-80所示。

2 打开“打印预设”对话框，单击 新建(N)... 按钮，如图9-81所示。

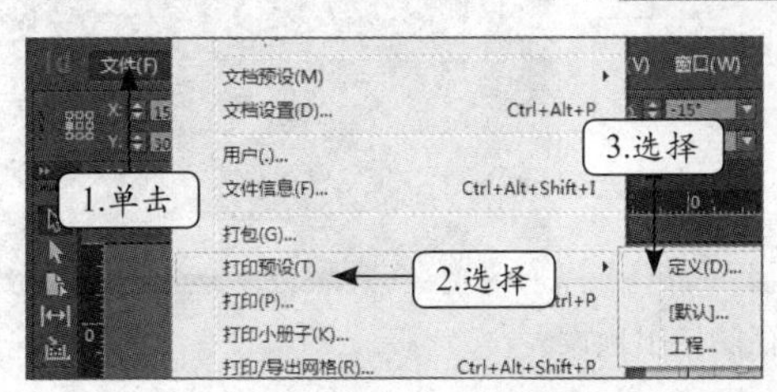

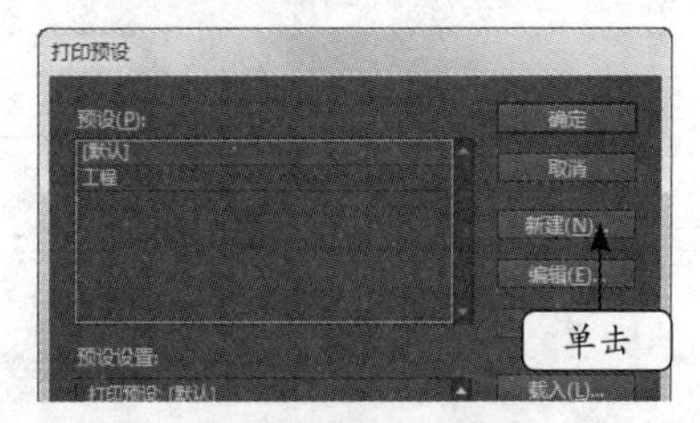

图9-80　定义打印预设　　　　图9-81　新建打印预设

3 打开“新建打印预设”对话框，在左侧列表框中选择“颜色管理”选项，在“打印”栏中选中“校样”单选项，确认设置，如图9-82所示。

4 返回“打印预设”对话框确认设置，按【Ctrl+P】键打开“打印”对话框，在“打印预设”下拉列表框中选择“打印预设_1”选项，确认打印，如图9-83所示。

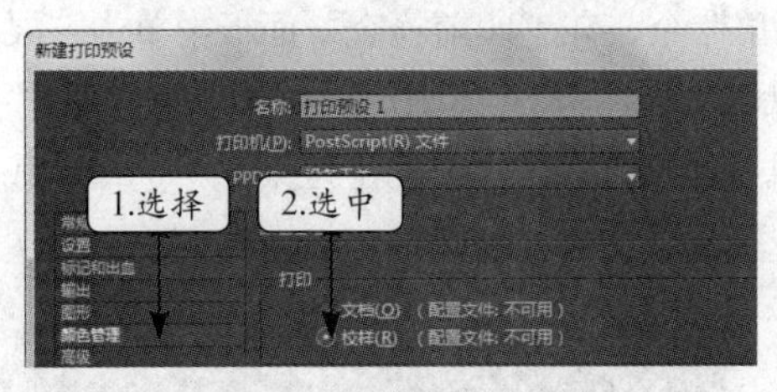

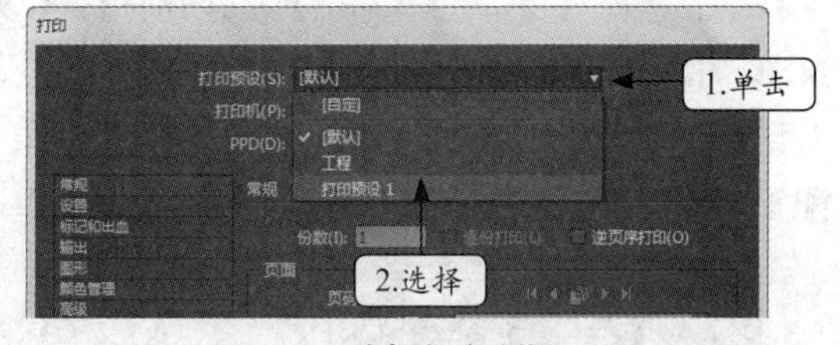

图9-82　设置打印的对象　　　　图9-83　选择打印预设

9.4　本章小结

本章主要讲解了透明度拼合的新建、编辑、删除，印前检查、打包、陷印预设的应用、打印预设与打印文档、多媒体文件和按钮的使用，以及导出为Flash文件或PDF文件等内容。

上述内容中，打印预设、打印文档、打包文档和导出文档是最基本的操作，需要重点掌握其操作方法。关于印前准备的各种内容，以及多媒体文件和按钮的应用等知识，可适当熟悉相关操作即可。

9.5 疑难解答

1. 问：导出为Adobe PDF（打印）时，怎么存储导出的预设？

答：当选择【文件】/【导出】菜单命令后，在打开的“导出”对话框中选择存储路径、输入文件名和选择“Adobe PDF（打印）”保存类型后，单击保存(S)按钮，然后在打开的“导出Adobe PDF”对话框中进行各种导出预设，单击左下角的存储预设(V)...按钮，在“存储预设”对话框中输入名称后单击确定按钮即可存储导出的预设，其操作步骤如图9-84所示。

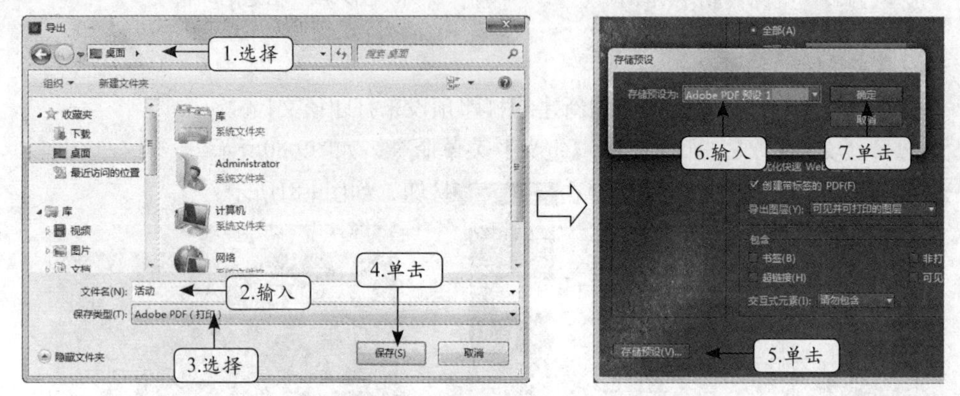

图9-84　存储导出预设

2. 问：在“透明度拼合预设选项”对话框中选中“将所有文本转换为轮廓”复选框后有什么作用？

答：选中该复选框后，将放弃拥有透明度属性的跨页上所有文本的字形信息，以此确保在拼合过程中文本宽度保持一致。

3. 问：如何载入印前检查的配置文件？

答：选择【窗口】/【输出】/【印前检查】菜单命令，在“印前检查”面板中单击“展开菜单”按钮，在弹出的快捷菜单中选择“定义配置文件”命令，在“印前检查配置文件”对话框中单击左侧下方的“印前检查配置文件菜单”按钮，在弹出的下拉菜单中选择“载入配置文件”命令，然后在“打开文件”对话框中选择配置文件打开即可，如图9-85所示。

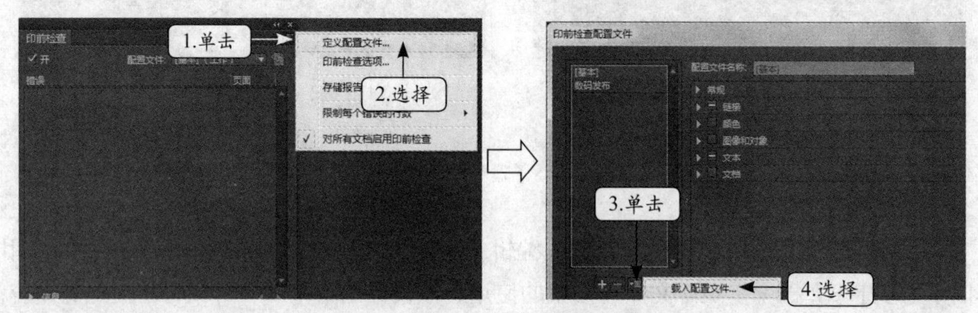

图9-85　载入印前检查配置文件

9.6　习题

1．打开素材“保龄球.indd”文件（素材文件：素材\第9章\课后练习\保龄球.indd），新建透明度拼合的“栅格/矢量平衡”为“100”，再设置陷印预设的陷印阈值的“黑色”为“75%”，然后将该文档应用透明度拼合和陷印预设进行打印，最后导出为图像文件，最终效果如图9-86所示（效果文件：效果\第9章\课后练习\保龄球.indd、保龄球.jpg）。

在“导出JPEG”对话框中的“品质”下拉列表框中选择“最大值”选项，然后导出。

2．将素材“按钮.indd”文件（素材文件：素材\第9章\课后练习\按钮.indd）中的图形对象转换为按钮，并设置其单击鼠标时转至“http://www.baidu.com”URL链接，最终效果如图9-87所示（效果文件：效果\第9章\课后练习\按钮.indd）。

图9-86　导出的图像效果

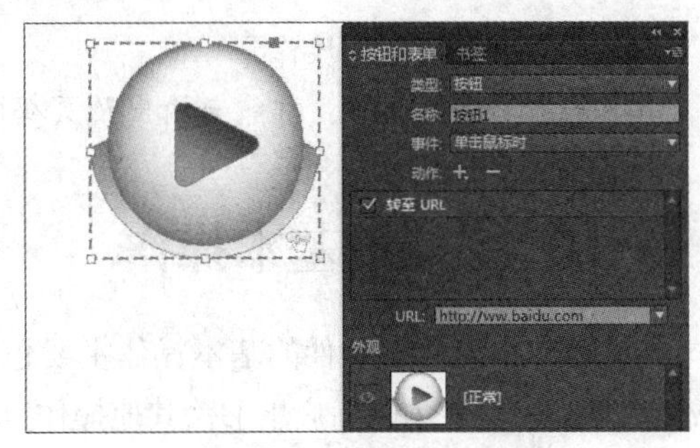

图9-87　转换为按钮的效果

第10章　书籍的创建与管理

Indesign的“书籍”功能可以把多个独立的文档集合在一起，并能统一设置书籍的各种参数，包括索引、目录、页码和样式等，也可在“书籍”面板中对各个文档进行单独修改。本章就将对书籍的基本操作、编辑、打印与输出，以及书籍页码的编排等内容进行讲解。

学习要点

- 熟悉书籍的基本操作
- 掌握书籍的编辑、打印与输出及页码的编排方法

10.1　书籍的基本操作

Indesign中对书籍文件的基本操作主要包括创建、存储、另存与关闭等几种，熟练掌握好这些基本操作能为以后应用书籍其他操作打下坚实的基础。

10.1.1　创建与关闭书籍

若一本完整的出版物是由3章组成，且每1章文档都是相互独立的，为了建立整个出版物的目录、索引、打印或输出等设置，就需要创建书籍把它们拼合起来。首先介绍创建与关闭书籍的方法。

（1）创建书籍：选择【文件】/【新建】/【书籍】菜单命令，打开“新建书籍”对话框，在“路径”下拉列表框中设置书籍的保存路径，在“文件名”下拉列表框中输入书籍名称，单击保存(S)按钮即可，如图10-1所示。

（2）关闭书籍：选择【文件】/【打开】菜单命令，在“打开文件”对话框中选择书籍文件后单击打开(O)按钮，打开“书籍”面板，单击面板右上角的“展开菜单”按钮，在弹出的下拉菜单中选择“关闭书籍”命令即可关闭书籍，如图10-2所示。

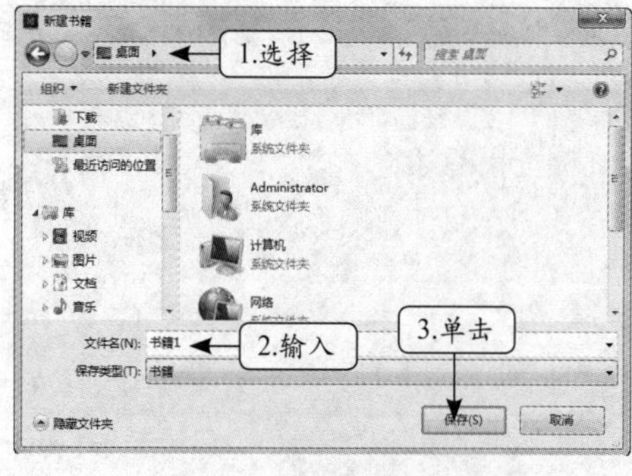

图10-1　新建并保存书籍

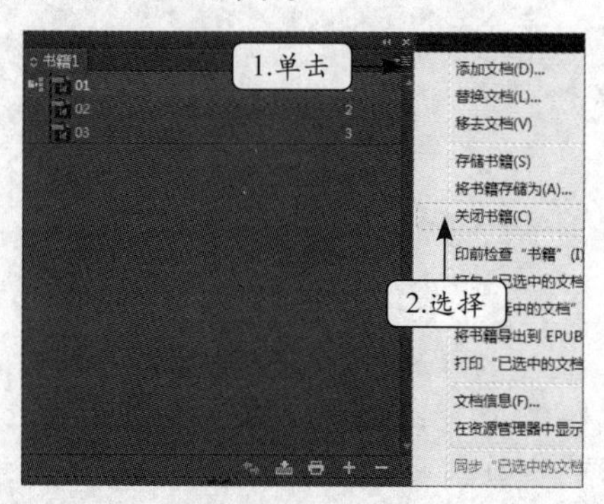

图10-2　关闭书籍

10.1.2　存储与另存书籍

对书籍进行存储操作，可以保护对拼合文档的同一设置不会意外丢失。在实际的编辑工作中，想要编排出好的作品，就要反复修改。此时，便可以将书籍文件进行另存操作来对比修改前、后的作品效果。除此之外，另存书籍也相当于进行数据备份，以便当源书籍文件损坏或丢失后有备用书籍文件可使用。下面将介绍存储与另存书籍的方法。

（1）存储书籍：在“书籍”面板中单击下方的“存储书籍”按钮，或单击右上方的“展开菜单”按钮，在弹出的下拉菜单中选择“存储书籍”命令，如图10-3所示。

（2）另存书籍：在“书籍”面板中单击“展开菜单”按钮，在弹出的下拉菜单中选择“将书籍存储为”命令，打开“将书籍存储为”对话框，在“路径”下拉列表框中选择保存路径，在“文件名”下拉列表框中输入书籍名称，单击保存(S)按钮，如图10-4所示。

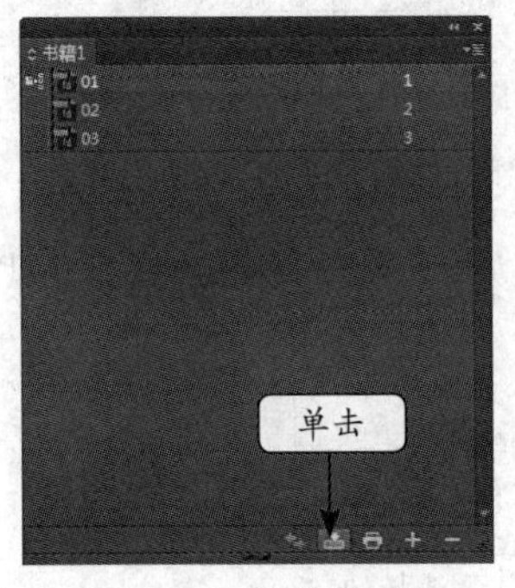

图10-3　保存书籍

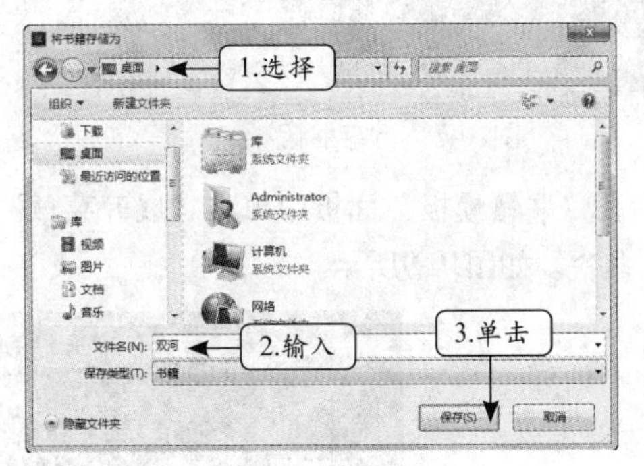

图10-4　另存书籍

下面通过创建名为“书籍文件”的书籍，并将其另存为“书籍模板”后关闭“书籍”面板为例，介绍书籍的基本操作方法。

【实例10-1】另存“书籍模板”书籍

素材文件：无	效果文件：效果\第10章\书籍文件.indb、书籍模板.indb
视频文件：视频\第10章\10-1.swf	操作重点：创建书籍、另存书籍、关闭书籍

1 启动Indesign，选择【文件】/【新建】/【书籍】菜单命令，如图10-5所示。

2 打开“新建书籍”对话框，在“路径”下拉列表框中选择保存路径，在“文件名”下拉列表框中输入“书籍文件”，单击保存(S)按钮，如图10-6所示。

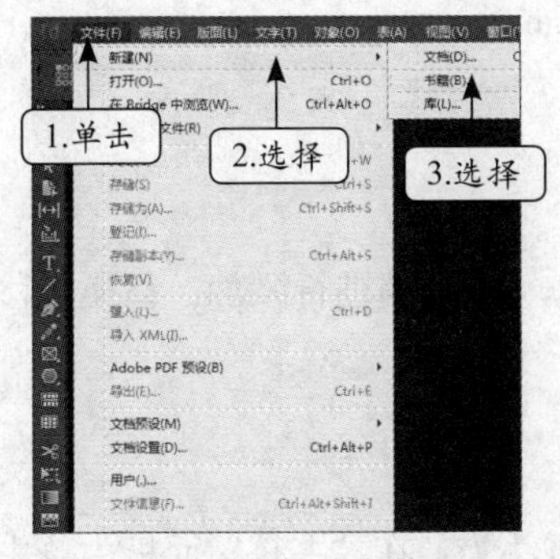

图10-5　新建书籍

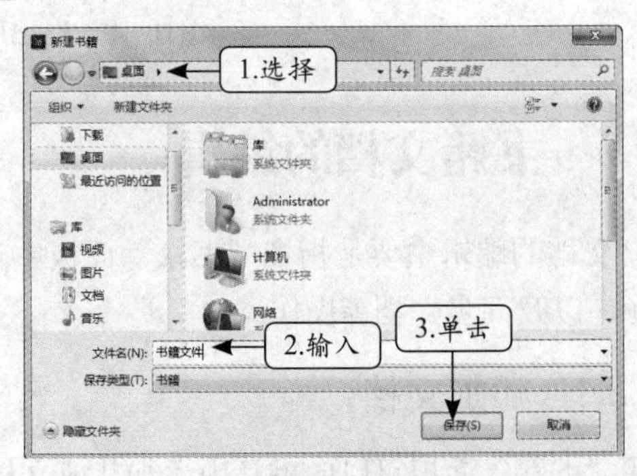

图10-6　设置保存路径和名称

3 在“书籍文件”面板中单击“展开菜单”按钮，在弹出的下拉菜单中选择“将书籍存储为”命令，如图10-7所示。

4 打开“将书籍存储为”对话框，在“路径”下拉列表框中选择保存路径，在“文件名”下拉列表框中输入“书籍模板”，单击保存(S)按钮，如图10-8所示。

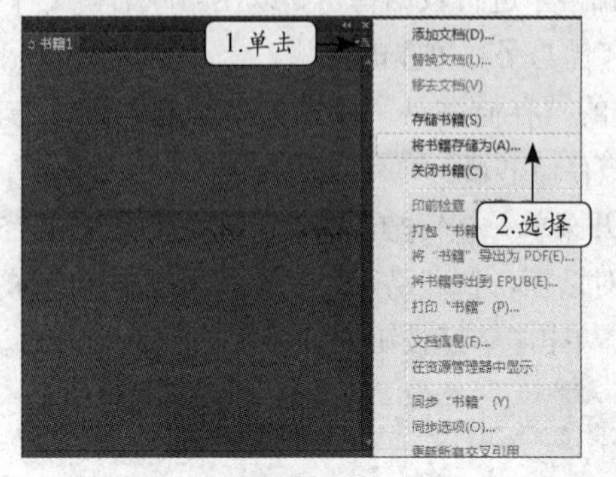

图10-7　另存书籍

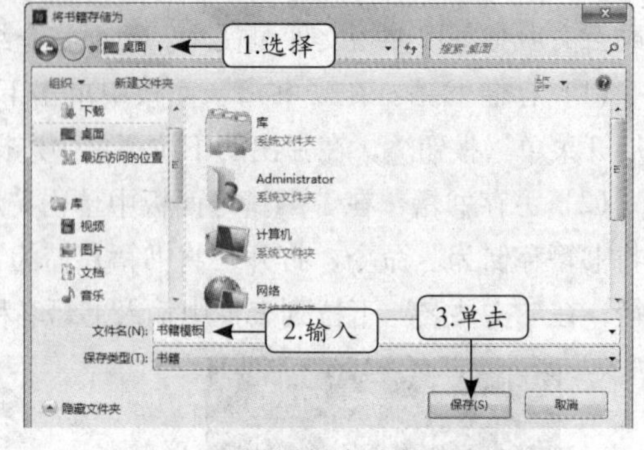

图10-8　设置保存路径和名称

5 在“书籍模板”面板中单击“展开菜单”按钮，在弹出的下拉菜单中选择“关闭书籍”命令，如图10-9所示。

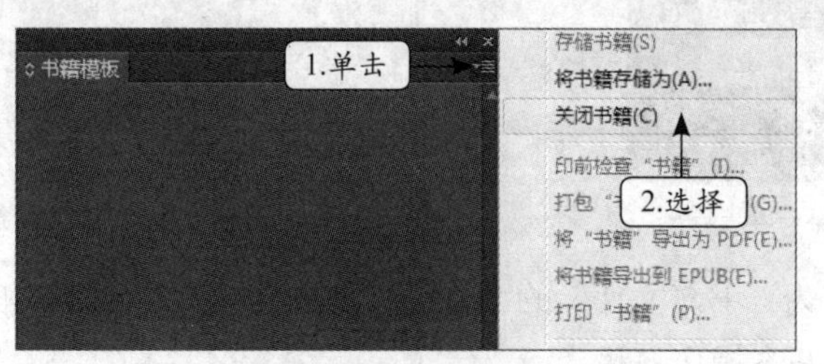

图10-9　关闭书籍

6 在菜单栏中单击“关闭”按钮退出软件，如图10-10所示。

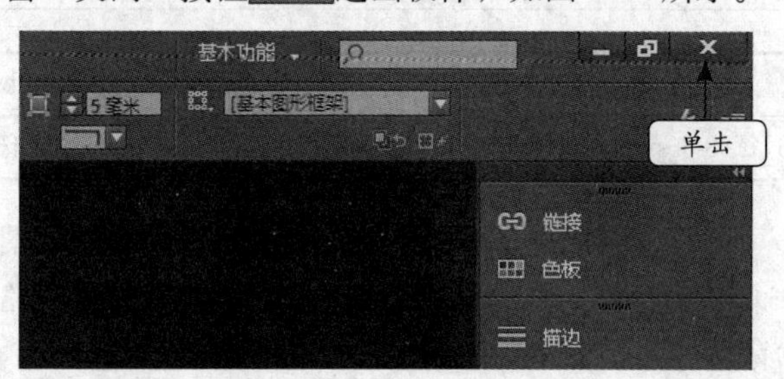

图10-10　退出Indesign

10.2　书籍文档的编辑

书籍文档的编辑主要是指在“书籍”面板中对Indesign文档进行添加、替换、移除、调整文档顺序以及同步文档等操作。

10.2.1　添加文档

利用“书籍”面板可以向书籍中添加其他文档，方法为：在“书籍”面板中单击“添加文档”按钮，或单击“展开菜单”按钮，在弹出的下拉菜单中选择“添加文档”命令，打开“添加文档”对话框，在“路径”下拉列表框中选择文档所在的路径，在下方的列表框中选择需添加的文档选项，单击打开(O)按钮，如图10-11所示。

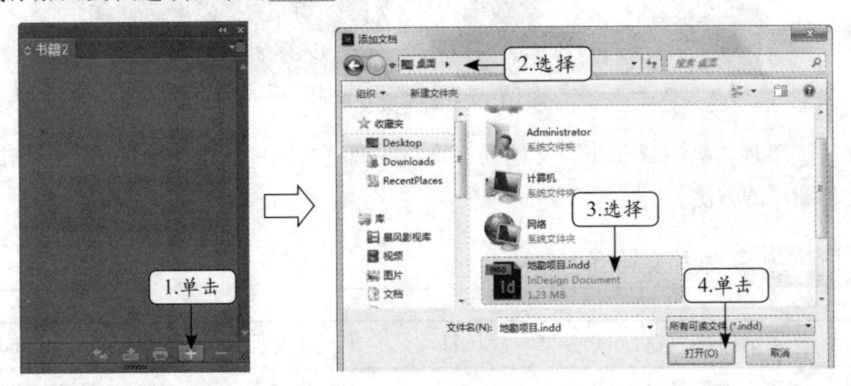

图10-11　添加文档

10.2.2　替换与移除文档

在“书籍”面板中可将其他文档替换为书籍中指定的文档，也可将某些不需要的文档从书籍中移除。替换与移除文档的方法分别如下。

（1）替换文档：在“书籍”面板中选择需要替换的文档后单击“展开菜单”按钮，在弹出的下拉菜单中选择“替换文档”命令，在打开的“替换文档”对话框中选择需添加的文档，单击打开(O)按钮则可将“书籍”面板中原有的文档替换为新选择的文档，如图10-12所示。

（2）移除文档：在“书籍”面板的列表框中选择需要移除的文档选项，单击下方的“移去文档”按钮，如图10-13所示。

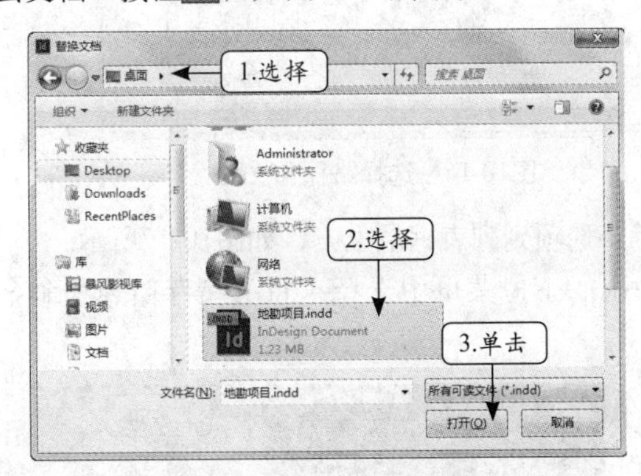

图10-12　替换文档

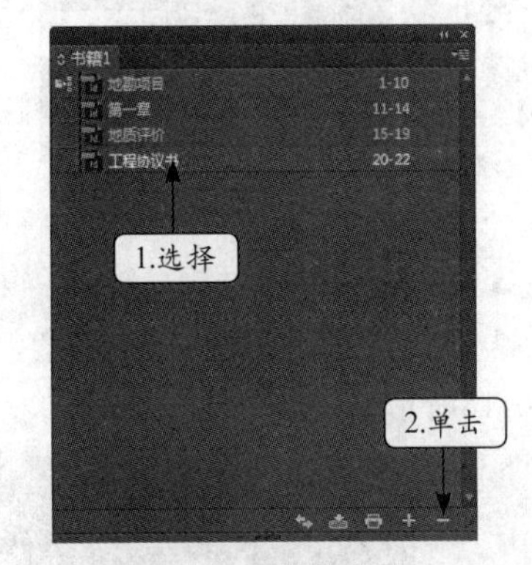

图10-13　移除文档

10.2.3　调整文档顺序

调整文档顺序是指在“书籍”面板中对已有文档的顺序重新进行排列，使书籍的内容更加合理。

在“书籍”面板的列表框中拖动需要改变顺序的文档选项到适当的位置，当出现插入框线时释放鼠标即可调整文档顺序，如图10-14所示。

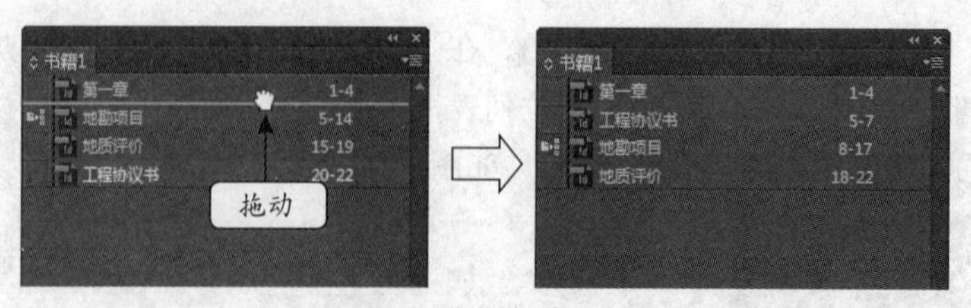

图10-14 调整文档顺序

下面通过添加“第一章.indd”文档到书籍中并调整其顺序到最前面为例，介绍添加文档和调整文档顺序的方法。

【实例10-2】 添加文档到书籍中

素材文件：素材\第10章\书籍1.indb、第一章.indd	效果文件：效果\第10章\书籍2.indb
视频文件：视频\第10章\10-2.swf	操作重点：添加文档、调整文档顺序

1 按【Ctrl+O】键打开素材提供的“书籍1.indb”书籍，在“书籍”面板中单击“添加文档”按钮，如图10-15所示。

2 打开“添加文档”对话框，在“路径”下拉列表框中选择文档所在的路径，在下方列表框中选择“第一章.indd”文档，单击打开(O)按钮，如图10-16所示。

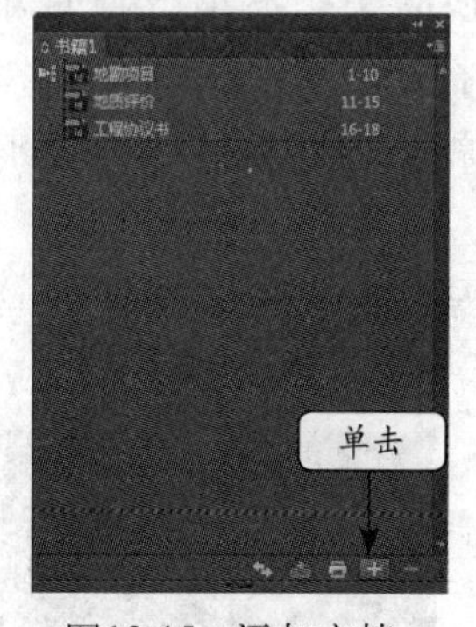

图10-15 添加文档

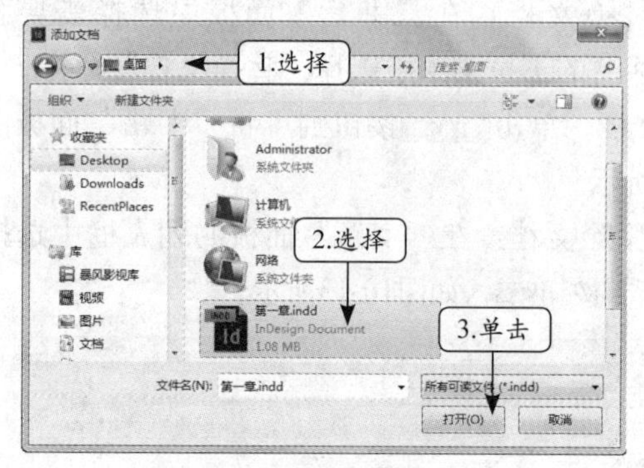

图10-16 选择路径和文档

3 返回“书籍”面板，拖动“第一章”选项到列表框最上方，如图10-17所示。

4 单击“展开菜单”按钮，在弹出的下拉菜单中选择“将书籍存储为”命令，如图10-18所示。

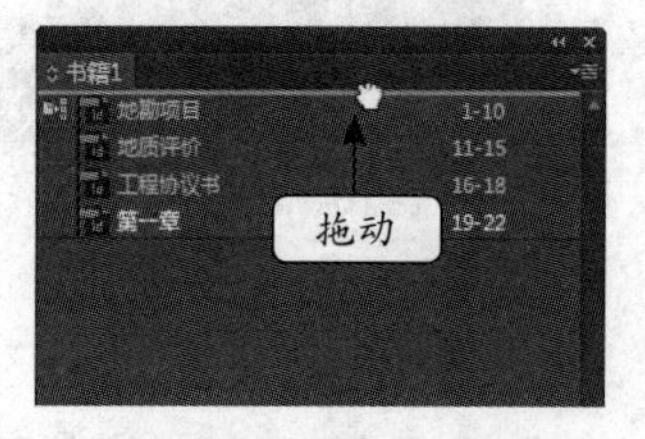

图10-17 调整文档顺序

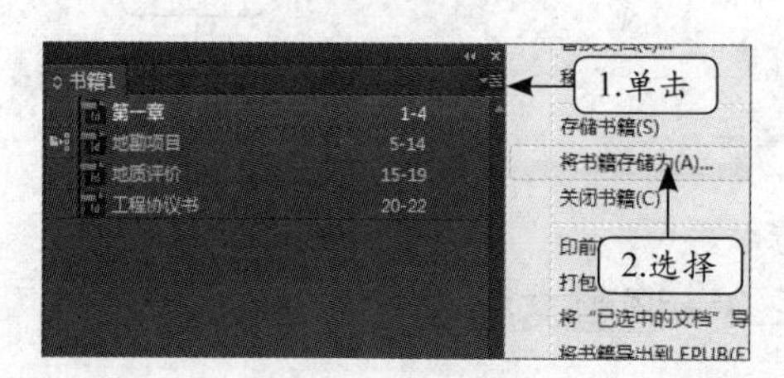

图10-18 另存书籍

5 打开“将书籍存储为”对话框，在“路径”下拉列表框中选择需要保存的路径，在“文件名”下拉列表框中输入“书籍2”，单击保存(S)按钮，如图10-19所示。

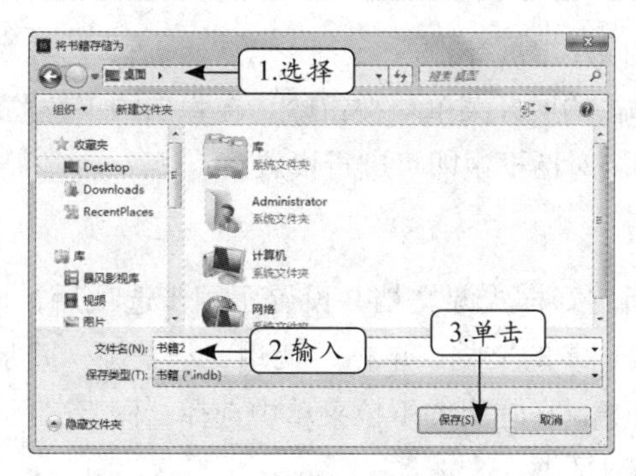

图10-19　设置保存路径和名称

10.2.4　在资源管理器中打开文档

为了方便快速找到书籍中的文档在电脑磁盘中的存储位置，Indesign的“书籍”面板提供了在资源管理器中打开文档的功能，即直接打开文档所在的文件夹，其方法为：在“书籍”面板中选择需要打开的文档选项，单击“展开菜单”按钮，在弹出的下拉菜单中选择“在资源管理器中显示”命令。

想要在Indesign中打开书籍中的文档，只需在“书籍”面板中双击列表框中的文档名称即可，如图10-20所示。被打开的文档会在文档选项的页码后面出现“文档已打开”标记。另外，双击文档选项后面的数字不仅可打开该文档，还能同时打开“文档编号选项”对话框以方便快速进行该文档的起始页码和编号的编辑。

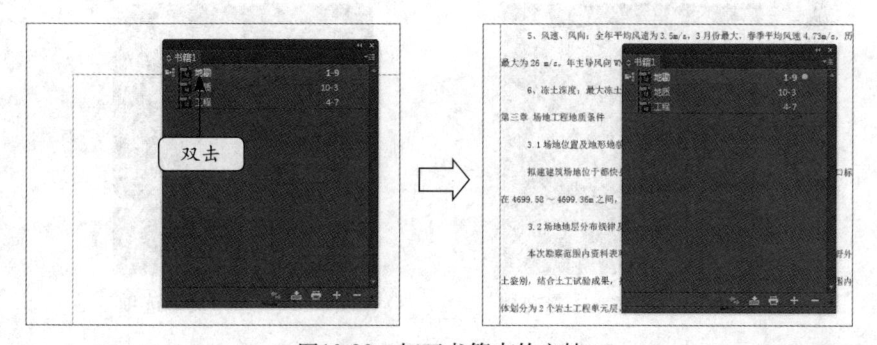

图10-20　打开书籍中的文档

10.2.5　同步文档

同步文档是指将书籍中指定的某个样式源文档中的样式和色板同步到书籍其他的文档中，以便使整个书籍的样式、颜色等属性达到统一的效果。

1. 指定样式源文档

样式源文档是指作为同步文档的源文档，同步文档之前需要指定一个样式源文档，其方法为：在“书籍”面板中单击文档选项左侧的标记，使其变为状态，则表示该标记对应的文档即为样式源文档。

2. 同步选项

在同步选项中可设置需要同步的内容，包括对象样式、表样式、单元格样式、字符样式、编号列表、陷印预设以及主页等。

在“书籍”面板中单击“展开菜单”按钮，在弹出的下拉菜单中选择“同步选项”命令，在打开的“同步选项”对话框中即可进行设置。

3. 同步文档

在“书籍”面板中指定好样式源文档并设置了同步选项后，便可对文档进行同步操作了，其方法为：选择需要同步的文档，单击“使用‘样式源’同步样式和色板”按钮，或单击“展开菜单”按钮，在弹出的下拉菜单中选择“同步‘已选中的文档’”命令，同步成功后会自动打开提示对话框。

下面通过把书籍中的“地质”文档设置为样式源文档，并将“地勘”文档同步“地质”文档的样式为例，介绍同步文档的方法。

【实例10-3】 同步文档

素材文件：素材\第10章\书籍.indb	效果文件：效果\第10章\书籍.indb
视频文件：视频\第10章\10-3.swf	操作重点：指定样式源文档、同步文档

1 打开素材提供的“书籍.indb”书籍，在“书籍”面板的列表框中单击“地质”文档选项左侧的方块标记，如图10-21所示。

2 选择“地勘”文档选项，如图10-22所示。

图10-21 指定样式源文档

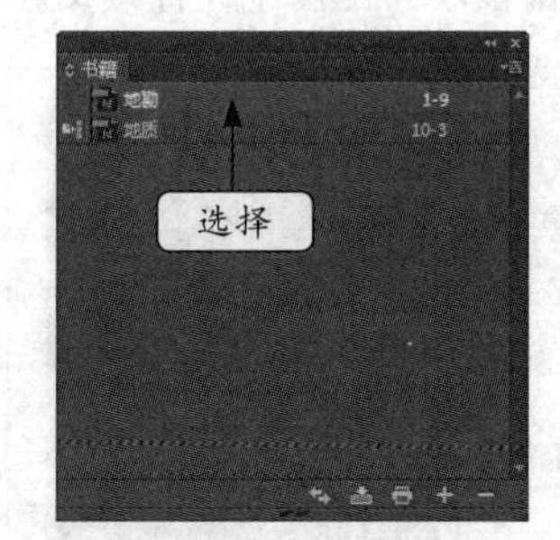

图10-22 选择文档选项

3 单击“展开菜单”按钮，在弹出的下拉菜单中选择“同步选项”命令，如图10-23所示。

4 打开“同步选项”对话框，取消选中“表样式”和“单元格样式”复选框，单击 确定 按钮，如图10-24所示。

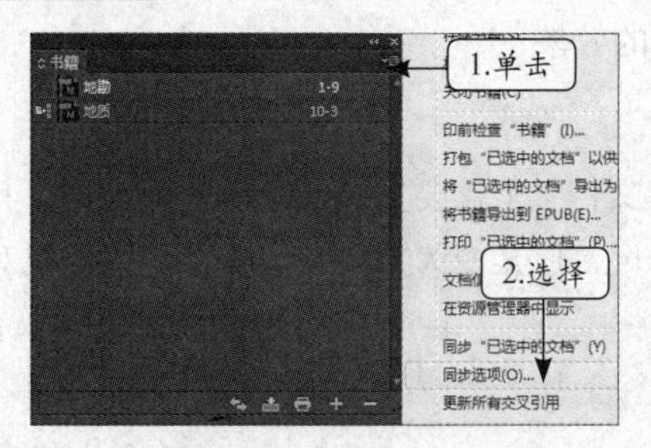

图10-23 选择同步选项

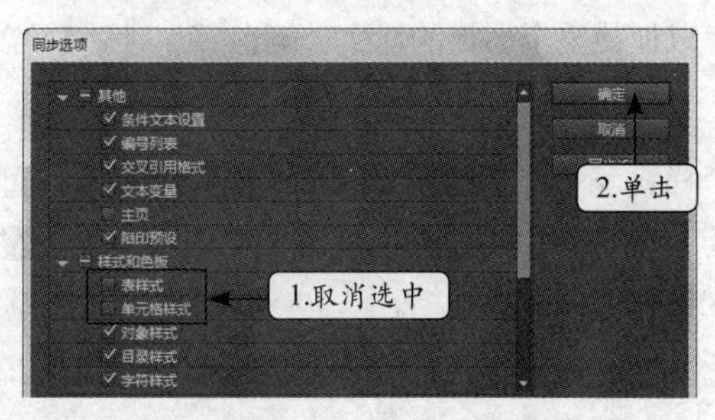

图10-24 设置表样式和单元格样式

5 返回“书籍”面板，单击“使用‘样式源’同步样式和色板”按钮，如图10-25所示。

6 打开“书籍‘书籍.indb’”对话框，单击 确定 按钮，如图10-26所示。

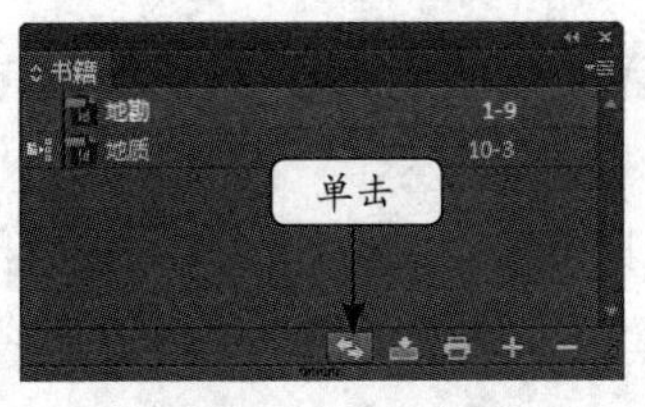

图10-25　同步文档

图10-26　确认设置

10.3　书籍的打印与导出

书籍文件可像文档一样进行打印或输出，同时也能进行印前检查、打包等操作，只是执行的方法有所不同，下面分别进行介绍。

10.3.1　书籍的打印

无论是书籍的印前检查、打包或打印等操作，都可在“书籍”面板中实现，下面具体介绍各操作的实现方法。

1. 印前检查书籍

在“书籍”面板中单击“展开菜单”按钮，在弹出的下拉菜单中选择“印前检查书籍”命令，在打开的“印前检查书籍选项”对话框中可对印前检查的各参数进行设置，如图10-27所示。

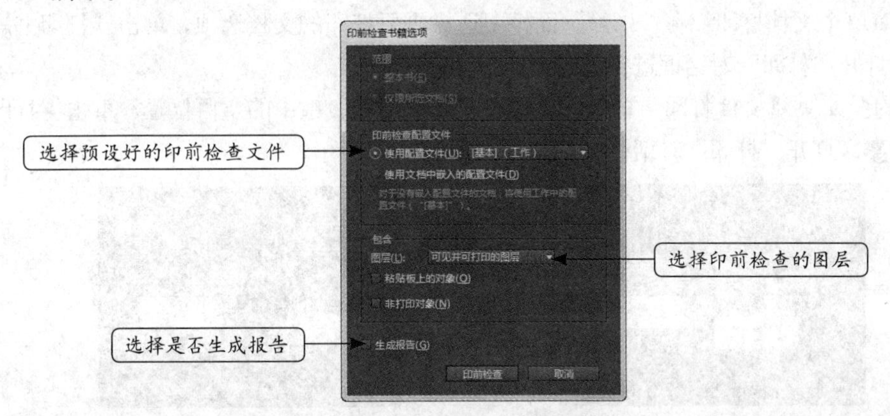

图10-27　“印前检查书籍选项”对话框

印前检查分为对单个文档和对整个书籍文件进行印前检查两种方式，其操作方法分别如下。

（1）对单个文档印前检查：在“书籍”面板中选择需要印前检查的文档选项，在打开的“印前检查书籍选项”对话框进行设置后，单击 印前检查 按钮。

（2）对整个书籍文件印前检查：单击“书籍”面板列表框中的空白位置，打开“印前检查书籍选项”对话框进行设置，然后单击 印前检查 按钮。

印前检查完成后，若发现错误，会在相对应的文档选项后面出现标记，然后可单独打开该文档进行修改；若没有错误，则会出现标记。

2. 打包书籍

打包书籍也可分为对单个文档进行打包和对整个书籍文件进行打包两种情况，其操作方法分别如下。

（1）对单个文档打包：在“书籍”面板中选择需要打包的文档选项，单击“展开菜单”按钮，在弹出的下拉菜单中选择“打包‘已选中的文档’以供打印”命令，打开“打包”对话框进行设置后，单击打包(P)...按钮，如图10-28所示。

（2）对整个书籍文件打包：单击“书籍”面板列表框中的空白位置，然后，单击“展开菜单”按钮，在弹出的下拉菜单中选择“打包‘书籍’以供打印”命令，打开“打包”对话框进行打包设置，如图10-29所示。

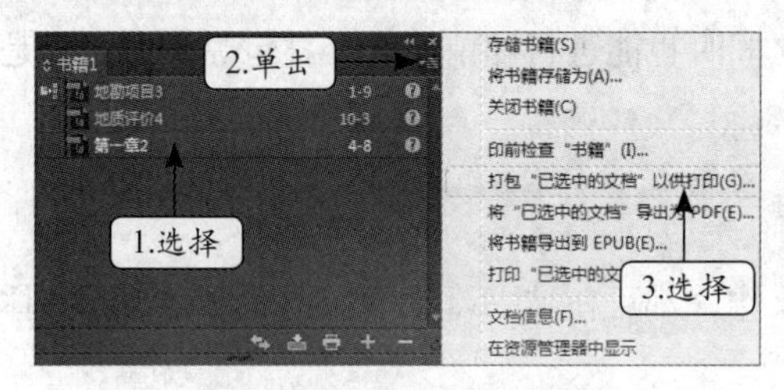

图10-28　打包单个文档

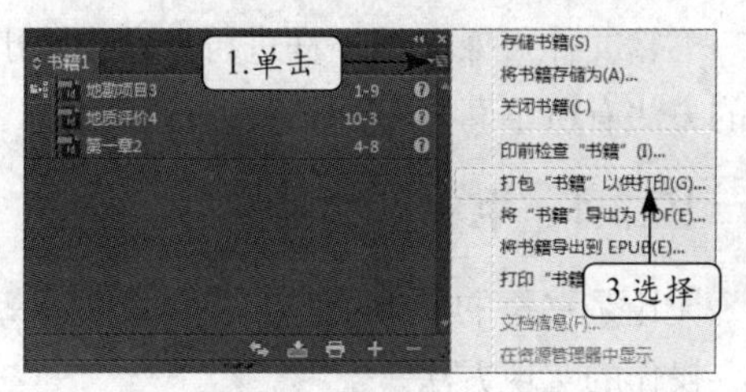

图10-29　打包整个书籍文件

3. 打印书籍

打印书籍时，也可根据实际需要选择打印单个文档或打印整个书籍文件，其操作方法分别如下。

（1）对单个文档打印：在“书籍”面板中选择需要打印的文档选项，单击“打印书籍”按钮，打开“打印”对话框进行设置，如图10-30所示。

（2）对整个书籍文件打印：单击“书籍”面板中的列表框中的空白位置，单击“打印书籍”按钮，打开“打印”对话框进行设置，如图10-31所示。

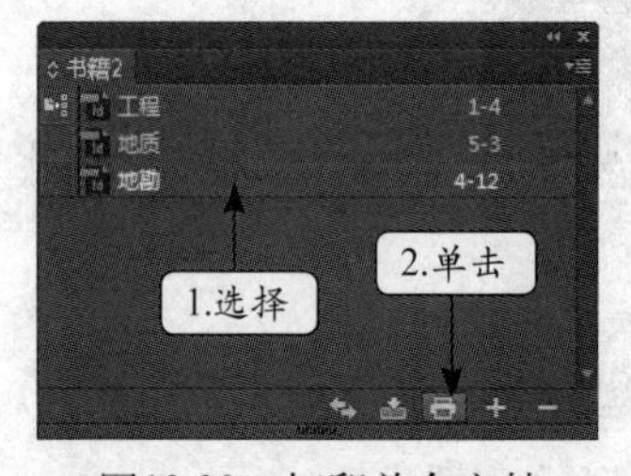

图10-30　打印单个文档

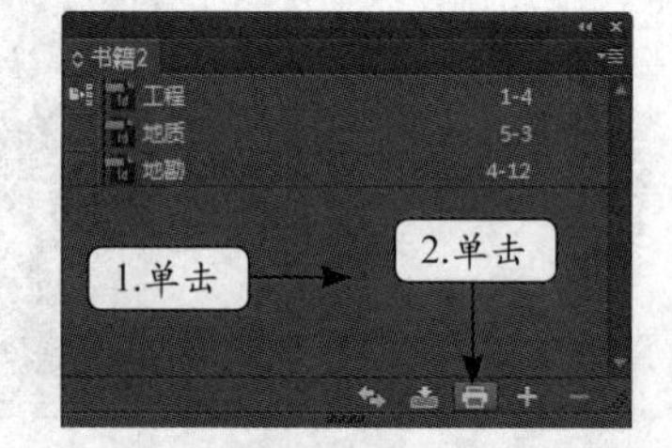

图10-31　打印整个书籍文件

下面通过印前检查整个书籍文件，再将其打包为例，介绍书籍的印前检查和打包方法。

【实例10-4】 打包书籍

素材文件：素材\第10章\书籍2.indb	效果文件：效果\第10章\“书籍2”文件夹\地勘.indd……
视频文件：视频\第10章\10-4.swf	操作重点：印前检查书籍、打包书籍

1 打开素材提供的“书籍2.indb”文件，在“书籍2”面板的列表框中单击空白位置，单击“展开菜单”按钮，在弹出的下拉菜单中选择“印前检查‘书籍’”命令，如图10-32所示。

2 在打开的“印前检查书籍选项”对话框中单击 印前检查 按钮，如图10-33所示。

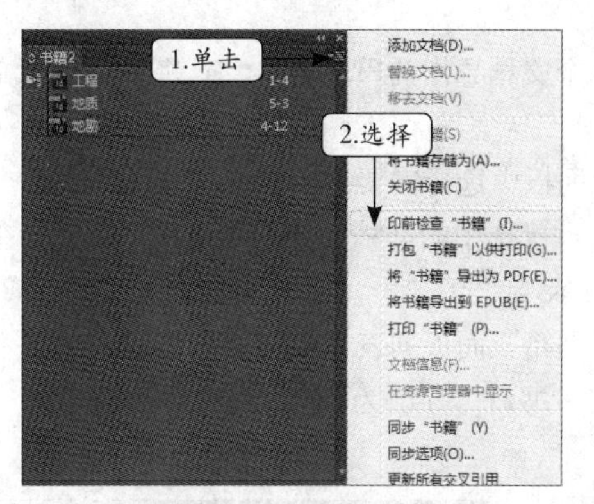

图10-32　选择印前检查“书籍”

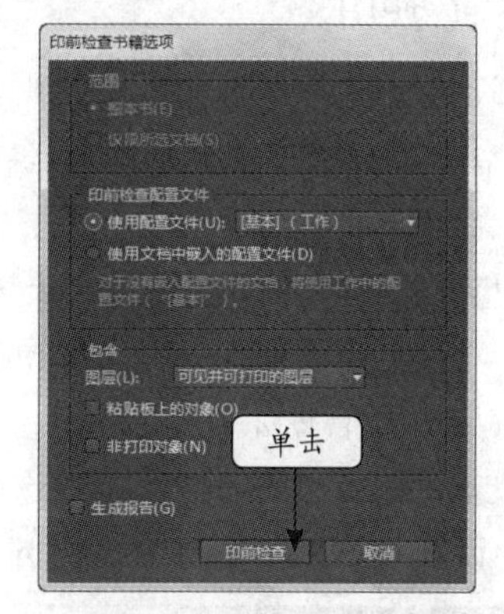

图10-33　确认印前检查

3 返回“书籍2”面板，单击“展开菜单”按钮，在弹出的下拉菜单中选择“打包‘书籍’以供打印”命令，如图10-34所示。

4 在打开的“打包”对话框中单击 打包(P)... 按钮，如图10-35所示。

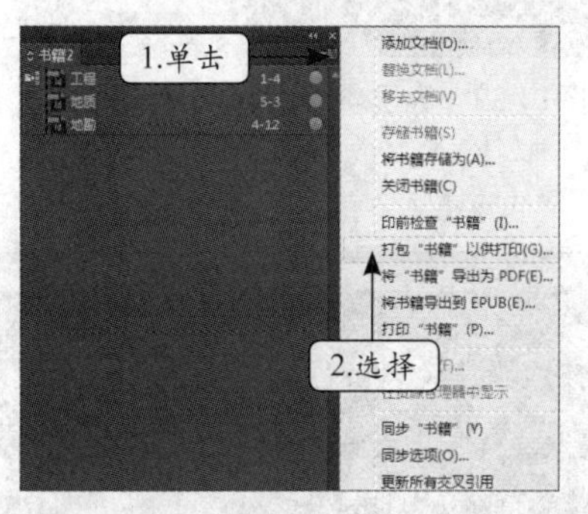

图10-34　选择打包“书籍”以供打印

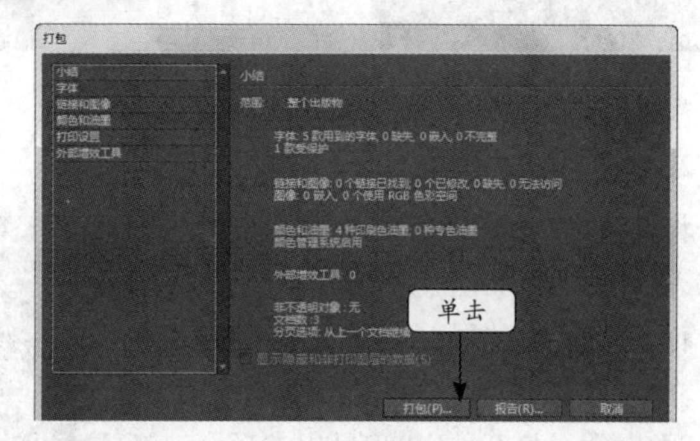

图10-35　确认打包

5 打开“打印说明”对话框，在“文件名”文本框中输入“说明”，单击 继续(T) 按钮，如图10-36所示。

6 打开“打包出版物”对话框，在“路径”下拉列表框中选择存储路径，确认打包，如图10-37所示。

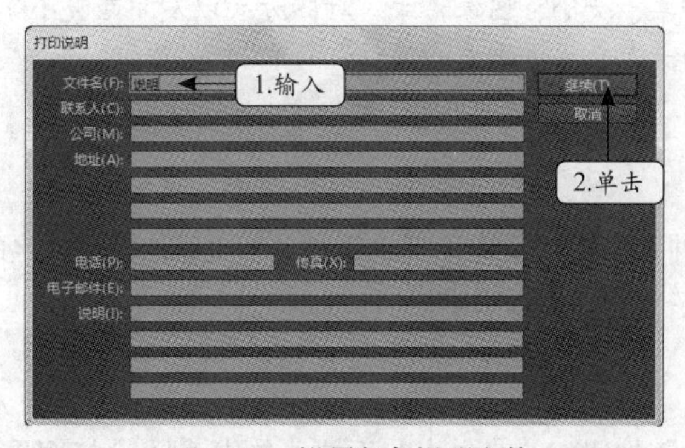

图10-36　设置打包说明文件

图10-37　设置存储路径

10.3.2 书籍的导出

在Indesign中可将书籍导出为PDF和EPUB两种类型的文件。

1. 导出为PDF

将书籍导出为PDF时，可根据需要将单个文档导出为PDF文件，或将整个书籍文件导出为PDF文件，其操作方法分别如下。

(1) 导出单个文档为PDF：在“书籍”面板中选择需要导出的文档选项，单击“展开菜单”按钮，在弹出的下拉菜单中选择“将‘已选中的文档’导出为PDF”命令，在打开的“导出”对话框中设置并导出，如图10-38所示。

(2) 导出整个书籍文件为PDF：单击“书籍”面板列表框中的空白位置，单击“展开菜单”按钮，在弹出的下拉菜单中选择“将‘书籍’导出为PDF”命令，在打开的“导出”对话框中设置并导出，如图10-39所示。

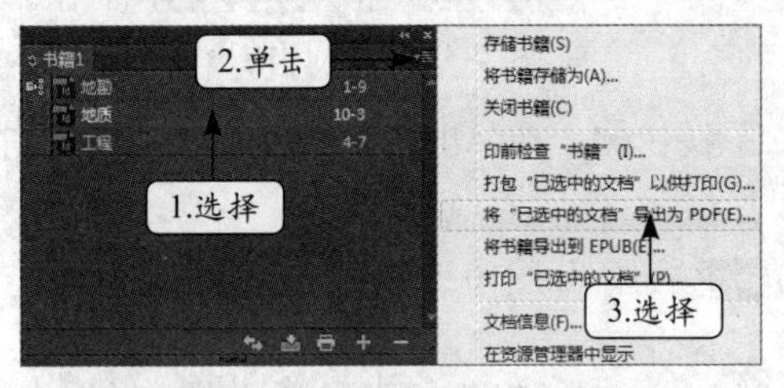

图10-38 导出单个文档为PDF

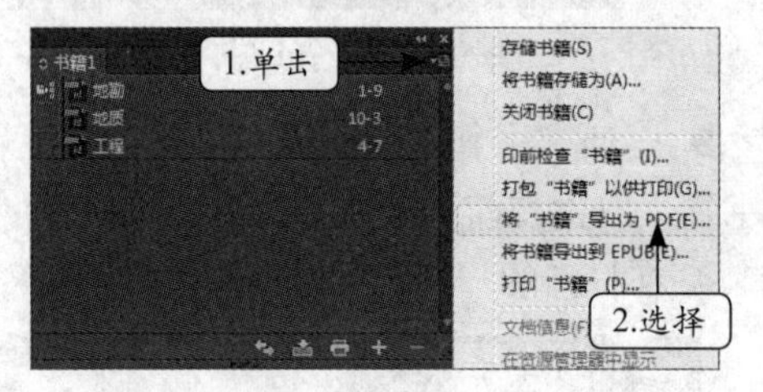

图10-39 导出整个书籍文件为PDF

2. 导出为EPUB

将书籍导出为EPUB文件时，只能将整个书籍文件一起导出，其方法为：在“书籍”面板中单击“展开菜单”按钮，在弹出的下拉菜单中选择“将书籍导出到EPUB”命令，打开“EPUB导出选项”对话框，在其中设置导出参数即可，如图10-40所示。该对话框中的部分参数作用分别如下。

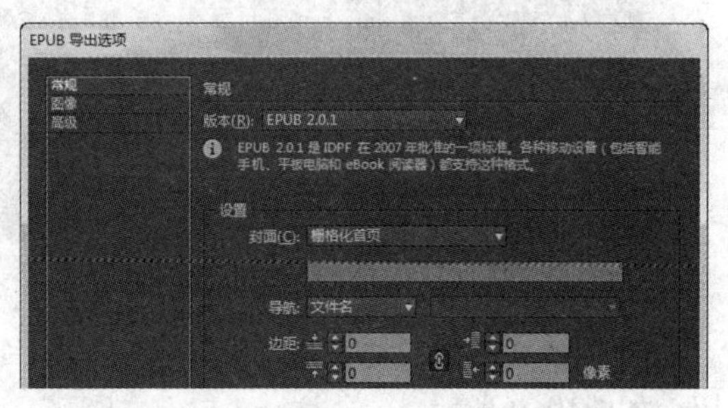

图10-40 “EPUB导出选项”对话框

- 常规：在其中可对导出的EPUB文件进行各种基本设置，包括导出的版本、封面、边距等。
- 图像：在其中可设置图像的分辨率、大小、图像格式、对齐方式以及间距大小等。
- 高级：在其中可设置拆分文档的方式和发布者名称等。

10.4 书籍页码的编排

在书籍中添加的文档会自动按顺序排列页码，页码范围出现在各个文档选项文件名的后面。若想对页码进行重新编辑，则可在“书籍”面板中进行。

10.4.1 书籍页码选项

在“书籍”面板中单击“展开菜单”按钮，在弹出的下拉菜单中选择“书籍页码选项”命令，打开“书籍页码选项”对话框，如图10-41所示。其中部分参数的作用分别如下。

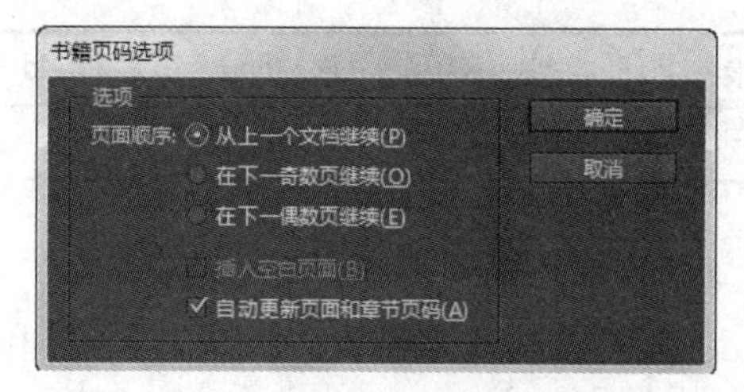

图10-41　“书籍页码选项”对话框

从上一个文档继续：是指文档页码按顺序连续编排，如上一个文档为29页，则下一个文档的第一页将被编排为30页。

在下一奇数页继续：是指文档在下一个奇数页开始编排，如上一个文档为29页，则下一个文档的第一页将被编排为31页。

插入空白页面：选中“在下一奇数页继续”或“在下一偶数页继续”单选项后，该复选框为可选状态。若同时选中“在下一奇数页继续”单选项和“插入空白页面”复选框，则会在以奇数页结束的文档的最后一页插入一页空白页面构成连续的页面排列。

10.4.2　书籍文档编号选项

Indesign允许为某一个文档重新定义起始页码，还可编辑文档编号的样式，其方法为：在“书籍”面板中的列表框中双击文档选项后面的数字，打开“文档编号选项”对话框，在其中便可对起始页码、页码样式等参数进行设置，如图10-42所示。

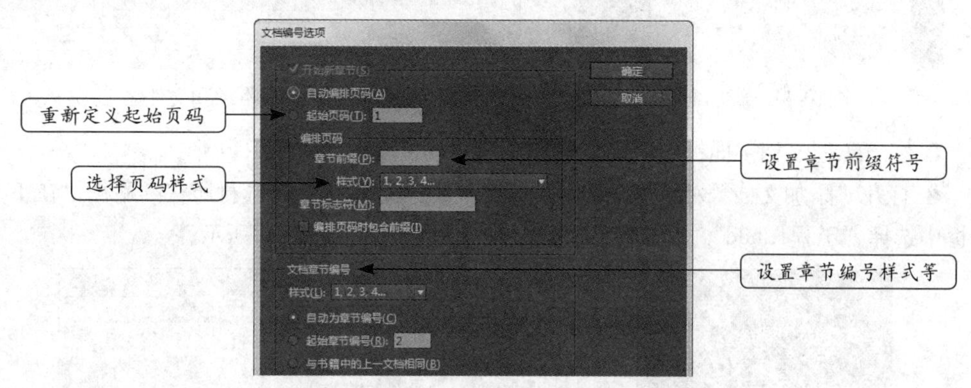

图10-42　“文档编号选项”对话框

10.5　上机实训——制作“工程文档”书籍

下面通过制作“工程文档”书籍综合练习本章介绍的部分知识，最终效果如图10-43所示。

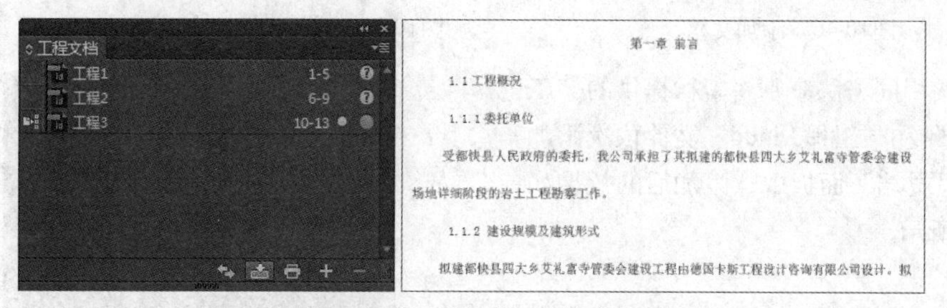

图10-43　“工程文档”书籍的效果

素材文件：素材\第10章\工程1.indd、工程2.indd……	效果文件：效果\第10章\工程文档.indb
视频文件：视频\第10章\10-5.swf	操作重点：创建和存储书籍、同步文档……

1. 为书籍添加文档

下面将新建一个书籍，然后在该书籍中添加3个文档。

1 启动Indesign，选择【文件】/【新建】/【书籍】菜单命令，如图10-44所示。

2 打开“新建书籍”对话框，在“路径”下拉列表框中选择保存路径，在“文件名”下拉列表框中输入“工程文档”，单击 保存(S) 按钮，如图10-45所示。

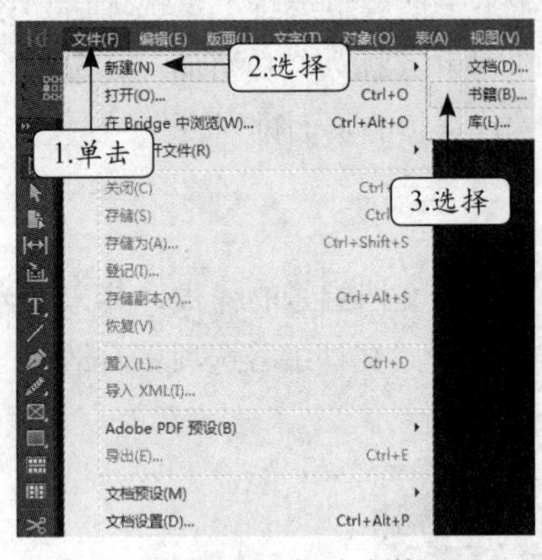

图10-44　新建书籍

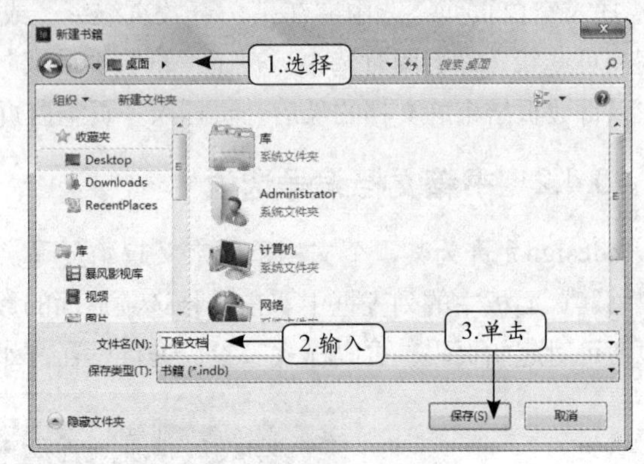

图10-45　设置路径和文件名

3 在“工程文档”面板中单击“添加文档”按钮 + ，如图10-46所示。

4 打开“添加文档”对话框，在“路径”下拉列表框中选择素材所在的路径，在下方列表框中选择“工程1.indd”文件选项，单击 打开(O) 按钮，如图10-47所示。

图10-46　添加文档

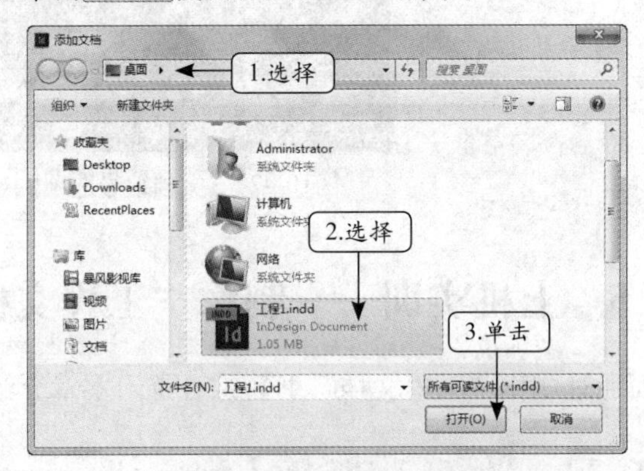

图10-47　选择路径和文件

5 按相同方法分别将素材提供的“工程2.indd”和“工程3.indd”文件依次添加到“工程文档”面板中，添加后的效果如图10-48所示。

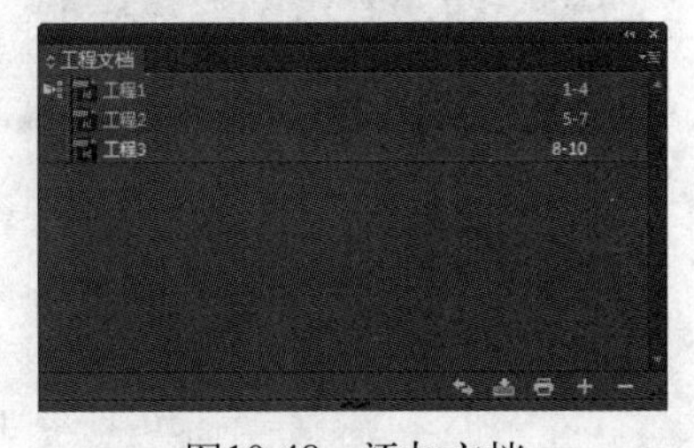

图10-48　添加文档

2. 印前检查书籍文件

下面将对导入的3个文档统一进行印前检查，并对发生错误的地方进行修改。

1 在“工程文档”面板的列表框中单击空白位置，再单击“展开菜单”按钮，在弹出的下拉菜单中选择“印前检查‘书籍’”命令，如图10-49所示。

2 打开“印前检查书籍选项”对话框，单击 印前检查 按钮，如图10-50所示。

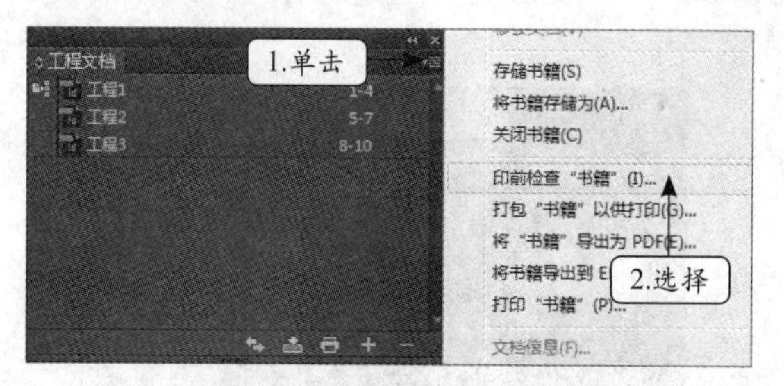

图10-49　选择印前检查书籍

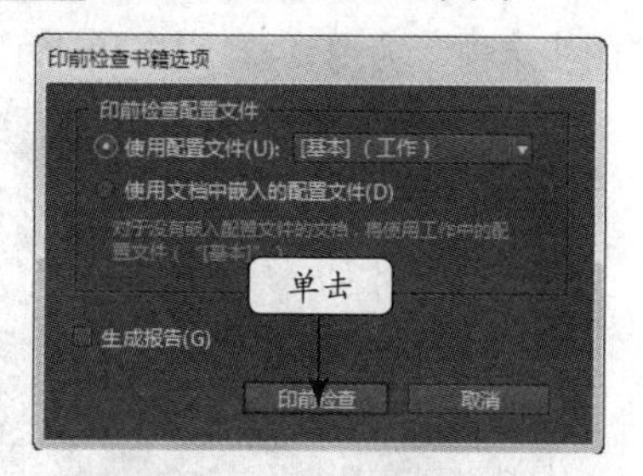

图10-50　确认印前检查

3 返回“工程文档”面板，双击列表框中的“工程3”选项的名称，如图10-51所示。

4 在打开“工程3”文本档的同时打开“缺失字体”对话框，单击 查找字体(F)... 按钮，如图10-52所示。

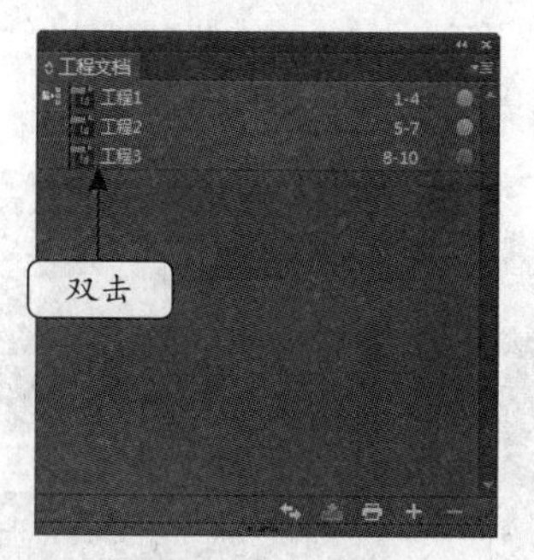

图10-51　修正文档

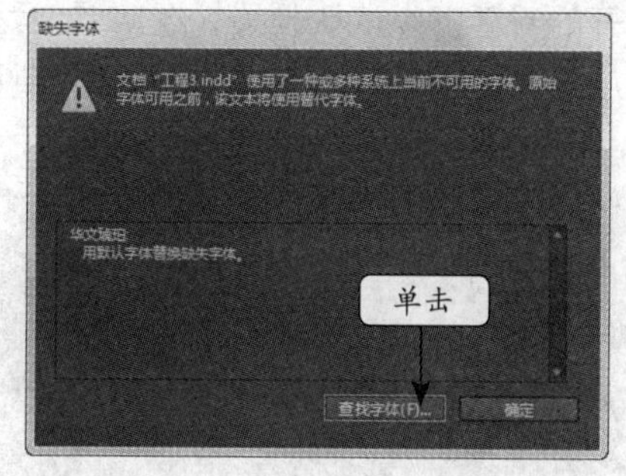

图10-52　查找字体

5 打开“查找字体”对话框，在“文档中的字体”列表框中选择“华文琥珀”选项，在“字体系列”下拉列表框中选择“方正中等线简体”选项，单击 全部更改(A) 按钮，再确认设置，如图10-53所示。

6 设置完成后的效果如图10-54所示。

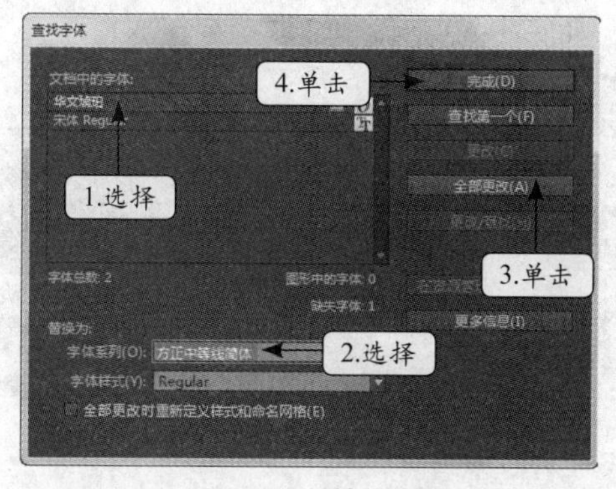

图10-53　替换字体

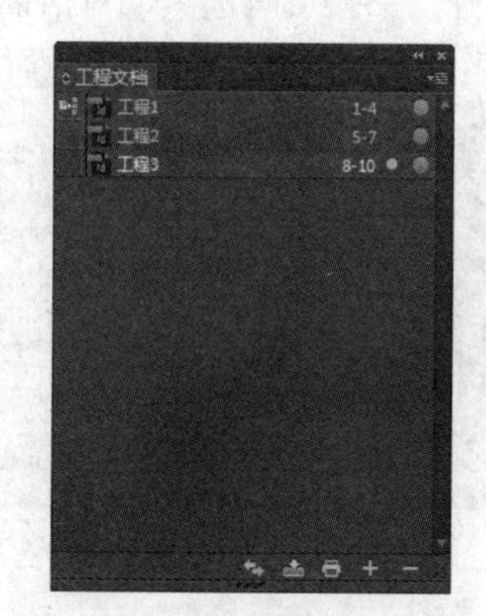

图10-54　完成印前检查后效果

3. 同步更新文档

下面将“工程3”文档中应用的主页格式同步更新到“工程2”中使用。

1 在“工程文档”面板中，单击列表框中“工程3”选项前面的■标记，如图10-55所示。

2 在列表框中选择“工程2”选项，单击“展开菜单”按钮，在弹出的下拉菜单中选择“同步选项”命令，如图10-56所示。

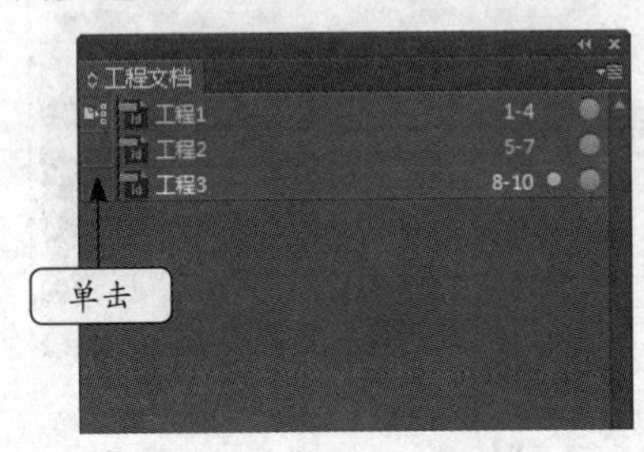

图10-55 指定样式源文档

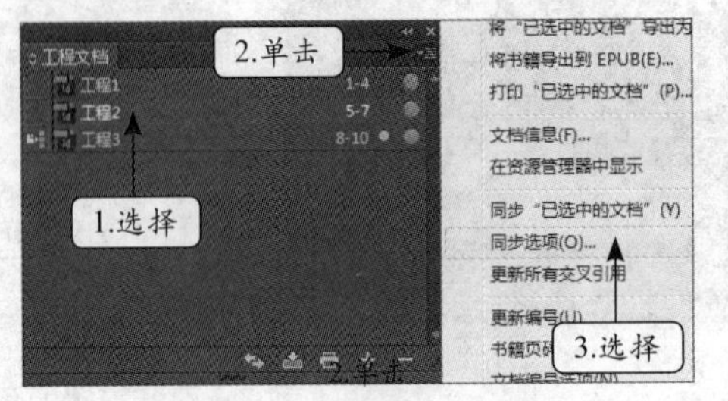

图10-56 选择同步选项

3 打开“同步选项”对话框，选中“主页”复选框，单击 同步(S) 按钮，如图10-57所示。

4 在打开的对话框中确认设置，返回“工程文档”面板，在列表框中选择“工程1”选项，单击下方的“使用‘样式源’同步样式和色板”按钮，如图10-58所示。

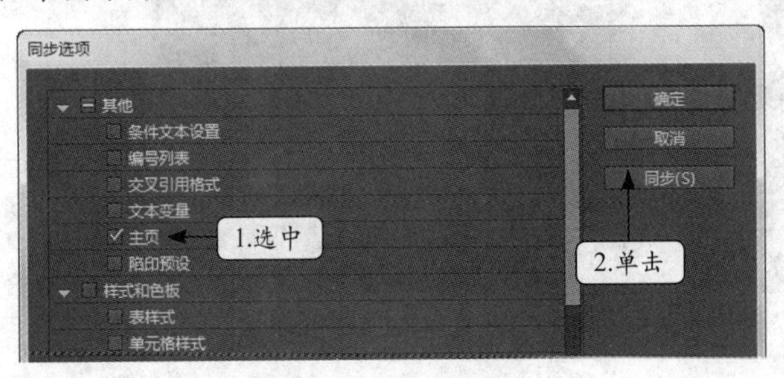

图10-57 设置同步主页

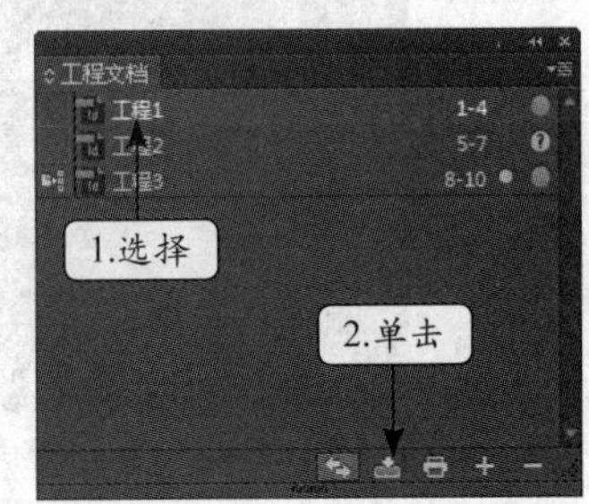

图10-58 同步文档

5 单击列表框的空白处，然后单击“展开菜单”按钮，在弹出的下拉菜单中选择“书籍页码选项”命令，如图10-59所示。

6 打开“书籍页码选项”对话框，选中“在下一偶数页继续”单选项，然后选中“插入空白页面”复选框，单击 确定 按钮，如图10-60所示。

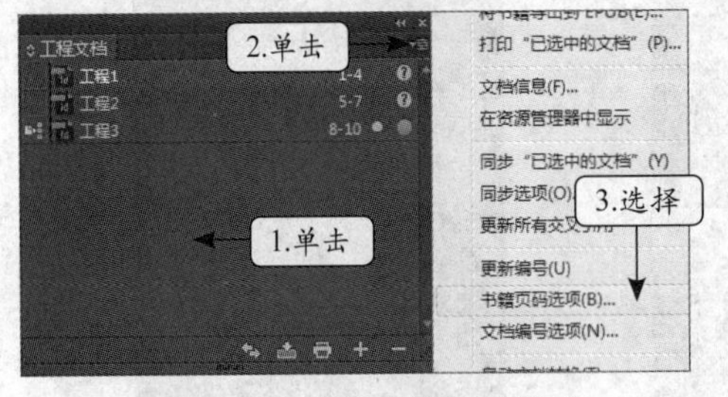

图10-59 选择书籍页码选项

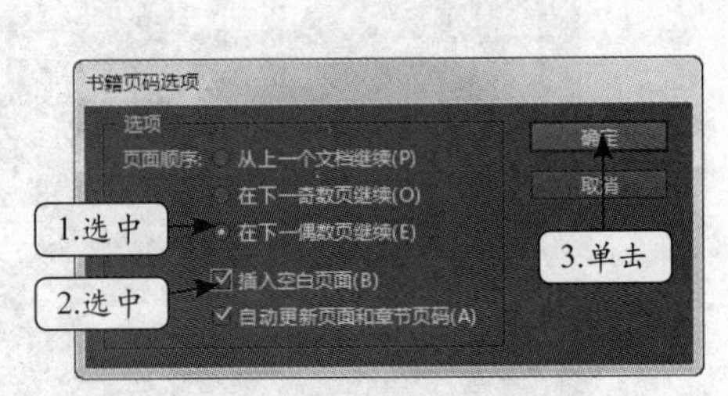

图10-60 设置页码选项

7 返回“工程文档”面板，单击“存储书籍”按钮，如图10-61所示。

8 再依次双击“工程2”和“工程1”的名称，如图10-62所示，以查看其文档，最终“工程文档”书籍面板效果如图10-43所示。

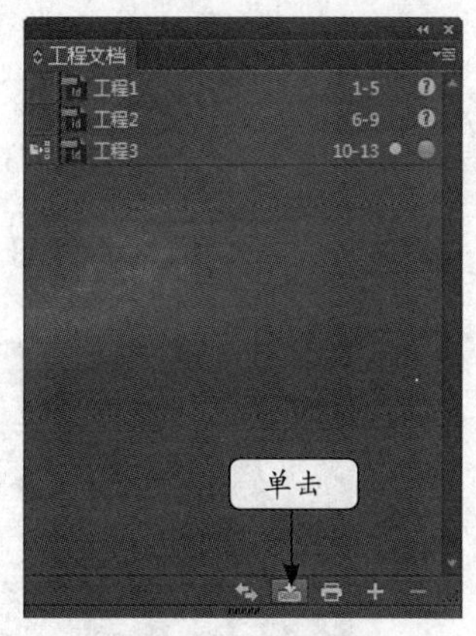

图10-61　存储书籍

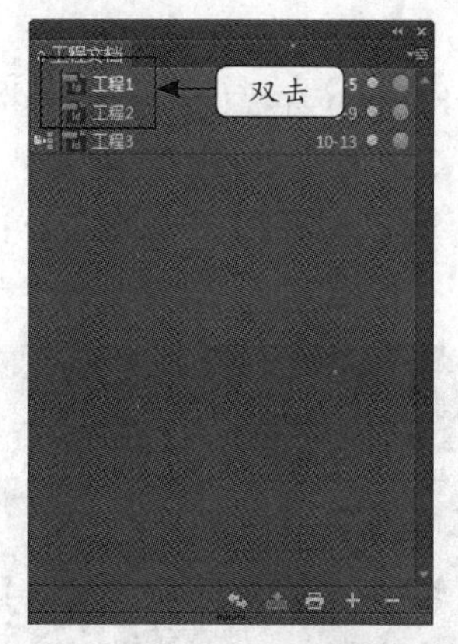

图10-62　双击文档名称

10.6　本章小结

本章主要讲解了与书籍相关的各种操作，包括书籍的创建、关闭、存储与另存，在书籍中添加、替换、移除、调整和同步文档，书籍的印前检查、打包、打印和导出，以及书籍页码和编号的设置等内容。

在上述内容中，只需适当熟悉书籍的基本操作和书籍文档的各种管理操作，对于书籍的打印和输出等内容，了解熟悉即可。

10.7　疑难解答

1.问：如何查看当前文档中使用的全部字体？

答：选择【文件】/【查找字体】菜单命令，在打开的“查找字体”对话框中可查看当前文档所使用的全部字体，而且还能在此对话框中将字体进行替换。

2.问：一个Indesign文档就只能属于一个书籍文件吗？

答：不是。一个Indesign文档可以隶属于多个书籍文件，若原文档发生改变，那么多个书籍文件中的相关文档都将会发生相同的改变。

3.问：如何做好印刷品的输出设置？

答：Indesign可用原文件进行打印，也可用PDF进行打印，PDF格式是常用格式，便于在网络中进行传输。如果想随时修改输出文件的内容，则可将原文件、链接图、字体等文件一起打包再发送。

10.8　习题

1. 创建“环境保护课件.indb”书籍文档，将素材提供的Indesign文档添加到该书籍文档中（素材文件：素材\第10章\课后练习\01.indd、03.indd、04.indd），在书籍文档中打开

01.indd文档，将文档中的三页空白页删除后，再存储书籍文档并导出为PDF格式的文件，效果如图10-63所示（效果文件：效果\第10章\课后练习\环境保护课件.indb、环境保护课件.pdf）。

2. 打开素材“环境保护课件.indb”文件（素材文件：素材\第10章\课后练习\环境保护课件.indb），在书籍面板中将04文档替换为11文档，并将11文档拖动到01和03文档之间，印前检查该书籍文档，无错误后另存该书籍文档为“环境保护课件2.indb”并打包该书籍文档，效果如图10-64所示（效果文件：效果\第7章\课后练习\环境保护课件2.indd）。

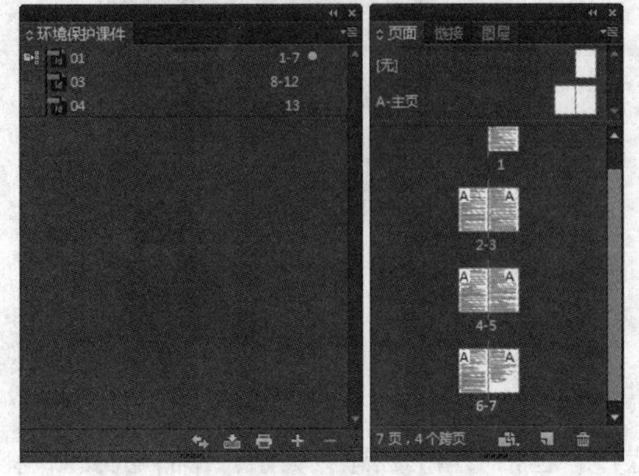

图10-63 环境保护课件

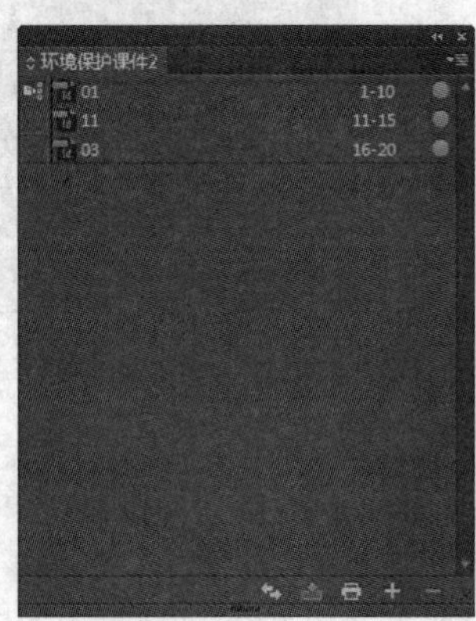

图10-64 环境保护课件2

第11章　综合案例——宣传海报制作

本章将通过宣传海报的制作，综合练习Indesign软件的使用，其中涉及的重点内容包括文本格式的设置、渐变颜色的应用、文本描边设置、图像的置入与效果阴影以及文本框的设置等内容。

学习要点

- 掌握海报效果图各制作环节的具体实现方法

案例目标

本案例将制作一个简单的宣传海报，最终效果如图11-1所示，此海报主要用于宣传游乐园新增的水上娱乐项目，其中将会应用实际拍摄的图片、绚丽的字体和优惠活动等广告语来达到良好的宣传效果。

图11-1　海报效果图

学习本案例时，除了熟悉并巩固相关知识的用法以外，还应根据当前季节为炎热的夏天，而水是冰凉的特点，将海报的背景设置为以蓝色为主，目的是让游客一看就觉得有种清凉的感觉。

素材文件：素材\第11章\水上项目.jpg、刺激.txt……	效果文件：效果\第11章\游乐园宣传海报.indd
视频文件：视频\第11章\11-1.swf、11-2.swf……	操作重点：文本、文本框、羽化、填色与描边、图像

案例分析

本案例的版面中包含了大量的文本效果，看上去相对较为繁杂，但事实上将这些文本综合来看，其制作过程主要包含文本、颜色、效果和吸管四大部分，各部分主要包含以下内容。

（1）文本：包括创建文本和更改字体字号，以及设置文本位置等操作。

（2）颜色：为文本以及背景设置颜色，包括渐变色的应用。

（3）效果：为对象设置特殊效果，包括定向羽化等。

（4）吸管：在本案例的文本中，有一些文本属性相同，可运用吸管工具吸取相同属性，再在需要的文本上释放属性，以提高制作效率。

了解整个海报主要应用的相关知识后，就可以按照海报背景、标题、宣传语和促销语的步骤来规划整个案例的制作流程。

（1）海报背景：此环节主要是确定整个海报纸张大小及背景的颜色和图像等。

（2）标题：设置清晰突出的标题，使海报想表达的主题能清晰明了地展现出来。

（3）宣传语：用于表达该海报的内容，在能详细说明意思的前提下，对宣传语的各种设置也需要吸引顾客的眼球。

（4）促销语：该部分主要制作对顾客带来的实惠，以达到吸引更多顾客的目的。

案例步骤

1.制作背景

下面首先按照海报常用的尺寸创建海报纸张大小，然后设置背景颜色和置入背景图像。

1 启动Indesign CC，按【Ctrl+N】键打开“新建文档”对话框，设置其“宽度”和“高度”分别为“500毫米”和“700毫米”，使用默认为“3毫米”的出血设置，单击 边距和分栏... 按钮，如图11-2所示。

2 打开“新建边距和分栏”对话框，设置“边距”栏的“上”为“40毫米”，单击 确定 按钮，如图11-3所示。

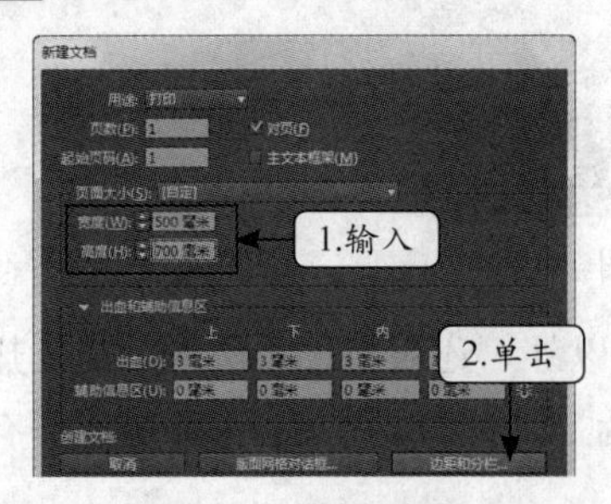

图11-2 设置页面

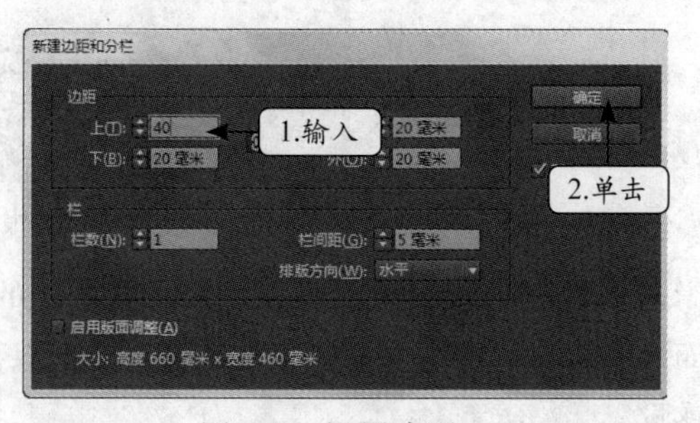

图11-3 设置边距

3 按【M】键切换到矩形工具，绘制一个比出血位稍大的矩形，如图11-4所示。

4 双击“渐变工具”按钮，在版面中单击鼠标应用渐变色，如图11-5所示。

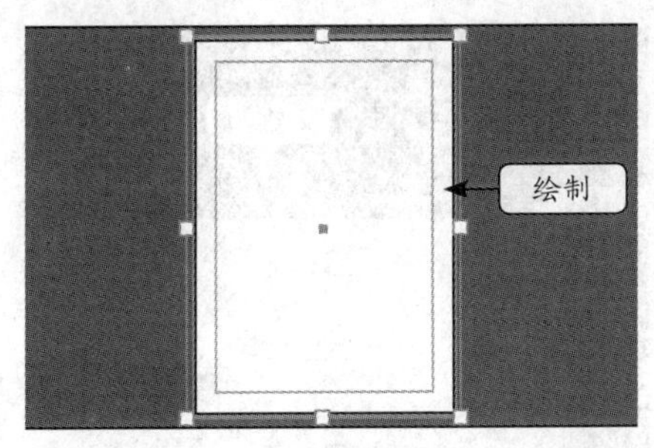

图11-4 绘制矩形

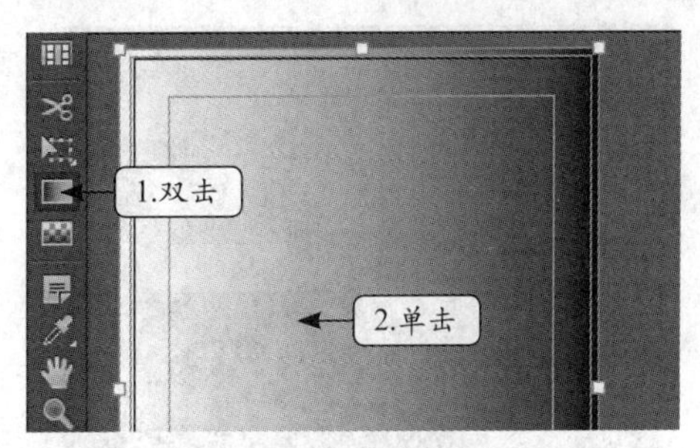

图11-5 应用渐变

5 在“渐变”面板中设置“角度”为“－60°”，再单击渐变条下方的“黑色”色标，如图11-6所示。

6 按【F6】键打开“颜色”色板，单击右上方的“展开菜单”按钮，在弹出的下拉菜单中选择“RGB”命令，如图11-7所示。

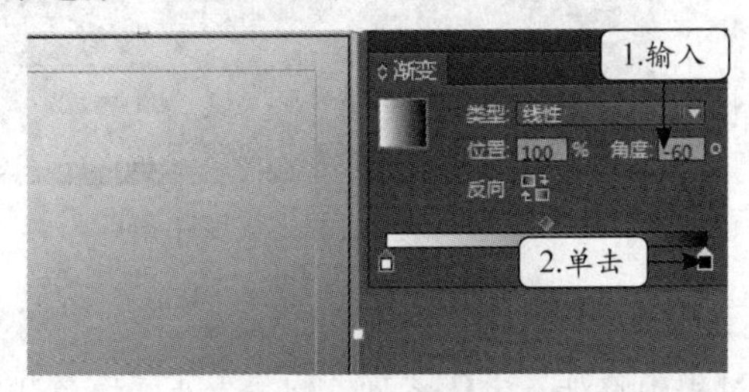

图11-6 设置渐变角度

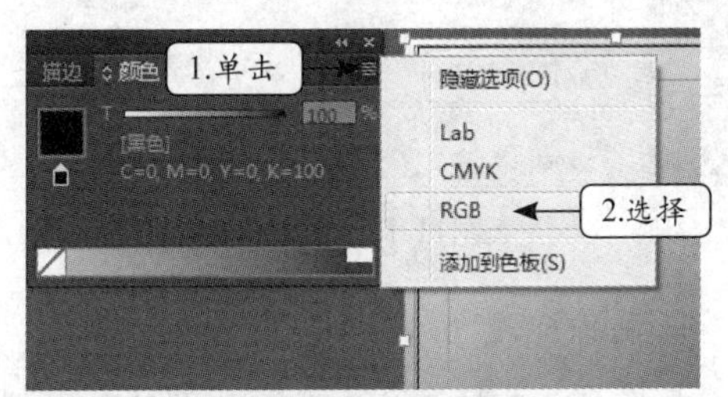

图11-7 选择颜色类型

7 在“颜色”面板中设置“R”、“G”、“B”分别为“0”、“100”、“165”，如图11-8所示。

8 在“渐变”面板中拖动渐变色条上方白色小方块到“25%”处，如图11-9所示。

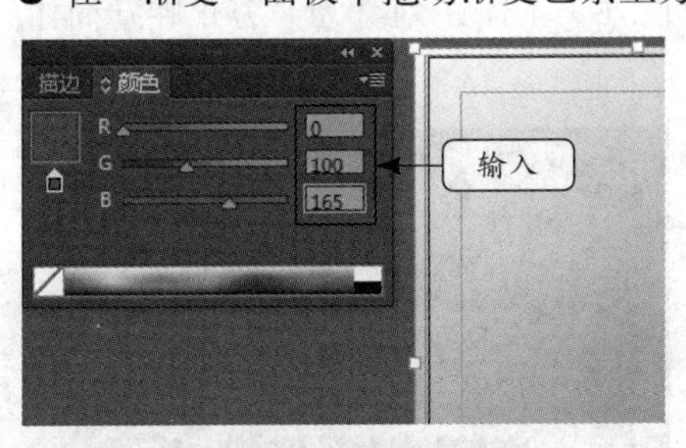

图11-8 设置渐变颜色

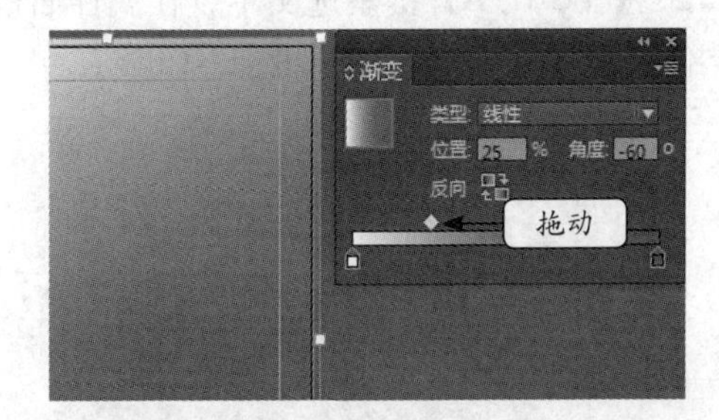

图11-9 设置渐变位置

9 按【Ctrl+L】键锁定渐变背景，置入素材提供的“水上项目.jpg”图像，按【Ctrl+Shift】键不放拖动鼠标等比例放大图像，使其“W”和“H”分别为“520毫米”和“345毫米”，如图11-10所示。

10 在属性面板中的“参考点”标记中单击左上角的标记，在“X”和“Y”数值框中分别输入为“－10毫米”和“362毫米”，如图11-11所示。

11 选择【对象】/【效果】/【基本羽化】菜单命令，如图11-12所示。

12 打开“效果”对话框，在“选项”栏中设置“羽化宽度”为“100毫米”，在“角点”下拉列表框中选择“锐化”选项，确认设置，如图11-13所示。

图11-10　放大图像

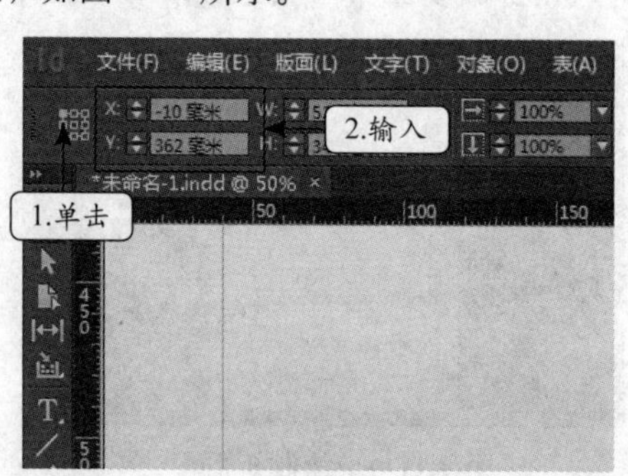

图11-11　设置图像位置

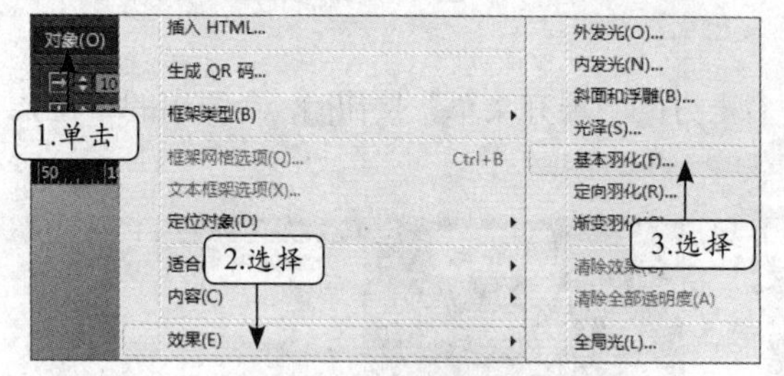

图11-12　选择基本羽化

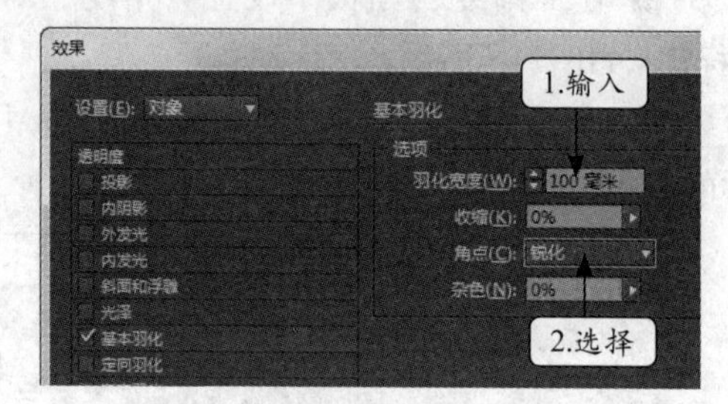

图11-13　设置羽化宽度和角点

2. 制作标题

标题分为主标题和副标题两部分，在制作过程中将涉及字体系列、字号大小、填色和描边等设置。

1 利用文字工具创建一个文本框，在创建好的文本框中输入“游乐园新增水上玩乐项目”文本，如图11-14所示。

2 按【Ctrl+A】键全选文本，在属性面板中设置“字体系列”为“方正胖娃简体”，“字体大小”为“96点”，如图11-15所示。

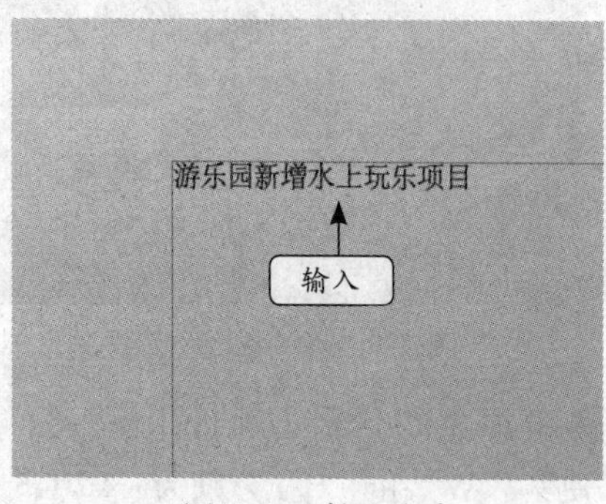

图11-14　输入文本

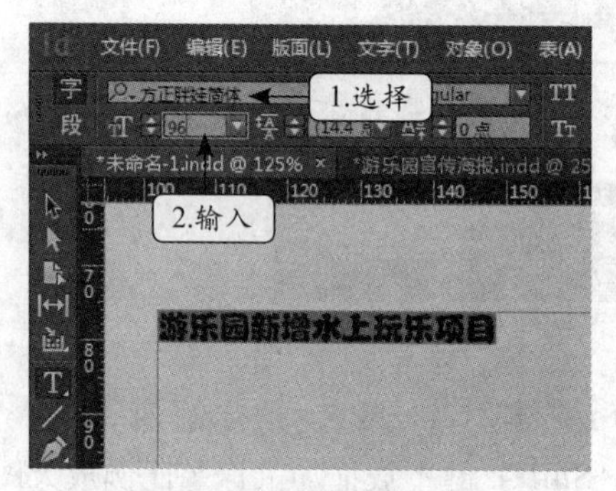

图11-15　设置字体和字号

3 在属性面板中单击“填色”按钮，在弹出的下拉列表中选择“C=0 M=0 Y=100 K=0”选项，如图11-16所示。

4 单击“描边”按钮，在弹出的下拉列表中选择“黑色”选项，如图11-17所示。

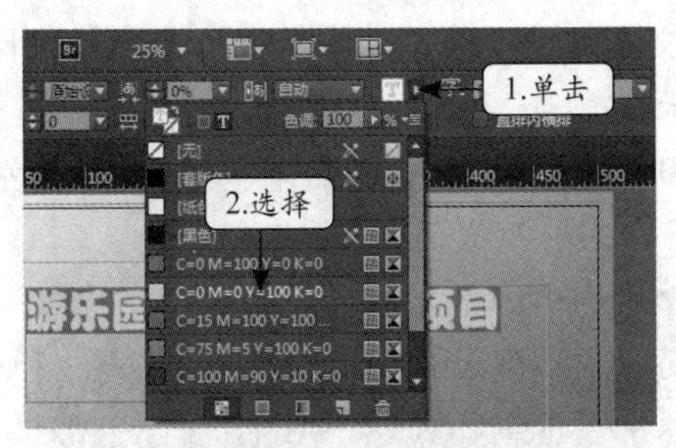

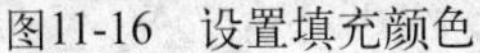
图11-16　设置填充颜色

图11-17　设置描边颜色

5 按【F10】键打开“描边”面板，在其中设置“粗细”为“6点”，如图11-18所示。

6 按【Ctrl+T】键打开“字符”面板，在其中设置“倾斜”为“10°”，如图11-19所示。

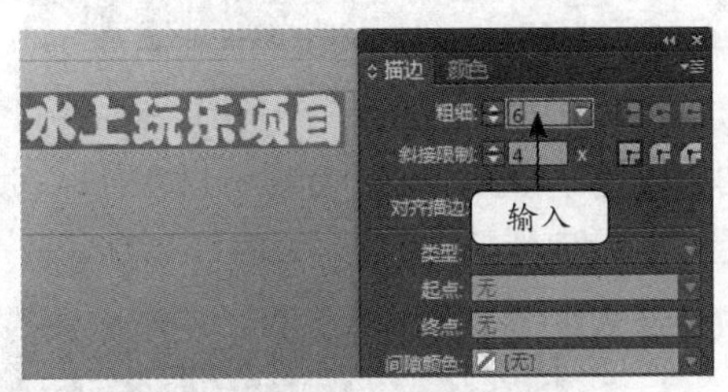

图11-18　设置描边粗细

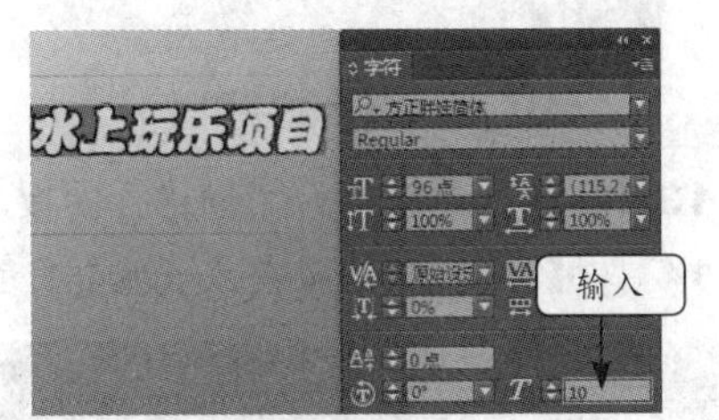

图11-19　设置字体倾斜度

7 按【Esc】键退出文本编辑状态，选择【对象】/【效果】/【投影】菜单命令，如图11-20所示。

8 打开“效果”对话框，在“位置”栏的“距离”数值框中输入“6”，确认设置，如图11-21所示。

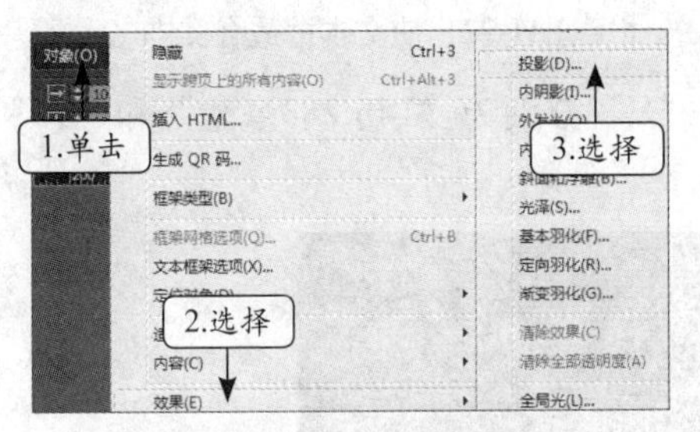

图11-20　选择投影

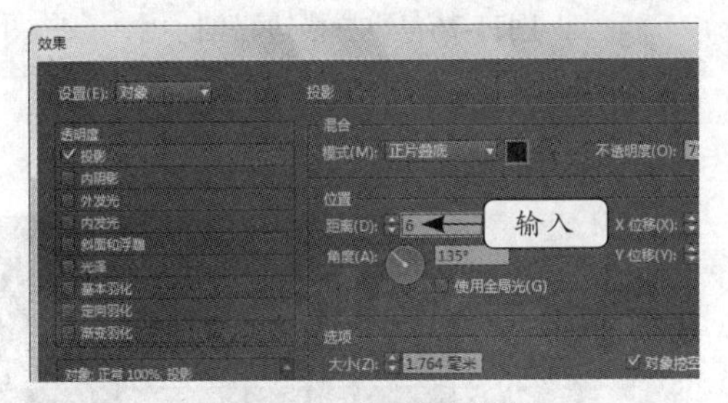

图11-21　设置投影距离

9 将鼠标指针移动到文本框右下角□处，当鼠标指针变为状态时双击鼠标，如图11-22所示。

10 在属性面板中的“X”、“Y”数值框中分别输入“64”、“40”，如图11-23所示。

图11-22　使文本框适合文本

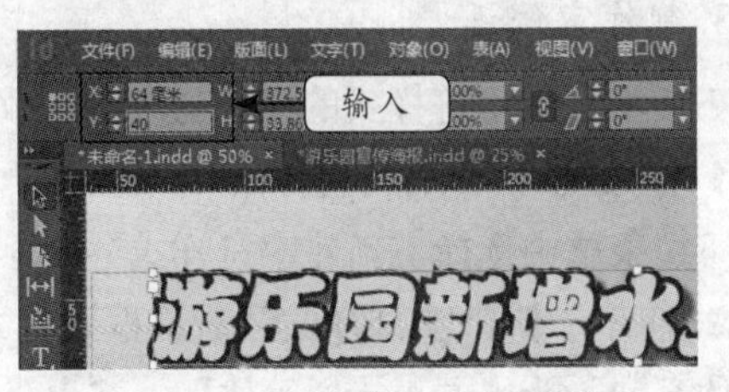

图11-23　设置文本框位置

11 创建文本“清凉夏日等你来”，全选文本，设置其“字体系列”为“方正卡通简体”，“字体大小”为“84点”，如图11-24所示。

12 设置该文本的“填色”为“C=15 M=100 Y=100 K=0”，“描边”颜色为“纸色”，如图11-25所示。

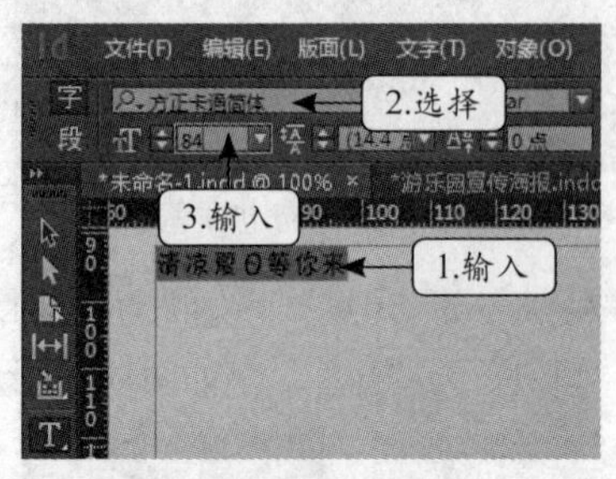

图11-24　设置字体和字号

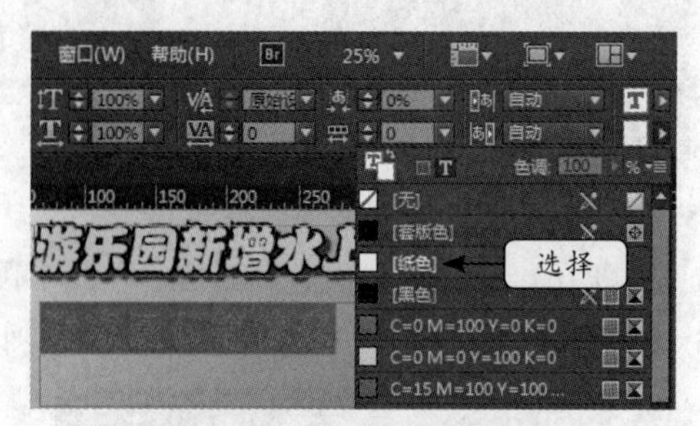

图11-25　设置填色和描边

13 按【F10】键打开“描边”面板，在其中设置“粗细”为“5点”，如图11-26所示。

14 按【Esc】键，双击“清凉夏日等你来”文本框右下角□处，如图11-27所示。

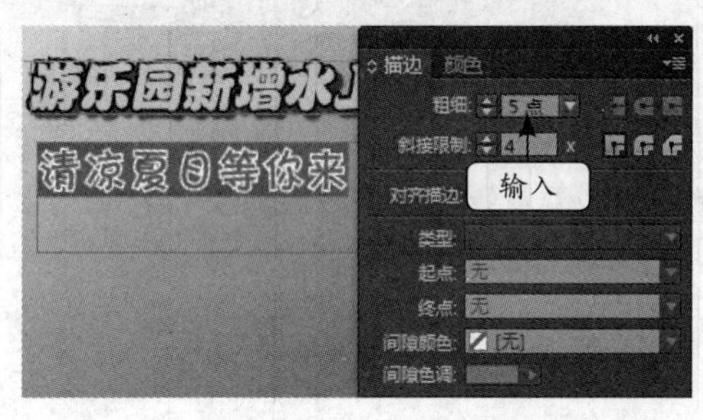

图11-26　设置描边粗细

图11-27　使文本框适合文本

15 在属性面板中设置该文本框的“X”、“Y”分别为“146.283毫米”和“92”毫米，如图11-28所示。

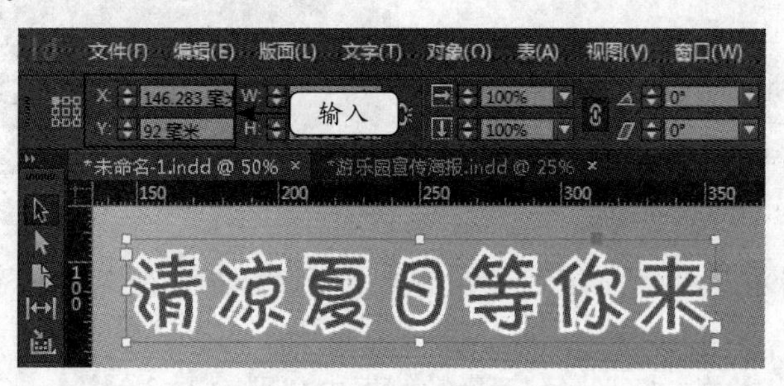

图11-28　设置文本框位置

3. 制作宣传语

下面将利用字符样式的设置与应用、效果的运用等操作来创建宣传语内容。

1 按【Shift+F11】键打开“字符样式”面板，单击右上方的“展开菜单”按钮，在弹出的下拉菜单中选择“新建字符样式”命令，如图11-29所示。

2 打开“新建字符样式”对话框，在左侧列表框中选择“基本字符格式”选项，设置“字体系列”为“方正卡通简体”，“大小”为“60点”，如图11-30所示。

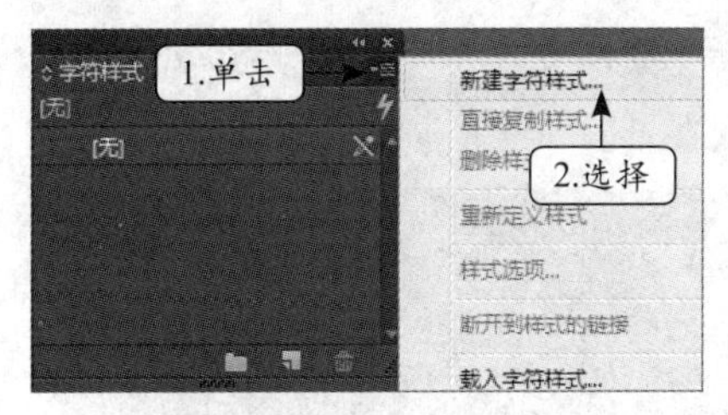

图11-29　新建字符样式

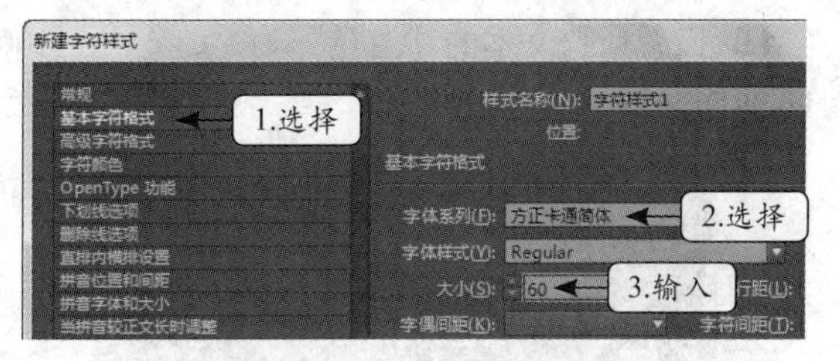

图11-30　设置字体和字号

3 在左侧列表框中选择“字符颜色”选项，并将其设置为“纸色”，如图11-31所示。

4 选择左侧列表框中的“分行缩排设置”选项，选中“分行缩排”复选框，设置“行”为“2”、“分行缩排大小”为“70%”，“行距”为“10点”，“对齐方式”为“自动”，确认设置，如图11-32所示。

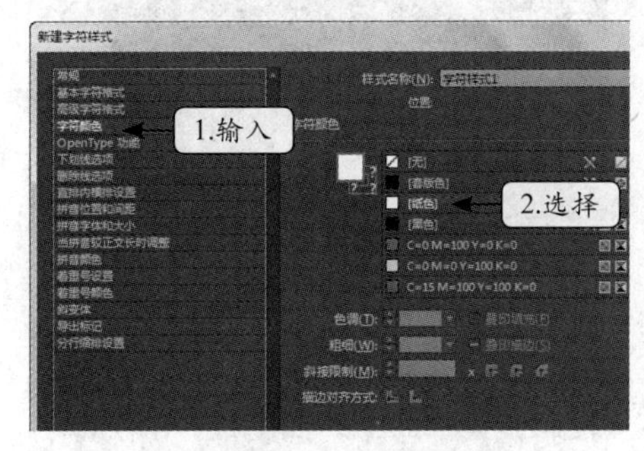

图11-31　设置颜色

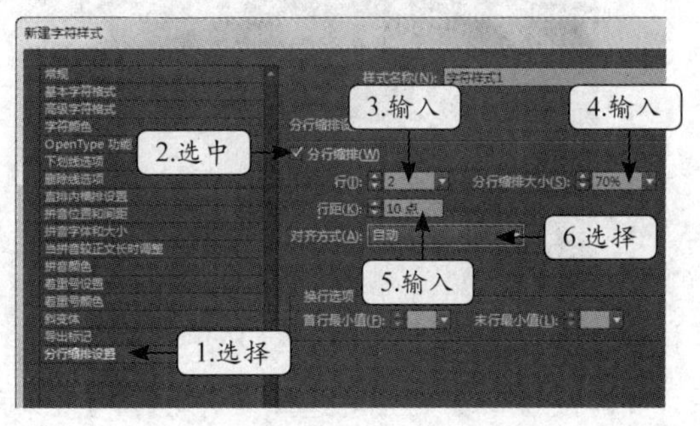

图11-32　设置分行缩排属性

5 置入素材提供的“刺激.txt”文档，然后选择“字符样式”面板中的“字符样式1”选项，如图11-33所示。

6 按【Esc】键后，双击文本框右下角□控制点，使其文本框适合文本内容，并设置其“X”、“Y”分别为“197毫米”和“182毫米”，如图11-34所示。

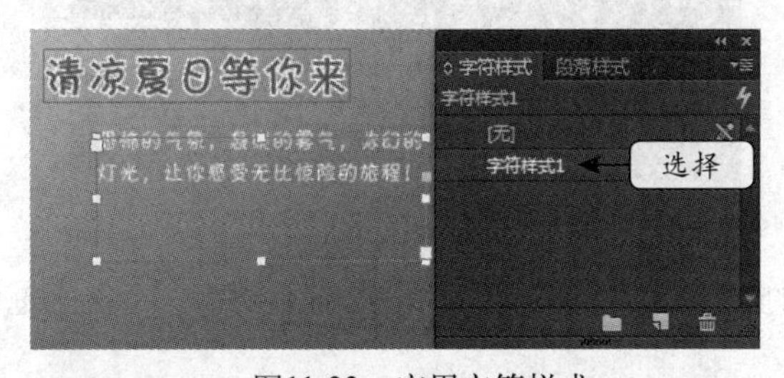

图11-33　应用字符样式

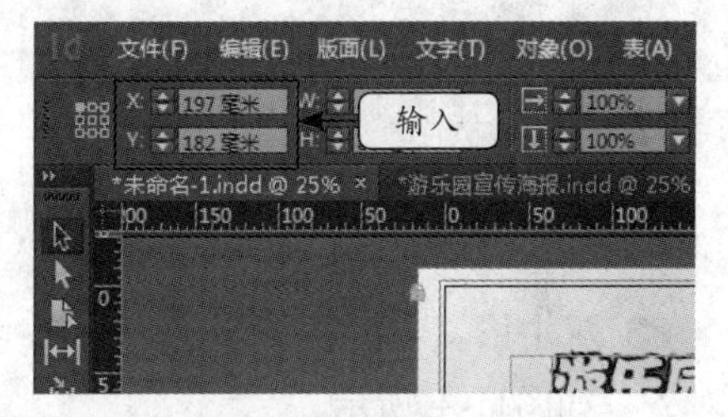

图11-34　设置文本框位置

7 在页面空白处单击鼠标，按上述方法置入素材提供的“清凉.txt”文档，并应用“字符样式1”字符样式，再使文本框适合文本内容，并设置其“X”、“Y”分别为“197毫米”和“246毫米”，如图11-35所示。

8 置入素材提供的“浪漫.txt”文档，为其应用“字符样式1”样式，然后使文本框适合文本内容，移动文本框，当出现3个文本框的垂直中线对齐、间距相等的智能参考线时，释放鼠标，如图11-36所示。

9 在版面空白处单击鼠标，然后创建文本“更刺激”，设置其“字体系列”为“方正少儿简体”，“字体大小”为“72点”，如图11-37所示。

10 设置所选文本的“填色”为“C=15 M=100 Y=100 K=0”，“色调”为“80%”，如图11-38所示。

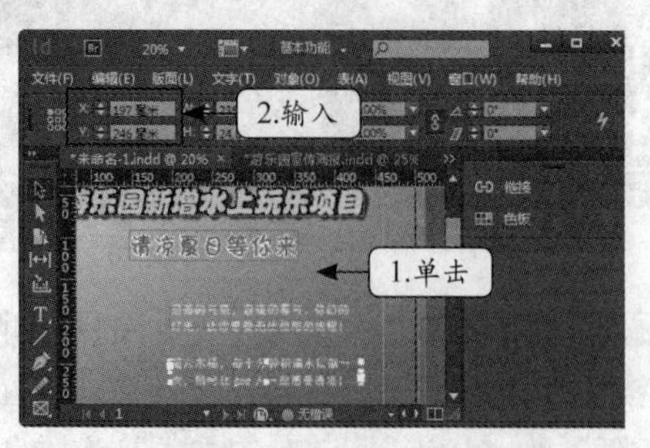

图11-35 设置文本框位置

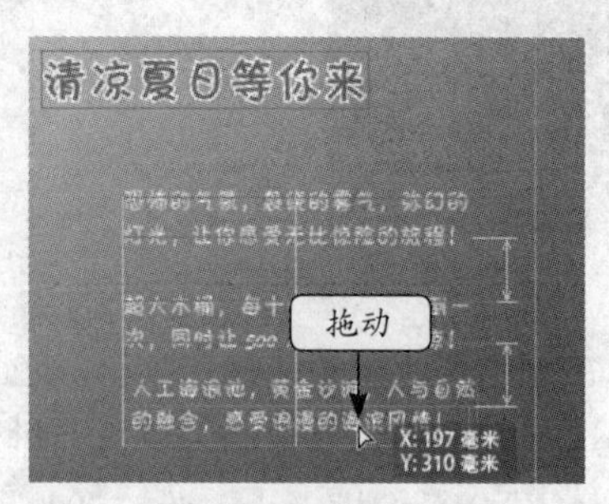

图11-36 移动文本框

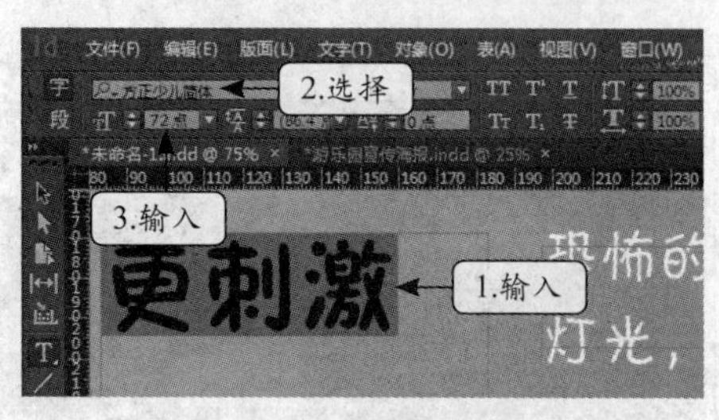

图11-37 设置字体和字号

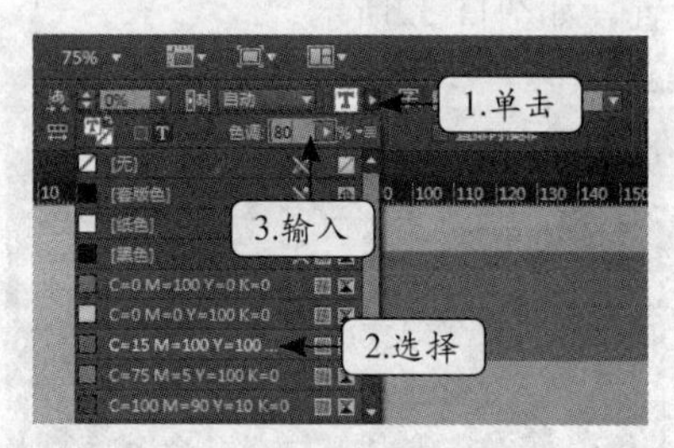

图11-38 设置填色

11 按【Esc】键后，选择【对象】/【效果】/【投影】菜单命令，如图11-39所示。

12 打开“效果”对话框，在其中设置“不透明度”为“100%”，“距离”为“2毫米”，确认设置，如图11-40所示。

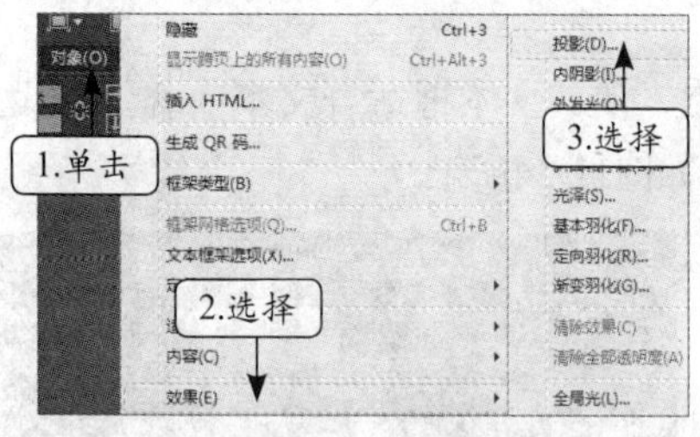

图11-39 设置投影

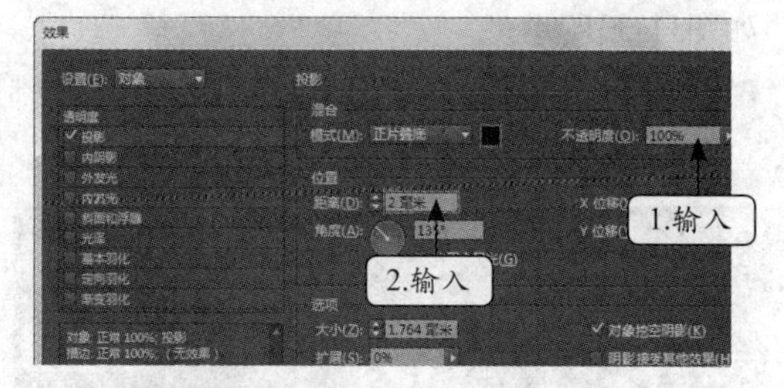

图11-40 设置不透明度和距离

13 双击该文本框右下角□控制点，拖动该文本框使其水平中线与右侧第一个文本框中线对齐，如图11-41所示。

14 设置该文本框的“X”为“79毫米”，如图11-42所示。

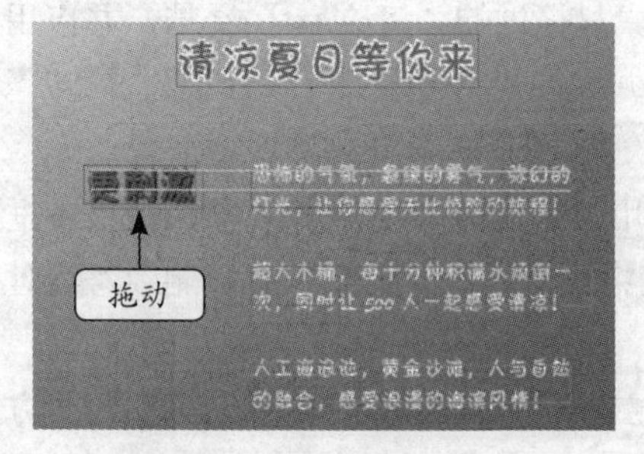

图11-41 移动文本框

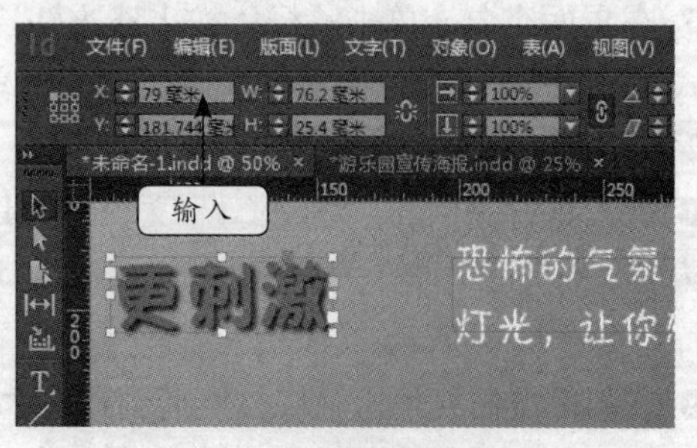

图11-42 设置文本框位置

15 创建文本“更清凉”，双击工具栏中的“吸管工具”按钮打开“吸管选项”对话框，选中所有复选框，单击 确定 按钮，如图11-43所示。

16 吸取“更刺激”文本属性，应用于“更清凉”文本，如图11-44所示。

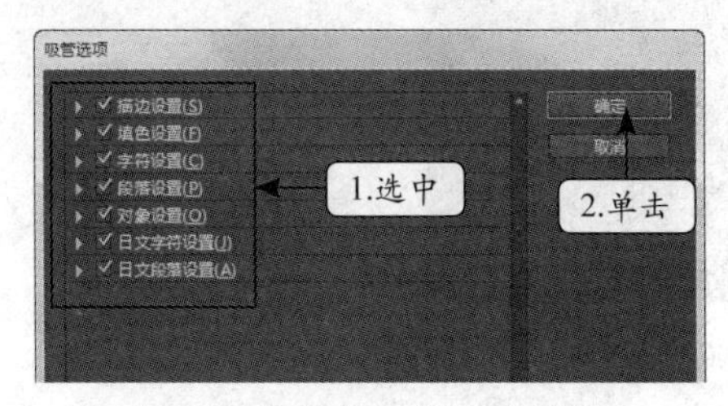

图11-43　设置吸管工具属性

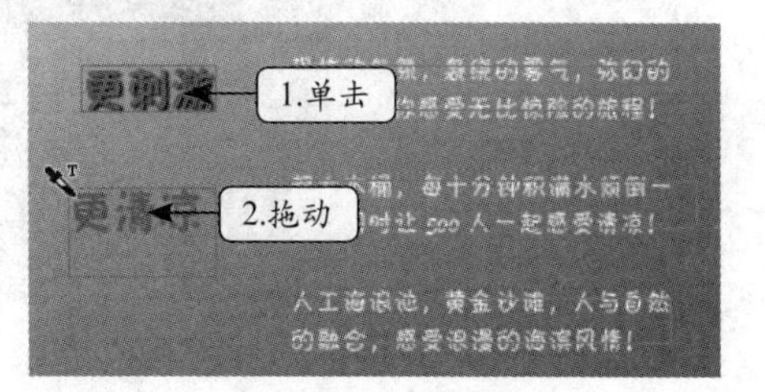

图11-44　应用文本属性

17 在版面以外空白处单击鼠标，使吸管处于未吸取任何属性的状态，单击“更刺激”文本所在的文本框边缘，再单击“更清凉”文本所在的文本框边缘，如图11-45所示。

18 全选“更清凉”文本，设置其“填色”为“C=75 M=5 Y=100 K=0”，如图11-46所示。

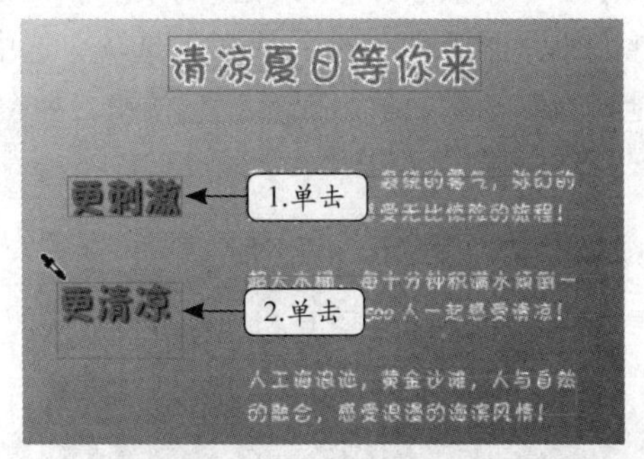

图11-45　应用对象属性

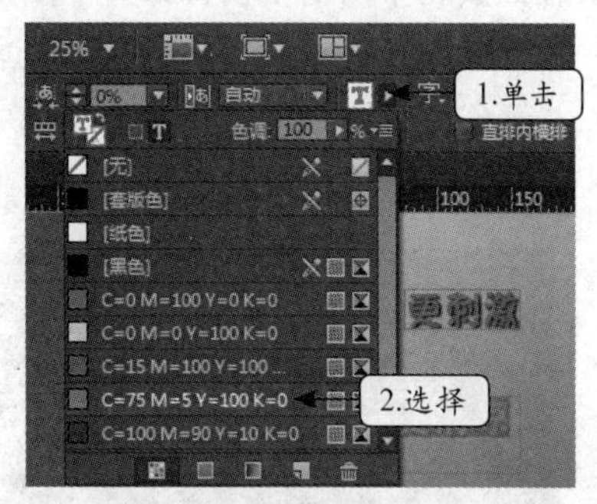

图11-46　设置颜色

19 按【Esc】键选择文本框，双击该文本框右下角□控制点，拖动文本框使其垂直方向中线与上面文本框对齐，水平方向中线与右侧文本框对齐，如图11-47所示。

20 创建文本“更浪漫”，按相同操作方法将上面文本框中的文本和对象属性应用于“更浪漫”文本，并设置其“填色”为“C=0 M=100 Y=0 K=0”，如图11-48所示。

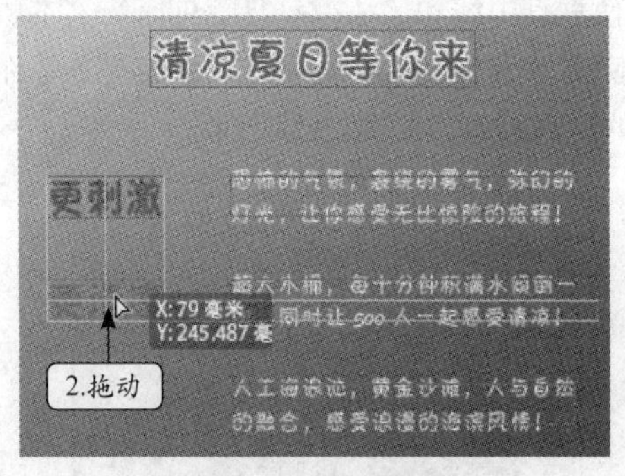

图11-47　移动文本框

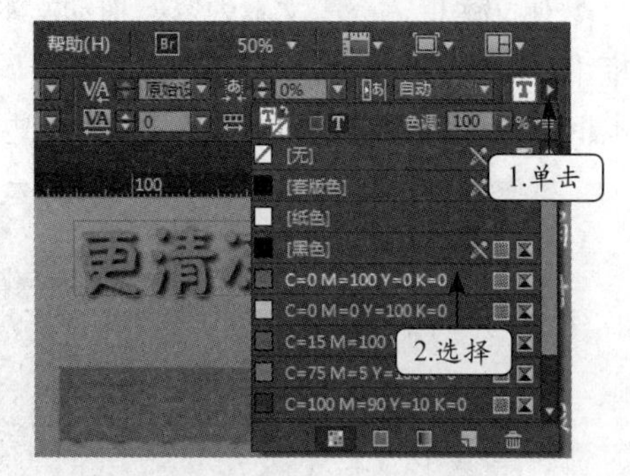

图11-48　填充颜色

21 按【Esc】键选择文本框，双击该文本框右下角□控制点，拖动文本框使其垂直方向中线于上面文本框对齐，水平方向中线与右侧文本框对齐，如图11-49所示。

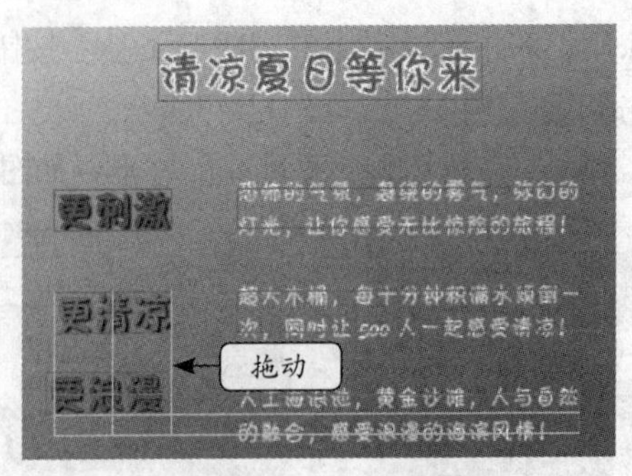

图11-49　移动文本框

4. 制作促销语

下面利用吸管工具、文本框和图形等对象来创建促销语内容。

1 选择图像所在的文本框，按【Ctrl+L】键将其锁定，然后创建文本“创世游乐园，来一下，你会发现更多！”，全选文本，设置其“字体大小”为“48点”，如图11-50所示。

2 在工具箱中双击“吸管工具”按钮，打开“吸管选项”对话框，单击“描边设置”前面三角形标记展开子菜单，选中“粗细”复选框，再展开“字符设置”选项，选中“字体”和“颜色和色调”复选框，取消选中其他所有复选框，单击 确定 按钮，如图11-51所示。

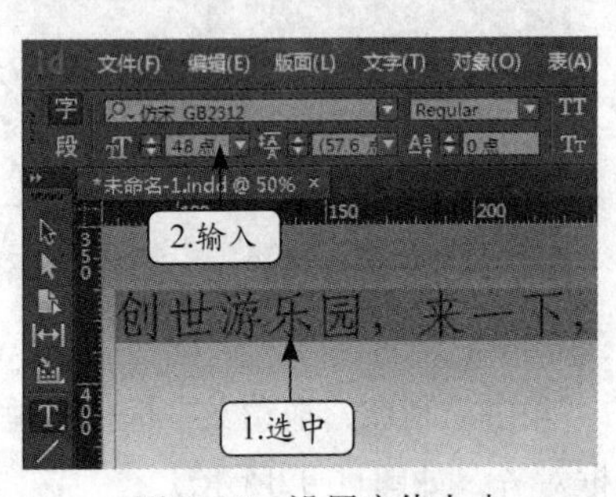

图11-50　设置字体大小

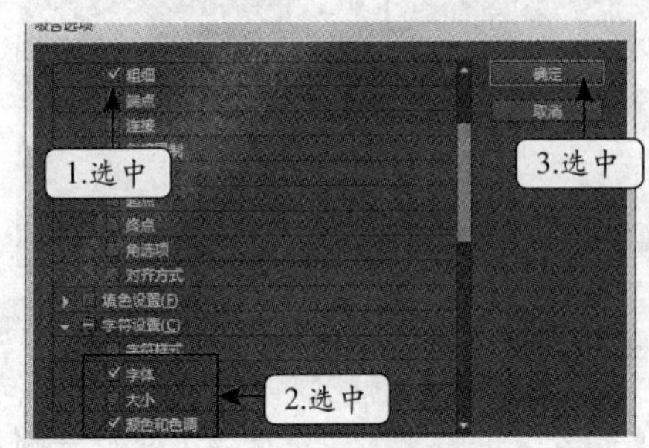

图11-51　设置吸管属性

3 吸取“游乐园新增水上玩乐项目”文本属性，并将其应用于该文本上，如图11-52所示。

4 使文本框适合于文本内容，拖动文本框使垂直中线和“清凉夏日等你来”文本所在文本框中线对齐，文本框上边缘到“更清凉”右侧文本框下边缘的距离与“清凉夏日等你来”文本框下边缘到“更清凉”右侧文本框上边缘的距离相等，如图11-53所示。

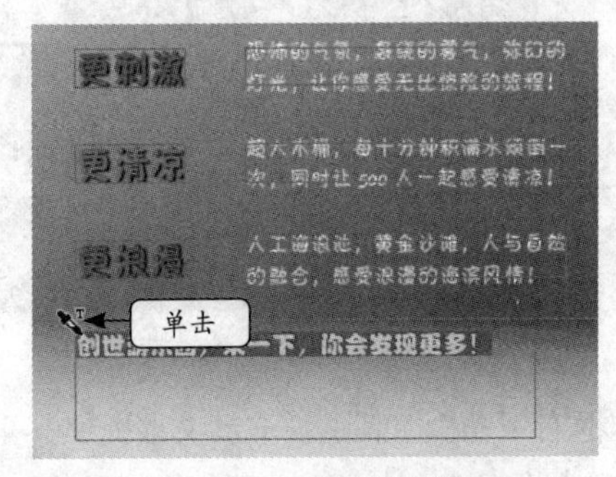

图11-52　应用属性

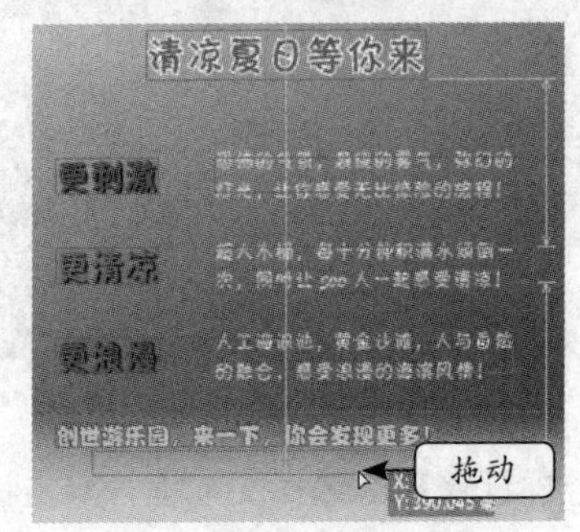

图11-53　移动文本框

5 绘制一个宽度与页面宽度相等的矩形文本框，输入“活动期间，可享受8折优惠，更有好礼相送！”文本，设置其“字体大小”为“60点”，如图11-54所示。

6 选择吸管工具，在上方文本框中单击文本，如图11-55所示。

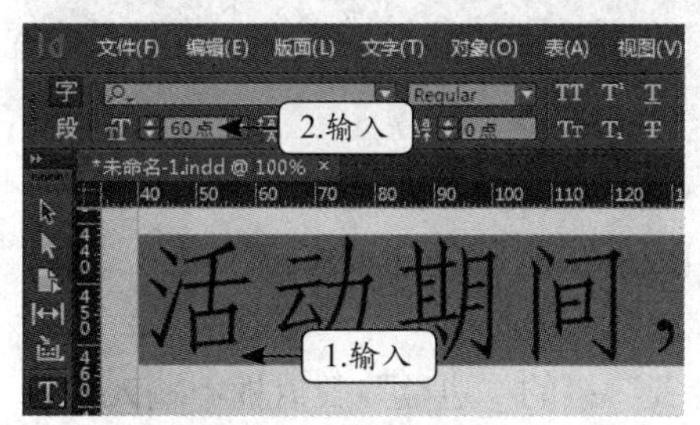

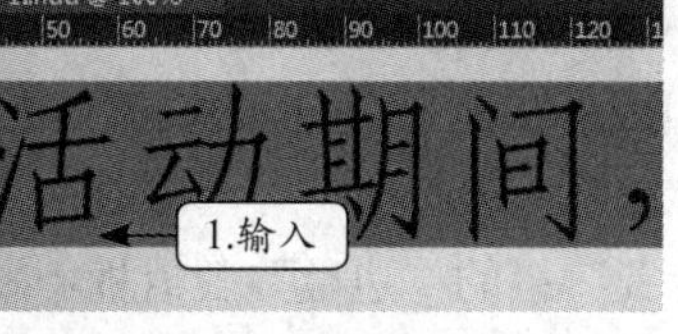

图11-54 设置字体大小

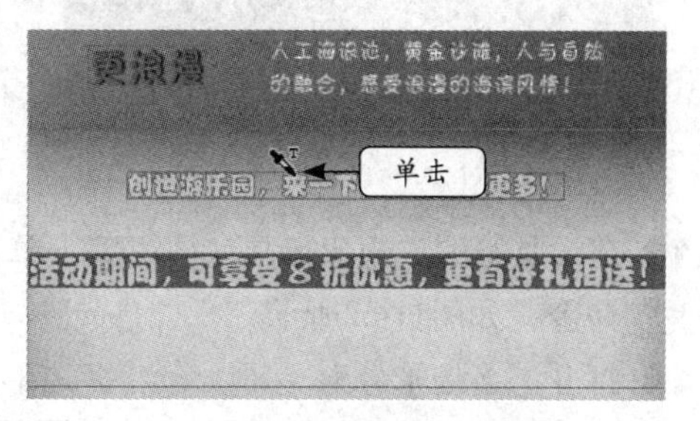

图11-55 应用文本属性

7 利用选择工具选择“活动期间，可享受8折优惠，更有好礼相送！”文本所在的文本框，然后选择【对象】/【角选项】菜单命令，如图11-56所示。

8 打开“角选项”对话框，设置“类型”为“圆角”，“度数”为“9毫米”，单击 确定 按钮，如图11-57所示。

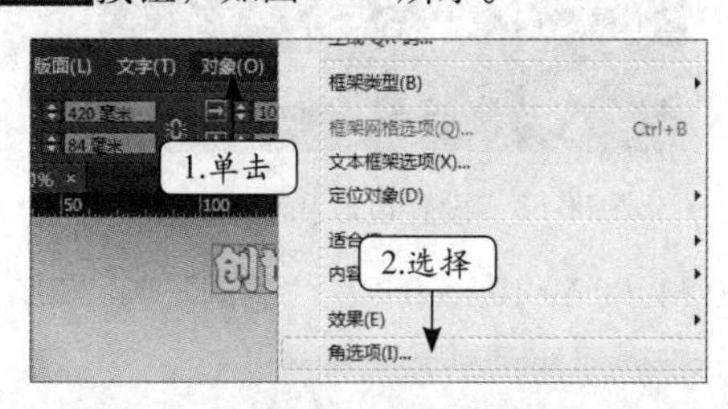

图11-56 选择角选项

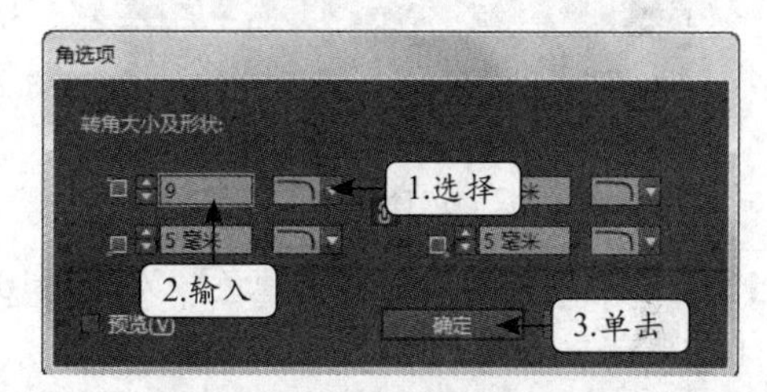

图11-57 设置类型和度数

9 设置该文本框“填色”为“C=15 M=100 Y=100 K=0”，“色调”为“75%”，如图11-58所示。

10 设置该文本框的“Y”为“416毫米”、“H”为“26毫米”，如图11-59所示。

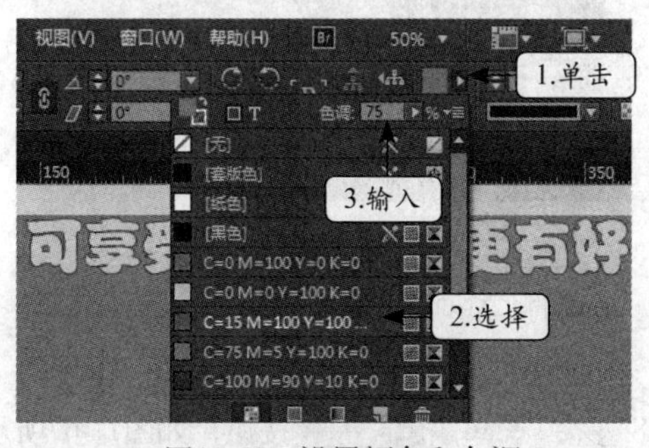

图11-58 设置颜色和色调

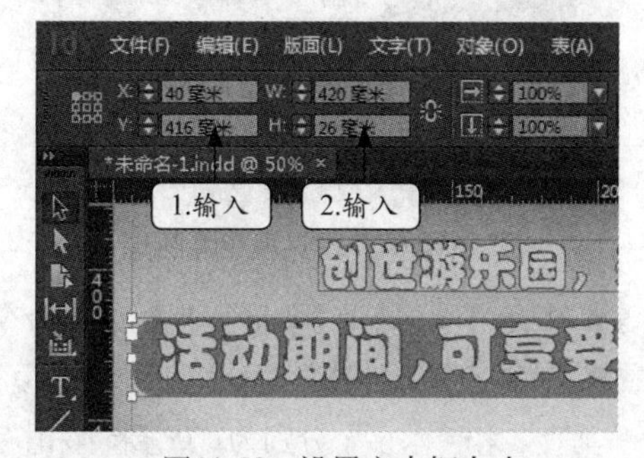

图11-59 设置文本框大小

11 在属性面板右侧单击“居中对齐”按钮，如图11-60所示。

12 选择“创世游乐园，来一下，你会发现更多！”文本所在的文本框，复制粘贴该文本框，然后删除文本内容重新输入“活动时间：5月20日—6月20日”文本，使该文本框适合文本内容，最后再拖动文本框到垂直中线对齐版面，同时使连续三个文本框的间距相等，如图11-61所示。

图11-60　设置对齐方式

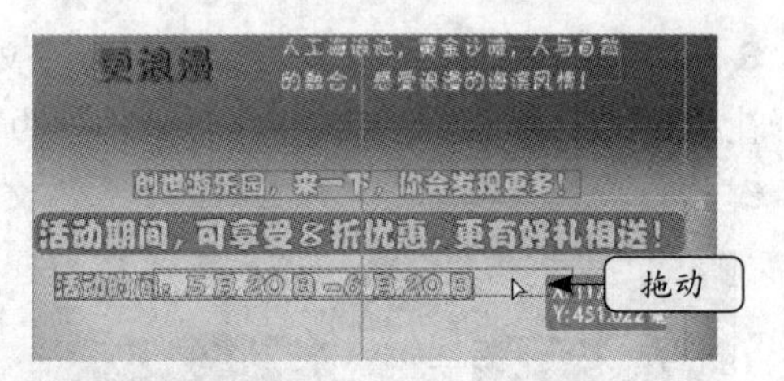

图11-61　移动文本框

13 在工具箱的“矩形工具”按钮上单击鼠标右键，在弹出的快捷列表中选择“多边形工具”命令，如图11-62所示。

14 打开“多边形”对话框，在“多边形设置”栏的“边数”数值框中输入“7”，在“星形内陷”数值框中输入“60”，单击 确定 按钮，如图11-63所示。

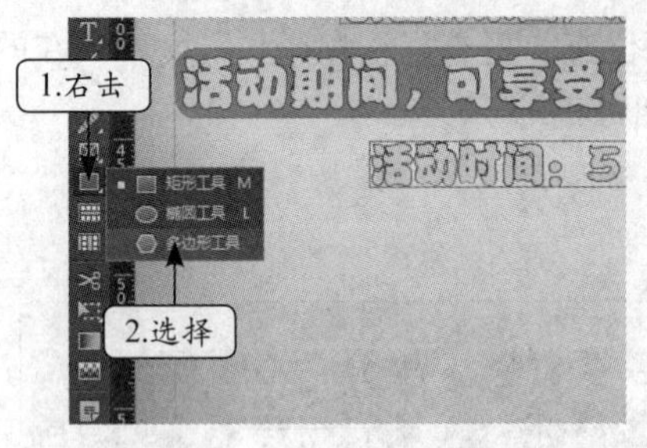

图11-62　选择多边形工具

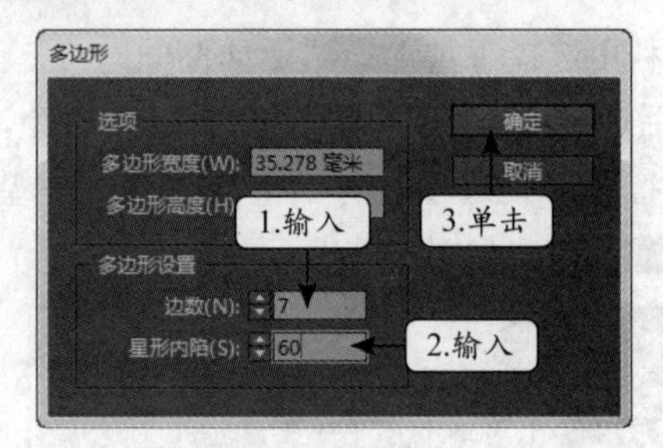

图11-63　设置边数和星形内陷

15 在属性面板中设置其“填色”为“C=100 M=90 Y=10 K=0”，“色调”为“70%”，如图11-64所示。

16 在属性面板中设置其描边为“无”，如图11-65所示。

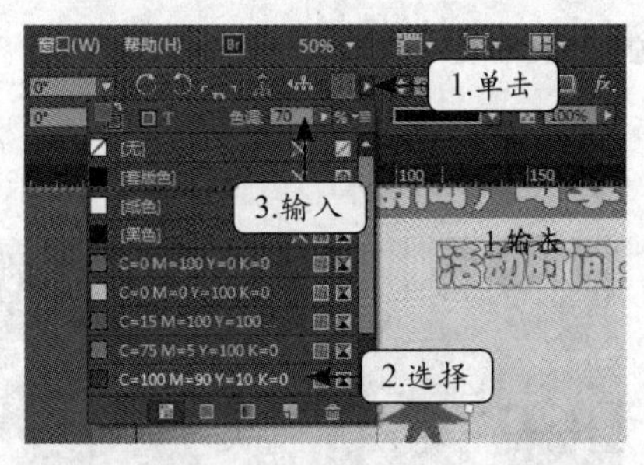

图11-64　设置填色和色调

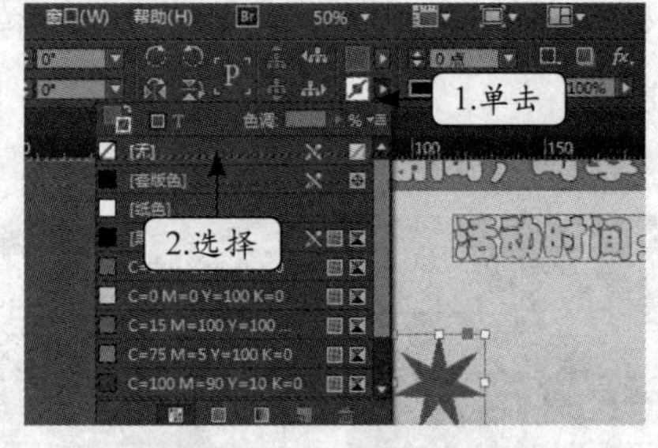

图11-65　设置描边

17 选择【编辑】/【多重复制】菜单命令，如图11-66所示。

18 打开“多重复制”对话框，在“重复”栏中设置“计数”为“15”，在“位移”栏中设置“垂直”和“水平”分别为“0毫米”和“18毫米”，单击 确定 按钮，如图11-67所示。

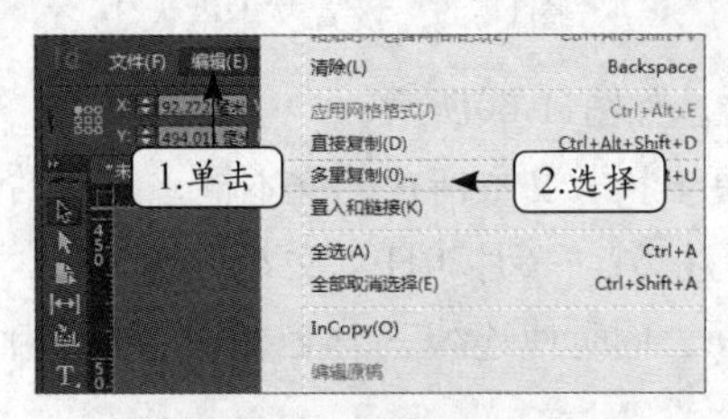

图11-66　选择多重复制

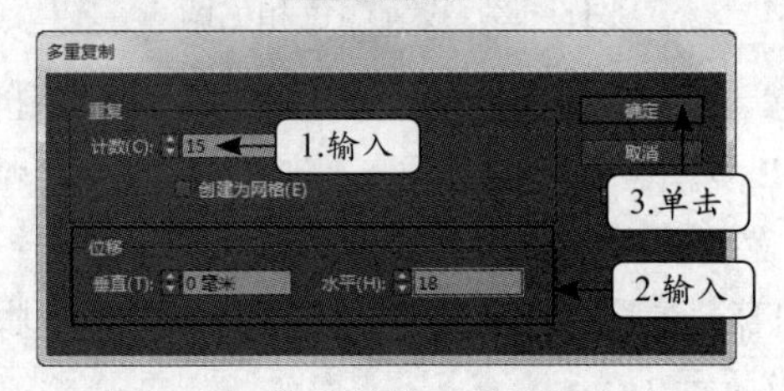

图11-67　设置计数、垂直和水平

19 按住【Shift】键不放，单击选择第1个图形，如图11-68所示。

20 选择【窗口】/【对象和版面】/【路径查找器】菜单命令，如图11-69所示。

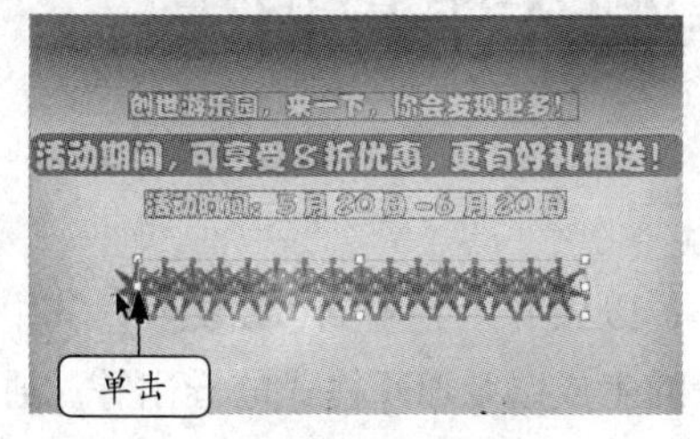

图11-68　加选对象

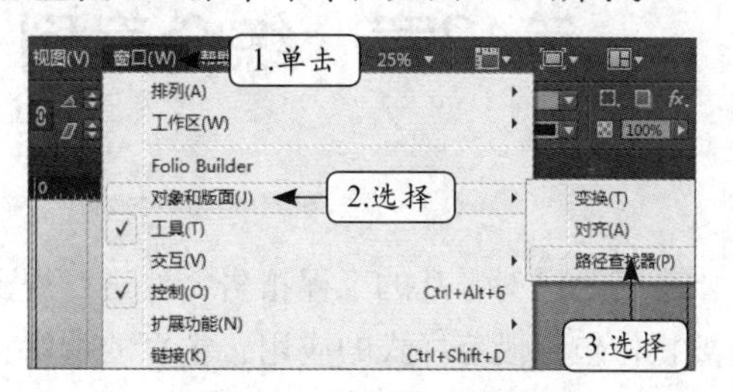

图11-69　选择路径查找器

21 在“路径查找器”面板中的“路径查找器”栏中单击“排除重叠”按钮，如图11-70所示。

22 在属性面板中设置该组对象的“X”和“Y”分别为“95毫米”和“506毫米”，如图11-71所示。

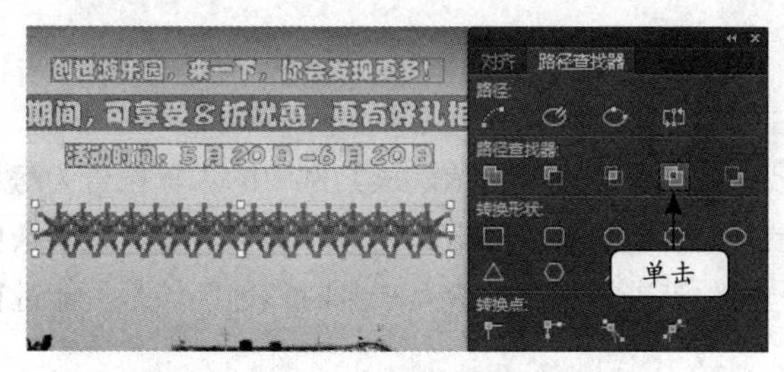

图11-70　选择排除重叠

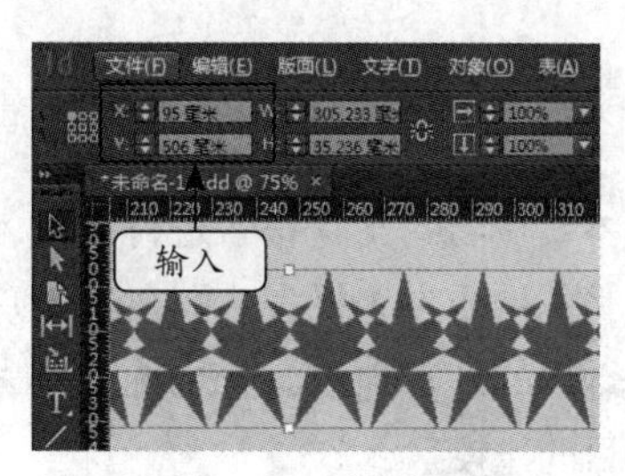

图11-71　设置位置

第12章　综合案例——制作工程报告

本章将通过对零乱的工程报告文件进行规范制作，以供导出完整的PDF文件，其中涉及的重要操作包括段落样式的应用、主页的编辑、目录的生成以及PDF格式的导出等。通过对本次综合案例的制作与练习，可以进一步掌握并巩固长篇文档编辑的相关操作方法。

学习要点

- 掌握长篇文档的编辑方法

案例目标

本案例将对工程报告进行编排，最终效果如图12-1所示。该案例中的工程报告为房屋建设项目的地质勘查报告，即在建设房屋之前，对此区域的地质构造、地震效应、气候条件以及场地内的地形地貌、土质特征、岩土问题等进行综合评价，来判断该地区域是否能进行工程项目的建设。

由于整篇文档以文本为主，所以需要对该工程报告进行合理且规范的编排后，才能使阅读者轻松、清晰地阅读此类长篇文档。另此之外，对主页页眉位置进行设置后还能防止他人盗用报告内容。

素材文件：素材\第12章\工程报告.txt	效果文件：效果\第12章\工程报告.PDF
视频文件：视频\第12章\12-1.swf、12-2.swf……	操作重点：段落样式、目录、页眉和页脚……

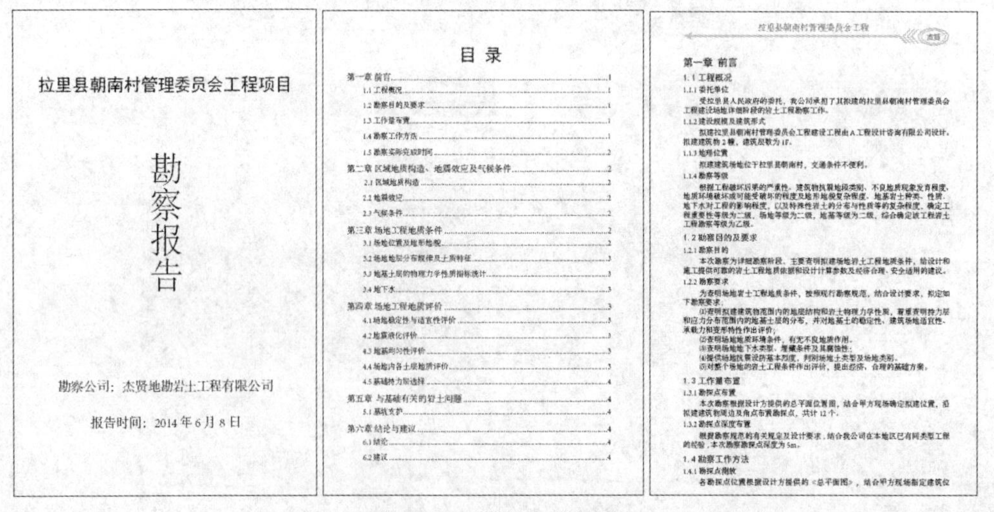

拉里县朝南村管理委员会工程项目

勘察报告

勘察公司：杰贤地勘岩土工程有限公司

报告时间：2014 年 6 月 8 日

目 录

第一章 前言……1
1.1 工程概况……1
1.2 勘察目的及要求……1
1.3 工作量布置……1
1.4 勘察工作方法……1
1.5 勘察实施完成时间……1
第二章 区域地质构造、地震效应及气候条件……2
2.1 区域地质构造……2
2.2 地震效应……2
2.3 气候条件……2
第三章 场地工程地质条件……2
3.1 场地位置及地形地貌……2
3.2 场地地层分布规律及土质特征……2
3.3 地基土层的物理力学性质指标统计……3
3.4 地下水……3
第四章 场地工程地质评价……3
4.1 场地稳定性与适宜性评价……3
4.2 地基液化评价……3
4.3 地基均匀性评价……3
4.4 场地内各土层地质评价……3
4.5 基础持力层选择……3
第五章 与基础有关的岩土问题……4
5.1 基坑支护……4
第六章 结论与建议……4
6.1 结论……4
6.2 建议……4

第一章 前言

1.1 工程概况

1.1.1 委托单位

1.1.2 建设规模及建筑形式

1.1.3 地理位置

拟建建筑场地位于拉里县朝南村，交通条件不便利。

1.1.4 勘察等级

1.2 勘察目的及要求

1.2.1 勘察目的

1.2.2 勘察要求

1.3 工作量布置

1.3.1 勘探点布置

1.3.2 勘探点深度布置

1.4 勘察工作方法

1.4.1 勘探点测放

图12-1　工程报告效果图

案例分析

本案例中提供的素材文本较长，并且是纯文本格式，不利于导出为PDF格式的电子出版物，所以应调整其格式，并设置基本属性。整个制作重点主要包括段落样式、主页、目录和文档输出等内容，各部分主要包含以下内容。

(1) 段落样式：为文档应用段落样式，包括标题和正文段落样式，以统一格式。

(2) 主页：在主页中为文档设置页眉和页脚。

(3) 目录：为文档创建目录，并适当美化目录格式。

(4) 导出PDF：将文档导出为PDF文件格式，方便阅读。

清楚了整个海报主要应用的操作知识后，就可以按照应用段落样式、设置页眉页脚、创建目录和导出为PDF的步骤来规划整个案例的制作流程。

(1) 应用段落样式：此环节主要是设置标题、正文和目录的段落样式，标题分为三级标题进行设置，目录分为两级标题进行设置。

(2) 设置页眉和页脚：页眉内容主要为公司标志；页脚内容为文档页码。

(3) 创建目录：在文档中设置好段落样式和页码后，为整篇文档创建目录，并通过制表符调整目录使其更加美观。

(4) 导出为PDF：将制作好的文档导出为PDF文件。

案例步骤

1. 应用段落样式

下面首先置入素材提供的文档，然后为不同的段落设置并应用段落样式。

1 启动Indesign CC，按【Ctrl+N】键打开“新建文档”对话框，设置页数为“4”，“宽度”和“高度”分别为“185毫米”和“260毫米”，出血的参数都为“3毫米”，单击 边距和分栏... 按钮，如图12-2所示。

2 打开“新建边距和分栏”对话框，在其中设置边距栏的上、下、内、外分别为“30毫米”、“22毫米”、“28毫米”、“25毫米”，单击 确定 按钮，如图12-3所示。

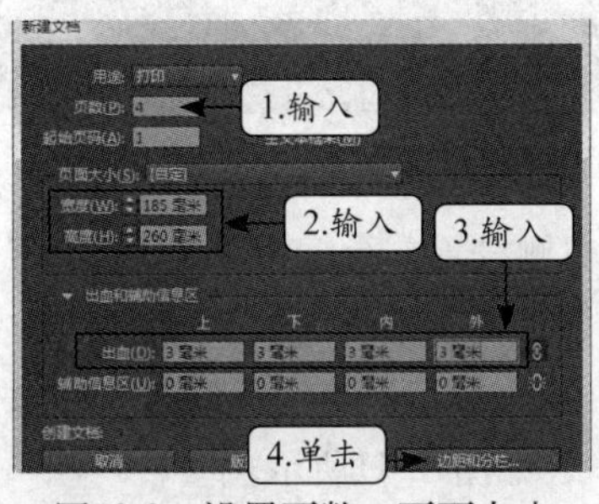

图12-2 设置页数、页面大小

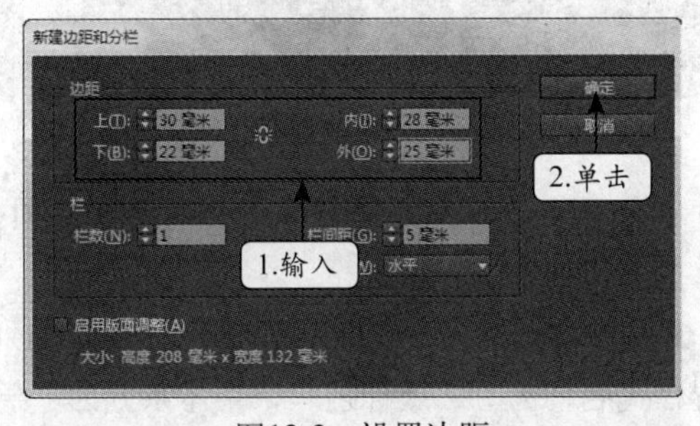

图12-3 设置边距

3 按【Ctrl+D】键打开“置入”对话框，选择素材提供的“工程报告.txt”文档，然后在第1页左上角页边距处单击鼠标，如图12-4所示。

4 单击页面右下方的“溢流”标记⊞，使其变为▸状态，然后在第2页左上角页边距处单击鼠标，如图12-5所示。

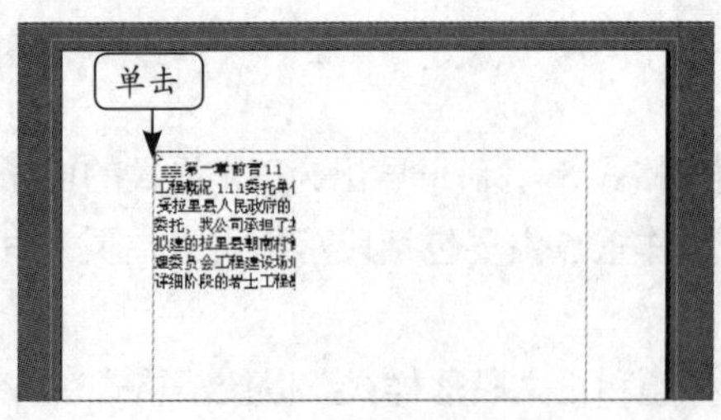

图12-4 置入文档

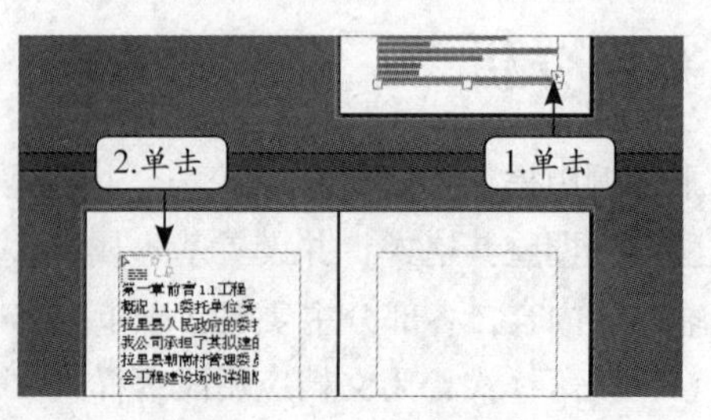

图12-5 显示文档内容

5 按上述方法，依次把文档串接到下面的页面中，然后按【F11】键打开“段落样式”面板，单击“展开菜单”按钮，在弹出的下拉菜单中选择“新建段落样式”命令，如图12-6所示。

6 打开“新建段落样式”对话框，在左侧列表框中选择“基本字符格式”选项，在右侧设置样式名称为“正文”，大小为“10.5点”，如图12-7所示。

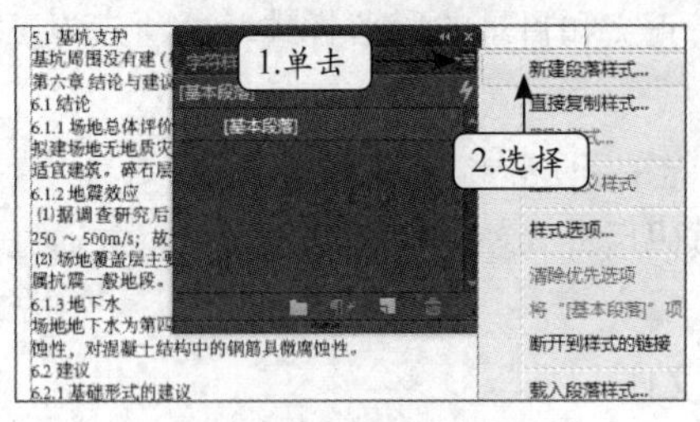

图12-6 选择新建段落样式

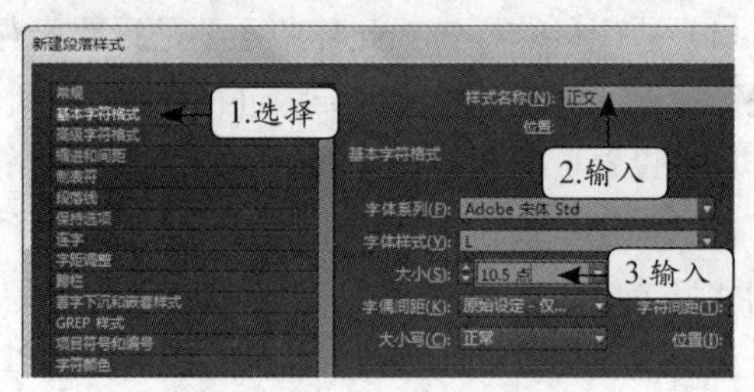

图12-7 设置名称和字号

7 在左侧列表框中选择“缩进和间距”选项，在右侧设置首行缩进为“8毫米”，确认设置，如图12-8所示。

8 打开“新建段落样式”对话框，在左侧列表框中选择“基本字符样式”选项，在右侧设置样式名称为“一级标题”，字体系列为“黑体”，大小为“14点”，如图12-9所示。

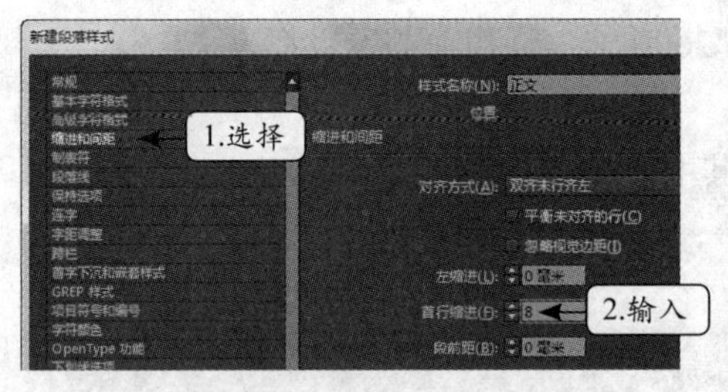

图12-8 设置首行缩进

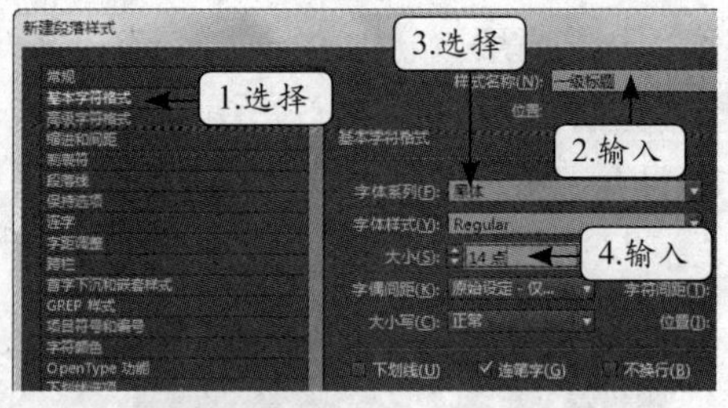

图12-9 设置名称、字体和字号

9 在左侧列表框中选择“缩进和间距”选项，在右侧设置首行缩进为“3毫米”，确认设置，如图12-10所示。

10 打开“新建段落样式”对话框，在左侧列表框中选择“基本字符格式”选项，在右侧设置样式名称为“二级标题”，字体系列为“黑体”，如图12-11所示。

11 在左侧列表框中选择“缩进和间距”选项，在右侧设置首行缩进为“3毫米”，确认设置，如图12-12所示。

12 按相同的段落样式的创建方法，创建3个段落样式，分别是：样式名称为“三级标题”、字体大小为“10.5点”、段前距和段后距都为“1毫米”的段落样式；样式名称为“目录”、段前距为“2毫米”的段落样式；样式名称为“目录2”、字体大小为“10.5点”、首行缩进为“8毫米”、段前距和段后距都为“1.5毫米”的段落样式，完成后最终“段落样式”面板的效果如图12-13所示。

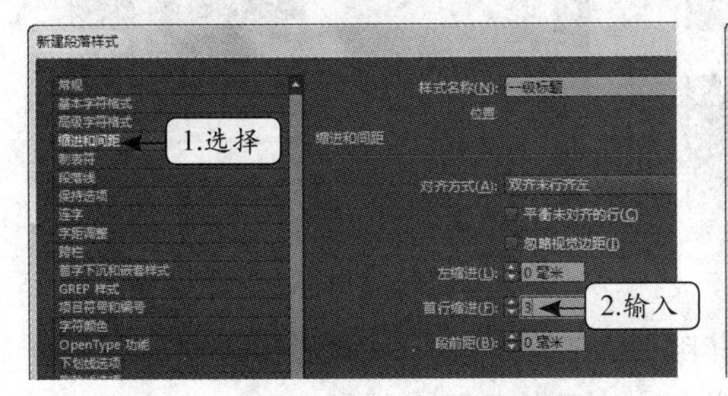

图12-10 设置段前距

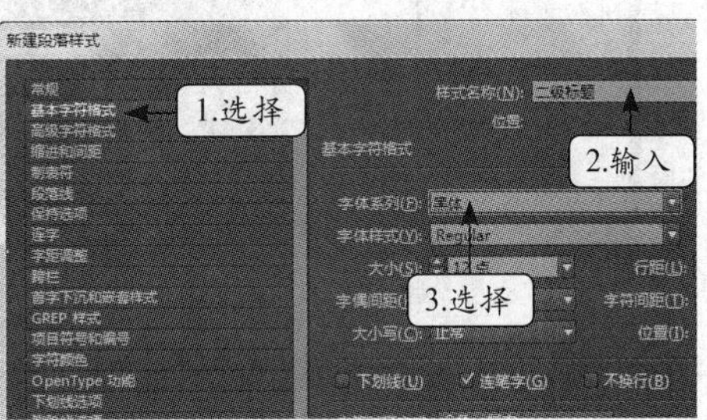

图12-11 设置名称和字体

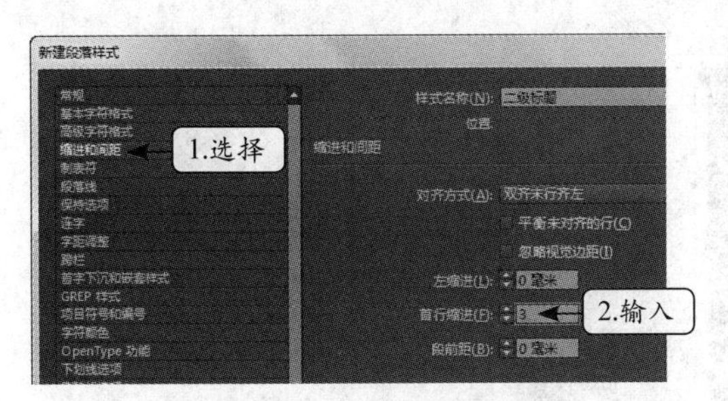

图12-12 设置段前距

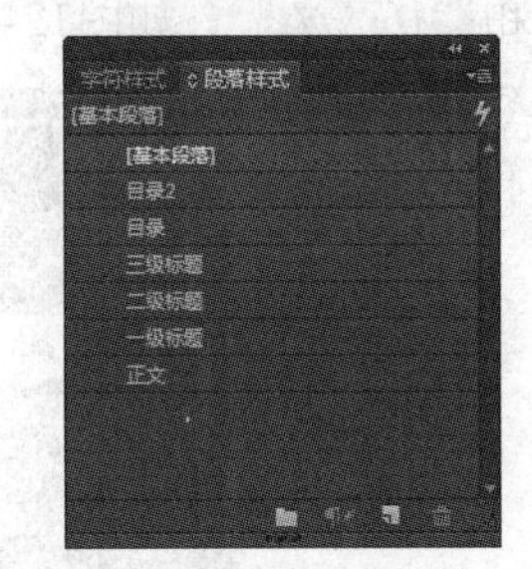

图12-13 创建段落样式后效果

13 将文本插入点定位在“第一章”段落中，应用“段落样式”面板中的“一级标题”样式，如图12-14所示。

14 将“一级标题”样式应用于所有一级标题，将“二级标题”样式应用于所有二级标题，将“三级标题”样式应用于所有三级标题，将“正文”样式应用于所有正文，完成所有文本的段落样式应用，效果如图12-15所示。

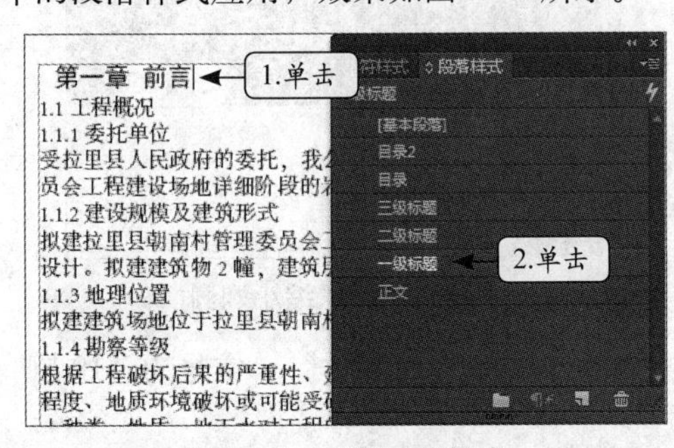

图12-14 应用段落样式

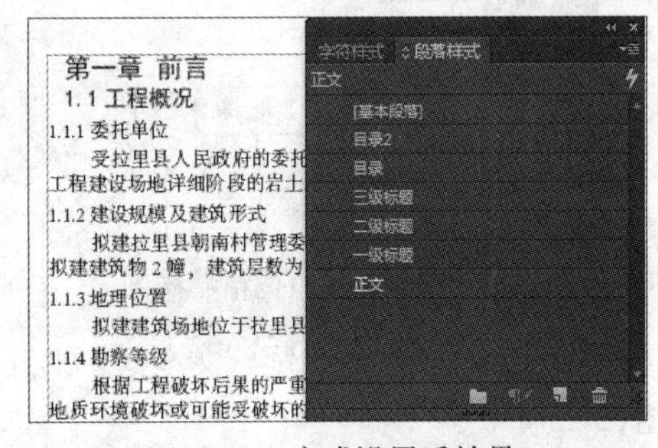

图12-15 完成设置后效果

2. 设置页眉和页脚

下面将在文档主页中设置页眉和页脚，其中涉及绘制图形、原位粘贴、旋转图形、描边控制以及插入页码等重要操作。

1 按【F12】键打开“页面”面板，双击A-主页左侧页面缩略图，进入主页编辑状态，效果如图12-16所示。

2 利用椭圆工具在页面左上方绘制一个“W”、“H”分别为“15毫米”和“8毫米”的椭圆，按【F6】键，打开“颜色”面板，设置其描边色调为“25%”，效果如图12-17所示。

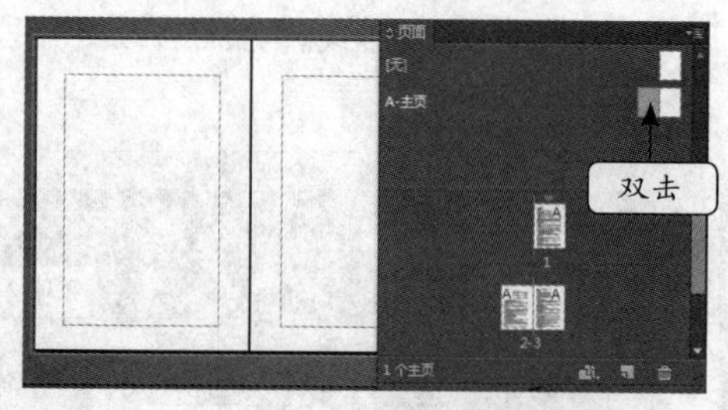

图12-16　定位页面

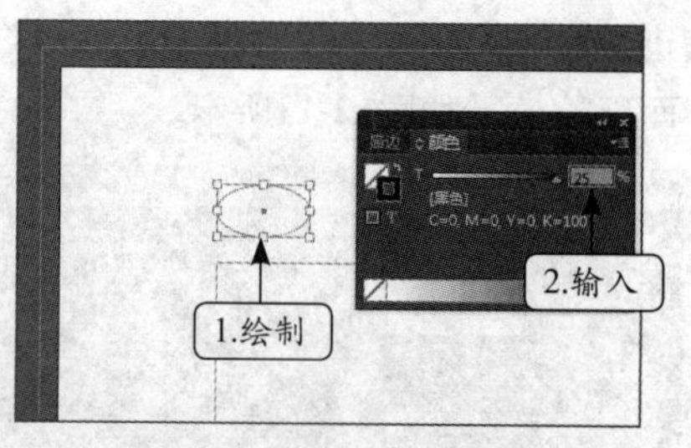

图12-17　绘制椭圆并设置描边色调

3 按【F10】键打开“描边”面板，将其粗细设置为“2点”，如图12-18所示。

4 在属性面板的“参考点”标记中单击左上角的标记，设置“X”、“Y”分别为“25毫米”和“16毫米”，如图12-19所示。

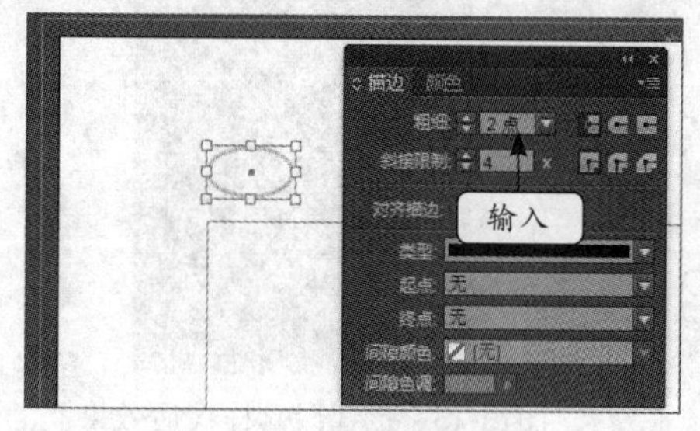

图12-18　设置描边粗细

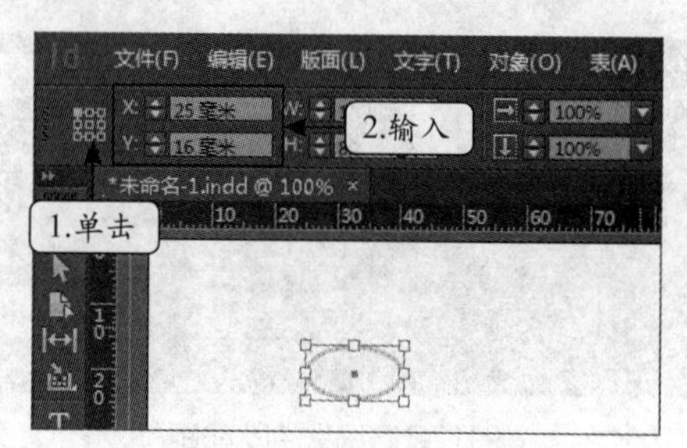

图12-19　设置椭圆位置

5 按【Ctrl+C】键复制该椭圆，选择【编辑】/【原位粘贴】菜单命令，如图12-20所示。

6 在属性面板中设置参考点为“中心”，然后，将“X”和“Y”的缩放百分比均设置为“80%”，如图12-21所示。

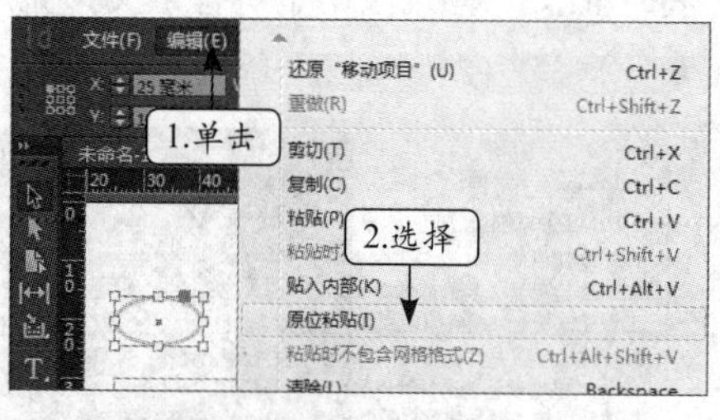

图12-20　原位粘贴椭圆

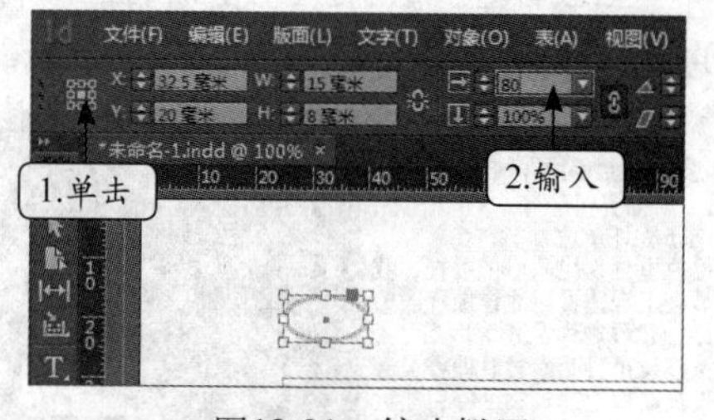

图12-21　缩小椭圆

7 在椭圆里创建“杰贤”文本框，设置其字体为“方正剪纸简体”，字号为“10点”，如图12-22所示。

8 选择该文本所在的文本框，使其文本框适合文本后，设置“X”、“Y”分别为“29毫米”和“18毫米”，如图12-23所示。

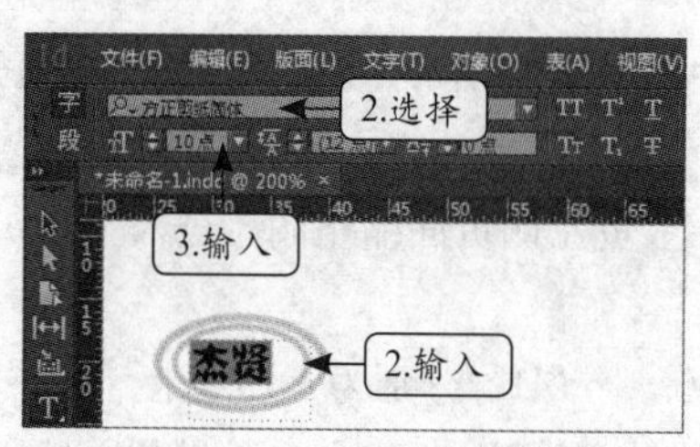

图12-22　设置字体和字号

图12-23　设置文本位置

9 框选文本框和两个椭圆图形，按【Ctrl+G】键将其编组，然后利用矩形工具按住【Shift】键不放绘制一个“W”、“H”都为“5毫米”的正方形，并在属性面板中设置其旋转角度为“45°”，如图12-24所示。

10 利用剪刀工具分别在正方形上顶点和下顶点处单击鼠标，然后将剪断后的左侧部分删除，编辑后的正方形效果如图12-25所示。

图12-24　设置旋转角度

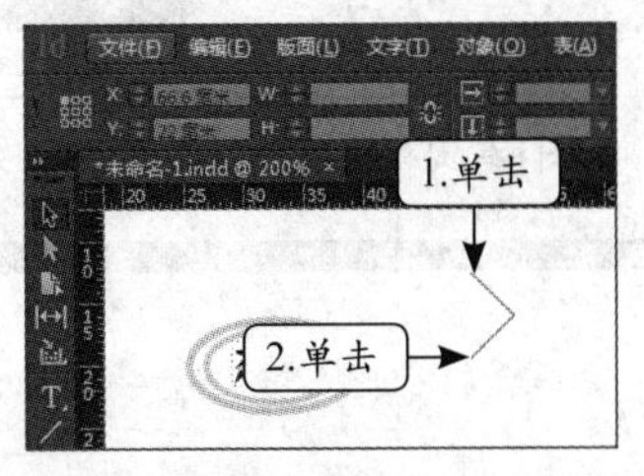

图12-25　编辑后的正方形效果

11 利用吸管工具吸取椭圆的描边属性，在线段中应用，如图12-26所示。

12 利用选择工具选择线段，按【Ctrl+Alt+U】键打开“多重复制”对话框，设置计数为“3”、垂直为“0毫米”、水平为“2毫米”，单击 确定 按钮，如图12-27所示。

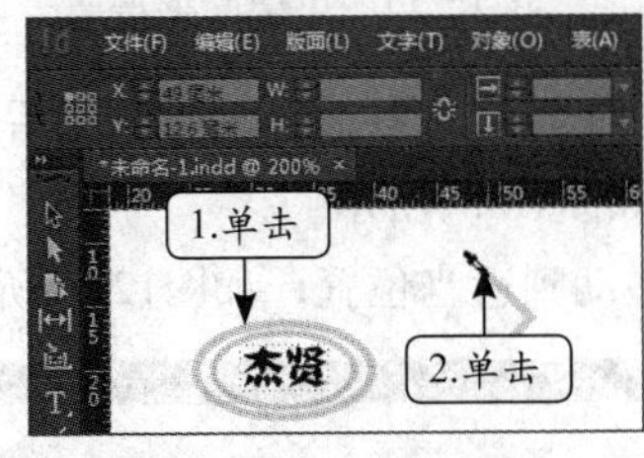

图12-26　应用属性

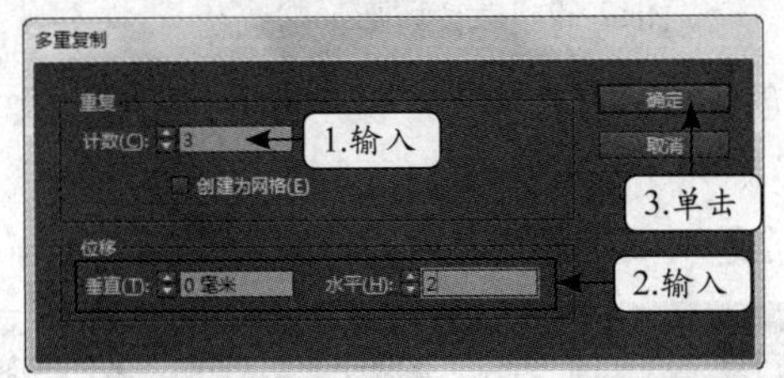

图12-27　设置计数、垂直和水平

13 选择4条线段，设置“X”、“Y”分别为“45毫米”和“16.571毫米”，如图12-28所示。

14 利用直接选择工具拖动最右侧线段上顶点至“X”为“153毫米”、“Y”为“20毫米”处，如图12-29所示。

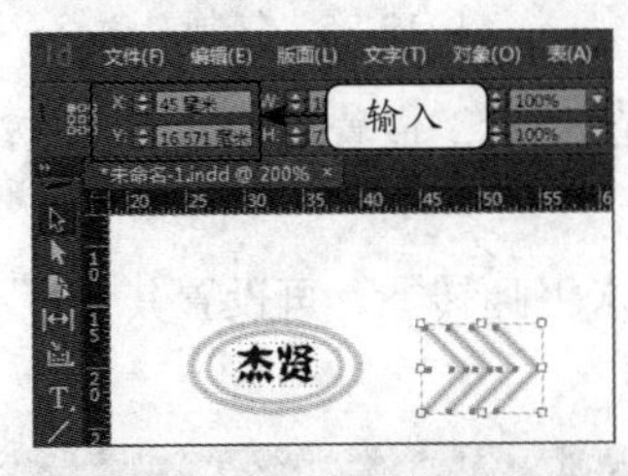

图12-28　设置图形位置

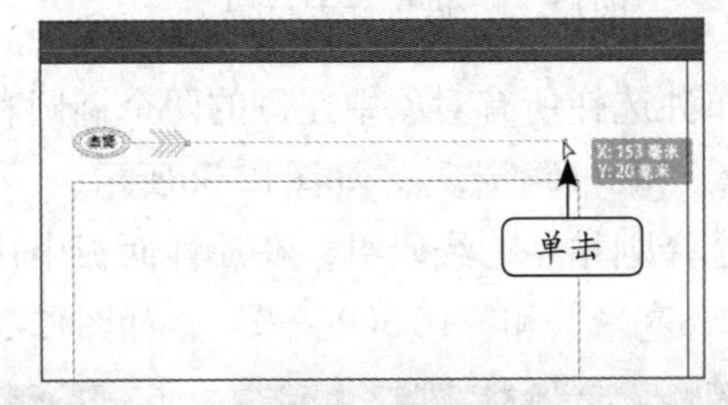

图12-29　改变图形形状

15 在“描边”面板中设置粗细为“3点”、终点为“倒钩”，如图12-30所示。

16 利用选择工具选择4条线段，按住【Alt】键不放，拖动图形到适当位置，如图12-31所示。

17 利用直接选择工具，按住【Shift】键不放，水平向左拖动箭头到适当位置，如图12-32所示。

18 全选该组图形，在属性面板中设置“X”、“Y”分别为“14毫米”和“243毫米”，如图12-33所示。

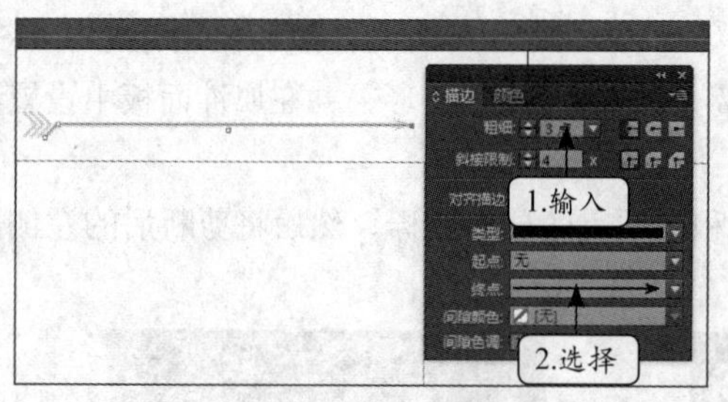

图12-30 设置描边的粗细和终点

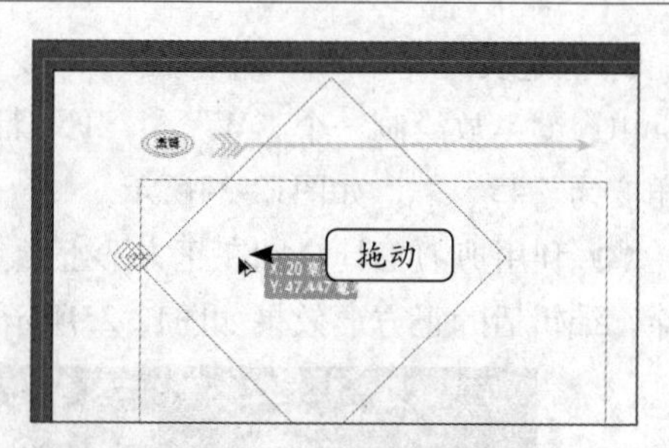

图12-31 复制图形

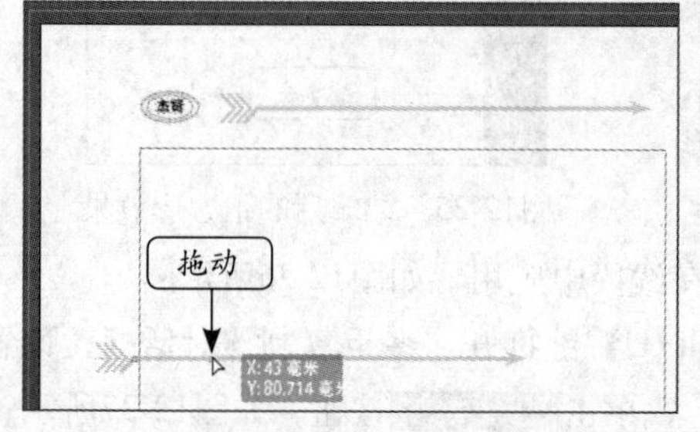

图12-32 改变图形形状

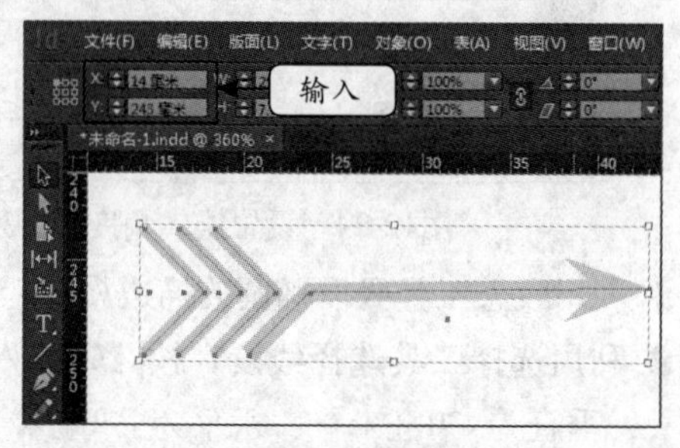

图12-33 设置图形位置

19 创建“拉里县朝南村管理委员会工程”文本，使其文本框适合文本，然后设置该文本框“X”、“Y”分别为“65毫米”和“22毫米”，如图12-34所示。

20 全选页面上方所有对象，按住【Alt】键不放拖动到适当位置，如图12-35所示。

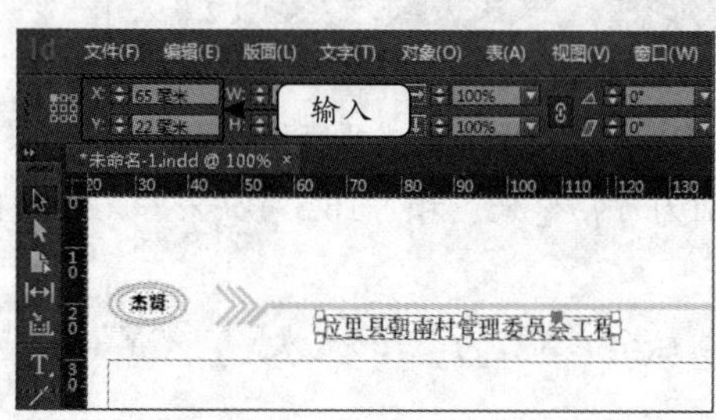

图12-34 设置文本位置

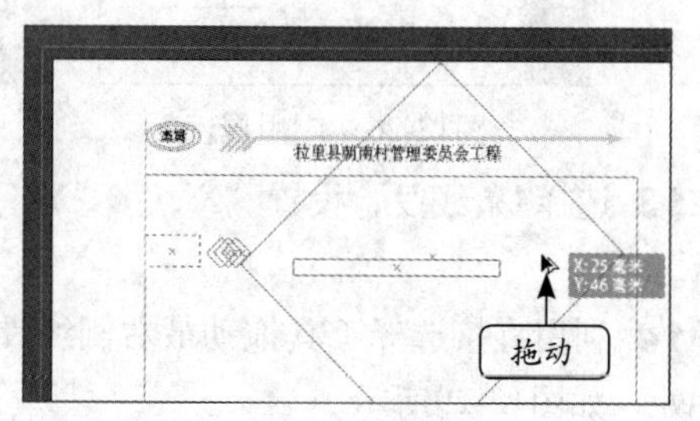

图12-35 复制对象

21 单独选择所有对象中左侧的两个椭圆和其中的文本，设置其“X”、“Y”分别为“330毫米”和“16毫米”，如图12-36所示。

22 选择刚粘贴的线段组，在属性面板中设置“水平翻转”，再设置其“X”、“Y”分别为“218毫米”和“16.509毫米”，如图12-37所示。

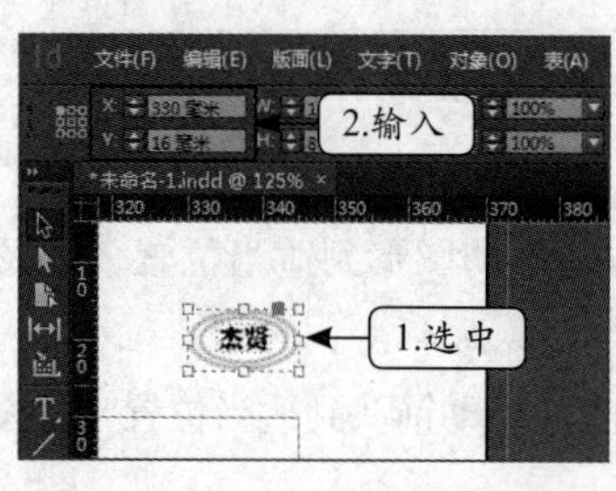

图12-36 设置对象位置

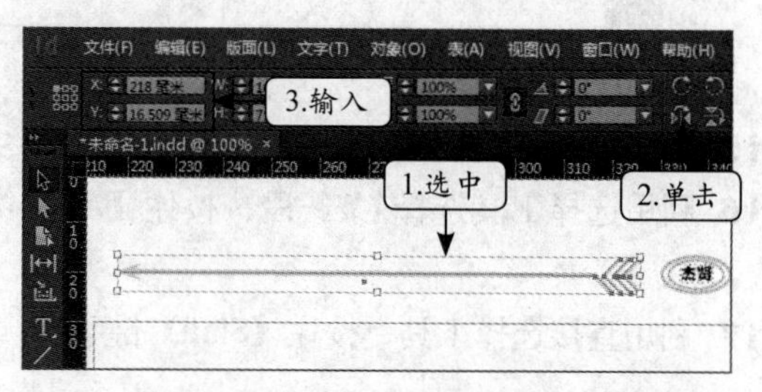

图12-37 设置水平翻转和位置

23 选择刚粘贴的“拉里县朝南村管理委员会工程”文本所在的文本框，设置其

“X”、“Y”分别为“245毫米”和“22毫米”，如图12-38所示。

24 在A-主页左侧页面左下角处创建一个文本框，按【Ctrl+Alt+Shift+N】键插入当前页码，然后选择该文本框使文本框适合文本，设置其“X”、“Y”分别为“27毫米”和“241毫米”，如图12-39所示。

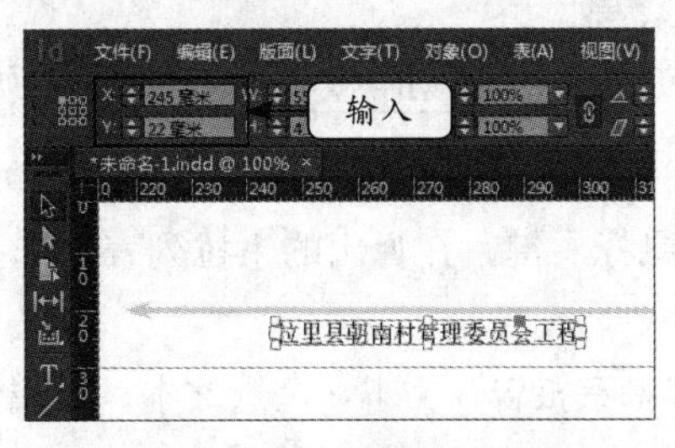

图12-38　设置文本位置

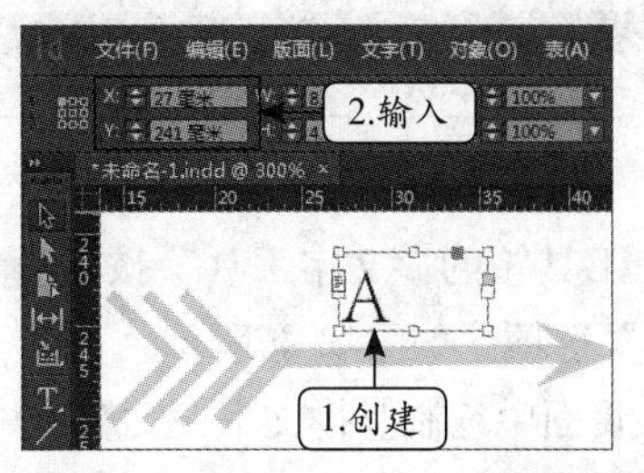

图12-39　插入页码、设置页码位置

25 框选页面下方的2个对象，将其复制到A-主页右侧页面，选择线段组将其水平翻转并设置其“X”、“Y”分别为“326毫米”和“242.875毫米”，如图12-40所示。

26 选择刚粘贴的“A”文本所在的文本框，设置其“X”、“Y”分别为“339毫米”和“240毫米”，如图12-41所示。

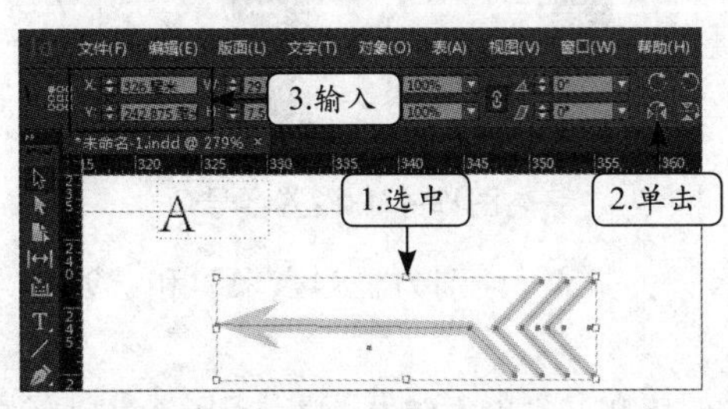

图12-40　设置对象位置

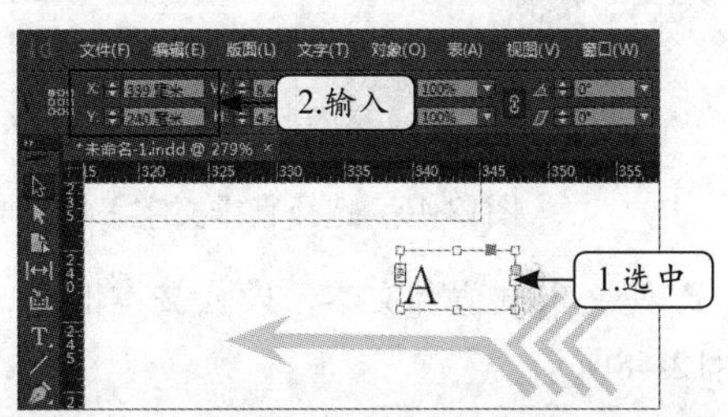

图12-41　设置页码位置

3. 创建目录

下面在文档中插入2页空白页面以创建目录内容，然后使用制表符对目录格式进行适当设置。

1 按【F12】键打开“页面”面板，单击“展开菜单”按钮，在弹出的下拉菜单中选择“插入页面”命令，如图12-42所示。

2 在打开的“插入页面”对话框中设置页数为“2”，插入位置为第1页的“页面前”，单击 确定 按钮，如图12-43所示。

图12-42　选择插入页面

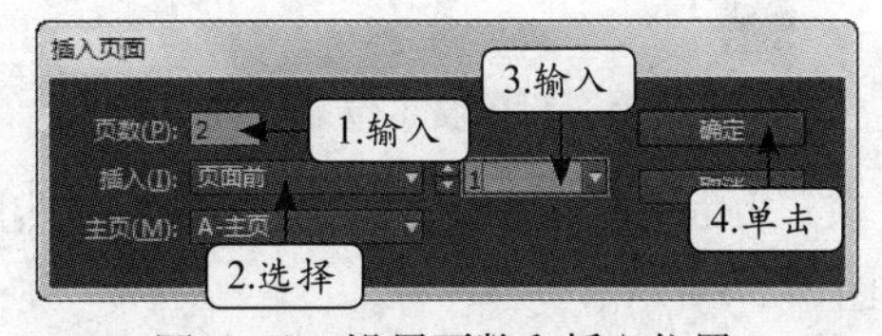

图12-43　设置页数和插入位置

3 定位到第1页，创建“拉里县朝南村管理委员会工程项目”文本，全选文本，设置其字体为“黑体”、字号为“24点”，如图12-44所示。

4 使文本框适合文本，并设置文本框的“X”、“Y”分别为“29毫米”和“50毫米”，如图12-45所示。

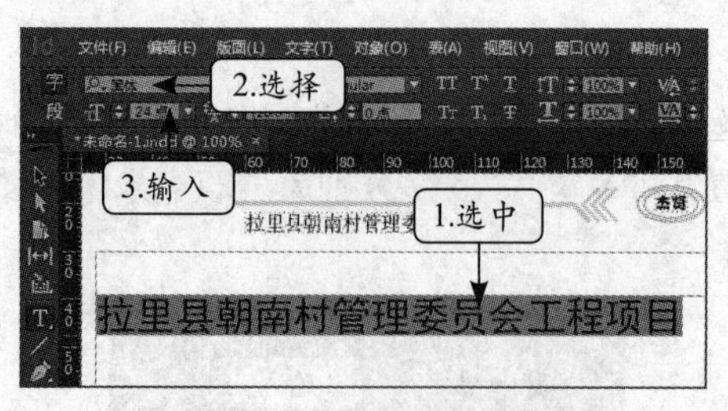

图12-44 设置字体和字号

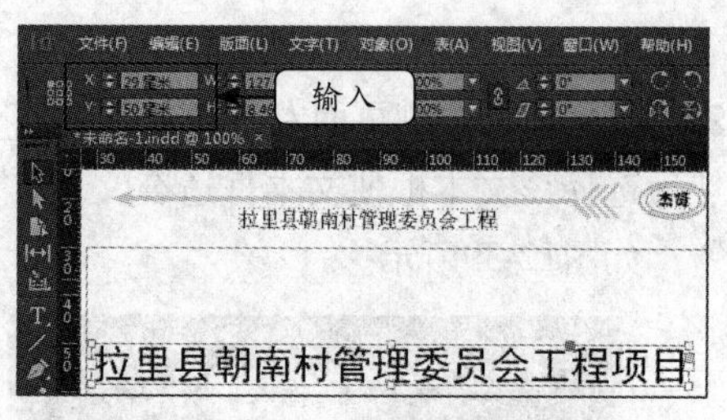

图12-45 设置文本位置

5 在工具箱的“文字工具”按钮T上单击鼠标右键，在弹出的下拉列表中选择“直排文字工具”选项，如图12-46所示。

6 在页面中绘制竖排文本框，在其中输入“勘察报告”文本，全选文本，在属性面板中设置其字号为“48点”，如图12-47所示。

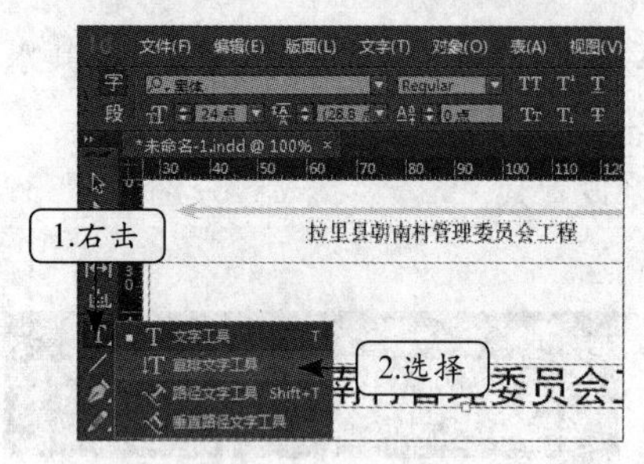

图12-46 选择直排文字工具

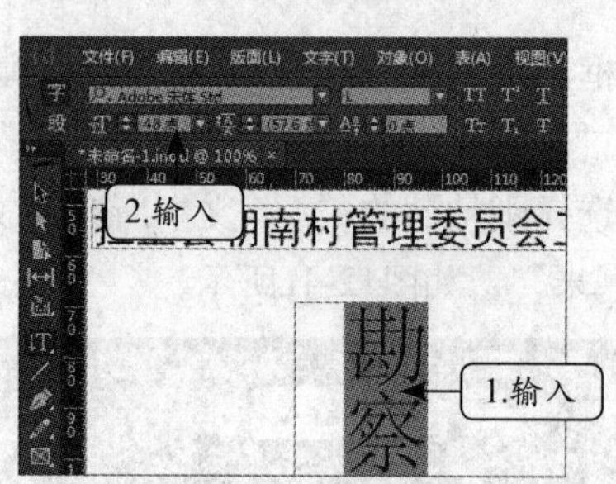

图12-47 设置字号

7 使文本框适合文本，设置文本框的“X”、“Y”分别为“84毫米”和“94毫米”，如图12-48所示。

8 利用文字工具创建“勘察公司：杰贤地勘岩土工程有限公司”文本，在“字符”面板中设置其字号为“18点”，然后使文本框适合文本，设置文本框的“X”、“Y”分别为“38.525毫米”和“208毫米”，如图12-49所示。

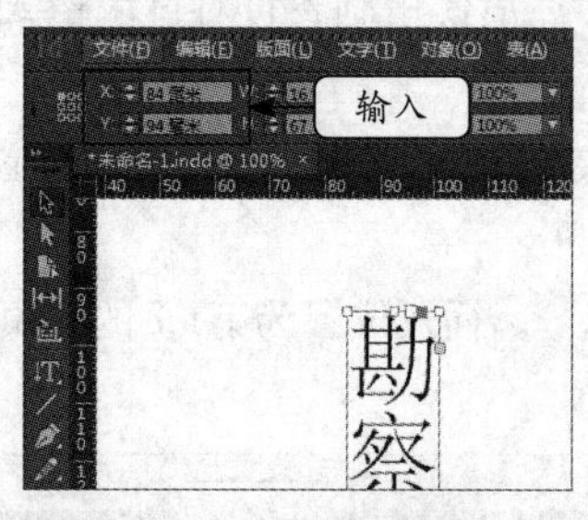

图12-48 设置文本位置

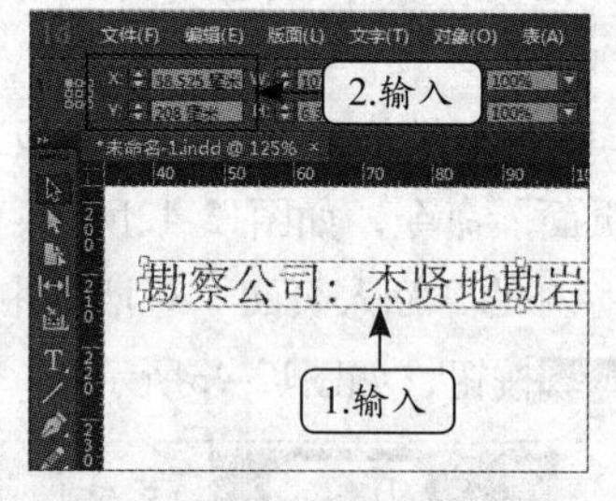

图12-49 设置文本位置

9 在“页面”面板中选择第3页缩略图，然后选择【版面】/【页码和章节选项】菜单命令，如图12-50所示。

10 打开“新建章节”对话框，选中“起始页码”单选项，单击 确定 按钮，如图12-51所示。

11 选择【版面】/【目录】菜单命令，打开“目录”对话框，将“其他样式”栏的“一级标题”选项添加到“包含段落样式”列表框中，并设置“条目样式”为“目录”，如图12-52所示。

12 将“其他样式”栏的“二级标题”选项添加到“包含段落样式”列表框中，并设置条目样式为“目录2”，确认设置，如图12-53所示。

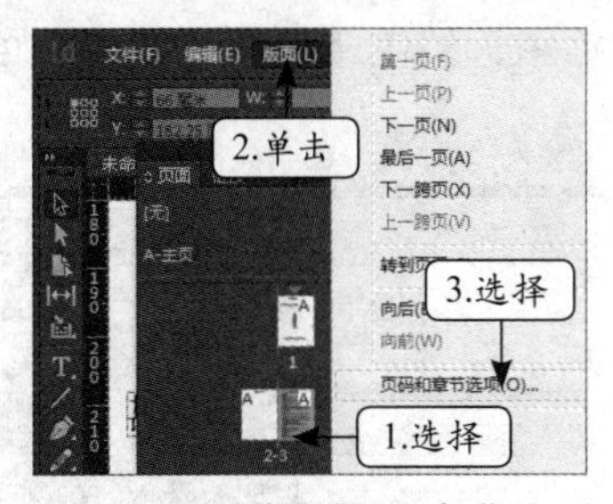

图12-50　选择页码和章节选项

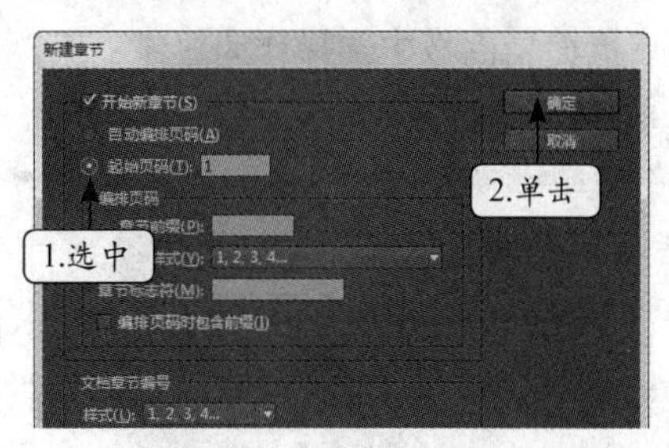

图12-51　设置起始页码

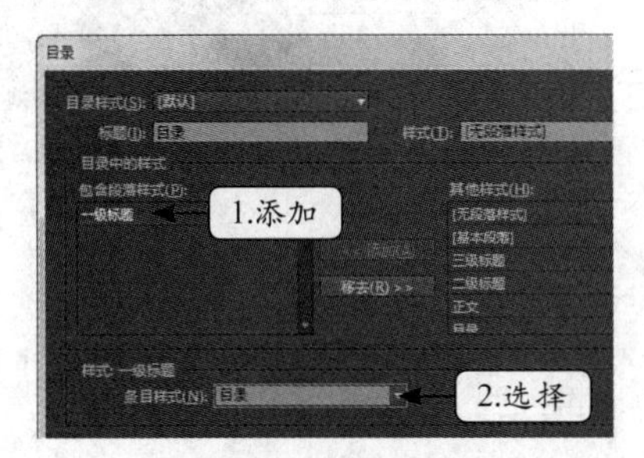

图12-52　添加目录样式

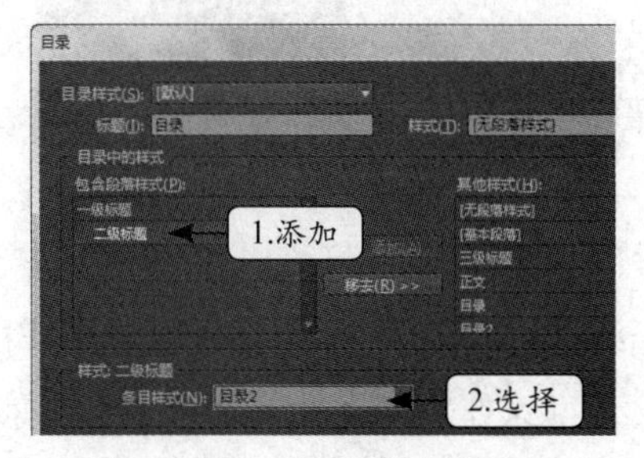

图12-53　添加目录样式

13 在第2页的页边距的左上角处单击鼠标创建目录，如图12-54所示。

14 选择“目录”文本，设置对齐方式为“居中对齐”，如图12-55所示。

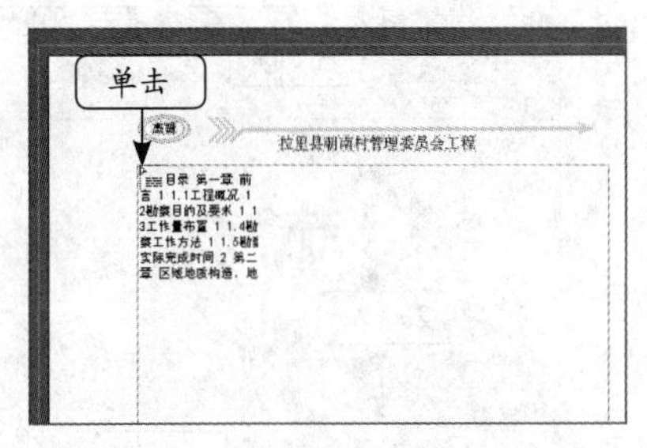

图12-54　置入目录

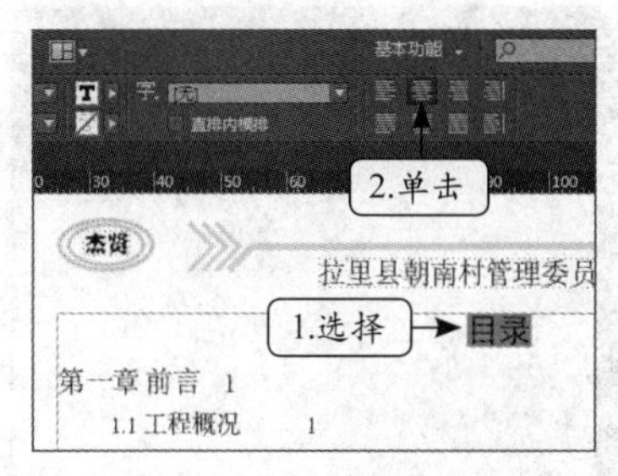

图12-55　设置居中对齐

15 按【Ctrl+T】键打开“字符”面板，设置字号为“24点”、行距为“30点”、字符间距为“500”，如图12-56所示。

16 按【Esc】键选择此文本所在的文本框，按【Ctrl+Shift+T】键打开“制表符”窗格，单击标尺，设置“X”为“129毫米”，前导符为“.”，如图12-57所示。

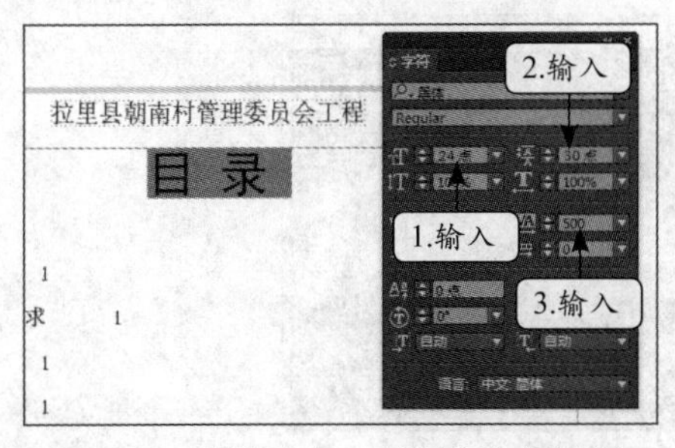

图12-56　设置字号、行距和字符间距

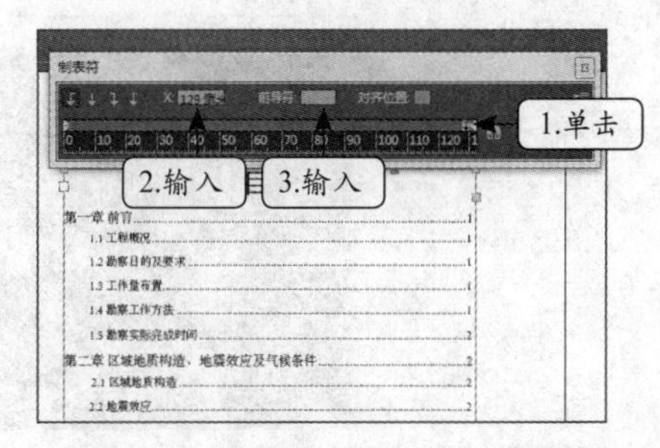

图12-57　设置制表符位置及前导符

17 在“页面”面板中选择作为封面的第1页缩略图，按住【Alt】键不放，再单击“无”主页，如图12-58所示。

18 在“页面”面板中选择作为目录的第2页缩略图，按住【Alt】键不放，单击“无”主页，如图12-59所示。

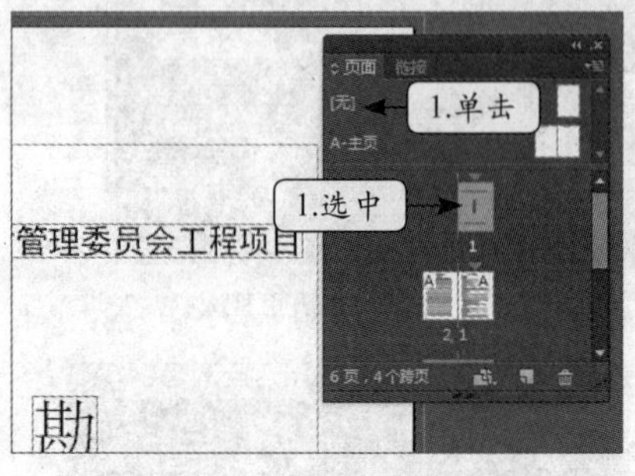

图12-58 应用空白主页

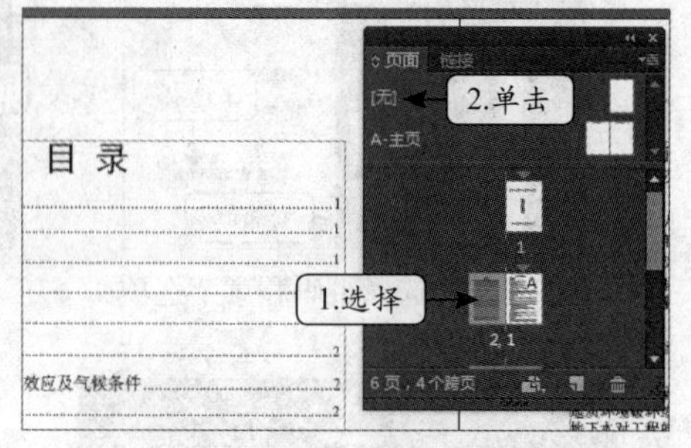

图12-59 应用空白主页

4. 导出为PDF

文档编排完成后，下面将其导出为PDF格式。

1 选择【文件】/【导出】菜单命令，如图12-60所示。

2 打开“导出”对话框，在“路径”下拉列表中选择保存路径，在“文件名”文本框中输入“工程报告”，在“保存类型”下拉列表框中选择“Adobe PDF(打印)”选项，确认保存，如图12-61所示。

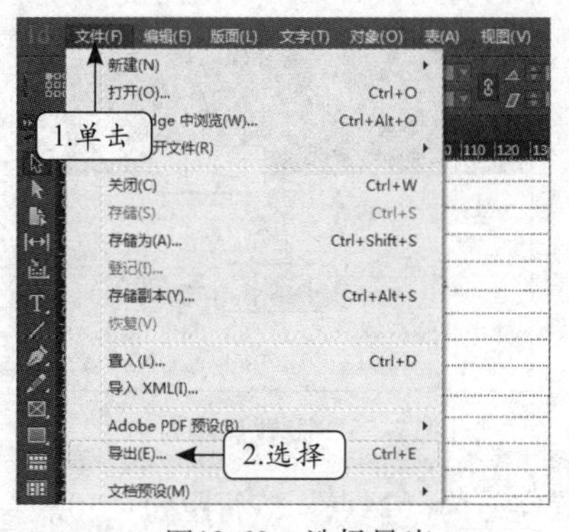

图12-60 选择导出

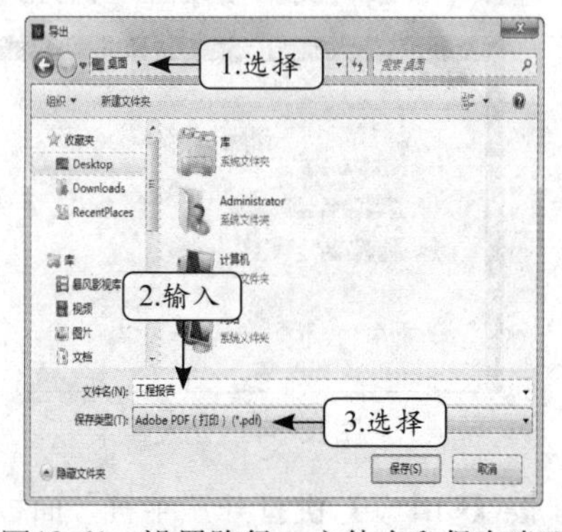

图12-61 设置路径、文件名和保存类型

3 打开“导出Adobe PDF”对话框，在“兼容性”下拉列表框中选择“Acrobat 4（PDF 1.3）”选项，确认导出，完成操作，如图12-62所示。

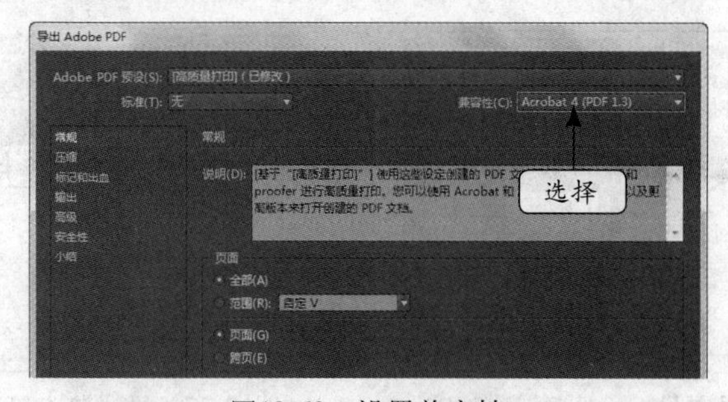

图12-62 设置兼容性